高等职业教育系列教材

零件检测与质量分析

主　编　杨佳慧
副主编　周荣华　蔡　萍

机 械 工 业 出 版 社

本书以就业为导向，以质量检验员岗位的职业能力要求为引领，以典型零件几何要素的检测任务为主线，比较全面地介绍了极限与配合、几何公差、表面粗糙度的基本知识；并详细列举了源于工厂实际零件的孔、轴尺寸检测、角度与锥度检测、几何误差检测、表面粗糙度检测、键的检测、螺纹检测、齿轮检测的实例；另外，还介绍了三坐标测量仪的基本知识，讲解了利用三坐标测量仪进行孔、轴的测量，平面度的测量，轴键槽对称度的测量。

本书可作为高等职业院校机械制造、数控技术、零件检测、汽车维修等专业的教材，也可作为工程技术人员自学和参考用书。

本书配有授课电子课件，需要的教师可登录机械工业出版社教材服务网 www.cmpedu.com 免费注册后下载，或联系编辑索取（QQ：1239258369，电话：010-88379739）。

图书在版编目（CIP）数据

零件检测与质量分析/杨佳慧主编．—北京：机械工业出版社，2015.12（2025.1 重印）
高等职业教育系列教材
ISBN 978-7-111-52515-8

Ⅰ．①零… Ⅱ．①杨… Ⅲ．①机械元件-检测-高等职业教育-教材②机械元件-质量分析-高等职业教育-教材 Ⅳ．①TH13

中国版本图书馆 CIP 数据核字（2015）第 307965 号

机械工业出版社（北京市百万庄大街 22 号 邮政编码 100037）
策划编辑：曹帅鹏 责任编辑：曹帅鹏
责任校对：樊钟英 责任印制：邓 博
北京盛通数码印刷有限公司印刷
2025 年 1 月第 1 版第 7 次印刷
184mm×260mm · 16.75 印张 · 410 千字
标准书号：ISBN 978-7-111-52515-8
定价：49.00 元

电话服务	网络服务
客服电话：010-88361066	机 工 官 网：www.cmpbook.com
010-88379833	机 工 官 博：weibo.com/cmp1952
010-68326294	金 书 网：www.golden-book.com
封底无防伪标均为盗版	机工教育服务网：www.cmpedu.com

前　言

“零件检测与质量分析”是高职高专院校机械类和近机械类专业的重要专业基础课，是从基础课到专业课过渡的重要纽带，是机械产品从设计、制造到使用的桥梁，是机械类学生和机械工程技术人员必须掌握的一门应用技能。

本书按照教学大纲的基本要求，采用最新几何产品技术规范标准及相关国家标准，编写了零件几何量公差选用和零件误差检测两方面内容。具体包括：零件尺寸公差及其检测、零件角度和锥度的公差与检测、零件几何公差及其检测、表面粗糙度及其检测、键联接的精度与检测、螺纹的公差与检测、齿轮精度与检测、三坐标测量仪的应用。

本书采用以项目为驱动，以任务为载体的编写方式，将理论知识与实践操作有机融为一体，有利于调动学生的学习积极性，有利于职业院校的教与学。

本书是机械工业出版社组织出版的“高等职业教育系列教材”之一，由杨佳慧任主编，周荣华、蔡萍任副主编。参加编写的人员还有郭辉、闫蔚、刘英超、蒋三生、戴华兵、徐恒斌。

由于编者水平有限，书中难免存在错误和不足之处，恳请广大读者批评指正。

编　者

目　　录

学习情境1　零件尺寸公差及其检测

【知识目标】　掌握线性尺寸公差的概念，会根据工况，选择合适的配合公差。

【能力目标】　掌握常用通用量具的使用及维护保养，并会利用通用量具检测零件的尺寸公差。

本学习情境内容涉及的国家标准主要有：GB/T 1800.1—2009《产品几何技术规范（GPS）极限与配合 第1部分：公差、偏差和配合的基础》、GB/T 1800.2—2009《产品几何技术规范（GPS）极限与配合 第2部分：标准公差等级和孔、轴的极限偏差表》、GB/T 1801—2009《产品几何技术规范（GPS）极限与配合 公差带与配合的选择》等。这些标准都是我国机械行业重要的基础标准，这些标准可以满足我国机械产品的设计要求并使之适应国际贸易的需求。

【相关知识】——极限与配合

1. 基本术语及其定义

（1）孔和轴的定义

1）孔　孔是圆柱形的内表面及由单一尺寸确定的内表面，如键槽、凹槽的宽度表面，如图1-1所示。这些表面加工时的尺寸（D_1、D_2、D_3、D_4、D_5）由小变大。

2）轴　轴是圆柱形的外表面及由单一尺寸确定的外表面，如平键的宽度表面、凸肩的厚度表面，如图1-1所示。这些表面加工时的尺寸（d_1、d_2、d_3、d_4）由大变小。

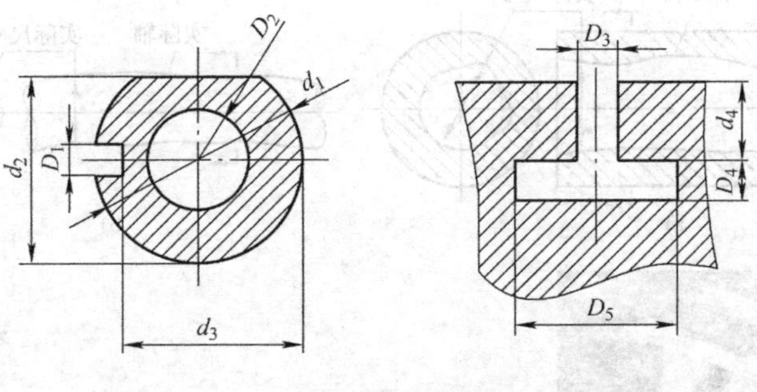

图1-1　孔和轴的定义示意图

孔和轴是广义的，它包括圆柱形的和非圆柱形的孔和轴。孔和轴的特征比较见表1-1。

表1-1　孔和轴的特征比较

	位置	装配关系	加工过程	测量工具
孔（D）	内表面	包容面	尺寸由小变大	内卡（爪）
轴（d）	外表面	被包容面	尺寸由大变小	外卡（爪）

（2）有关尺寸的术语及其定义

尺寸是以特定单位表示线性尺寸值的数值。线性尺寸（简称尺寸）是指两点之间的距离，如直径、长度、宽度、高度、中心距等。按照国家标准 GB/T 4458.4—2003《机械制图 尺寸注法》的规定，图样上的尺寸以毫米（mm）为单位时，不需标注计量单位的符号或名称，仅标注数值。若以其他单位表示尺寸时，则应注明相应的长度单位。

1）公称尺寸　公称尺寸是指设计确定的尺寸。它是根据零件的使用要求，通过强度、刚度的计算和结构设计确定的，一般尽量选取标准值，以减少定值刀具、夹具和量具的规格和数量，如图 1-2 所示。孔的公称尺寸用 D 表示，轴的公称尺寸用 d 表示。

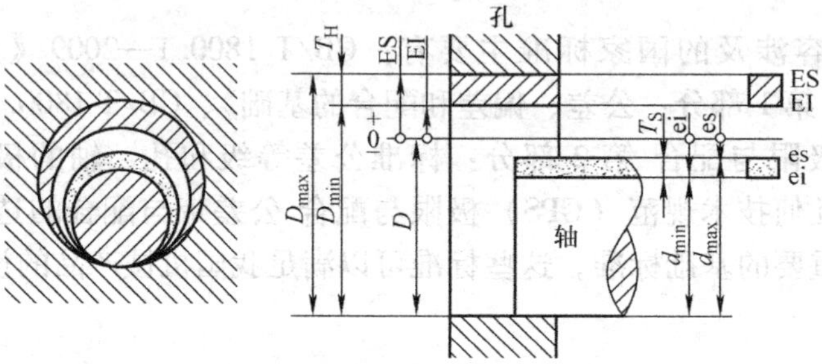

图 1-2　公称尺寸、极限尺寸和极限偏差、尺寸公差

2）实际尺寸　实际尺寸是指零件加工后通过测量获得的尺寸。孔的实际尺寸用 D_a 表示，轴的公称尺寸用 d_a 表示。

由于测量过程中，不可避免地存在测量误差，同一零件的相同部位用同一量具重复测量多次，其测量的实际尺寸也不完全相同。因而测量获得的实际尺寸并非真实尺寸，而是一近似于真实尺寸的尺寸。另外，由于零件表面加工后存在形状误差，所以不同部位的实际尺寸也不尽相同，如图 1-3 所示。

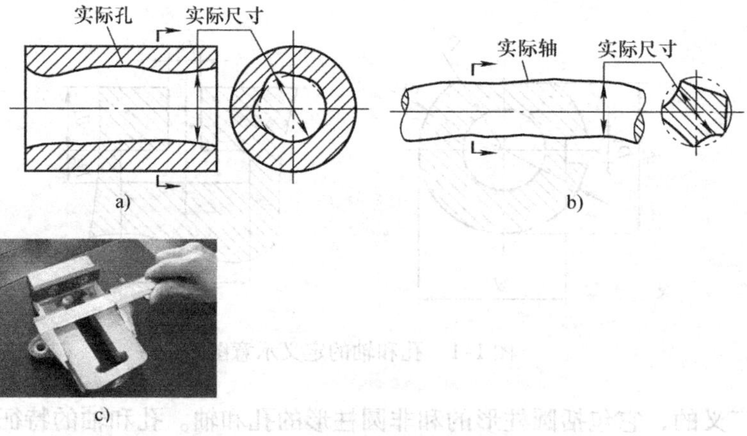

图 1-3　实际尺寸

3）极限尺寸　允许尺寸变化的两个界限值称为极限尺寸。其中，较大的称为上极限尺寸，较小的称为下极限尺寸。

孔和轴的上极限尺寸分别用符号 D_{max} 和 d_{max} 表示，下极限尺寸分别用符号 D_{min} 和 d_{min} 表示，如图 1-2 所示。

公称尺寸和极限尺寸是设计时给定的，实际尺寸应限制在极限尺寸范围内，也可以达到极限尺寸。孔或轴实际尺寸的合格条件为：$D_{\min} \leqslant D \leqslant D_{\max}$，$d_{\min} \leqslant d \leqslant d_{\max}$。

[例 1-1]　一根轴的直径为 $\phi30 \pm 0.008$mm。求其公称尺寸和上、下极限尺寸。

解：该轴公称尺寸为 $\phi30$mm。上极限尺寸为 $\phi30.008$mm。下极限尺寸为 $\phi29.992$mm。

4）实体状态和实体尺寸　实体状态可分为最大实体状态和最小实体状态，实体尺寸也可分为最大实体尺寸和最小实体尺寸。

孔或轴具有允许的材料量为最多时的状态称为最大实体状态。在最大实体状态下的极限尺寸，称为最大实体尺寸。对于孔为下极限尺寸，对于轴为上极限尺寸，如图 1-4 所示。

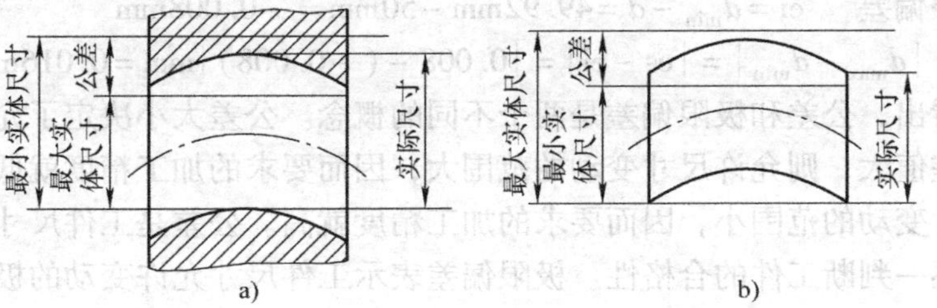

图 1-4　实体尺寸

孔或轴具有允许的材料量为最少时的状态称为最小实体状态。在最小实体状态下的极限尺寸，称为最小实体尺寸。对于孔为上极限尺寸，对于轴为下极限尺寸，如图 1-4 所示。

（3）尺寸偏差和公差的术语及其定义

1）尺寸偏差（简称偏差）　尺寸偏差是指某一尺寸（极限尺寸、实际尺寸）减去其公称尺寸所得的代数差。尺寸偏差可以为正、负或零。尺寸偏差还分为实际偏差和极限偏差。

① 实际偏差　即实际尺寸减其公称尺寸所得的代数差。以公式表示如下

孔的实际偏差　$E_a = D_a - D$

轴的实际偏差　$e_a = d_a - d$　(1-1)

② 极限偏差　即极限尺寸减其公称尺寸所得的代数差，如图 1-2 所示。

上极限尺寸减其公称尺寸所得的代数差称为上极限偏差。以公式表示如下

孔的上极限偏差　$ES = D_{\max} - D$

轴的上极限偏差　$es = d_{\max} - d$　(1-2)

下极限尺寸减其公称尺寸所得的代数差称为下极限偏差。以公式表示如下

孔的下极限偏差　$EI = D_{\min} - D$

轴的下极限偏差　$ei = d_{\min} - d$　(1-3)

完工零件尺寸合格的条件也常用偏差的关系表示。

对于孔　$ES \geqslant E_a \geqslant EI$

对于轴　$es \geqslant e_a \geqslant ei$

极限偏差与极限尺寸的关系如图 1-2 所示。

2）尺寸公差（简称公差）　零件在制造过程中，由于加工或测量等因素的影响，完工后的实际尺寸总存在一定的误差。为保证零件的互换性，必须将零件的实际尺寸控制在允许变动的范围内，这个允许的尺寸变动量称为尺寸公差，尺寸公差等于上极限尺寸与下极限尺

寸相减所得的绝对值，也等于上极限偏差与下极限偏差相减所得的绝对值。

公差是绝对值，不能为负，也不能为零（公差为零，零件将无法加工）。

孔和轴的公差分别用“T_H”,“T_S”表示。

尺寸公差、极限尺寸和极限偏差的关系如下。

$$\left.\begin{aligned} T_H &= |D_{max} - D| = |ES - EI| \\ T_S &= |d_{max} - d_{min}| = |es - ei| \end{aligned}\right\} \tag{1-4}$$

[例1-2] 一根轴的公称尺寸为 $\phi50 \pm 0.008$mm。求其公差。

解：轴的上极限偏差　$es = d_{max} - d = 50.008\text{mm} - 50\text{mm} = 0.008\text{mm}$

轴的下极限偏差　$ei = d_{min} - d = 49.92\text{mm} - 50\text{mm} = -0.008\text{mm}$

公差　$T_S = |d_{max} - d_{min}| = |es - ei| = |0.008 - (-0.008)|\text{mm} = 0.016\text{mm}$

由此可以看出，公差和极限偏差是两个不同的概念。公差大小决定了允许尺寸变动范围的大小，若公差值大，则允许尺寸变动的范围大，因而要求的加工精度就低；相反，公差值小，则允许尺寸变动的范围小，因而要求的加工精度就高。公差是工件尺寸精度指标，但不能根据公差来逐一判断工件的合格性。极限偏差表示工件尺寸允许变动的极限值，它原则上与工件尺寸无关，但上、下极限偏差又与精度有关。极限偏差是判断工件尺寸是否合格的依据。

3）公差带示意图及公差带　表示零件的尺寸相对其公称尺寸所允许的变动范围，叫尺寸公差带；而公差带的图解方式，则称为公差带图。

在国家标准中，公差带包括了“公差带大小”与“公差带位置”两个参数。公差带的大小取决于公差数值的大小，公差带相对于零线位置取决于极限偏差的大小。大小相同而位置不同的公差带，它们对工件的精度要求相同，而对尺寸大小的要求不同。因此，必须既给定公差数值以确定公差带的大小，又要给定一个极限偏差（上极限偏差或下极限偏差）以确定公差带位置，才能完整地描述公差带，表达对工件尺寸的设计要求。

公差带是学习本课程的一个重要概念和工具，必须熟练掌握。

公差带示意图如图1-5所示，有零线，上、下极限偏差线，具体数值标示等。公差带示意图中，公称尺寸的单位用mm表示，极限偏差及公差的单位可用mm表示，也可以用μm表示，而习惯上用μm表示。

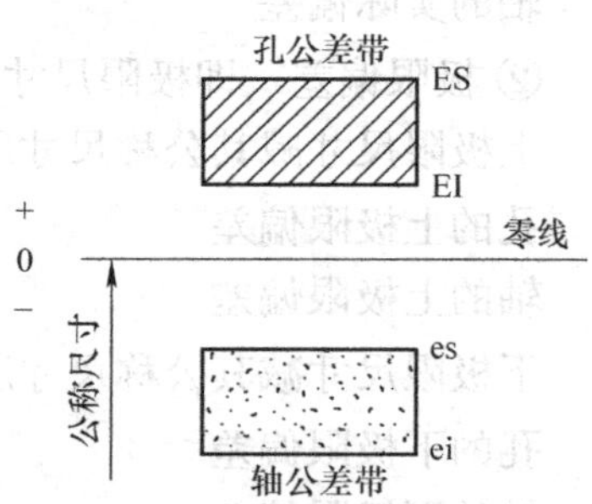

图1-5　孔、轴公差带示意图

4）极限制　公差带由公差带大小与公差带位置两个要素组成。公差带大小由公差值定，公差带相对于零线的位置可由极限偏差的任一偏差（上极限偏差或下极限偏差）来确定。用标准化的公差与极限偏差组成标准化的孔、轴公差带的制度，称为极限制。

① 标准公差是指国家标准GB/T 1800.1—2009所规定的公差值。它的数值取决于孔或轴的标准公差等级和公称尺寸。

② 基本偏差是指国家标准所规定的上极限偏差或下极限偏差，它一般为靠近公差带零线或位于零线的那个极限偏差。GB/T 1800.1—2009把标准化的极限偏差（上极限偏差或下极限偏差）统称为基本偏差，并规定了基本偏差的具体数值。

[例1-3] 公称尺寸为 $\phi50$mm 相互配合的孔和轴的极限尺寸分别为：D_{max} =

$\phi50.025$mm，$D_{min}=\phi50$mm 和 $d_{max}=\phi49.950$mm，$d_{min}=\phi49.934$mm。测得孔和轴的实际尺寸为 $D_a=\phi50.010$mm，$d_a=\phi49.946$mm。求孔和轴的极限偏差、公差和实际偏差，并画出孔、轴的公差带示意图。

解：① 计算孔和轴的极限偏差

$$ES=D_{max}-D=50.025\text{mm}-50\text{mm}=+0.025\text{mm}$$

$$EI=D_{min}-D=50\text{mm}-50\text{mm}=0$$

$$es=d_{max}-d=49.950\text{mm}-50\text{mm}=-0.050\text{mm}$$

$$ei=d_{min}-d=49.934\text{mm}-50\text{mm}=-0.066\text{mm}$$

② 计算孔和轴的公差

$$T_H=|D_{max}-D_{min}|=|50.025-50|\text{mm}=0.025\text{mm}$$

$$T_S=|d_{max}-d_{min}|=|49.950-49.934|\text{mm}=0.016\text{mm}$$

③ 计算孔和轴的实际偏差

$$E_a=D_a-D=50.010\text{mm}-50\text{mm}=+0.010\text{mm}$$

$$e_a=d_a-d=49.946\text{mm}-50\text{mm}=-0.054\text{mm}$$

④ 画孔、轴的公差带示意图，如图 1-6 所示。

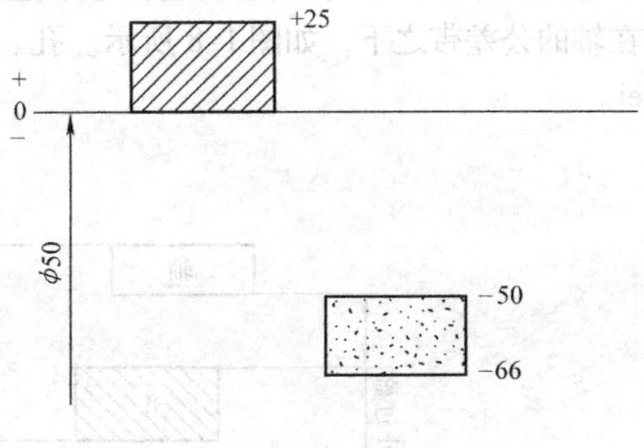

图 1-6　孔、轴的公差带示意图

(4) 有关配合的术语及其定义

1) 配合　公称尺寸相同的相互结合的孔和轴公差带之间的关系称为配合。

2) 间隙与过盈

① 间隙。孔的尺寸减去相配合的轴的尺寸之差为正值时称为间隙，用符号 X 表示。

② 过盈。孔的尺寸减去相配合的轴的尺寸之差为负值时称为过盈，用符号 Y 表示。

3) 配合的分类　根据互相结合的孔、轴公差带不同的相对位置关系，可以把配合分为 3 大类。

① 间隙配合。保证具有间隙（包括最小间隙等于零）的配合，称为间隙配合。此时，孔的公差带在轴的公差带之上，如图 1-7 所示。孔、轴的极限尺寸或极限偏差的关系为 $D_{min}\geqslant d_{max}$ 或 EI≥es。

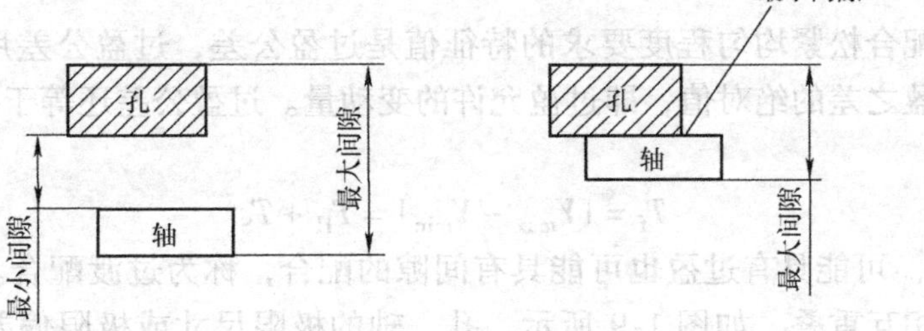

图 1-7　间隙配合示意图

表示对间隙配合松紧程度要求的特征值是最大间隙 X_{max} 和最小间隙 X_{min}。

$$X_{max} = D_{max} - d_{min} = ES - ei \tag{1-5}$$
$$X_{min} = D_{min} - d_{max} = EI - es$$

在实际设计中有时用到平均间隙，间隙配合中的平均松紧程度称为平均间隙，它是最大间隙与最小间隙的平均值，用 X_{av} 表示，即

$$X_{av} = \frac{1}{2}(X_{max} + X_{min}) \tag{1-6}$$

最大间隙 X_{max}、最小间隙 X_{min} 和平均间隙 X_{av} 数值的前面必须冠以正号。

表示对间隙配合松紧均匀程度要求的特征值是间隙公差，间隙公差用 T_f 表示。它是最大间隙与最小间隙之差的绝对值，即间隙允许的变动量。间隙公差还等于孔、轴尺寸公差之和，即

$$T_f = |X_{max} - X_{min}| = T_H + T_S$$

上式表明配合精度（配合公差）取决于相互配合的孔与轴的尺寸精度（尺寸公差），设计时可根据配合公差来确定孔与轴的公差。

② 过盈配合。具有过盈（包括最小过盈为零）的配合，称为过盈配合。此时，孔的公差带在轴的公差带之下，如图 1-8 所示。孔、轴的极限尺寸或极限偏差的关系为 $D_{max} \leqslant d_{min}$ 或 $ES \leqslant ei$。

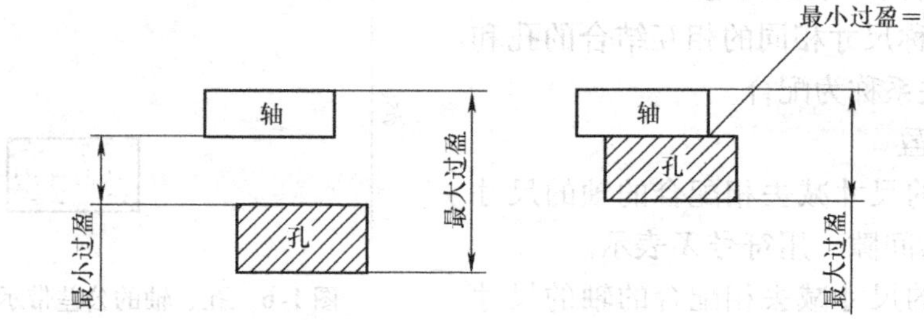

图 1-8 过盈配合示意图

表示对过盈配合松紧程度要求的特征值是最大过盈 Y_{max} 和最小过盈 Y_{min}。有时，也用平均过盈 Y_{av}，即

$$Y_{max} = D_{min} - d_{max} = EI - es \tag{1-7}$$
$$Y_{min} = D_{max} - d_{min} = ES - ei$$

$$Y_{av} = \frac{1}{2}(Y_{max} + Y_{min}) \tag{1-8}$$

表示对过盈配合松紧均匀程度要求的特征值是过盈公差，过盈公差用 T_f 表示。它是最大过盈与最小过盈之差的绝对值，即过盈允许的变动量。过盈公差还等于孔、轴尺寸公差之和，即：

$$T_f = |Y_{max} - Y_{min}| = T_H + T_S \tag{1-9}$$

③ 过渡配合。可能具有过盈也可能具有间隙的配合，称为过渡配合。此时，孔的公差带与轴的公差带相互重叠，如图 1-9 所示。孔、轴的极限尺寸或极限偏差的关系为 $D_{max} > d_{min}$ 且 $D_{min} < d_{max}$ 或 $ES > ei$ 且 $EI < es$。

表示对过渡配合松紧均匀程度要求的特征值是过渡公差，过渡公差用 T_f 表示。它是最

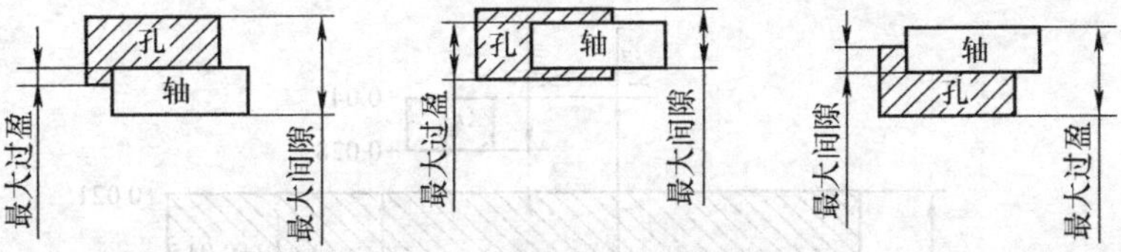

图1-9　过渡配合示意图

大间隙与最大过盈之差的绝对值，亦等于孔、轴尺寸公差之和，即

$$T_f = |X_{max} - Y_{max}| = T_H + T_S \tag{1-10}$$

由于最大间隙总是大于最小间隙，最小过盈总是大于最大过盈（它们都带负号），所以配合公差 T_f 是一个没有符号的绝对值。间隙配合、过盈配合和过渡配合的配合公差 $T_f = T_H + T_S$ 表明：配合中间隙配合或过盈配合的允许变动量越小，则满足该要求的孔、轴公差越小，孔、轴的装配精度要求就越高，则需要提高孔、轴的加工精度。反之，孔、轴的装配精度要求低，则不需要提高孔、轴的加工精度。

[例1-4]　求下列3种孔、轴配合的极限间隙或过盈、配合公差，并绘制公差带图。

①孔 $\phi 25^{+0.021}_{0}$ mm 与轴 $\phi 25^{-0.020}_{-0.033}$ mm 相配合；②孔 $\phi 25^{+0.021}_{0}$ mm 与轴 $\phi 25^{+0.041}_{+0.028}$ mm 相配合；③孔 $\phi 25^{+0.021}_{0}$ mm 与轴 $\phi 25^{+0.015}_{+0.002}$ mm 相配合。

解： ① 最大间隙

$$X_{max} = ES - ei = +0.021\text{mm} - (-0.033)\text{ mm} = +0.054\text{mm}$$

最小间隙

$$X_{min} = EI - es = 0 - (-0.020)\text{mm} = +0.020\text{mm}$$

配合公差

$$T_f = |X_{max} - X_{min}| = |0.054\text{mm} - 0.020\text{mm}| = 0.034\text{mm}$$

或　$$T_f = T_H + T_S = 0.021\text{mm} + 0.013\text{mm} = 0.034\text{mm}$$

② 最小过盈

$$Y_{min} = ES - ei = +0.021\text{mm} - 0.028\text{mm} = -0.007\text{mm}$$

最大过盈

$$Y_{max} = EI - es = 0 - 0.041\text{mm} = -0.041\text{mm}$$

配合公差

$$T_f = |Y_{max} - Y_{min}| = |-0.041\text{mm} + 0.007\text{mm}| = 0.034\text{mm}$$

或　$$T_f = T_H + T_S = 0.021\text{mm} + 0.013\text{mm} = 0.034\text{mm}$$

③ 最大间隙

$$X_{max} = ES - ei = +0.021\text{mm} - 0.002\text{mm} = +0.019\text{mm}$$

最大过盈

$$Y_{max} = EI - es = 0 - 0.015\text{mm} = -0.015\text{mm}$$

配合公差

$$T_f = |X_{max} - Y_{max}| = |0.019\text{mm} + 0.015\text{mm}| = 0.034\text{mm}$$

或　$$T_f = T_H + T_S = 0.021\text{mm} + 0.013\text{mm} = 0.034\text{mm}$$

④ 公差带示意图见图1-10所示

4）配合制　孔的公差带代号由28个基本偏差代号（A、B、…、ZC）和20级公差等级代号（IT01、IT0、IT1、IT2、……、IT18）组成，约560种，再与约560种的轴公差带进

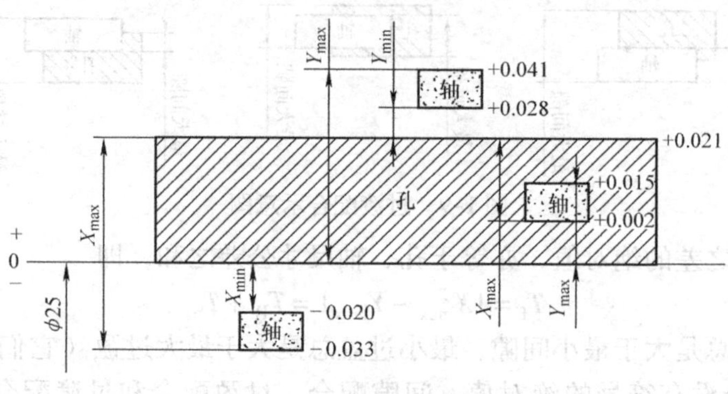

图 1-10　公差带示意图

行配合，有近 30 万种配合。为了简化孔、轴公差的组合形式，统一孔（或轴）的公差带的评判基准，方便设计和制造，我国国标规定了两种配合制：基孔制和基轴制。

加工孔时，孔径大了就要报废，所以基孔制时孔的下极限偏差（基本偏差）为零；而用车床加工轴时，容易把轴的轴径车小，所以规定基轴制时，轴的上极限偏差为零。

① 基孔制。基孔制是指基本偏差为零的孔的公差带，与不同基本偏差的轴的公差带形成配合的一种制度，如图 1-11 所示。

基孔制中的孔为基准孔，用 H 表示。基孔制中孔的下极限偏差为基本偏差，且数字为零，其公差带偏置在零线的上侧。基孔制中的轴为非基准轴，由于有不同的基本偏差，使它们的公差带和基准孔的公差带处于不同的位置。根据不同的位置，可以判断其不同的配合类型，如图 1-11 所示。

② 基轴制。基轴制是指基本偏差为零的轴的公差带，与不同基本偏差的孔的公差带形成配合的一种制度，如图 1-12 所示。

基轴制中的轴为基准轴，用 h 表示。基轴制中轴的上极限偏差为基本偏差，且数字为零，其公差带偏置在零线的下侧。基轴制中的孔为非基准孔，由于有不同的基本偏差，使它们的公差带和基准轴的公差带处于不同的位置。根据不同的位置，可以判断其不同的配合类型，如图 1-12 所示。

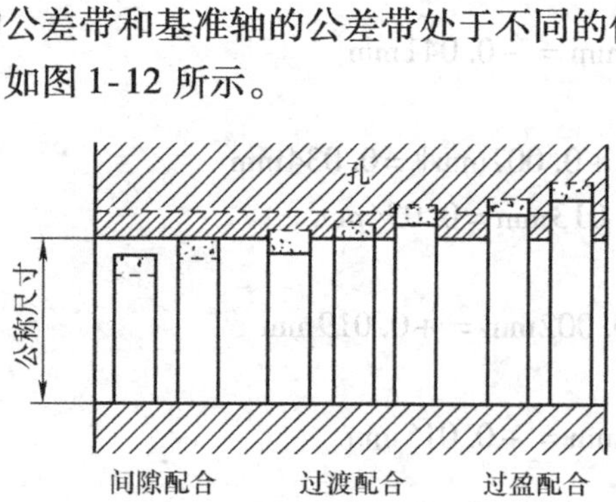

图 1-11　基孔制配合

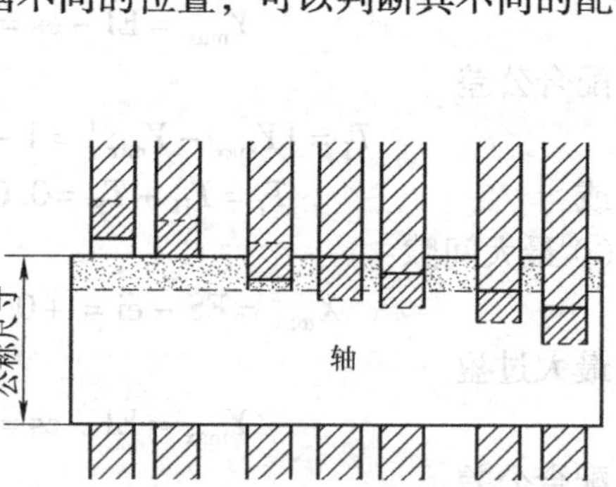

图 1-12　基轴制配合

2. 常用尺寸孔、轴的公差与配合

机械产品中，公称尺寸不大于 500mm 的尺寸段在实际生产中应用最广，该尺寸段称为常用尺寸。各种配合是由孔和轴公差带之间的关系决定的，而孔、轴公差带是由它的大小和位置决定的，公差带的大小由标准公差决定，公差带的位置由基本偏差决定。为了使公差带的大小和位置标准化，GB/T 1800.1—2009 规定了孔和轴的标准公差系列与基本偏差系列。

（1）孔、轴的标准公差系列

标准公差为国家标准极限与配合制中所规定的公差。它的数值决定与孔或轴的标准公差等级和公称尺寸。

国家标准设置了 20 个公差等级，代号为 IT01，IT0，IT01，IT02，IT03……IT18，其中 IT01 精度最高，其余依次降低，IT18 精度最低。

在实际应用中，标准公差等级代号也用于表示标准公差数值。其相应的标准公差数值在公称尺寸相同的条件下，随标准公差等级的降低而依次增大，标准公差数值见表 1-2。

表 1-2　标准公差数值

公称尺寸/mm		标准公差等级																	
		IT1	IT2	IT3	IT4	IT5	IT6	IT7	IT8	IT9	IT10	IT11	IT12	IT13	IT14	IT15	IT16	IT17	IT18
大于	至	μm											mm						
—	3	0.8	1.2	2	3	4	6	10	14	25	40	60	0.1	0.14	0.25	0.4	0.6	1	1.4
3	6	1	1.5	2.5	4	5	8	12	18	30	48	75	0.12	0.18	0.3	0.48	0.75	1.2	1.8
6	10	1	1.5	2.5	4	6	9	15	22	36	58	90	0.15	0.22	0.36	0.58	0.9	1.5	2.2
10	18	1.2	2	3	5	8	11	18	27	43	70	110	0.18	0.27	0.43	0.7	1.1	1.8	2.7
18	30	1.5	2.5	4	6	9	13	21	33	52	84	130	0.21	0.33	0.52	0.84	1.3	2.1	3.3
30	50	1.5	2.5	4	7	11	16	25	39	62	100	160	0.25	0.39	0.62	1	1.6	2.5	3.9
50	80	2	3	5	8	13	19	30	46	74	120	190	0.3	0.46	0.74	1.2	1.9	3	4.6
80	120	2.5	4	6	10	15	22	35	54	87	140	220	0.35	0.54	0.87	1.4	2.2	3.5	5.4
120	180	3.5	5	8	12	18	25	40	63	100	160	250	0.4	0.63	1	1.6	2.5	4	6.3
180	250	4.5	7	10	14	20	29	46	72	115	185	290	0.46	0.72	1.15	1.85	2.9	4.6	7.2
250	315	6	8	12	16	23	32	52	81	130	210	320	0.52	0.81	1.3	2.1	3.2	5.2	8.1
315	400	7	9	13	18	25	36	57	89	140	230	360	0.57	0.89	1.4	2.3	3.6	5.7	8.9
400	500	8	10	15	20	27	40	63	97	155	250	400	0.63	0.97	1.55	2.5	4	6.3	9.7

（2）孔、轴的基本偏差系列

1）基本偏差代号　国家标准（简称国标）中已将基本偏差标准化，规定了孔、轴各 28 种公差带位置，孔用大写字母，轴用小写字母。在 26 个英文字母中，去掉 5 个字母（孔去掉 I、L、O、Q、W，轴去掉 i、l、o、q、w），加上 7 组字母（孔为 CD、EF、FG、JS、ZA、ZB、ZC；轴为 cd、ef、fg、js、za、zb、zc），共 28 种，基本偏差系列如图 1-13 所示。

2）基本偏差系列特点

① 基本偏差系列中的 H(h) 表示基本偏差为零。

② JS(js) 与零线对称，上极限偏差 ES（es）= +IT/2，下极限偏差 EI（ei）= −IT/2，上下极限偏差均可作为基本偏差。当标准公差等级为 IT7 ~ IT11 时，若公差数值是奇数，则按 ±(IT − 1)/2 计算。

③ 孔的基本偏差系列中，A ~ H 的基本偏差为下极限偏差，J ~ ZC 的基本偏差为上极限偏差；轴的基本偏差中 a ~ h 的基本偏差为上极限偏差，j ~ zc 的基本偏差为下极限偏差。

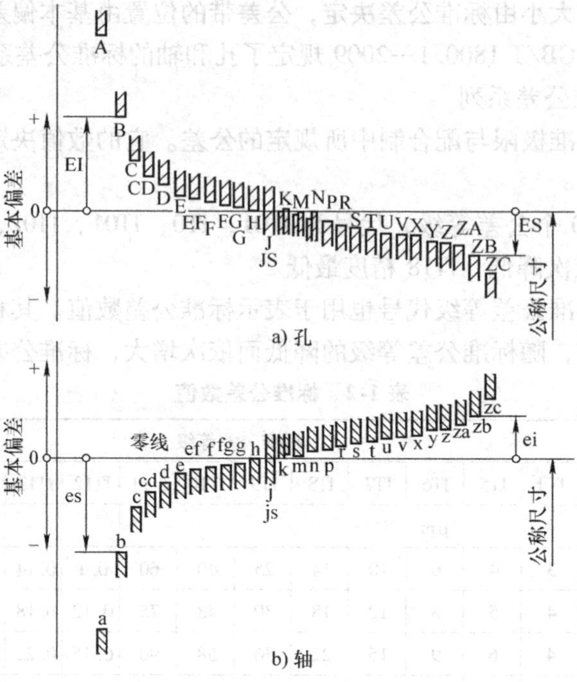

图 1-13 基本偏差系列

④ 公差带的另一极限偏差“开口”，表示其公差等级未定。

3）基本偏差数值 轴的各种基本偏差数值的确定，是以基孔制中的基本偏差代号为 H 的基准孔，与不同基本偏差的轴形成的各种配合为基础，根据设计要求、生产实践和科学实验，经统计分析、计算、圆整后，编制出轴的基本偏差数值表，轴的基本偏差数值见表 1-3。

轴、孔的各基本偏差图形是基本对称的，孔的基本偏差数值按两种规则进行换算。

① 通用规则。一般情况下，同一字母的孔的基本偏差与轴的基本偏差相对于零线是完全对称的。也就是说，孔和轴的基本偏差代号对应（例如 A 对应 a，F 对应 f）时，两者基本偏差的绝对值相等，而符号相反，即

$$EI = -es$$

$$ES = -ei$$

通用规则适用于所有孔的极限偏差。但是，在公称尺寸为 3 ~ 500mm，标准公差等级大于 IT8 时，代号为 N 的孔的基本偏差（ES）的数值等于零；极高标准公差等级的孔与轴的过盈配合、过渡配合采用轴比孔高一级的配合（例如，H7/p6，H7/h6）时，通用规则不适用。

② 特殊规则。在公称尺寸为 3 ~ 500mm 的同名基孔制和基轴制配合中，给定某一标准公差等级的孔与高一级的轴相配合，并要求两者的配合性质相同（具有相同的极限过盈或极限间隙时），基轴制孔的基本偏差数值的计算公式为

$$ES = -ei + \Delta$$

式中，Δ 为尺寸分段内给定的某一标准公差等级的孔的标准公差数值 ITn，与高一级的轴的标准公差数值 IT($n-1$) 的差值，即 $\Delta = ITn - IT(n-1) = T_H - T_S$。

在生产实际中，孔和轴的基本偏差不必计算，可直接查表 1-3 和表 1-4 得到。

表 1-3　公称尺寸≤500mm 轴的基本偏差数值

公称尺寸/mm		基本偏差数值/μm																														
		上极限偏差 es												下极限偏差 ei																		
		所有标准公差等级												IT5和IT6	IT7	IT8	IT4至IT7	≤IT3 >IT7	所有标准公差等级													
大于	至	a	b	c	cd	d	e	ef	f	fg	g	h	js	j			k		m	n	p	r	s	t	u	v	x	y	z	za	zb	zc
—	3	−270	−140	−60	−34	−20	−14	−10	−6	−4	−2	0	偏差等于±ITn/2，式中ITn是IT数值	−2	−4	−6	0	0	+2	+4	+6	+10	+14		+18		+20		+26	+32	+40	+60
3	6	−270	−140	−70	−46	−30	−20	−14	−10	−6	−4	0		−2	−4		+1	0	+4	+8	+12	+15	+19		+23		+28		+35	+42	+50	+80
6	10	−280	−150	−80	−56	−40	−25	−18	−13	−8	−5	0		−2	−5		+1	0	+6	+10	+15	+19	+23		+28		+34		+42	+52	+67	+97
10	14	−290	−150	−95		−50	−32		−16		−6	0		−3	−6		+1	0	+7	+12	+18	+23	+28		+33		+40		+50	+64	+90	+130
14	18																									+39	+45		+60	+77	+108	+150
18	24	−300	−160	−110		−65	−40		−20		−7	0		−4	−8		+2	0	+8	+15	+22	+28	+35		+41	+47	+54	+63	+73	+98	+136	+188
24	30																							+41	+48	+55	+64	+75	+88	+118	+160	+218
30	40	−310	−170	−120		−80	−50		−25		−9	0		−5	−10		+2	0	+9	+17	+26	+34	+43	+48	+60	+68	+80	+94	+112	+148	+200	+274
40	50	−320	−180	−130																				+54	+70	+81	+97	+114	+136	+180	+242	+325
50	65	−340	−190	−140		−100	−60		−30		−10	0		−7	−12		+2	0	+11	+20	+32	+41	+53	+66	+87	+102	+122	+144	+172	+226	+300	+405
65	80	−360	−200	−150																		+43	+59	+75	+102	+120	+146	+174	+210	+274	+360	+480
80	100	−380	−220	−170		−120	−72		−36		−12	0		−9	−15		+3	0	+13	+23	+37	+51	+71	+91	+124	+146	+178	+214	+258	+335	+445	+585
100	120	−410	−240	−180																		+54	+79	+104	+144	+172	+210	+254	+310	+400	+525	+690
120	140	−460	−260	−200		−145	−85		−43		−14	0		−11	−18		+3	0	+15	+27	+43	+63	+92	+122	+170	+202	+248	+300	+365	+470	+620	+800
140	160	−520	−280	−210																		+65	+100	+134	+190	+228	+280	+340	+415	+535	+700	+900
160	180	−580	−310	−230																		+68	+108	+146	+210	+252	+310	+380	+465	+600	+780	+1000
180	200	−660	−340	−240		−170	−100		−50		−15	0		−13	−21		+4	0	+17	+31	+50	+77	+122	+166	+236	+284	+350	+425	+520	+670	+880	+1150
200	225	−740	−380	−260																		+80	+130	+180	+258	+310	+385	+470	+575	+740	+960	+1250
225	250	−820	−420	−280																		+84	+140	+196	+284	+340	+425	+520	+640	+820	+1050	+1350
250	280	−920	−480	−300		−190	−110		−56		−17	0		−16	−26		+4	0	+20	+34	+56	+94	+158	+218	+315	+385	+475	+580	+710	+920	+1200	+1550
280	315	−1050	−540	−330																		+98	+170	+240	+350	+425	+525	+650	+790	+1000	+1300	+1700
315	355	−1200	−600	−360		−210	−125		−62		−18	0		−18	−28		+4	0	+21	+37	+62	+108	+190	+268	+390	+475	+590	+730	+900	+1150	+1500	+1900
355	400	−1350	−680	−400																		+114	+208	+294	+435	+530	+660	+820	+1000	+1300	+1650	+2100
400	450	−1500	−760	−440		−230	−135		−68		−20	0		−20	−32		+5	0	+23	+40	+68	+126	+232	+330	+490	+595	+740	+920	+1100	+1450	+1850	+2400
450	500	−1650	−840	−480																		+132	+252	+360	+540	+660	+820	+1000	+1250	+1600	+2100	+2600

注：1. 公称尺寸小于或等于 1mm 时，基本偏差 a 和 b 均不采用。

2. 公差带 js7 至 js11，若 ITn 数值是奇数，则取偏差 $= \pm \frac{ITn-1}{2}$。

表 1-4　公称尺寸≤500mm 孔的基本偏差数值

公称尺寸/mm		基本偏差数值/μm																					
		下极限偏差 EI												上极限偏差 ES									
		所有标准公差等级												IT6	IT7	IT8	≤IT8	>IT8	≤IT8	>IT8	≤IT8	>IT8	≤IT7
大于	至	A	B	C	CD	D	E	EF	F	FG	G	H	JS	J			K		M		N		P 至 ZC
—	3	270	140	60	34	20	14	10	6	4	2	0		2	4	6	0	0	2	-2	-4	-4	
3	6	270	140	70	46	30	20	14	10	6	4	0		5	6	10	-1 + Δ		-4 + Δ	-4	-8 + Δ	0	
6	10	280	150	80	56	40	25	18	13	8	5	0		5	8	12	-1 + Δ		-6 + Δ	-6	-10 + Δ	0	
10	14	290	150	95		50	32		16		6	0		6	10	15	-1 + Δ		-7 + Δ	-7	-12 + Δ	0	
14	18																						
18	24	300	160	110		65	40		20		7	0		8	12	20	-2 + Δ		-8 + Δ	-8	-15 + Δ	0	
24	30																						
30	40	310	170	120		80	50		25		9	0		10	14	24	-2 + Δ		-9 + Δ	-9	-17 + Δ	0	
40	50	320	180	130																			
50	65	340	190	140		100	60		30		10	0	偏差等于 ±ITn/2，式中 ITn 是 IT 数值	13	18	28	-2 + Δ		-11 + Δ	-11	-20 + Δ	0	在大于 IT7 的相应数值上增加一个 Δ 值
65	80	360	200	150																			
80	100	380	220	170		120	72		36		12	0		16	22	34	-3 + Δ		-13 + Δ	-13	-23 + Δ	0	
100	120	410	240	180																			
120	140	460	260	200		145	85		43		14	0		18	26	41	-3 + Δ		-15 + Δ	-15	-27 + Δ	0	
140	160	520	280	210																			
160	180	580	310	230																			
180	200	660	310	240		170	100		50		15	0		22	30	47	-4 + Δ		-17 + Δ	-17	-31 + Δ	0	
200	225	740	380	260																			
225	250	820	420	280																			
250	280	920	480	300		190	110		56		17	0		25	36	55	-4 + Δ		-20 + Δ	-20	-34 + Δ	0	
280	315	1050	540	330																			
315	355	1200	600	360		210	125		62		18	0		29	39	60	-4 + Δ		-21 + Δ	-21	-37 + Δ	0	
355	400	1350	680	400																			
400	450	1500	760	440		230	135		68		20	0		33	43	66	-5 + Δ		-23 + Δ	-23	-40 + Δ	0	
450	500	1650	840	480																			

（续）

公称尺寸/mm		基本偏差数值/μm 上极限偏差 ES 标准公差等级大于 IT7												Δ值/μm 标准公差等级					
大于	至	P	R	S	T	U	V	X	Y	Z	ZA	ZB	ZC	IT3	IT4	IT5	IT6	IT7	IT8
—	3	-6	-10	-14		-18		-20		-26	-32	-40	-60	0	0	0	0	0	0
3	6	-12	-15	-19		-23		-28		-35	-42	-50	-80	1	1.5	1	3	4	6
6	10	-15	-19	-23		-28		-34		-42	-52	-67	-97	1	1.5	2	3	6	7
10	14	-18	-23	-28		-33		-40		-50	-64	-90	-130	1	2	3	3	7	9
14	18						-39	-45		-60	-77	-108	-150						
18	24	-22	-28	-35		-41	-47	-54	-63	-73	-98	-136	-188	1.5	2	3	4	8	12
24	30				-41	-48	-55	-64	-75	-88	-118	-160	-218						
30	40	-26	-34	-43	-48	-60	-68	-80	-94	-112	-148	-200	-274	1.5	3	4	5	9	14
40	50				-54	-70	-81	-97	-114	-136	-180	-242	-325						
50	65	-32	-41	-53	-66	-87	-102	-122	-144	-172	-226	-300	-405	2	3	5	6	11	16
65	80		-43	-59	-75	-102	-120	-146	-174	-210	-274	-360	-480						
80	100	-37	-51	-71	-91	-124	-146	-178	-214	-258	-335	-445	-585	2	4	5	7	13	19
100	120		-54	-79	-104	-144	-172	-210	-254	-310	-400	-525	-690						
120	140	-43	-63	-92	-122	-170	-202	-248	-300	-365	-470	-620	-800	3	4	6	7	15	23
140	160		-65	-100	-134	-190	-228	-280	-340	-415	-535	-700	-900						
160	180		-68	-108	-146	-210	-252	-310	-380	-465	-600	-780	-1000						
180	200	-50	-77	-122	-166	-236	-284	-350	-425	-520	-670	-880	-1150	3	4	6	9	17	26
200	225		-80	-130	-180	-258	-310	-385	-470	-575	-740	-960	-1250						
225	250		-84	-140	-196	-284	-340	-425	-520	-640	-820	-1050	-1350						
250	280	-56	-94	-158	-218	-315	-385	-475	-580	-710	-920	-1200	-1550	4	4	7	9	20	29
280	315		-98	-170	-240	-350	-425	-525	-650	-790	-1000	-1300	-1700						
315	355	-62	-108	-190	-268	-390	-475	-590	-730	-900	-1150	-1500	-1900	4	5	7	11	21	32
355	400		-114	-208	-294	-435	-530	-660	-820	-1000	-1300	-1650	-2100						
400	450	-68	-126	-232	-330	-490	-595	-740	-920	-1100	-1450	-1850	-2400	5	5	7	13	23	24
450	500		-132	-252	-360	-540	-660	-820	-1000	-1250	-1600	-2100	-2600						

注：1. 1mm 以下各级 A 和 B 均不采用。

2. 标准公差≤IT8 级的 K、M、N 及≤IT7 级的 P 到 ZC 时，从表的右侧选取 Δ 值。例：在 18mm ~ 30mm 之间的 P7，Δ = 8μm，因此 ES = −22 + 8 = −14μm。

［**例1-5**］ 利用标准公差数值表（表1-2）和孔的基本偏差数值表（表1-4），确定ϕ40G6、ϕ70N6孔的极限偏差值。

解：ϕ40G6（40－公称尺寸，G－孔的基本偏差代号，6－标准公差等级IT6）

① 查表1-2，标准公差值为16μm＝0.016mm。

② 查表1-4，40G6的基本偏差数值为＋9μm。

由于G的基本偏差为下极限偏差，则EI＝＋0.009mm

③ 计算其上极限偏差

$$ES = EI + IT6 = 0.009mm + 0.016mm = +0.025mm$$

④ 轴的极限偏差在图样上的标注为$\phi 40^{+0.025}_{+0.009}$。

ϕ70N6（70－公称尺寸，N－孔的基本偏差代号，6－标准公差等级IT6）

① 查表1-2，标准公差值为19μm＝0.019mm。

② 查表1-4为70N6的上极限偏差（基本偏差）数值为（－20＋Δ）μm。

计算Δ

$$\Delta = ITn - IT(n-1) = IT6 - IT5$$

$$\Delta = 0.019mm - 0.013mm = 0.006mm$$

（注：70IT5＝0.013mm）

计算上极限偏差

$$ES = (-20+\Delta)\mu m = -0.020mm - 0.006mm = -0.014mm$$

③ 计算下极限偏差

$$EI = ES - IT6 = -0.014mm - 0.019mm = -0.033mm$$

④ 孔的极限偏差在图样上的标注为$\phi 70^{-0.014}_{-0.033}$。

［**例1-6**］ 利用标准公差数值表（表1-2）和轴的基本偏差数值表（表1-3），确定ϕ55e7轴的极限偏差值。

解：ϕ55e7（55－公称尺寸，e－轴的基本偏差代号，7－标准公差等级IT7）

① 查表1-2，标准公差值为30μm＝0.030mm。

② 查表1-3，55e的基本偏差数值为－60μm。

由于e的基本偏差为上极限偏差，则EI＝－0.060mm。

③ 计算其下极限偏差

$$ei = es - IT7 = -0.060mm - 0.030mm = -0.090mm$$

④ 轴的极限偏差在图样上的标注为$\phi 55^{-0.060}_{-0.090}$。

（3）孔、轴公差与配合在图样上的标注

孔、轴公差与配合在图样上的标注如图1-14所示，在装配图上，公称尺寸后面标注孔、轴配合代号；在零件图上，在公称尺寸后面标注孔或轴的公差带代号或上、下极限偏差数值。

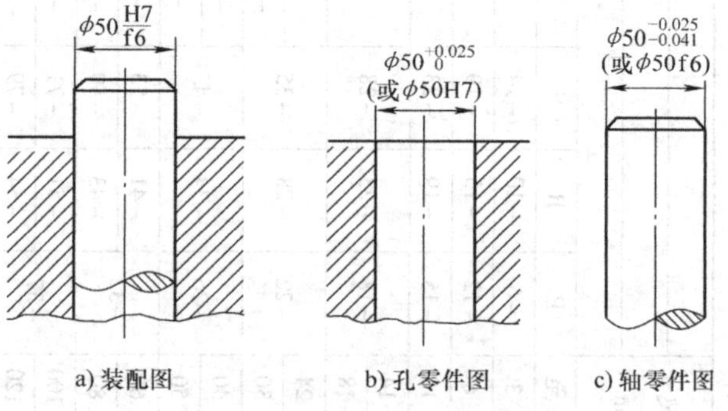

图1-14 图样标注示意图

（4）常用公差带与配合

GB/T 1801—2009对于公称尺寸≤500mm的轴、孔分别推荐了常用公差带和优先、常用配合。

1）优先、常用和一般用途公差带　如图1-15所示，轴的常用公差带有116种。选择轴的公差带时，应优先选用带圆圈的公差带，共13种；其次选用方框中的常用公差带，共59种；最后选用其他公差带。

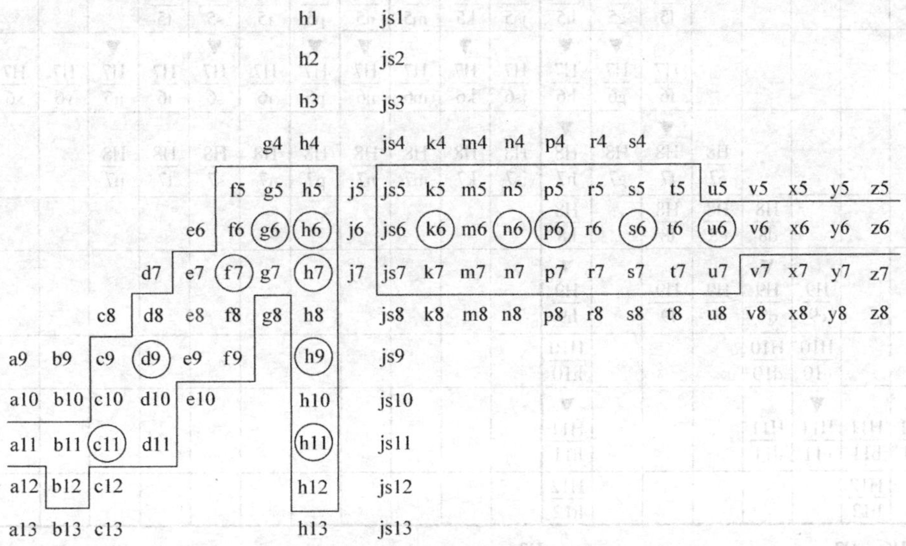

图1-15　轴的常用公差带

如图1-16所示，孔的常用公差带有116种。选择孔的公差带时，应优先选用带圆圈的公差带，共13种；其次选用方框中的常用公差带，共44种；最后选用其他公差带。

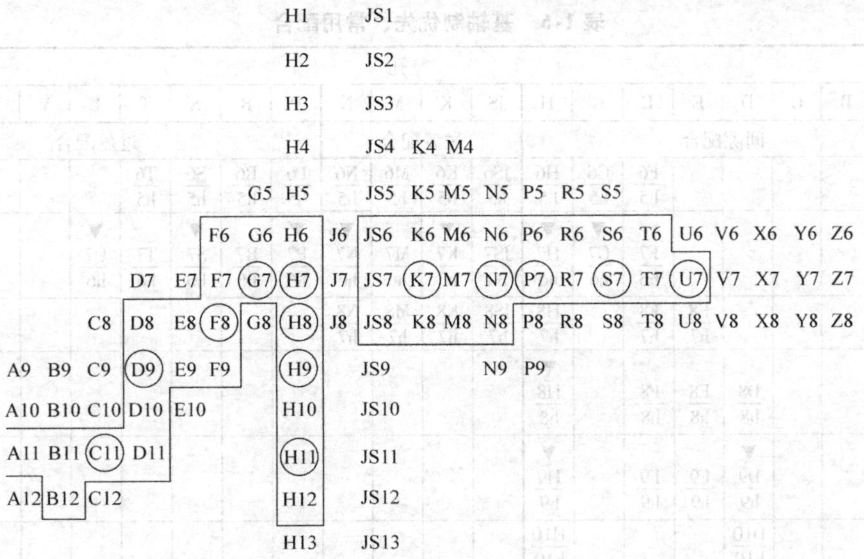

图1-16　孔的常用公差带

2）优先和常用配合　当轴的公差小于或等于IT7时，是与低一级的基准孔配合，其余是与同级的基准孔配合，见表1-5。

表 1-5　基孔制优先、常用配合

基准孔	轴																				
	a	b	c	d	e	f	g	h	js	k	m	n	p	r	s	t	u	v	x	y	z
	间隙配合								过渡配合				过盈配合								
H6						H6/f5	H6/g5	H6/h5	H6/js5	H6/k5	H6/m5	H6/n5	H6/p5	H6/r5	H6/s5	H6/t5					
H7						H7/f6	▼H7/g6	▼H7/h6	H7/js6	▼H7/k6	H7/m6	▼H7/n6	▼H7/p6	H7/r6	▼H7/s6	H7/t6	▼H7/u6	H7/v6	H7/x6	H7/y6	H7/z6
H8					H8/e7	▼H8/f7	H8/g7	▼H8/h7	H8/js7	H8/k7	H8/m7	H8/n7	H8/p7	H8/r7	H8/s7	H8/t7	H8/u7				
				H8/d8	H8/e8	H8/f8		H8/h8													
H9			H9/c9	▼H9/d9	H9/e9	H9/f9		▼H9/h9													
H10			H10/c10	H10/d10				H10/h10													
H11	H11/a11	H11/b11	▼H11/c11	H11/d11				▼H11/h11													
H12		H12/b12						H12/h12													

注：1. $\frac{H6}{n5}$、$\frac{H7}{p6}$在公称尺寸大于或等于 3mm 和$\frac{H8}{r7}$在公称尺寸大小或等于 100mm，为过渡配合。

2. 带▼的配合为优先配合。

当孔的公差小于或等于 IT8 时，是与高一级的基准轴配合，其余是与同级的基准轴配合，见表 1-6。

表 1-6　基轴制优先、常用配合

基准轴	孔																				
	A	B	C	D	E	F	G	H	JS	K	M	N	P	R	S	T	U	V	X	Y	Z
	间隙配合								过渡配合				过盈配合								
h5						F6/h5	G6/h5	H6/h5	JS6/h5	K6/h5	M6/h5	N6/h5	P6/h5	R6/h5	S6/h5	T6/h5					
h6						F7/h6	▼G7/h6	▼H7/h6	JS7/h6	▼K7/h6	M7/h6	▼N7/h6	▼P7/h6	R7/h6	▼S7/h6	T7/h6	▼U7/h6				
h7					E8/h7	F8/h7		H8/h7	JS8/h7	K8/h7	M8/h7	N8/h7									
h8				D8/h8	E8/h8	F8/h8		▼H8/h8													
h9				▼D9/h9	E9/h9	F9/h9		▼H9/h9													
h10				D10/h10				H10/h10													
h11	A11/a11	B11/h11	▼C11/h11	D11/h11				▼H11/h11													
h12		B12/h12						H12/h12													

注：带▼的配合为优先配合。

3. 常用尺寸孔、轴公差与配合的选用

（1）配合制的选用

基准制中有基孔制和基轴制两种，一般优先采用基孔制配合。但是，在某些情况下，采用基轴制比较经济合理。

① 使用具有一定公差等级的冷拉钢材直接作轴，而轴的外表面不需再进行加工，即可满足使用要求。

② 尺寸小于1mm的精密轴比同一公差等级的孔加工要困难。

③ 在结构上，当同一轴与公称尺寸相同的几个孔配合，并且配合性质要求不同时，可根据具体结构考虑采用基轴制。如图1-17所示，在活塞部件中，活塞销1的两端与活塞2为过渡配合，以保证零件间相对静止，活塞销1的中部与连杆3为间隙配合，以保证可以相对转动，而活塞销各处的公称尺寸相同。

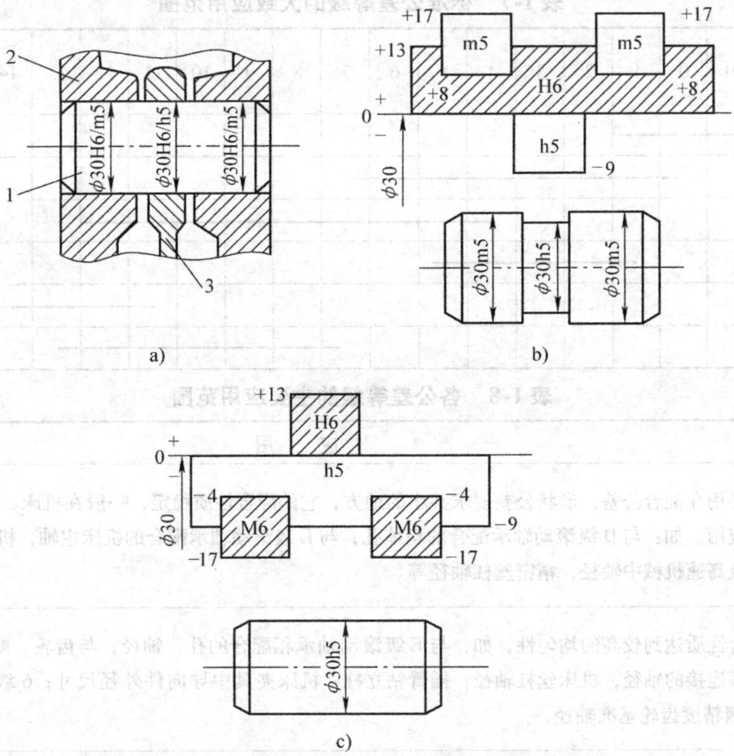

图1-17　活塞、连杆、活塞销配合制选择

1—活塞销　2—活塞　3—连杆

④ 与标准件或标准部件配合的孔或轴，必须以标准件为基准件来选择配合制。但是，在装配图上标注配合公差时，不标注与标准件相配合的配合公差。如图1-18所示。

⑤ 为满足配合的特殊需要，有时允许孔与轴采用非基准孔、轴公差带组成的配合，即非基准制配合。

如果零件有镀层要求，要求零件涂镀后满足某一基准制配合的孔或轴，那么零件在电镀前应按非基准制配合的孔、轴公差带进行加工。

（2）公差等级的选用

公差等级选用的基本原则是：在能够满足使用要求的前提下，应尽量选择较低的公差等级。

选用公差等级时还应考虑以下问题。

1）工艺等价性

① 公称尺寸≤500mm 且标准公差≤IT8 的孔比同级的轴加工困难，国家标准推荐孔与比它高一级的轴配合。

② 公称尺寸≤500mm 且标准公差＞IT8 的孔和公称尺寸＞500mm 的孔，其测量精度容易保证，国家标准推荐孔、轴采用同级配合。

2）各公差等级的应用范围　表 1-7 为标准公差等级的大致应用范围，表 1-8 为标准公差等级的主要应用范围。

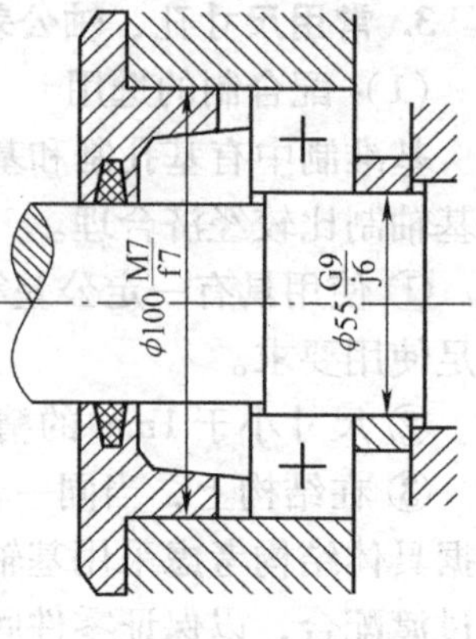

图 1-18　非基准制配合

表 1-7　标准公差等级的大致应用范围

应用 \ 公差等级	01	0	1	2	3	4	5	6	7	8	9	10	11	12	13	14	15	16	17	18
块规	—	—	—																	
量规		—	—	—	—	—	—	—	—											
配合尺寸						—	—	—	—	—	—	—	—	—						
特别精密零件			—	—	—	—	—													
非配合尺寸													—	—	—	—	—	—	—	
原材料									—	—	—	—	—	—	—					

表 1-8　各公差等级的主要应用范围

公差等级	应　用
5 级	主要用在配合公差，形状公差要求甚小的地方，它的配合性质稳定，一般在机床、发动机、仪表等重要部位应用。如：与 D 级滚动轴承配合的箱体孔；与 E 级滚动轴承配合的机床主轴，机床尾架与套筒，精密机械及高速机械中轴径，精密丝杠轴径等
6 级	配合性质达到较高的均匀性，如：与 E 级滚动轴承相配合的孔、轴径；与齿轮、蜗轮、联轴器、带轮、凸轮等连接的轴径，机床丝杠轴径；摇臂钻立柱；机床夹具中导向件外径尺寸；6 级精度齿轮的基准孔，7、8 级精度齿轮基准轴径
7 级	7 级精度比 6 级稍低，应用条件与 6 级基本相似，在一般机械制造中应用较为普遍。如：联轴器、带轮、凸轮等孔径；机床夹盘座孔，夹具中固定钻套，可换钻套；7、8 级齿轮基准孔，9、10 级齿轮基准轴
8 级	在机械制造中属于中等精度。如：轴承座衬套沿宽度方向尺寸，9、10 级齿轮基准孔；11、12 级齿轮基准轴
9 级 10 级	主要用于机械制造中轴套外径与孔；操纵件与轴；空轴带轮与轴；单键与花键
11 级 12 级	配合精度很低，装配后可能产生很大间隙，适用于基本上没有什么配合要求的场合。如：机床上法兰盘与止口；滑块与滑移齿轮；加工中工序间尺寸；冲压加工的配合件；机床制造中的扳手孔与扳手座的连接

（3）配合种类的选用

选用配合时，应尽量选择国家标准中规定的公差带和配合，首先采用优先配合；其次是常用配合；最后是一般配合。

① 间隙配合主要用于结合件有相对运动或需装拆方便的配合。

② 过渡配合主要用于需要精确定位和便于装拆、相对静止的配合。

③ 过盈配合主要用于孔、轴间没有相对运动，需传递一定扭矩的配合；当过盈不大时，主要借助键联接（或其他紧固件）传递扭矩，可拆卸；当过盈大时，主要靠结合力传递扭矩，不便拆卸。

各种偏差的应用实例见表1-9。

表1-9　各种偏差的应用实例

配合	基本偏差	特性及应用
间隙配合	a、b	可得到特别大的间隙，应用很少。例如起重机吊钩的铰链、带榫槽的法兰盘，推荐配合为H12/b12
	c	可得到很大的间隙，一般适用于缓慢、松弛的动配合。用于工作条件较差（如农业机械）、受力变形，或为了便于装配而必须保证有较大的间隙时，推荐配合为H11/c11。其较高等级的配合，如H8/c7适用于轴在高温工作的紧密配合，例如内燃机排气阀和导管
	d	一般用于IT7～IT11级，适用于松的转动配合，如密封盖、滑轮、空带轮等与轴的配合，也适用于大直径滑动轴承的配合，如球磨机、轧钢机等重型机械的滑动轴承
	e	多用于IT7～IT9级，通常用于要求有明显间隙，易于转动的支承配合，如大跨距支承、多支点支承等配合。高等级的e偏差配合的轴也适用于大的、高速、重载的支承，如蜗轮发电机、大型电动机及内燃机的主要轴承、凸轮轴轴承等配合
	f	多用于IT6～IT8级的一般转动配合，当温度影响不太大时，被广泛用于普通润滑油（或润滑脂）润滑的支承，如齿轮箱、小电动机、泵等的转轴与滑动轴承的配合
	g	配合间隙很小，制造成本很高，除了很轻负荷的精密机构外，一般不用作转动配合。多用于IT5～IT7级，最适合不回转的精密滑动轴承，也用于插销等定位配合，如精密连杆轴承、活塞及滑阀、连杆销、钻套与衬套、精密机床的主轴与轴承、分度头轴颈与轴的配合等。例如钻套与衬套的配合为H7/g6
	h	配合的最小间隙为零，用于IT4～IT11级。广泛用于无相对转动的零件，作为一般定位配合。若无温度、变形影响，也用于精密滑动配合。例如车床尾座体孔与顶尖套筒的配合为H6/h5
过渡配合	js	平均起来为稍有间隙的配合，多用于IT4～IT7级，要求间隙比*h*偏差配合的轴小，并允许稍有过盈的定位配合，如联轴器，可用手或木锤装配
	k	平均起来没有间隙的配合，适用于IT4～IT7级，推荐用于稍有过盈的定位配合，例如为了消除振动用的定位配合，一般用木锤装配
	m	平均起来具有不大过盈的过渡配合，适用于IT4～IT7级，用于精密定位的配合，如蜗轮的青铜轮缘与轮毂的配合为H7/m6。一般可用木锤装配，但在最大过盈时，要求有相当大的压入力
	n	平均过盈比m偏差配合的轴稍大，很少得到间隙，适用于IT4～IT7级，用锤或压力机装配，拆卸较困难

（续）

配合	基本偏差	特性及应用
过盈配合	p	与 H6 或 H7 孔配合时是过盈配合，与 H8 孔配合时为过渡配合。对非铁制零件，为较轻的压入配合，当需要时易于拆卸。对钢、铸铁或铜、钢组件装配是标准压入配合。它主要用于定心精度很高、零件有足够的刚性、受冲击负荷的定位配合
	r	对铁制零件，为中等打入配合，对非铁制零件，为轻打入的配合，当需要时可以拆卸。与 H8 孔配合，直径在 100mm 以上时为过盈配合，直径小时为过渡配合
	s	用于钢铁件的永久或半永久结合。可产生相当大的结合力。当用弹性材料，如轻合金时，配合性质与铁制零件的 p 偏差配合的轴相当。例如套环压装在轴上、阀座等的配合。尺寸较大时，为了避免损伤配合表面，需用热胀或冷缩法装配
	t、u、v x、y、z	过盈量依次增大，一般不推荐。例如联轴器与轴的配合 H7/t6

4. 一般公差（线性尺寸的未注公差）

一般公差（未注公差）是指在车间普通工艺条件下，机床设备一般加工能力可保证的公差，它包括线性和角度的尺寸公差。在正常维护和操作的情况下，它代表零件的一般加工精度。

采用一般公差的尺寸和角度，在正常车间精度保证的条件下，一般可不检验。

制定一般公差的优点：简化制图，使图样清晰易读；节省图样设计时间，设计人员主要熟悉未注公差的有关规定并加以应用，不必考虑其公差值；突出图样上标注的公差，在加工和检验时引起足够的重视。

国家标准把一般公差规定了 4 个公差等级：f（精密级）、m（中等级）、c（粗糙级）和 v（最粗级）。对尺寸采用大的分段，这 4 个公差等级相当于 IT12、IT14、IT16 和 IT17。

线性尺寸的一般公差主要用于较低精度的非配合尺寸。当功能上允许的公差大于等于一般公差时，均应采用一般公差。

采用一般公差尺寸时，在该尺寸后不标注极限偏差或其他代号，而是在图样的技术要求、技术文件（如企业标准）中，用标准号和公差等级代号表示。例如，选用中等级时，表示为 GB/T 1804 - m；选用粗糙级时，表示为 GB/T 1804 - c。

任务 1.1 用游标量具测量零件的长度、宽度、高度等尺寸

1. 任务描述

图 1-19 所示为一轴承支架，图 1-20 所示为一轴。要求使用游标量具测量零件的长度、宽度、高度等尺寸。

① 分析图纸，搞清楚精度要求。

② 查阅相关国家计量标准，理解 $\phi 30^{+0.033}_{0}$、$\phi 50^{0}_{-0.025}$、$\phi 90^{0}_{-0.054}$ 及 $4\times\phi 7$ 等标注的含义。

③ 测量零件的长度、宽度及高度尺寸，选择计量器具，确定测量方案。

④ 填写任务评价表格，评定零件尺寸是否合格。

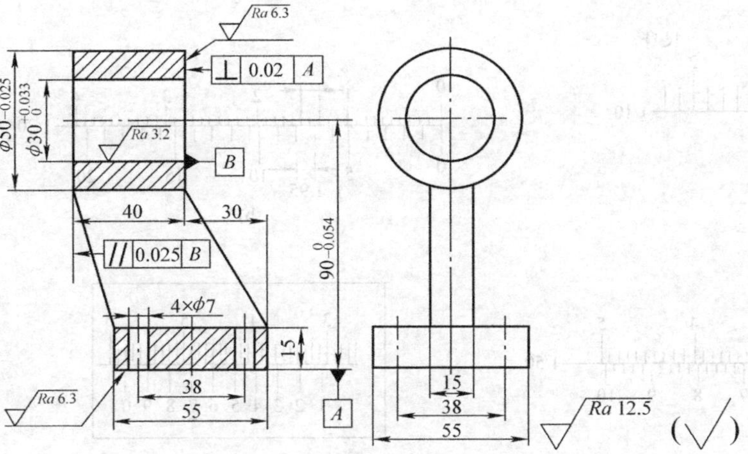

图 1-19　被测轴承支架

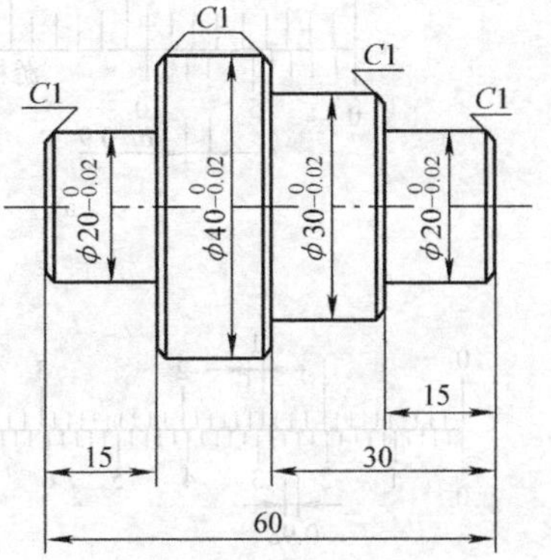

图 1-20　被测轴

2. 游标卡尺的介绍

游标卡尺是一种常用的量具，具有结构简单、使用方便、精度中等和测量的尺寸范围大等特点，可以用它来测量零件的外径、内径、长度、宽度、厚度、深度和孔距等，应用范围很广。

游标卡尺是利用游标原理对两测量面相对移动分隔的距离进行读数的测量器具。游标卡尺按所测量位置的位置尺寸分为普通游标卡尺、高度游标卡尺和深度游标卡尺，普通游标卡尺的结构如图 1-21 所示。

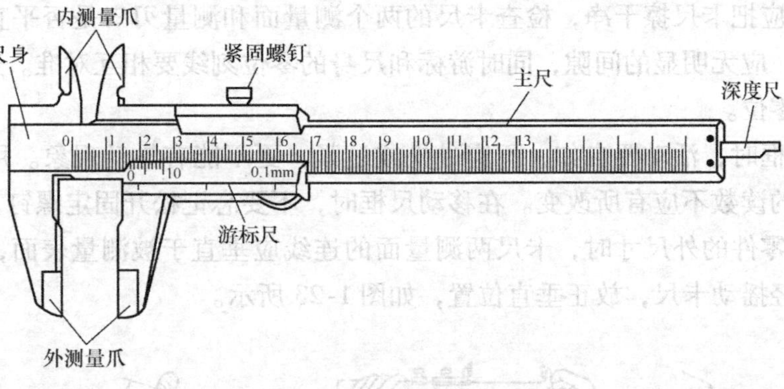

图 1-21　普通游标卡尺

游标卡尺的读数装置是由尺身和游标两部分组成，尺身上有毫米刻度，游标上的读数值有 0. 1mm、0. 05mm 和 0. 02mm 3 种，如图 1-22 所示。尺身用于读被测数值的整数部分，而小于 1mm 的小数部分则由游标读取。

图 1-22a 所示为游标读数值为 0. 1mm 的游标卡尺，尺身刻线间距（每格）为 1mm，当游标零线与尺身零线对准（两爪合并）时，游标上的第 10 刻线正好指向等于尺身上的 9mm，游标每格间距为 0. 9mm，尺身每格间距与游标每格间距相差 0. 1mm，0. 1mm 即为此

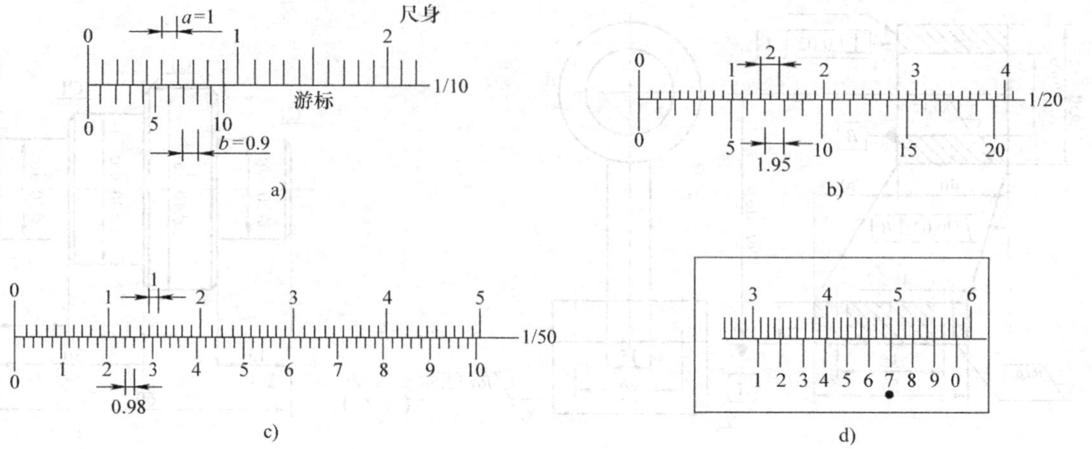

图 1-22　游标读数原理

游标卡尺上游标所读出的最小数值。当游标向右移动 0. 1mm 时，则游标零线后的第 1 根刻线与尺身刻线对准。游标向右移动 0. 2mm 时，则游标零线后的第 2 根刻线与尺身刻线对准，依次类推。由此可知，游标向右移动不足 1mm 的距离，虽不能直接从尺身读出，但可以由游标的某一根刻线与尺身刻线对准时，该游标刻线的顺序数乘以其读数值而读出其小数值。图 1-22d 所示的读数为 30. 7mm。

3. 任务实施

任务具体实施步骤如下。

① 测量前应把卡尺擦干净，检查卡尺的两个测量面和测量刃口是否平直无损，两个量爪紧密贴合时，应无明显的间隙，同时游标和尺身的零位刻线要相互对准。这个过程称为校对游标卡尺的零位。

② 移动尺框时，活动要自如，不应过松或过紧，更不能有晃动现象。用固定螺钉固定尺框时，卡尺的读数不应有所改变。在移动尺框时，不要忘记松开固定螺钉。

③ 当测量零件的外尺寸时，卡尺两测量面的连线应垂直于被测量表面，不能歪斜。测量时，可以轻轻摇动卡尺，放正垂直位置，如图 1-23 所示。

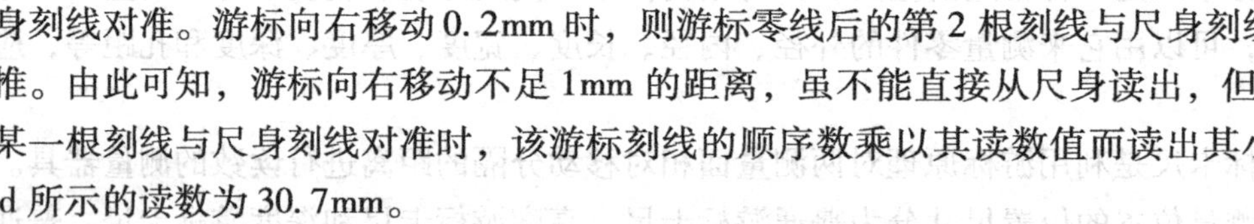

图 1-23　测量零件外尺寸时的正确与错误位置

测量沟槽时，应当用量爪的平面测量刃进行测量，尽量避免用端部测量刃和刀口形量爪去测量外尺寸。而对于圆弧形沟槽尺寸，则应当用刃口形量爪进行测量，不应当用平面形测量刃进行测量，如图 1-24 所示。

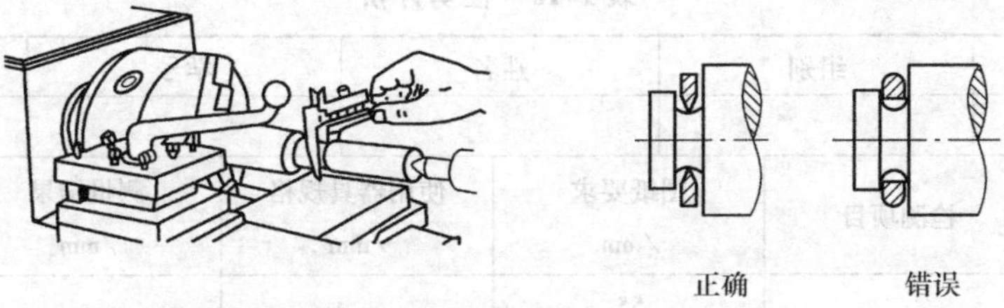

图 1-24　测量零件外尺寸时的正确与错误位置

测量沟槽宽度时，也要放正游标卡尺的位置，应使卡尺两测量刃的连线垂直于沟槽，不能歪斜，如图 1-25 所示。

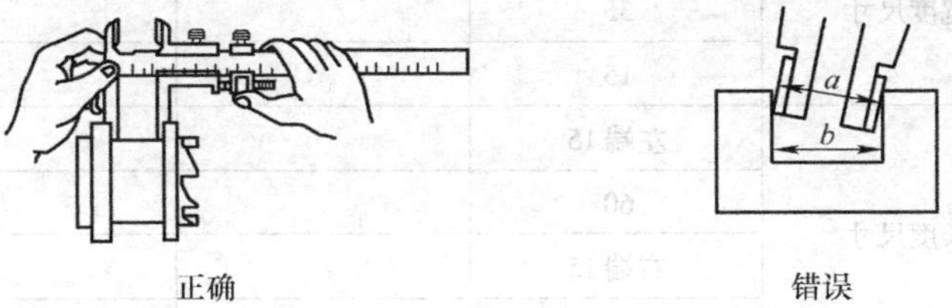

图 1-25　测量沟槽宽度时的正确与错误位置

④ 当测量零件的内尺寸时要使量爪分开的距离小于所测内尺寸，进入零件内孔后，再慢慢张开并轻轻接触零件内表面，用固定螺钉固定尺框后，轻轻取出卡尺来读数。

卡尺两测量刃应在孔的直径上，不能偏歪。如图 1-26 所示。

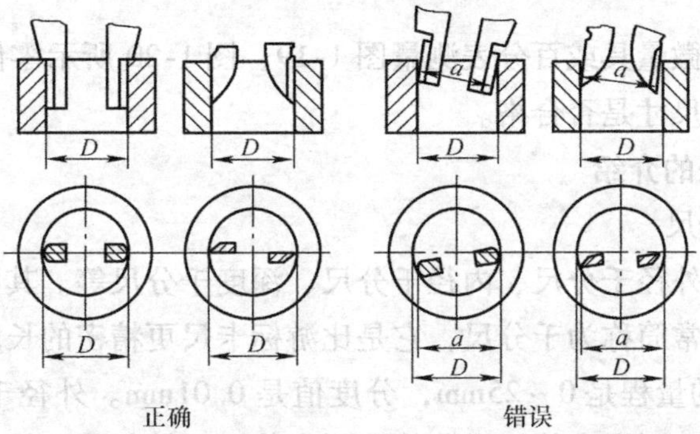

图 1-26　测量内尺寸时的正确与错误位置

⑤ 用游标卡尺测量零件时，不允许过分地施加压力，所用压力应使两个量爪刚好接触零件表面。

⑥ 为了获得正确的测量结果，可以多测量几次。即在零件的同一截面上的不同方向进行测量。对于较长零件，则应当在全长的各个部位进行测量。

4. 任务评价

填写任务评价表 1-10。

表 1-10 任务评价

班级	组别	姓名	学号	成绩

检测零件名称	检测项目	图纸要求/mm	使用器具规格/mm	测量结果/mm	判断零件尺寸的合格性
轴承支架	长度尺寸	55			
		38			
		40			
		30			
	宽度尺寸	55			
		35			
		15			
轴	长度尺寸	左端 15			
		60			
		右端 15			
		30			
测量日期					

任务 1.2 用游标量具、测微量具或百分表测量零件的轴径、孔径尺寸

1. 任务描述

使用游标量具、测微量具或百分表测量图 1-19、图 1-20 所示零件的相关尺寸，填写任务评价表格，评定零件尺寸是否合格。

2. 千分尺、百分表的介绍

（1）认识外径千分尺

常用的测微量具有外径千分尺、内径千分尺、深度千分尺等。其中外径千分尺在生产中应用广泛，外径千分尺常简称为千分尺，它是比游标卡尺更精密的长度测量仪器，常见的一种如图 1-27 所示，它的量程是 0～25mm，分度值是 0.01mm。外径千分尺的结构由固定的尺架、测砧、测微螺杆、固定套管、微分筒、测力装置、锁紧装置等组成。固定套管上有一条水平线，这条线上、下各有一列间距为 1mm 的刻度线，上面的刻度线恰好在下面两相邻刻度线中间。微分筒上的刻度线是将圆周分为 50 等分的水平线，它是旋转运动的。

根据螺旋运动原理，当微分筒（又称可动刻度筒）旋转一周时，测微螺杆前进或后退一个螺距，即 0.5mm。这样，当微分筒旋转一个分度后，它转过了 1/50 周，这时螺杆沿轴线移动了 0.01mm，因此，使用千分尺可以准确读出 0.01mm 的数值。

读数时，先以微分筒的端面为准线，读出固定套管上刻度线的分度值（只读出以毫米为单位的整数），再以固定套管上的水平横线作为读数准线，读出可动刻度上的分度值，读数时应估读到最小刻度的十分之一，即 0.001mm。如果微分筒的端面与固定刻度的上刻度

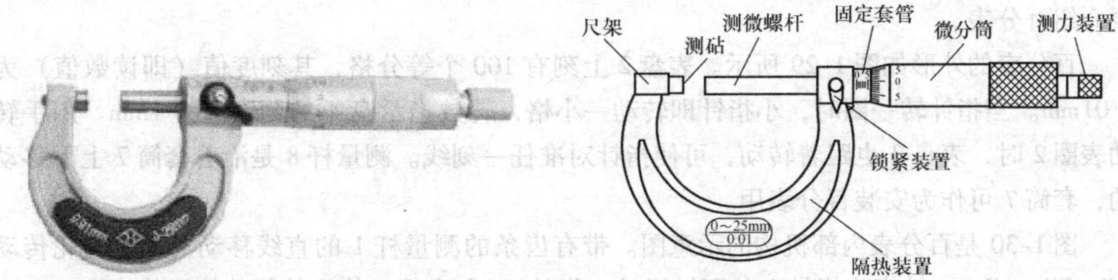

图 1-27　外径千分尺

线之间无下刻度线，测量结果即为上刻度线的数值加可动刻度的值；如微分筒端面与上刻度线之间有一条下刻度线，测量结果应为上刻度线的数值加上 0.5mm，再加上可动刻度的值，如图 1-28a 所示的读数为 $5+0.01\times27=5.27\text{mm}$，图 1-28b 的读数为 $7+0.5+0.01\times35=7.85\text{mm}$。

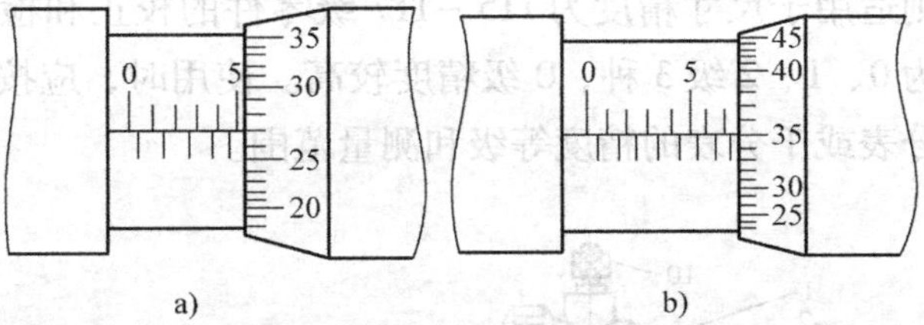

图 1-28　外径千分尺读数

使用千分尺时先要校准其零位，因此先松开锁紧装置，清除油污，特别是测砧与测微螺杆间接触面要清洗干净。检查微分筒的端面是否与固定套管上的零刻度线重合，若不重合应先旋转旋钮，直至螺杆要接近测砧时，旋转测力装置，当螺杆刚好与测砧接触时会听到喀喀声，这时停止转动。如两零线仍不重合（两零线重合的标志是：微分筒的端面与固定刻度的零线重合，且可动刻度的零线与固定刻度的水平横线重合），可将固定套管上的小螺丝松动，用专用扳手调节套管的位置，使两零线对齐，再把小螺丝拧紧。不同厂家生产的千分尺的调零方法不一样，这里介绍的仅是其中一种调零的方法。

校准千分尺零位时，要使螺杆和测砧接触，偶尔会发生向后旋转测力装置两者不分离的情形。这时可用左手手心用力顶住尺架上测砧的左侧，右手手心顶住测力装置，再用手指沿逆时针方向旋转旋钮，可以使螺杆和测砧分开。

校准好的千分尺，当测微螺杆与测砧接触后，可动刻度上的零线与固定刻度上的水平横线应该是对齐的。

（2）认识百分表

百分表和千分表，都是用来校正零件或夹具的安装位置，检验零件的形状精度或相互位置精度的。它们的结构原理没有什么大的不同，只是千分表的读数精度比较高，即千分表的读数值为0.001mm，而百分表的读数值为0.01mm。车间里经常使用的是百分表，因此，主要介绍百分表。

百分表的外形如图1-29所示。表盘2上刻有100个等分格，其刻度值（即读数值）为0.01mm。当指针转一圈时，小指针即转动一小格，转数指示盘4的刻度值为1mm。用手转动表圈2时，表盘3也跟着转动，可使指针对准任一刻线。测量杆8是沿着套筒7上下移动的，套筒7可作为安装百分表用。

图1-30是百分表内部机构的示意图。带有齿条的测量杆1的直线移动，通过齿轮传动（Z_1、Z_2、Z_3），转变为指针2的回转运动。齿轮Z_4和弹簧3使齿轮传动的间隙终在一个方向，起着稳定指针位置的作用。弹簧4是控制百分表测量压力的。百分表内的齿轮传动机构，使测量杆直线移动1mm时，指针正好回转一圈。

由于百分表和千分表的测量杆是作直线移动的，可用来测量长度尺寸，所以它们也是长度测量工具。目前，国产百分表的测量范围（即测量杆的最大移动量）分为0~3mm；0~5mm；0~10mm 3种。读数值为0.001mm的千分表，测量范围为0~1mm。

由于千分表的读数精度比百分表高，所以百分表适用于尺寸精度为IT6~IT8级零件的校正和检验；千分表则适用于尺寸精度为IT5~IT7级零件的校正和检验。百分表和千分表按其制造精度，可分为0、1、2级3种，0级精度较高。使用时，应按照零件的形状和精度要求，选用合适的百分表或千分表的精度等级和测量范围。

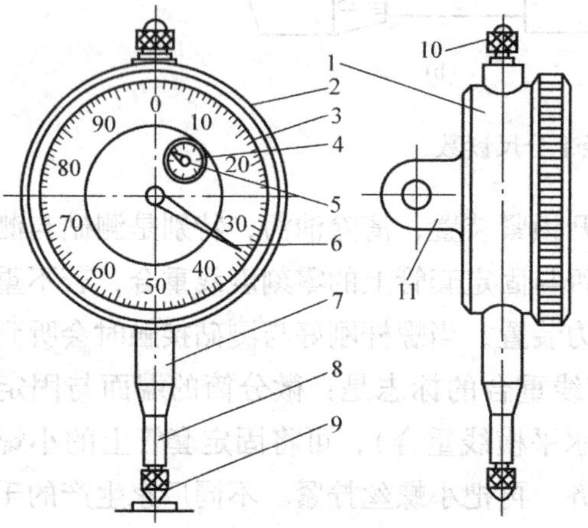

图1-29 百分表

1—表体 2—外表盘 3—内表盘 4—转数指示盘 5—转数指针 6—指针 7—套筒 8—测量杆 9—测量头 10—圆头 11—耳环

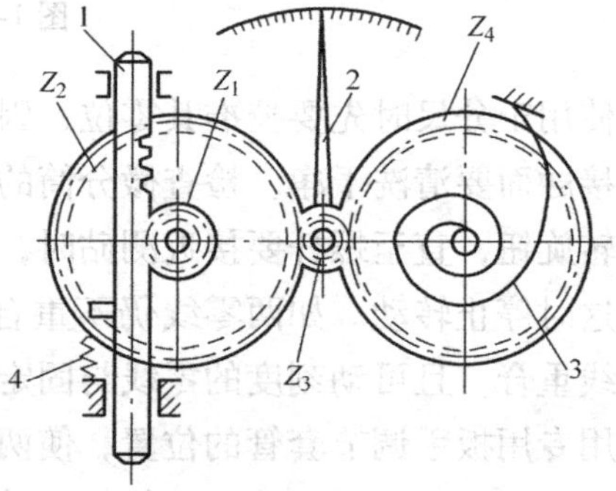

图1-30 百分表的内部结构

1—测量杆 2—指针 3、4—弹簧

3. 任务实施

（1）内径的测量方法

使用游标卡尺测量内径之前，应检查以下项目。

① 检查相互作用。拉动尺框，游标应能沿尺身灵活滑动，无卡死现象，固定螺钉作用正常可靠。

② 检查测量面。用干净棉丝或软布把测量面擦净，对着光线检查量爪测量面，合拢后应没有明显间隙和露光。

③ 检查零位。游标零刻线和尺身零刻线及游标尾刻线和尺身相应刻线应在“0”位对齐。

测量时，右手拿住尺身，大拇指移动游标，左手拿待测内径的物体，将内测量爪深入待测物之间，使尺身垂直于孔的轴线，将主尺量爪与孔壁接触好，再轻轻摆动和拉动，找出最大的内径位置，并使量爪与孔壁接触好后读数。如图 1-31 所示。

为使测量准确，应多次测量。将测量的内孔分别转过一定的角度，读出相对应的内径数值，然后取平均值。

（2）外径的测量方法

使用游标卡尺测量外径之前，应检查的项目同测量内径的检查项目相同。

测量时，右手拿住尺身，大拇指移动游标，左手拿待测外径的物体，使尺身垂直于轴线，将尺身量爪与轴接触好，再轻轻摆动和拉动，找出最大的外径位置。如图 1-32 所示。

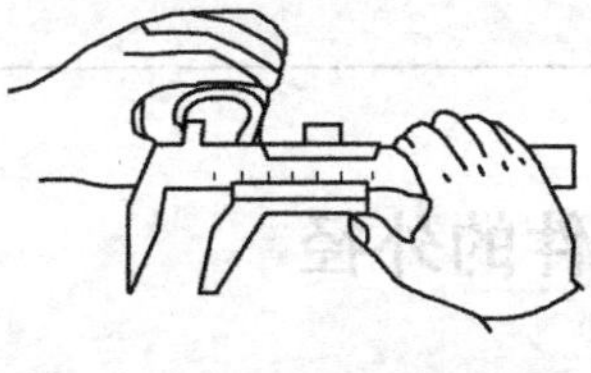

图 1-31　内径的测量方法

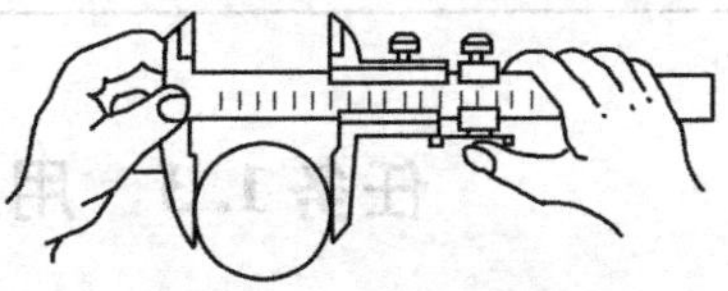

图 1-32　外径的测量方法

为使测量准确，应多次测量。将测量的轴分别转过一定的角度，读出相对应的外径数值，然后取平均值。

（3）中心高测量

① 首先把检验平板和被测零件擦干净，然后将图 1-19 中零件的 A 面（基准面）放在平板上，用塞尺检查零件和平板是否接触良好。

② 将百分表装入磁性表座。

③ 量块尺寸计算，量块高度为中心距公称尺寸（90mm）与被测孔实际半径的差值。

④ 根据计算出的量块高度，选择合适的量块（尽量不超过 4 块），并用组合量块校正百分表的零位。

⑤ 移动已调好的表座，将百分表的测量头伸入被测零件内孔，找到被测孔的最低位置，读出百分表的值，并计算其孔下壁到基准面的高度值。

⑥ 将被测零件转过 180°，重复第 5 步。

⑦ 计算中心高值，把结果记录下来。

4. 任务评价

填写任务评价表 1-11。

表 1-11 任务评价

班级	组别	姓名		学号	成绩
检测零件名称	检测项目	图纸要求 /mm	使用器具规格 /mm	测量结果 /mm	判断零件尺寸的合格性
轴承支架	内径	$\phi 30^{+0.033}_{0}$			
		$4\times\phi 7$			
	外径	$\phi 50^{0}_{-0.025}$			
	中心高	$90^{0}_{-0.054}$			
轴	外径尺寸	左 $\phi 20^{0}_{-0.02}$			
		$\phi 40^{0}_{-0.02}$			
		$\phi 30^{0}_{-0.02}$			
		右 $\phi 20^{0}_{-0.02}$			
测量日期					

任务 1.3 用立式光学计测量零件的外径

1. 任务描述

使用立式光学计测量零件的相关尺寸，填写任务评价表格，评定零件尺寸是否合格。

2. 立式光学计的介绍

立式光学计是一种精度较高而结构简单的常用光学量仪，用量块作为长度测量基准，按比较测量法来测量各种工件的外尺寸。

图 1-33 为立式光学计外形图，其光学系统如图 1-34b 所示。

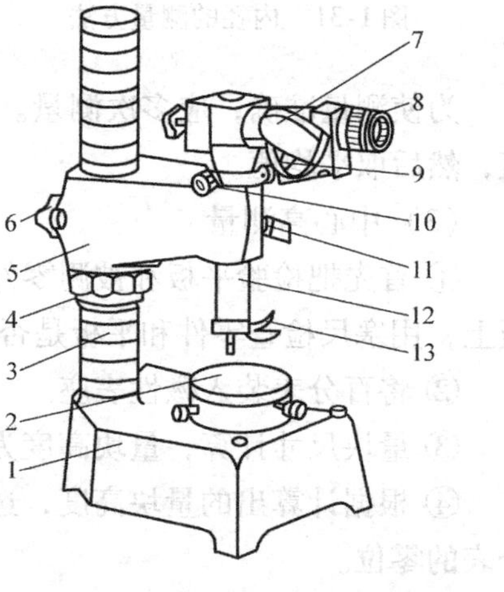

图 1-33 立式光学计外形结构

1—底座 2—工作台 3—立柱 4—粗调节螺母 5—支臂 6—支臂紧固螺钉 7—反射镜 8—目镜 9—零位调节手轮 10—微调手轮 11—光管紧固螺钉 12—光学计管 13—提升器

其工作原理为：照明光线经反射镜 1 照射到刻度尺 8 上，再经直角棱镜 2、物镜 3，照射到反射镜 4 上。由于刻度尺 8 位于物镜 3 的焦平面上，故从刻度尺 8 上发出的光线经物镜 3 后成为平行光束。若反射镜 4 与物镜 3 之间相互平行，则反射光线折回到焦平面，刻度尺像 7 与刻度尺 8 对称。若被测尺寸变动使测杆 5 推动反射镜 4 绕支点转动某一角度 α（图 1-34a），则反射光线相对于入射光线偏转 2α 角度，从而使刻度尺像 7 产生位移 t（图 1-34c），它代表被测尺寸的变动量。物镜至刻度尺 8 间的距离为物镜焦距 f，设 b 为测杆中心至反射镜支点间的距离，s 为测杆 5 移动的距离，则仪器的放大比 K 为

$$K=\frac{t}{s}=\frac{f\tan 2\alpha}{b\tan\alpha}$$

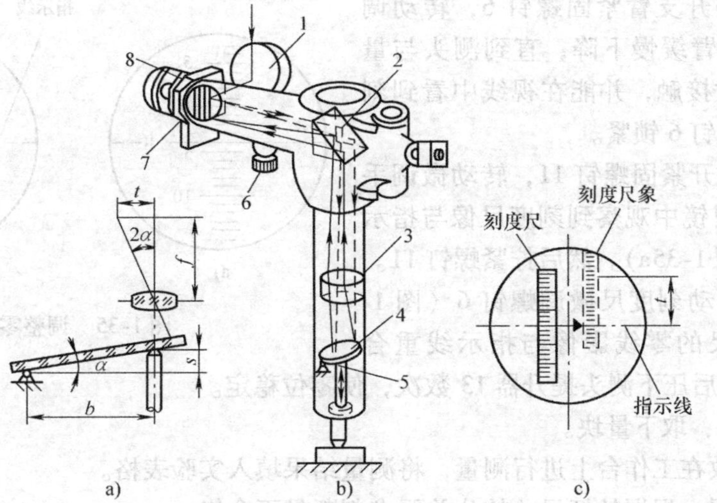

图 1-34　立式光学计的光学系统

1、4—反射镜　2—棱镜　3—物镜　5—测杆　6—零位微调螺钉　7—刻度尺像　8—刻度尺

当 α 很小时，$\tan 2\alpha \approx 2\alpha$，$\tan\alpha \approx \alpha$，因此

$$K = \frac{2f}{b}$$

光学计目镜放大倍数为 12，$f = 200\text{mm}$，$b = 5\text{mm}$，故仪器的总放大倍数 n 为

$$n = 12K = 12\,\frac{2f}{b} = 12 \times \frac{2 \times 200}{5} = 960$$

由此说明，当测杆移动 0.001mm 时，在目镜中可见到 0.96mm 的位移量。

技术规格如下。

最大测量长度：180mm

分划板分度范围：±0.1mm

分划板分度值：0.001mm

总放大倍数：1000

示值稳定性：0.0001mm

仪器的最大不确定度：±0.00025mm

测量的最大不确定度：±（0.5 + L/100）μm　　（L 是被测长度）

3. 任务实施

① 测头的选择。测头有球形、平面形和刀口形 3 种，根据被测零件表面的几何形状来选择，使测头与被测表面尽量满足点接触。所以，测量平面或圆柱面工件时，选用球形测头。测量球面工件时，选用平面形测头。测量小于 10mm 的圆柱形工件时，选用刀口形测头。

② 按丝杆零件的公称尺寸组合量块。

③ 调整仪器零位。

参看图 1-33，选好量块组后，将下测量面置于工作台 2 的中央，并使测头对准上测量面中央。

粗调节。松开支臂紧固螺钉 6，转动调节螺母 4，使支臂缓慢下降，直到测头与量块上测量面轻微接触，并能在视线中看到刻度尺像时，将螺钉 6 锁紧。

细调节。松开紧固螺钉 11，转动微调手轮 10，直至在目镜中观察到刻度尺像与指示线接近为止（图 1-35a）。然后拧紧螺钉 11。

微调节。转动刻度尺微调螺钉 6（图 1-34b），使刻度尺的零线影像与指示线重合（图 1-35b），然后压下测头提升器 13 数次，使零位稳定。

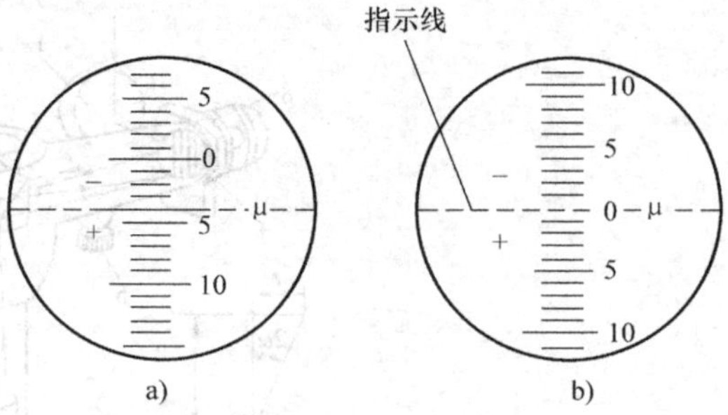

图 1-35　调整零位

将测头抬起，取下量块。

④ 将丝杆放在工作台上进行测量，将测量结果填入实验表格。

⑤ 处理数据，根据丝杆尺寸的公差要求判断是否合格。

4. 任务评价

填写任务评价表 1-12。

表 1-12　任务评价

班级		姓名		指导老师		成绩	

被测零件名称	公差带代号	上极限偏差、下极限偏差	极限尺寸	验收极限尺寸

计量器具名称	分度值/mm	示值范围/mm	测量范围/mm
立式光学计			

量块	精度等级________，组合尺寸________ mm

测量数据					
测量位置		实际偏差/mm		实际尺寸/mm	
		Ⅰ—Ⅰ	Ⅱ—Ⅱ	Ⅰ—Ⅰ	Ⅱ—Ⅱ
测量方向	A－A				
	B－B				
	C－C				

测量示意图：	判断合格性：
测量日期	

任务1.4　用万能测长仪测量零件的内径

1. 任务描述

使用万能测长仪测量零件的内径，填写任务评价表格，评定零件尺寸是否合格。

2. 万能测长仪的介绍

① 万能测长仪是以精密刻线尺为标准，并采用双螺旋读数显微镜读数的一种高精度仪器，仪器的设计完全遵守阿贝原则。根据仪器测量轴线方向，它可分为卧式与立式两种。立式测长仪用于测量外尺寸，而卧式测长仪除可测量外尺寸之外，还可以测量内尺寸，小孔径尺寸，螺纹中径等，因此卧式测长仪又称万能测长仪。

② 万能测长仪结构如图1-36所示，主要由底座、工作台、测座、尾座及各种测量附件组成。

③ 万能测长仪的技术指标如下。

刻度值　读数显微镜：0.001mm

　　　　工作台微分筒：0.01mm

使用范围　外尺寸测量（不用顶针架）0～500mm

　　　　　内尺寸测量（当深度为4～50mm）：150～250mm

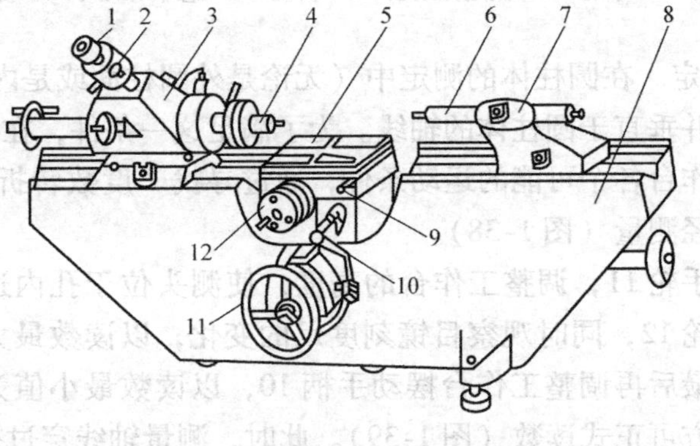

图1-36　万能测长仪的外形结构

1—读数目镜　2—读数回转手轮　3—测座　4—测轴　5—工作台　6—后座测轴　7—后座　8—底座
9—工作台水平回转手柄　10—工作台垂直摆动手柄　11—工作台升降手轮　12—工作台横向移动手轮

④ 万能测长仪读数。在测量过程中，镶有一条精密毫米刻度尺，随着被测尺寸的大小在测量轴承座内做相应的滑动。当测量头接触被测部分后，测量轴就停止滑动，测微目镜1的光学系统如图1-37a所示。在目镜1中可以观察到毫米数值，但还需细分读数，以满足精密测量的要求。测微目镜中有一个固定分划板4，它的上面刻有10个相等的刻度间距，毫米刻度尺的一个间距成像在它上面时恰与这10个间距总长相等，故其分度值为0.1mm。在它的附近，还有一块通过手轮3可以旋转的平面螺旋线分划板2，其上刻有10圈平面螺旋双刻线，螺旋双刻线的螺距恰与固定分划板上刻度间距相等，其分度值也为0.1mm。在分划板2的中央，有一圈等分为100格的圆周刻度，当分划板2转动一格圆周分度时，其分度值为1×（0.1/100）mm＝0.001mm，这样就可达到细分读数的目的。这种仪器的读数方法

是：从目镜中观察，可同时看到 3 种刻线（图 1-37b），先读毫米数（7mm）然后按毫米刻线在固定分划板 4 上读出小数点后第一位数（0.4mm），再转动手轮 3，使靠近零点几毫米刻度值的一圈平面螺旋双刻线夹住毫米刻线，再从指示线对准的圆周刻度上读得小数点后二、三位数（0.051mm），则从图 1-37b 中得到读数是 7.451mm。

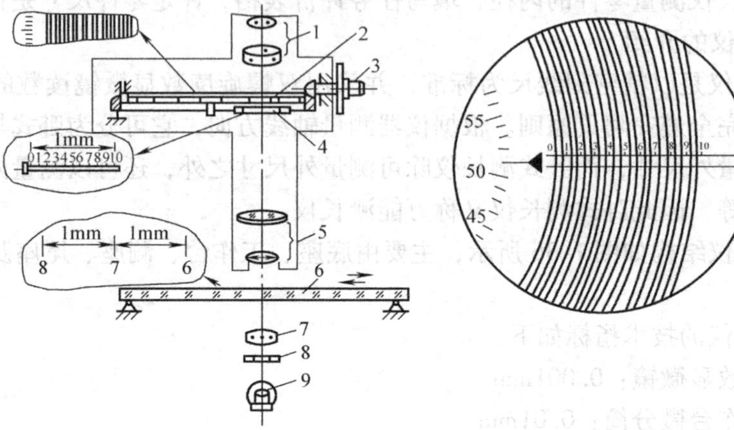

a)光学系统 b)读数7.451mm

图 1-37 万能测长仪的读数原理

1—目镜 2—可移动分划板 3—手轮 4—固定分划板 5—物镜 6—毫米刻线尺 7—聚光镜 8—滤色片 9—光源

⑤ 工件位置的确定。在圆柱体的测定中（无论是外圆柱面或是内孔），必须使测量轴线穿过该曲面的中心，并垂直于圆柱体的轴线。为了满足这一条件，在被测件固定于工作台上后，就要利用万能工作台各个可能的运动条件，通过寻找“度数转折点”，将工件调整到正确位置上。例如，孔径测量（图 1-38）。

转动工作台升降手轮 11，调整工作台的高度，使测头位于孔内适当的位置。再慢慢旋转工作台横向移动手轮 12，同时观察目镜刻度尺的变化，以读数最大值为转折点，在此处将工作台横向固定。最后再调整工作台摆动手柄 10，以读数最小值为转折点，在此处将工作台纵向偏摆固定，方可正式读数（图 1-39）。此时，测量轴线穿过被测件的曲面中心，且与圆柱体的轴线垂直。

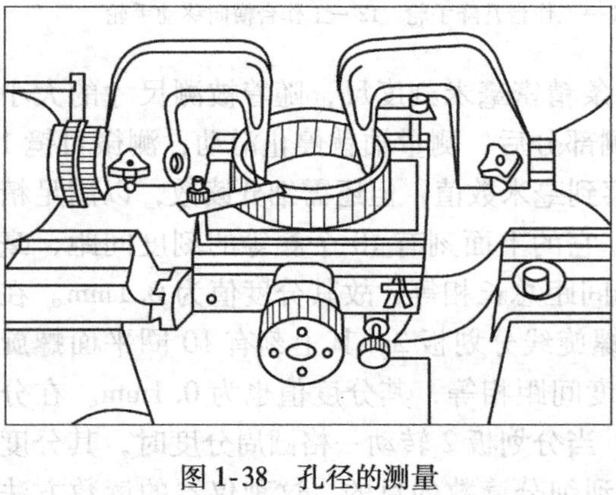
图 1-38 孔径的测量

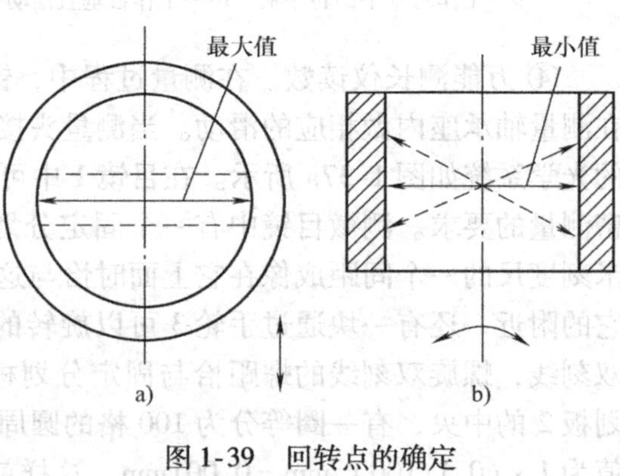

图 1-39 回转点的确定

若是测量轴径，将工件安放在工作台上，将测头接触工件外径。先慢慢转动工作台升降手轮11，观察毫米刻度线的变化，以读数最大值为转折点，在此处将工作台的高度固定。然后扳动工作台水平回转手柄9，以读数最小值为转折点，在此处将工作台的水平位置固定，然后进行正式读数。

3. 任务实施

① 清洁仪器工作台，内测钩，标准环和被测孔，接通电源。

② 在测量杆上分别装上内测钩，并使用测钩的象鼻对齐。

③ 将标准环置于工作台上，使两测钩接触内孔表面，用工作台的几种调整方法，获得孔径的正确位置，记下读数值 λ_1。

④ 同上述方法，换上被测件进行测量，记下读数值 λ_2。

⑤ 数据处理

$$D = D_1 + (\lambda_2 - \lambda_1)$$

式中　D——被测尾座后盖实际尺寸；

D_1——标准环孔径尺寸。

⑥ 将测量的结果填入公差表格，进行数据处理。

⑦ 根据尾座后盖的尺寸要求，判断实用性。

4. 任务评价

填写任务评价表1-13。

表1-13　任务评价

<table>
<tr><td>班级</td><td></td><td>姓名</td><td></td><td>指导老师</td><td></td><td>成绩</td><td></td></tr>
<tr><td colspan="2">被测件名称</td><td colspan="2">公差带代号</td><td colspan="2">极限尺寸</td><td colspan="2">验收极限尺寸</td></tr>
<tr><td colspan="2"></td><td colspan="2"></td><td colspan="2"></td><td colspan="2"></td></tr>
<tr><td colspan="2"></td><td colspan="2"></td><td colspan="2"></td><td colspan="2"></td></tr>
<tr><td colspan="2">器具名称</td><td colspan="2">分度值/mm</td><td colspan="2">示值范围/mm</td><td colspan="2">测量范围/mm</td></tr>
<tr><td colspan="2">万能测长仪</td><td colspan="2"></td><td colspan="2"></td><td colspan="2"></td></tr>
<tr><td colspan="2">量块（标准环）</td><td colspan="6">精度等级________，组合尺寸________ mm</td></tr>
<tr><td colspan="8">测量记录和计算：</td></tr>
<tr><td colspan="3">标准环直径 D_1</td><td colspan="2"></td><td colspan="2">标准环位置读数 λ_1</td><td></td></tr>
<tr><td rowspan="3">被测零件读数 λ_2</td><td>A－A</td><td colspan="2"></td><td rowspan="3">被测零件实际尺寸 D</td><td colspan="2"></td><td rowspan="3">测量结果（三次测量的平均值）</td></tr>
<tr><td>B－B</td><td colspan="2"></td><td colspan="2"></td></tr>
<tr><td>C－C</td><td colspan="2"></td><td colspan="2"></td></tr>
<tr><td colspan="4">测量示意图：</td><td colspan="4">判断合格性：</td></tr>
<tr><td colspan="4">测量日期</td><td colspan="4"></td></tr>
</table>

思考与练习

一、判断题

1. 一般来说，零件的实际尺寸越接近公称尺寸越好。 ( )

2. 公差通常为正，在个别情况下也可能为负或零。 ( )

3. 孔和轴的加工精度越高，则其配合精度也越高。 ( )

4. 过渡配合的孔、轴配合，由于有些可能得到过盈，因此过渡配合可能是间隙配合，也可能是过盈配合。 ( )

二、填空题

1. 国家标准规定的基本偏差孔、轴各有________个，其中H为________的基本偏差代号，其基本偏差为________，且偏差值为________；h为________的基本偏差代号，其基本偏差为________，且偏差值为________。

2. 国家标准规定有________和________两种配合制度，一般优先选用________，以减少________，降低成本。

3. 国家标准规定的标准公差有________级，其中最高级为________，最低级为________，而常用的配合公差等级为________。

4. 配合种类分为________、________、________3大类，当相互配合的孔、轴有相对运动或需经常拆装时，应选________配合。

三、计算题

1. 根据表1-14中提供的数据，求出空格中应有的数据并填入空格内。

表1-14 尺寸计算 (单位：mm)

公称尺寸	上极限尺寸	下极限尺寸	上极限偏差	下极限偏差	公差	尺寸标注
孔 $\phi35$	$\phi35.052$	$\phi35.018$				$\phi35^{+0.052}_{+0.018}$
轴 $\phi25$	$\phi24.985$	$\phi24.955$				$\phi25^{-0.015}_{-0.045}$
孔 $\phi85$						$\phi85^{-0.018}_{-0.055}$
轴 $\phi45$						$\phi45^{+0.015}_{-0.020}$

2. 图样上给定的轴直径为$\phi45n6$ ($^{+0.033}_{+0.017}$)。根据此要求加工了一批轴，实测后得其中最大直径（即最大实际尺寸）为$\phi45.033$，最小直径（即最小实际尺寸）为$\phi45.000$。加工后的这批轴是否全部合格（若不全部合格，写出不合格零件的尺寸范围）？为什么？这批轴的尺寸公差是多少？

3. 已知下列孔、轴配合。

（1）分别计算下列3对配合的最大与最小间隙或过盈及配合公差。

（2）分别画出公差带图，并说明它们的配合类别。

1）孔：$\phi20^{+0.033}_{0}$　　轴：$\phi20^{-0.065}_{-0.098}$

2）孔：$\phi35^{+0.007}_{-0.018}$　　轴：$\phi35^{0}_{-0.016}$

3）孔：$\phi55^{+0.030}_{0}$　　轴：$\phi55^{+0.060}_{-0.041}$

学习情境2　零件角度和锥度的公差与检测

【知识目标】　掌握线性尺寸公差的概念，会根据工况，选择合适的配合公差。

【能力目标】　掌握角度和锥度的常用测量方法。

本学习情境内容涉及的相关标准主要有 GB/T 157—2001《产品几何技术规范（GPS）圆锥的锥度和角度系列》、GB/T 11334—2005《产品几何量技术规范（GPS）圆锥公差》、GB/T 12360—2005《产品几何技术规范（GPS）圆锥配合》等国家标准。这些标准都是为了满足圆锥配合的使用要求，保证圆锥配合的互换性。

【相关知识】——圆锥公差与配合

1. 圆锥公差与配合的基本术语和基本概念

（1）圆锥及配合的基本参数

1）基本参数　圆锥分为内圆锥（圆锥孔）和外圆锥（圆锥轴）两种，如图 2-1 所示，其主要几何参数为圆锥角、圆锥直径和圆锥长度，如图 2-2 所示。

① 圆锥角 α:。它是指在通过圆锥轴线的截面内，两条素线间的夹角。

② 圆锥直径。它是指与圆锥轴线垂直的截面内的直径，有内、外圆锥的最大直径 D_i、D_e，内、外圆锥的最小直径 d_i、d_e，给定截面 x 处圆锥直径 d_x。

③ 圆锥长度 L。它是指最大圆锥直径截面与最小圆锥直径截面之间的轴向距离。圆锥长度用 L 表示，外圆锥长度为 L_e，内圆锥长度为 L_i。

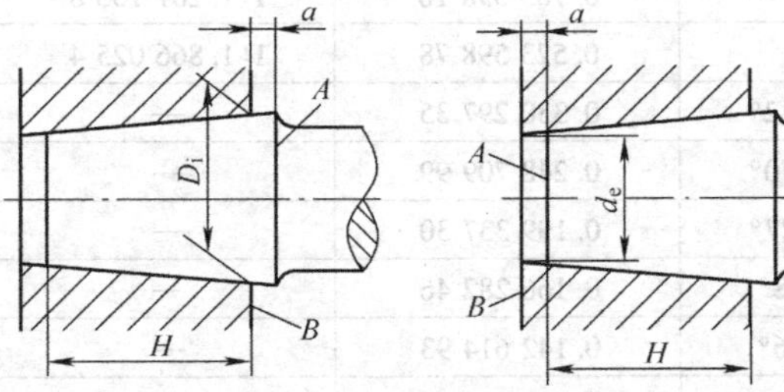

图 2-1　内圆锥与外圆锥

a）外圆锥　b）内圆锥

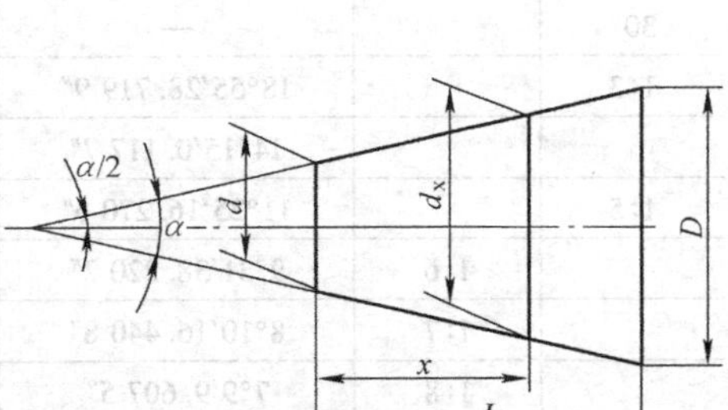

图 2-2　圆锥的主要几何参数

④ 圆锥配合长度 H。它是指内、外圆锥配合面的轴向距离，用符号 H 表示（图 2-1）。

⑤ 基面距 a。它是指内、外圆锥基准平面之间的距离，用符号 a 表示。基面距用来确定内、外圆锥之间最终的轴向相对位置，基面距 a 的位置取决于所选的圆锥配合的基本直径。

圆锥配合的基本直径是指最小外圆锥直径 d_e 与最大内圆锥直径 D_i。若以最小外圆锥直径 d_e 为圆锥配合的基本直径，则基面距 a 在小端；若以最大内圆锥大端直径 D_i 为圆锥配合的基本直径，则基面距 a 在大端。

⑥ 锥度 C。它是指两个垂直圆锥轴线截面的圆锥直径之差与该两截面之间的轴向距离之比，用符号 C 表示。如最大圆锥直径为 D、最小圆锥直径为 d、圆锥长度为 L，则

$$C=\frac{(D-d)}{L}=2\tan\frac{\alpha}{2} \tag{2-1}$$

锥度 C 与圆锥角 α 的关系为

$$C=2\tan\frac{\alpha}{2}=1:\frac{1}{2}\cot\frac{\alpha}{2} \tag{2-2}$$

锥度一般用比例或分数表示，例如，$C=1:5$ 或 $C=1/5$。在零件图上，锥度用特定的图形符号和比例标注，如图 2-3 所示。

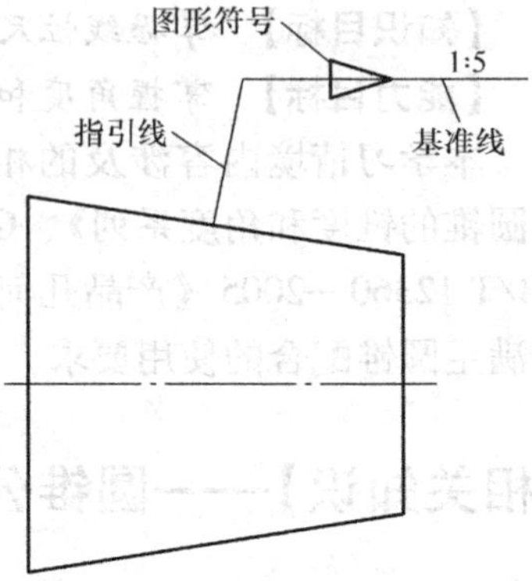

图 2-3 锥度的标注方法

2）锥度与锥角 为减少加工圆锥工件所用的专用工具、量具种类和规格，满足生产需要，国家标准 GB/T 157—2001 规定了机械工程一般用途圆锥的锥度与锥角系列，适用于光滑圆锥，见表 2-1。选用时优先选用第一系列，当不能满足要求时可选第二系列。

表 2-1 一般用途圆锥的锥度与圆锥角（摘自 GB/T 157—2001）

基本值		推算值			
		圆锥角			锥度 C
系列 1	系列 2	/(°)(′)(″)	/(°)	/rad	
120°		—	—	2.049 395 10	1:0.288 675 1
90°		—	—	1.570 796 33	1:0.500 000 0
	75°	—	—	1.308 996 94	1:0.651 612 7
60°		—	—	1.047 197 55	1:0.866 025 4
45°		—	—	0.785 398 16	1:1.207 106 8
30°		—	—	0.523 598 78	1:1.866 025 4
1:3		18°55′28.719 9″	18.924 644 42°	0.330 297 35	—
		14°15′0.117 7″	14.250 032 70°	0.248 709 99	—
1:5		11°25′16.270 6″	11.421 186 27°	0.199 337 30	—
	1:6	9°31′38.220 2″	9.527 283 38°	0.166 282 46	—
	1:7	8°10′16.440 8″	8.171 233 56°	0.142 614 93	—
	1:8	7°9′9.607 5″	7.152 688 75°	0.124 837 62	—
1:10		5°43′29.317 6″	5.724 810 45°	0.099 916 79	—
	1:12	4°16′18.797 0″	4.771 888 06°	0.083 285 16	—
	1:15	3°49′5.897 5″	3.818 304 87°	0.066 641 99	—
1:20		2°51′51.092 5″	2.864 192 37°	0.049 989 59	—
1:30		1°54′34.857 0″	1.909 682 51°	0.033 330 25	—
1:50		1°8′45.158 6″	1.145 877 40°	0.019 999 33	—
1:100		34′22.630 9″	0.572 953 02°	0.009 999 92	—
1:200		17′11.321 9″	0.286 478 30°	0.004 999 99	—
1:500		6′52.525 9″	0.144 591 52°	0.002 000 00	—

GB/T 157—2001 给出了特殊用途圆锥的锥度与锥角系列，摘录其中部分内容，见表 2-2。其中包括我国早已广泛使用的莫氏锥度，共有七种，从 0 号 ~6 号，其中，0 号尺寸最小，6 号尺寸最大。每个莫氏号的圆锥尺寸不同，锥度虽然都接近 1∶20，但是都不相同，所以，只有相同号的内、外莫氏圆锥才能配合。

表 2-2　部分特殊用途圆锥的锥度与圆锥角（摘自 GB/T 157—2001）

基本值	推算值			备注
	圆锥角 α		锥度 C	
11°54′	—	—	1∶4.7974511	纺织工业
8°40′	—	—	1∶6.5984415	机床主轴
7∶24	16°35′	16.594290008°	1∶3.4285714	工具配合
6∶100	39.4443″	3.43671600°	—	医疗设备
1∶12.262	3°26′12.1776″	4.67004205°	—	贾各锥度 No. 2
1∶12.972	4°40′12.1514″	4.41469552°	—	贾各锥度 No. 1
1∶15.748	4°24′52.9039″	3.63706747°	—	贾各锥度 No. 33
1∶18.779	3°38′13.4429″	3.05033527°	—	贾各锥度 No. 3
1∶19.264	3°3′1.2070″	2.97357343°	—	贾各锥度 No. 6
1∶20.288	2°58′24.8644″	2.82355006°	—	贾各锥度 No. 0
1∶19.002	2°49′24.7802″	3.01455434°	—	莫氏锥度 No. 5
1∶19.180	3°0′52.3956″	2.98659050°	—	莫氏锥度 No. 6
1∶19.212	2°59′11.7258″	2.98161820°	—	莫氏锥度 No. 0
1∶19.254	2°58′53.8255″	2.97511713°	—	莫氏锥度 No. 4
1∶19.922	2°58′30.4217″	2.87540176°	—	莫氏锥度 No. 3
1∶20.020	2°52′31.4463″	2.86133223°	—	莫氏锥度 No. 2
1∶20.047	2°51′40.7960″	2.85748008°	—	莫氏锥度 No. 1

（2）圆锥公差的术语

1）公称圆锥　是指设计时给定的理想形状的圆锥。公称圆锥可用两种形式确定。

① 一个公称圆锥直径（最大圆锥直径 D 或最小圆锥直径 d）、公称圆锥长度 L、公称圆锥角（或公称锥度 C）。

② 两个公称圆锥直径（D 和 d）和公称圆锥长度 L。

2）极限圆锥、圆锥直径公差和圆锥直径公差区

极限圆锥是指与公称圆锥共轴且圆锥角相等、直径分别为上极限直径和下极限直径的两个圆锥，如图 2-4 所示。在垂直于圆锥轴线的所有截面上，这两个圆锥的直径都相等。直径为上极限直径（D_{max}，d_{max}）的圆锥称为上极限圆锥，直径为下极限直径（D_{min}，d_{min}）的圆锥称为下极限圆锥。

圆锥直径公差 T_D 是指圆锥直径允许的变动量，圆锥直径公差在整个圆锥长度内都适用。两个极限圆锥 B 所限定的区域称为圆锥直径公差区 Z，也称为圆锥直径公差带。

3）极限圆锥角、圆锥角公差和圆锥角公差区

极限圆锥角是指允许的上极限或下极限圆锥角，它们分别用符号 α_{max} 和 α_{min} 表示，如图

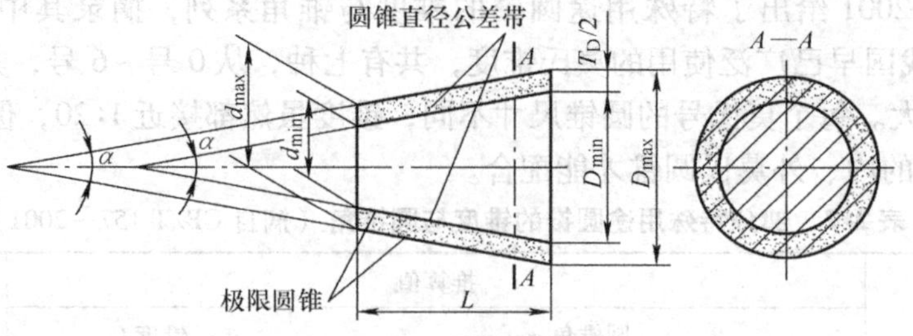

图 2-4　圆锥直径公差带

2-5 所示。

圆锥角公差是指圆锥角的允许变动量，当圆锥角公差以弧度或角度为单位时，用代号 AT_α；以长度为单位时，用代号 AT_D 表示。

极限圆锥角 α_{max} 和 α_{min} 所限定的区域称为圆锥角公差区 Z_α，也称为圆锥角公差带。

由图 2-4 和图 2-5 得

$$\begin{cases} \tan\dfrac{\alpha_{max}}{2} = \dfrac{D_{max} - d_{min}}{2L} \\ \tan\dfrac{\alpha_{min}}{2} = \dfrac{D_{min} - d_{max}}{2L} \end{cases} \tag{2-3}$$

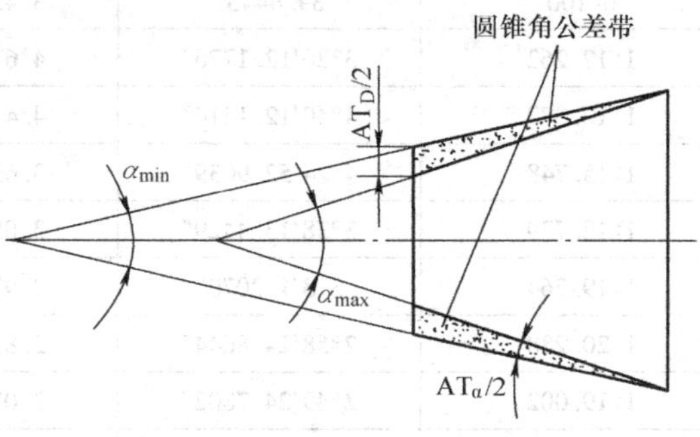

图 2-5　极限圆锥角和圆锥角公差带

（3）圆锥配合的术语和圆锥配合的形成

1）圆锥配合及其种类　圆锥配合是指基本圆锥相同的内、外圆锥直径之间，由于结合松紧的不同所形成的相互关系。圆锥配合分为间隙配合、过盈配合和过渡配合 3 种。

① 间隙配合具有间隙，间隙大小可以调整，零件易拆开，相互配合的内、外圆锥能相对运动。例如机床顶尖、车床主轴的圆锥轴颈与滑动轴承配合等。

② 过渡配合（紧密配合）是指可能具有间隙，也可能具有过盈的配合。其中，要求内、外圆锥紧密接触，间隙为零或稍有过盈的配合称为紧密配合，此类配合具有良好的密封性，可以防止漏水和漏气。它用于对中定心或密封。为了保证良好的密封，对内、外圆锥的形状精度要求很高，通常将它们配对研磨，这类零件不具有互换性。

③ 过盈配合具有自锁性，过盈量大小可调，用以传递扭矩，而且装卸方便。例如机床主轴锥孔与刀具（钻头、立铣刀等）锥柄的配合。

2）圆锥配合的形成　按照确定内、外圆锥间最终的轴向相对位置采用的方式，圆锥配合的形成可以分为结构型圆锥配合和位移型圆锥配合两种。

① 结构型圆锥配合是指由内、外圆锥本身的结构或由结构尺寸确定装配位置，内、外圆锥公差区之间的相互关系。这种形成方式可获得间隙配合、过盈配合和过渡配合。

如图 2-6 所示，用内、外圆锥的结构确定装配位置，由轴肩接触得到间隙配合。

如图 2-7 所示，用内、外圆锥的结构尺寸确定装配位置，即由最大内圆锥基准面 1 与最大外圆锥基准面 2 之间的距离 a（基面距）来确定装配时的最终轴向位置，以获得指定的圆锥过盈配合。

② 位移型圆锥配合是指由规定内、外圆锥在装配时作一定相对轴向位移（E_a）确定的相互关系。

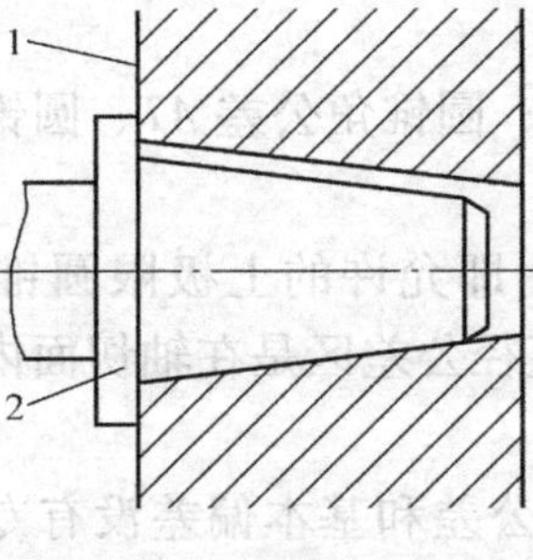

图 2-6　由结构形成的圆锥间隙配合

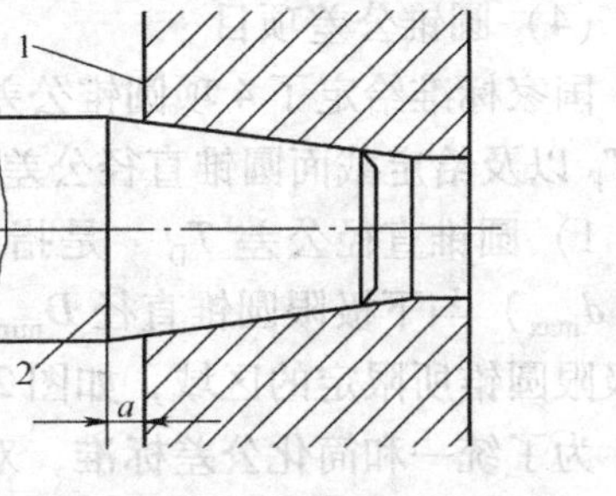

图 2-7　由基面距形成的圆锥过盈配合

位移型圆锥配合可获得间隙配合或过盈配合。如图 2-8a 所示，在不受力的情况下，内、外圆锥相接触由实际初始位置 P_a 开始，内圆锥向右作轴向位移 E_a，到达终止位置 P_f，以获得指定的圆锥间隙配合。又如图 2-8b 所示，在不受力的情况下，内、外圆锥相接触由实际初始位置 P_a 开始，对内圆锥施加一定的装配力 F_S，内圆锥向左作轴向位移 E_a，到达终止位置 P_f，以获得指定的圆锥过盈配合。

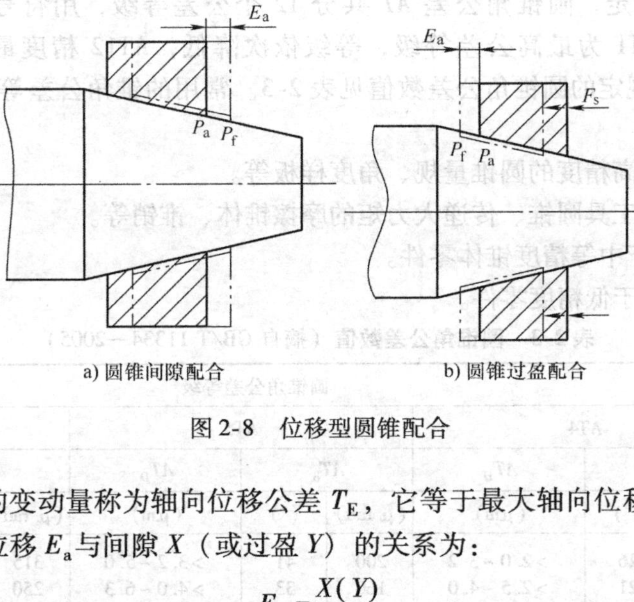

a) 圆锥间隙配合　　b) 圆锥过盈配合

图 2-8　位移型圆锥配合

轴向位移允许的变动量称为轴向位移公差 T_E，它等于最大轴向位移 E_{max} 与最小轴向位移 E_{min} 之差。轴向位移 E_a 与间隙 X（或过盈 Y）的关系为：

$$E_a = \frac{X(Y)}{C} \tag{2-4}$$

式中　C——内、外圆锥的锥度。

3）圆锥配合的内、外圆锥直径公差区的选择

① 结构型圆锥配合的内、外圆锥直径公差区的选择。

结构型圆锥配合也分基孔制配合和基轴制配合，优先选用基孔制配合。结构型圆锥配合的配合性质由相互结合的内、外圆锥直径公差区之间的关系决定。可以是间隙配合、过渡配合或过盈配合。

② 位移型圆锥配合的内、外圆锥直径公差区的选择。

位移型圆锥配合的内、外圆锥直径公差区的基本偏差采用 H/h 或 JS/js。其轴向位移的极限值按 GB/T 1801—2009 规定的极限间隙或极限过盈来计算。

（4）圆锥公差项目

国家标准给定了4项圆锥公差项目：圆锥直径公差 T_D、圆锥角公差 AT、圆锥的形状公差 T_F 以及给定截面圆锥直径公差 T_{DS}。

1）圆锥直径公差 T_D　是指圆锥直径的允许变动量，即允许的上极限圆锥直径 D_{max}（或 d_{max}）与下极限圆锥直径 D_{min}（或 d_{min}）之差。圆锥直径公差区是在轴切面内上、下两个极限圆锥所限定的区域，如图2-4所示。

为了统一和简化公差标准，对圆锥直径公差区的标准公差和基本偏差没有专门制定标准，而是从标准 GB/T 1800.2—2009 中选取，查表时以最大直径 D 为基本参数查取。

2）圆锥角公差 AT　是指圆锥角允许的变动量，即上极限圆锥角 α_{max} 与下极限圆锥角 α_{min} 之差，其公差带如图2-5所示。

① 圆锥角公差 AT 可以用两种形式表达。当以弧度或角度为单位时，用 AT_α 表示；当以长度为单位时，用 AT_D 表示。两者之间的关系为

$$AT_D = AT_\alpha \times L \times 10^3 \tag{2-5}$$

式中　AT_α 单位为 μrad，AT_D 单位为 μm，L 单位为 mm。

② 国家标准规定，圆锥角公差 AT 共分12个公差等级，用符号 AT1，AT2，……，AT12 表示，其中 AT1 为最高公差等级，等级依次降低，AT12 精度最低。GB/T 11334—2005《圆锥公差》规定的圆锥角公差数值见表2-3。常用的锥角公差等级 AT1 ~ AT12 的应用范围如下。

AT1 ~ AT5 用于高精度的圆锥量规、角度样板等。

AT6 ~ AT8 用于工具圆锥、传递大力矩的摩擦锥体、锥销等。

AT8 ~ AT10 用于中等精度锥体零件。

AT11 ~ AT12 用于低精度零件。

表2-3　圆锥角公差数值（摘自 GB/T 11334—2005）

基本圆锥长度 L/mm		圆锥角公差等级								
		AT4			AT5			AT6		
		AT_α		AT_D	AT_α		AT_D	AT_α		AT_D
大于	至	(μrad)	(″)	(μm)	(μrad)	(″)	(μm)	(μrad)	(″)	(μm)
16	25	125	26	>2.0 ~ 3.2	200	41	>3.2 ~ 5.0	315	1′05″	>5.0 ~ 8.0
25	40	100	21	>2.5 ~ 4.0	160	33	>4.0 ~ 6.3	250	52	>6.3 ~ 10.0
40	63	80	16	>3.2 ~ 5.0	125	26	>5.0 ~ 8.0	200	41	>8.0 ~ 12.5
63	100	63	13	>4.0 ~ 6.3	100	21	>6.3 ~ 10.0	160	33	>10.0 ~ 16.0
100	160	50	10	>5.0 ~ 8.0	80	16	>8.0 ~ 12.5	125	26	>12.5 ~ 20.0

基本圆锥长度 L/mm		圆锥角公差等级								
		AT7			AT8			AT9		
		AT_α		AT_D	AT_α		AT_D	AT_α		AT_D
大于	至	(μrad)	(″)	(μm)	(μrad)	(″)	(μm)	(μrad)	(″)	(μm)
16	25	500	1′43″	>8.0 ~ 12.5	800	2′45″	>12.5 ~ 20.0	1250	4′18″	>20.0 ~ 32.0
25	40	400	1′22″	>10.0 ~ 16.0	630	2′10″	>16.0 ~ 20.5	1000	3′26″	>25.0 ~ 40.0
40	63	315	1′05″	>12.5 ~ 20.0	500	1′43″	>20.0 ~ 32.0	800	2′45″	>32.0 ~ 50.0
63	100	250	52″	>16.0 ~ 25.0	400	1′22″	>25.0 ~ 40.0	630	2′10″	>40.0 ~ 63.0
100	160	200	41″	>20.0 ~ 32.0	315	1′05″	>32.0 ~ 50.0	500	1′43″	>50.0 ~ 80.0

各个公差等级所对应的圆锥角公差值的大小与圆锥长度有关，由表 2-3 可以看出，圆锥角公差值随着圆锥长度的增加而减小，这是因为圆锥长度越大，加工时圆锥角精度越容易保证。

为了加工和检测方便，圆锥角公差可用角度值 AT_D 或线性值 AT_α 给定，圆锥角的极限偏差可按单向取值（$\alpha^{+AT_\alpha}_{0}$或 $\alpha^{0}_{-AT_\alpha}$）或者双向对称取值（$\alpha \pm AT_D/2$）。为了保证内、外圆锥接触的均匀性，圆锥角公差区通常采用对称于基本圆锥角分布。

3）圆锥直径公差 T_D 与圆锥角公差 AT 的关系一般情况下，当对圆锥角公差 AT 没有特殊要求时，可不必单独规定圆锥角公差，而是用圆锥直径公差 T_D 加以限制，GB/T 11334—2005 标准中列出了圆锥长度 L 为 100mm 时圆锥直径公差 T_D 所能限制的最大圆锥角误差，实际圆锥角被允许在此范围内变动。数值见表 2-4。当 $L \neq 100$mm 时，应将表中数值 ×100/L，L 的单位是 mm。

表 2-4　$L = 100$mm 的圆锥直径公差 T_D 所限制的最大圆锥角误差 $\Delta\alpha_{max}$（摘自 GB/T 11334—2005）

（单位：μ rad）

标准公差等级	圆锥直径/mm												
	≤3	>3~6	>6~10	>10~18	>18~30	>30~50	>50~80	>80~120	>120~180	>180~250	>250~315	>315~400	>400~500
IT4	30	40	40	50	60	70	80	100	120	140	160	180	200
IT5	40	50	60	80	90	110	130	150	180	200	230	250	270
IT6	60	80	80	110	130	160	190	220	250	290	320	360	400
IT7	100	120	150	180	210	250	300	350	400	460	520	570	630
IT8	140	180	220	270	330	390	460	540	630	720	810	890	970
IT9	250	300	360	430	520	620	740	870	1000	1150	1300	1400	1550
IT10	400	480	580	700	840	1000	1200	1400	1300	1850	2100	2300	2500

如果对圆锥角公差有更高的要求时（例如圆锥量规等），除规定其直径公差 T_D 外，还应给定圆锥角公差 AT。圆锥角的极限偏差可按单向或双向（对称或不对称）取值。从加工角度考虑，圆锥角公差 AT 与尺寸公差 IT 相应等级的加工难度大致相当，即精度相当。

4）圆锥的形状公差 T_F　包括圆锥素线直线度公差、倾斜度公差和圆度公差等。对于要求不高的圆锥工件，其形状误差一般也用直径公差 T_D 控制。对于要求较高的圆锥工件，应单独按要求给定形状公差 T_F，T_F 的数值按 GB/T 1184—1996《形状和位置公差　未注公差值》选取。

5）给定截面圆锥直径公差 T_{DS} 是指在垂直圆锥轴线的给定截面内，圆锥直径的允许变动量。其圆锥直径公差区为在给定的圆锥截面内，由两个同心圆所限定的区域，如图 2-9 所示。

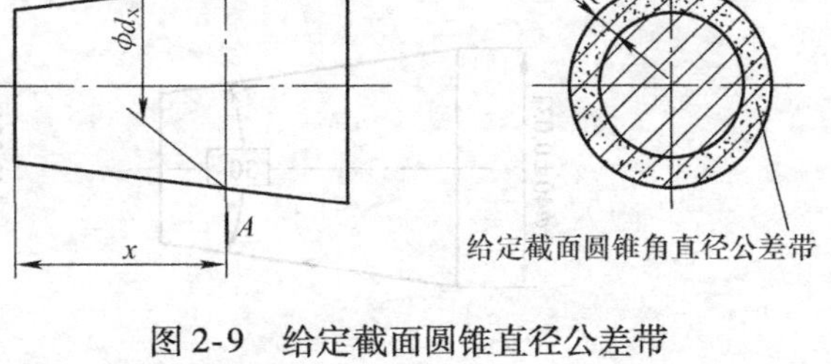

图 2-9　给定截面圆锥直径公差带

一般情况不规定给定截面圆锥直径公差 T_{DS}，只有对圆锥工件有特殊要求，才规定此项目。如阀类零件要求配合圆锥在给定截面上接触良好，以保证其密封性，这时必须同时规定圆锥直径公差 T_{DS} 以及圆锥角公差 AT。

(5) 圆锥公差标注

国家标准 GB/T 15754—1995《技术制图　圆锥的尺寸和公差注法》规定了光滑正圆锥的尺寸和公差注法。生产中通常采用基本锥度法和公差锥度法进行标注。

1）基本锥度法　通常适用于有配合要求的结构型内、外圆锥。基本锥度法是表示圆锥要素尺寸与其几何特征具有相互从属关系的一种公差区的标注方法，即由两同轴圆锥面（圆锥要素的最大实体尺寸和最小实体尺寸）形成两个具有理想形状的包容面公差区。

此法按面轮廓度方法标注。

如图 2-10 和图 2-11 所示给出圆锥的理论正确圆锥角 $\boxed{\alpha}$（图 2-10）或锥度 $\boxed{C}$（图 2-11）、理论正确圆锥直径（$\boxed{D}$ 或 $\boxed{d}$）和圆锥长度 L，并标注面轮廓度公差值。

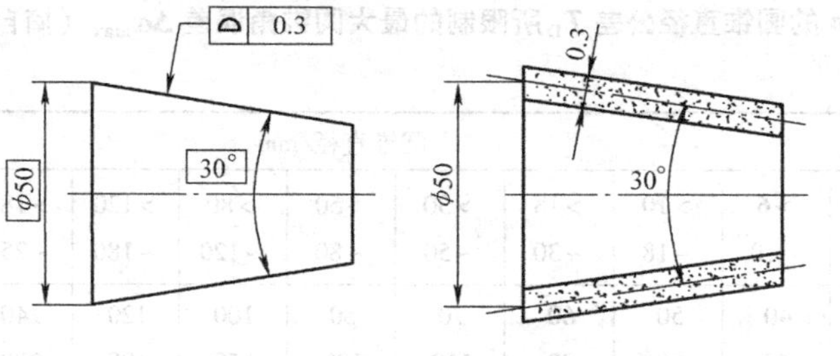

图 2-10　圆锥公差标注示例（一）

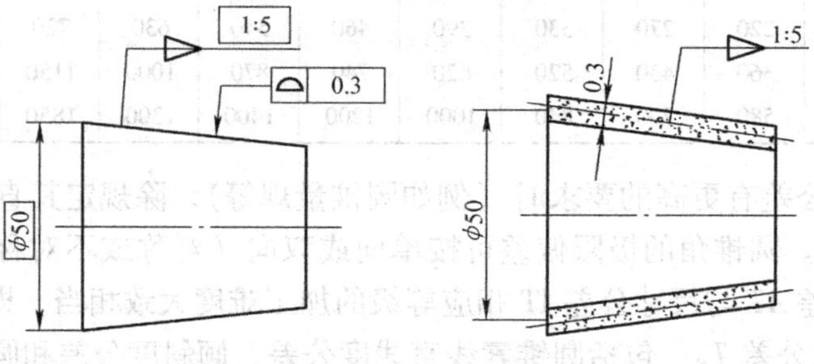

图 2-11　圆锥公差标注示例（二）

2）公差锥度法　仅适用于对某些给定截面圆锥直径有较高要求的圆锥和密封及非配合圆锥。公差锥度法是直接给定有关圆锥要素的公差，即同时给出圆锥直径公差和圆锥角公差，不构成两个同轴圆锥面公差区的标注方法。图 2-12 为其标注示例。

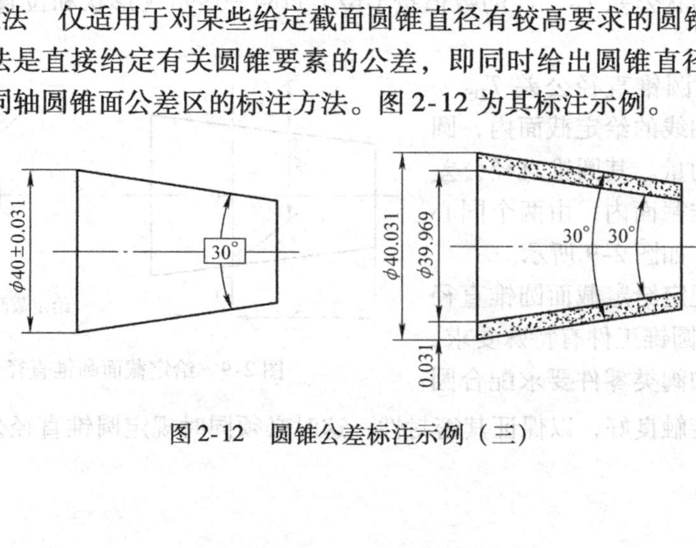

图 2-12　圆锥公差标注示例（三）

(6) 圆锥直径公差区选择

1) 结构型圆锥配合的内、外圆锥直径公差区的选择　结构型圆锥配合也分基孔制配合和基轴制配合，优先选用基孔制配合。

结构型圆锥配合的配合性质由相互结合的内、外圆锥直径公差区之间的关系决定。可以是间隙配合、过渡配合或过盈配合。

2) 位移型圆锥配合的内、外圆锥直径公差区的选择　位移型圆锥配合的内、外圆锥直径公差带的基本偏差采用 H/h 或 JS/js。其轴向位移的极限值按 GB/T 1801—2009 规定的极限间隙或极限过盈来计算。

对于间隙配合

$$\begin{cases} E_{amax} = \dfrac{|X_{max}|}{C} \\ E_{amin} = \dfrac{|X_{min}|}{C} \\ T_E = E_{amax} - E_{amin} \end{cases} \tag{2-6}$$

对于过盈配合

$$\begin{cases} E_{amax} = \dfrac{|Y_{max}|}{C} \\ E_{amin} = \dfrac{|Y_{min}|}{C} \\ T_E = E_{amax} - E_{amin} \end{cases} \tag{2-7}$$

式中　E_{max}、E_{min}——最大、最小轴向位移，单位为 mm；

T_E——轴向位移公差，单位为 mm。

3) 未注公差角度尺寸的极限偏差　国家标准 GB/T 1804—2005 对于金属切削加工件圆锥角的角度，包括在图样上标注的角度和通常不需标注的角度（如 90°等），规定了未注公差角度的极限偏差（表 2-5）。该极限偏差值应为一般工艺方法可以保证达到的精度。未注公差角度的公差等级在图样或技术文件上用标准号和公差等级表示，例如选用粗糙级时，表示为 GB11335 – c。

表 2-5　未注公差角度的极限偏差（摘自 GB/T 11335—2005）

公差等级	长度分段/mm				
	≤10	>10 ~ 50	>50 ~ 120	>120 ~ 400	>400
m（中等级）	±1°	±30′	±20′	±10′	±5′
c（粗糙级）	±1°30′	±1°	±30′	±15′	±10′
v（最粗级）	±3°	±2°	±1°	±30′	±20′

对于一个具体的圆锥工件，并不都需要给定 4 项公差，而是根据工件的不同要求来给公差项目。

圆锥公差给出方法有两种。

① 给出圆锥的理论正确圆锥角 α（或锥度 C）和圆锥直径公差 T_D，由 T_D 确定两个极限圆锥，圆锥角误差、圆锥直径误差和形状误差都应控制在两极限圆锥所限定的区域内，即圆锥直径公差区内。所给出的圆锥直径公差具有综合性，其实质就是包容要求。

当对圆锥角公差和圆锥形状公差有更高要求时，可再加注圆锥角公差AT和圆锥形状公差T_F，但AT和T_F只能占T_D的一部分。这种给定方法是设计中常用的一种方法，适用于有配合要求的内、外圆锥，例如圆锥滑动轴承、钻头的锥柄等。

② 同时给出给定截面圆锥直径公差T_{DS}和圆锥角公差AT。此时，T_{DS}和AT是独立的，彼此无关，应分别满足要求。

当对形状公差有更高要求时，可再给出圆锥的形状公差。该法通常适用于对给定圆锥截面直径有较高要求的情况。如某些阀类零件中，两个相互结合的圆锥在规定截面上要求接触良好，以保证密封性。

［**例 2-1**］ 有一位移型圆锥配合，锥度C为1∶30，内外圆锥的公称圆锥直径为60mm，要求装配后得到H7/u6的配合性质。计算由初始位置开始的最小与最大位移，以及轴向位移公差。

解： ① 按ϕ60H7/u6查表。IT7 = 0.030mm，IT6 = 0.019mm；ϕ60H7的EI = 0，ES = +0.030mm；ϕ60u6的ei = +0.087mm，es = +0.106mm。

② 最小过盈 $Y_{min} = D_{max} - d_{min} = 60.030\text{mm} - 60.087\text{mm} = -0.057\text{mm}$

最大过盈 $Y_{max} = D_{min} - d_{max} = 60\text{mm} - 60.106\text{mm} = -0.106\text{mm}$

③ 最小轴向位移 $E_{amin} = \dfrac{|Y_{min}|}{C} = 0.057\text{mm} \times 30 = 1.71\text{mm}$

最大轴向位移 $E_{amax} = \dfrac{|Y_{max}|}{C} = 0.106\text{mm} \times 30 = 3.18\text{mm}$

2. 锥度与圆锥角的检测

锥度与圆锥角的检测方法很多，生产中常用的检测方法如下。

（1）直接测量圆锥角

直接测量圆锥角，即用量具、量仪直接测量零件的角度。例如，用万能角度尺、光学测角仪等计量器具测量实际圆锥角的数值。

（2）间接测量圆锥角

间接测量圆锥角是指被测圆锥的某些线性尺寸与圆锥角具有一定的函数关系，通过测量线性尺寸的差值，计算出被测圆锥角的大小。图2-13所示为用正弦规测量外圆锥锥角的示意图。

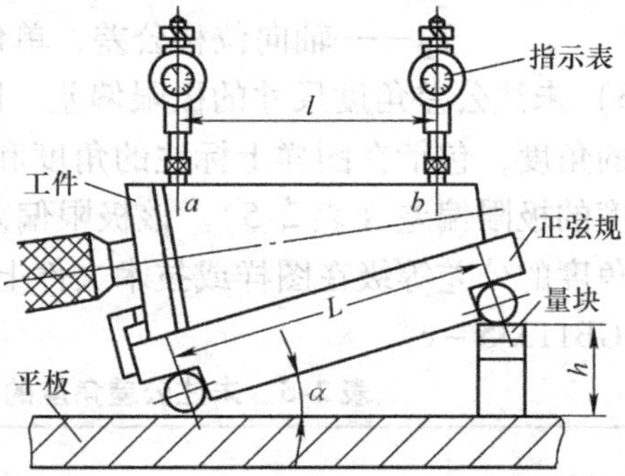

图2-13 用正弦规测量外圆锥锥角

（3）用量规检验圆锥角偏差

内、外圆锥的圆锥角实际偏差可分别用圆锥量规检验，如图2-14所示。检测内圆锥用锥度塞规检验，检测外圆锥用锥度环规检验。

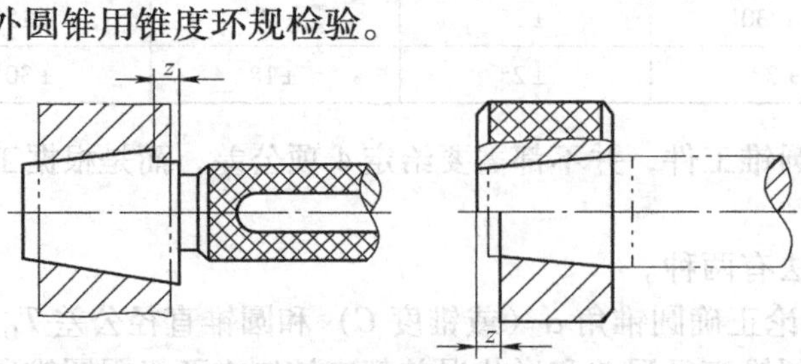

图2-14 圆锥量规

3. 角度与角度公差

（1）基本概念

棱体是由两个相交平面与一定尺寸所限定的几何体。两个相交平面称为棱面，棱面的交线称为棱，如图 2-15 所示。

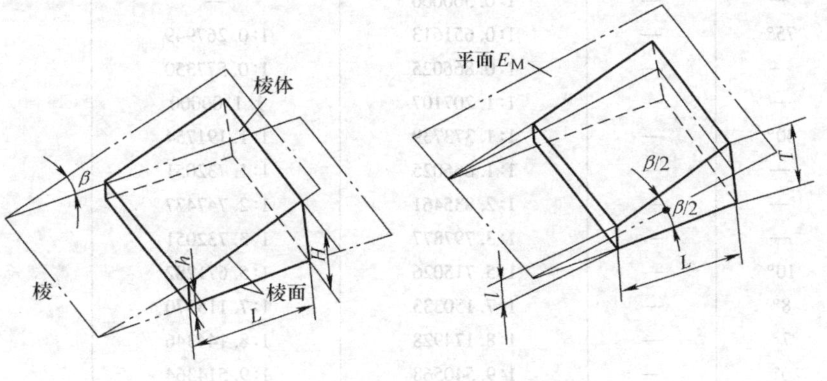

图 2-15　棱体及其几何参数

具有小角度的棱体可称为楔，具有大角度的棱体可称为 V 形体、榫或燕尾槽。

棱体的重要几何参数有：

1）棱体角 β　两相交棱面形成的二面角。

2）棱体厚　平行于棱并垂直于棱体中心平面 *EM* 的截面与两棱面交线之间的距离。常用的有最大棱体厚 T 和最小棱体厚 t。

3）棱体高　平行于棱并垂直于一个棱面的截面与两棱面交线之间的距离。常用的有最大棱体高 H 和最小棱体高 h。

4）斜度 S　棱体高之差与平行于棱并垂直于一个棱面的两截面之间的距离之比，即 $S=\dfrac{H-h}{L}$

斜度 S 与棱体角 β 的关系为：$S=\tan\beta=1:\cot\beta$

5）比率 C_p　棱体厚之差与平行于棱并垂直于棱体中心平面的两截面之间的距离之比，即 $C_p=\dfrac{T-t}{L}$

比率 C_p 与棱体角 β 的关系为：$C_p=2\tan\dfrac{\beta}{2}=1:\dfrac{1}{2}\cot\dfrac{\beta}{2}$

（2）棱体的角度与斜度系列

GB/T 4096—2005《棱体的角度与斜度系列》中规定了一般用途棱体角度与斜度（表 2-6）和特殊用途的棱体角度与比率（表 2-7）。

一般用途的棱体角度与斜度，优先选用第一系列，当不能满足需要时，选用第二系列。特殊用途棱体的棱体角与斜度，通常只适用于表中最后一栏所指的适用范围。

表 2-6　一般用途棱体的角度与斜度（摘自 GB/T 4096—2005）

基本值			推算值		
系列 1	系列 2	斜度 S	比率 C_p	斜度 S	棱体角 β
120°	—	—	1:0.288675	—	—
90°	—	—	1:0.500000	—	—
—	75°	—	1:0.651613	1:0.267949	—
60°	—	—	1:0.866025	1:0.577350	—
45°	—	—	1:1.207107	1:1.00000	—
—	40°	—	1:1.373739	1:1.191754	—
30°	—	—	1:1.866025	1:1.732051	—
20°	—	—	1:2.835461	1:2.747477	—
15°	—	—	1:3.797877	1:3.732051	—
—	10°	—	1:5.715026	1:5.671282	—
—	8°	—	1:7.150333	1:7.115370	—
—	7°	—	1:8.174928	1:8.144346	—
—	6°	—	1:9.540568	1:9.514364	—
—	—	1:10	—	—	5°42′8″
5°	—	—	1:11.451883	1:11.430052	—
—	4°	—	1:14.318127	1:14.300666	—
—	3°	—	1:19.094230	1:19.081137	—
—	—	1:20	—	—	2°51′44.7″
—	2°		1:28.644982	1:28.636253	—
—	—	1:50	—	—	1°8′44.7″
—	1°		1:57.294327	1:57.289962	
—		1:100			0°34′25.5″
—	0°30′		1:114.590832	1:114.588650	
—	—	1:200	—	—	0°17′11.3″
—	—	1:500	—	—	0°6′52.5″

表 2-7　特殊用途棱体的棱体角与斜度（摘自 GB/T 4096—2005）

基本值	推算值	用　途
棱体角 β	比率 C_p	
108°	1:0.363271	V 形体
72°	1:0.688191	V 形体
55°	1:0.960491	导轨
50°	1:1.072253	榫

（3）角度公差

GB/T 11334—2005 中规定的圆锥角公差值同样适用于棱体角，棱体角 β 与圆锥角 α 相对应。角度公差应以角度短边的尺寸作为基本圆锥长度尺寸。

任务 2.1　用万能角度尺测量零件的角度

1. 任务描述

用万能角度尺测量零件的角度，填写任务评价表格，评定零件尺寸是否合格。

2. 万能角度尺的介绍

万能角度尺又被称为角度规、游标角度尺和万能量角器，它是利用游标读数原理来直接测量工件内、外角度或进行划线的一种角度量具，其结构如图 2-16 所示。适用于机械加工中的内、外角度测量，可测 0°～320°外角及 40°～130°内角。

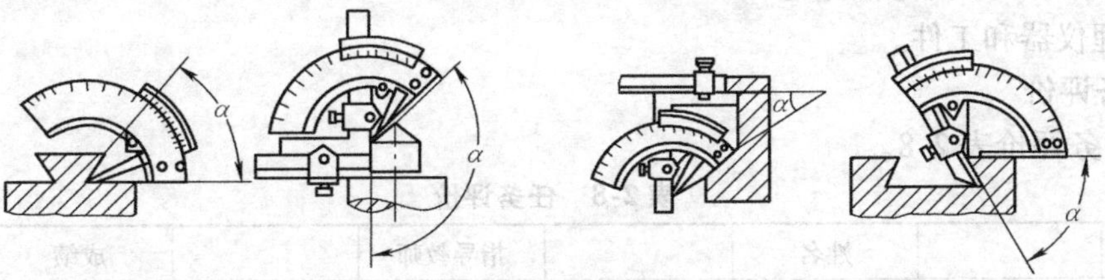

图 2-16　万能角度尺

万能角度尺的读数机构是根据游标原理制成的。如图 2-17 所示，尺身刻线每格为 1°。游标的刻线是取尺身的 29°等分为 30 格，因此游标刻线角格为 29°/30，即尺身与游标一格的差值为 2′，也就是说万能角度尺读数准确度为 2′。

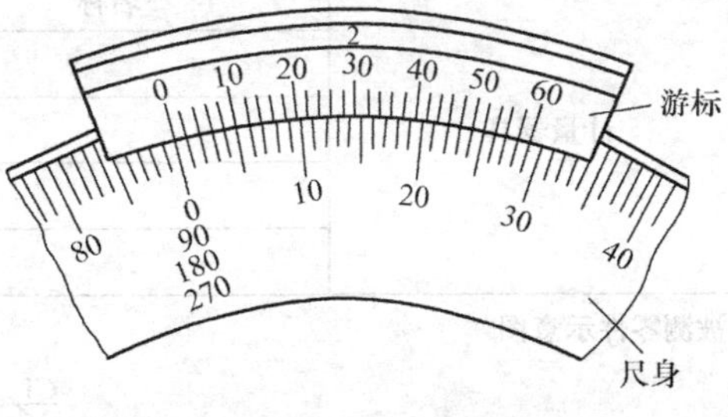

图 2-17　万能角度尺的刻线原理

万能角度尺的读数方法与游标卡尺完全相同。先从尺身上读出游标零刻度线指示的整度数，即“度”的数值；然后看游标上的第几条刻度线与尺身上的刻度线对齐，就能确定“分”的数值。被测角度数值为“度”的数值与“分”的数值相加。

图 2-18a 中，游标上的零刻度线落在尺身 69°～70°之间，即被测角度“度”的数值为 69°；游标上第 21 格的刻度线与尺身上的某一条刻度线对齐，即被测角度的“分”的数值为 2′×21 =42′，所以被测角度数值为 69°42′。同理可得出图 2-18b 中被测角度数值为 34°8′。

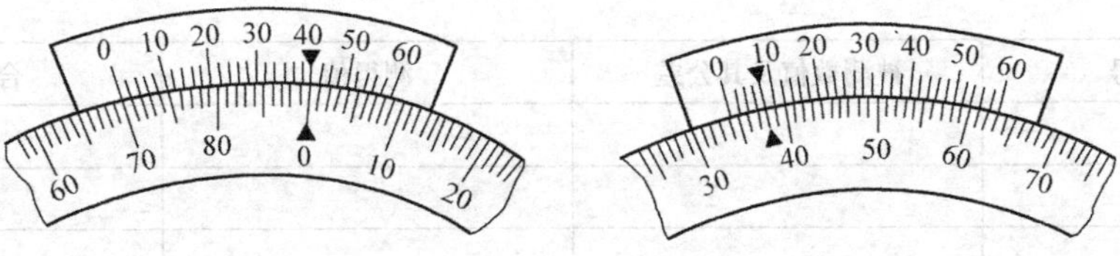

a)　　　　b)

图 2-18　万能角度尺读数示例

测量时应先校准零位，是当角尺与直尺均装上，而角尺的底边及基尺与直尺无间隙接触时，尺身与游标的“0”线对准。调整好零位后，通过改变基尺、角尺、直尺的相互位置可测试 0°～320°范围内的任意角。应用万能角度尺测量工件时，要根据所测角度适当组合量尺。

3. 任务实施

① 擦净仪器和工件，根据被测角的大小选择直尺与角尺的配合。

② 把工件放入两测量面之间，调节测量面夹角，使测量面与工件角度表面不漏光隙为止，加进刻度盘固定螺丝，进行读数，记下数据。

③ 整理数据并判断使用性。

④ 清理仪器和工件。

4. 任务评价

填写任务评价表 2-8。

表 2-8 任务评价

<table>
<tr><td>班级</td><td></td><td>姓名</td><td></td><td>指导教师</td><td></td><td>成绩</td><td></td></tr>
<tr><td colspan="2" rowspan="2">被测零件</td><td colspan="2">名称</td><td colspan="2">零件编号</td><td colspan="2"></td></tr>
<tr><td colspan="2"></td><td colspan="2"></td><td colspan="2"></td></tr>
<tr><td colspan="2" rowspan="5">计量器具</td><td colspan="2">名称</td><td colspan="2">分度值</td><td colspan="2">测量范围</td></tr>
<tr><td colspan="2"></td><td colspan="2"></td><td colspan="2"></td></tr>
<tr><td colspan="2"></td><td colspan="2"></td><td colspan="2"></td></tr>
<tr><td colspan="2"></td><td colspan="2"></td><td colspan="2"></td></tr>
<tr><td colspan="2"></td><td colspan="2"></td><td colspan="2"></td></tr>
<tr><td colspan="8">被测零件示意图
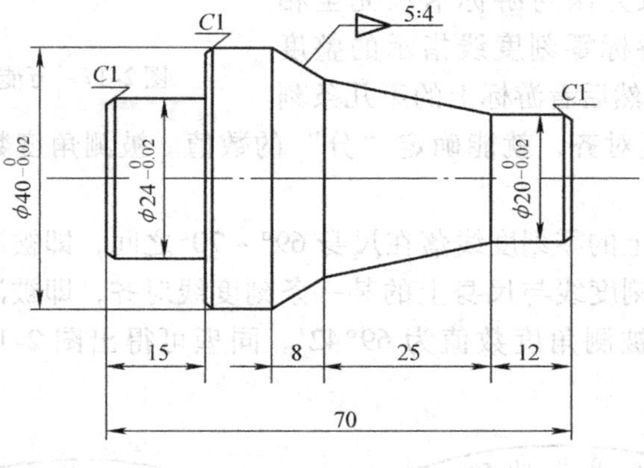</td></tr>
<tr><td colspan="2">被测值代号</td><td colspan="2">被测数值及其公差</td><td colspan="2">测得值</td><td colspan="2">合格性判断</td></tr>
<tr><td colspan="2"></td><td colspan="2"></td><td colspan="2"></td><td colspan="2"></td></tr>
<tr><td colspan="2"></td><td colspan="2"></td><td colspan="2"></td><td colspan="2"></td></tr>
<tr><td colspan="2"></td><td colspan="2"></td><td colspan="2"></td><td colspan="2"></td></tr>
<tr><td colspan="2"></td><td colspan="2"></td><td colspan="2"></td><td colspan="2"></td></tr>
<tr><td colspan="4">测量日期</td><td colspan="4"></td></tr>
</table>

任务 2.2 用圆柱测量零件的角度

1. 任务描述

用圆柱检测零件的角度，填写任务评价表格，评定零件尺寸是否合格。

2. 圆柱检测零件的工作原理

如图 2-19 所示，将直径为 d 的 3 个圆柱放置在被测内角中，用深度千分尺测得距离为 M，然后按下式计算出角度 α

$$\cos\frac{\alpha}{2}=\frac{M}{d}$$

$$\alpha=2\arccos\frac{M}{d}$$

式中　α——被测角度，单位为°；

D——圆柱直径，单位为 mm；

d——检测值，单位为 mm。

如图 2-20 所示，将直径为 d 的 3 个圆柱放置在被测内角中，用量块与塞尺测得距离为 M，然后按下式计算出角度 α

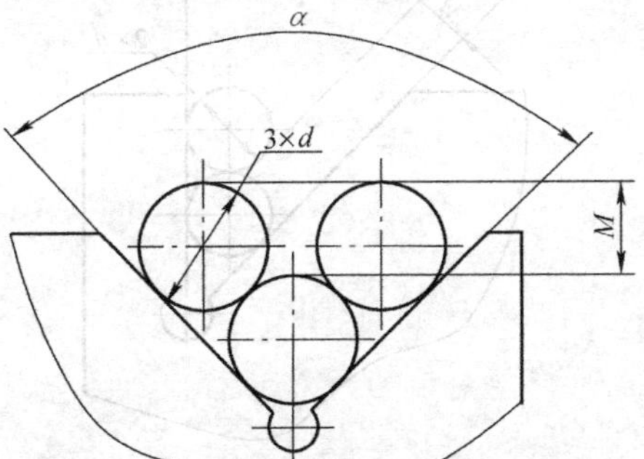

图 2-19　用圆柱检测内角（一）

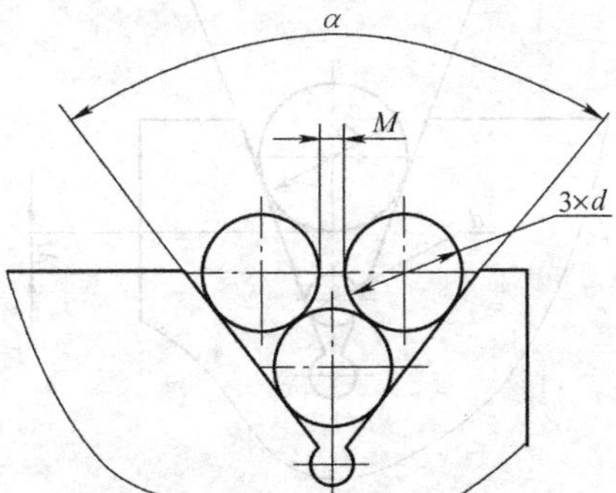

图 2-20　用圆柱检测内角（二）

$$\sin\frac{\alpha}{2}=\frac{M+d}{2d}$$

$$\alpha=2\arccos\frac{M+d}{2d}$$

式中　α——被测角度，单位为°；

D——圆柱直径，单位为 mm；

d——检测值，单位为 mm。

如图 2-21 所示，将直径为 d 的两个圆柱放置在被测内角中，用量块与塞尺测得距离为 M，然后按下式计算出角度 α

$$\sin\frac{\alpha}{2}=\frac{M-d}{2M+D+d}$$

$$\alpha=2\arccos\frac{M-d}{2M+D+d}$$

式中　α——被测角度，单位为°；

D——圆柱直径，单位为 mm；

d——检测值，单位为 mm。

如图 2-22 所示，将直径为 d 的两个圆柱放置在被测内角中，用量块与塞尺测得距离为 M，然后按下式计算出角度 α

$$\sin\frac{\alpha}{2}=\frac{M}{d}$$

$$\alpha=2\arccos\frac{M}{d}$$

式中　α——被测角度，单位为°；

D——圆柱直径，单位为 mm；

d——检测值，单位为 mm。

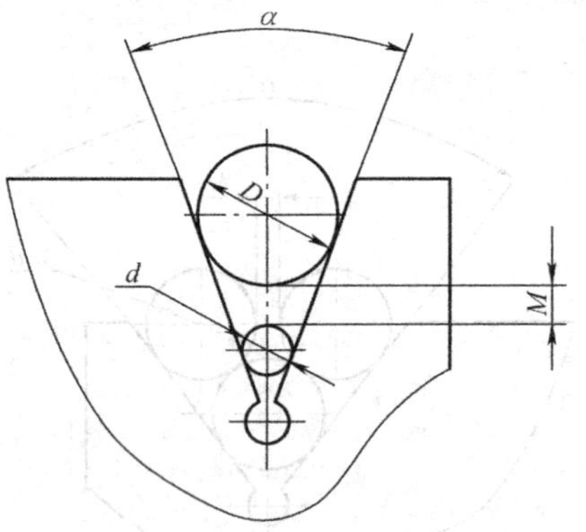

图 2-21　用圆柱检测内角（三）

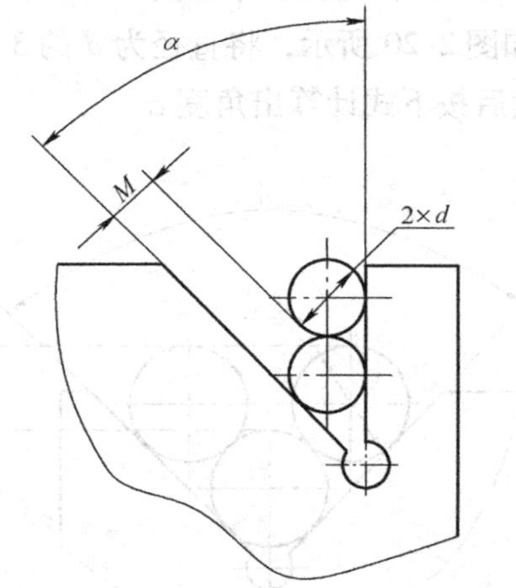

图 2-22　用圆柱检测内角（四）

3. 任务实施

① 选择直径为 d 的圆柱放置在被测内角。

② 用深度千分尺或量块、塞尺测距离 M。

③ 按公式计算出角度 α。

4. 任务评价

填写任务评价表 2-9。

表 2-9　任务评价

班级		姓名		指导教师		成绩	
被测零件		名称					
计量器具		名称		分度值		测量范围	

（续）

被测零件示意图

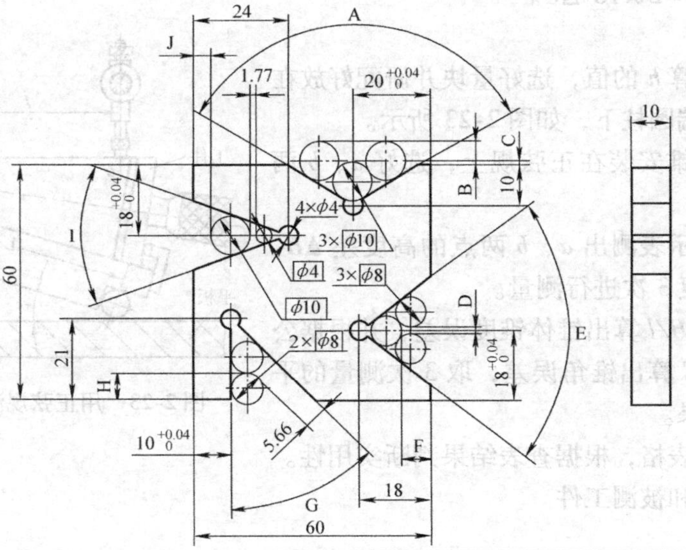

被测代号	被测角及其公差	测得值	合格性判断
A			
B			
C			
D			
E			
F			
G			
H			
I			
J			
测量日期			

任务 2.3　用正弦规测量零件的锥角误差

1. 任务描述

用正弦规测量零件的锥角误差，填写任务评价表格，评定零件尺寸是否合格。

2. 正弦规的介绍

正弦规是供精密测量样板角度、圆锥体以及其他类似工具及工件的角度之用。根据锥体的公差要求，可从手册中查出相应的锥度 C，$C=2\tan\dfrac{\alpha}{2}$，则 $\sin\alpha$ 可以求出，为了使锥体塞规装到正弦规上后其母线平行于基面——平板，故在正弦规下（锥体小头的圆柱下）要用量块垫起高度 h，可由下式计算 $h=L\sin\alpha$，式中 L 为正弦规二圆柱轴心线间距离。

实际上，工件锥度 C 可查出，从 $C=2\tan\dfrac{\alpha}{2}$ 导出 $\sin\alpha=4C/4+C^2\ \dfrac{4C}{4+C^2}$。可直接计算出量块组合高度 $h=4LC/4+C^2$，即 $h\ \dfrac{4LC}{4+C^2}$。

测量时，在锥体母线上选取 a、b 两点，并测出 a、b 两点与基面距离之间的高度差 ΔH。

则锥度误差 $\Delta C=\Delta H/l$，式中 l 为 a、b 两点间的距离，此测量方法为间接测量法。同时可算出锥角误差为 $\Delta\alpha=2\times10^5\Delta C$。

3. 任务实施

① 按公式计算 h 的值，选好量块并研配好放在平板和正弦规一端圆柱下，如图 2-23 所示。

② 把顶尖圆锥安装在正弦规上，选好 a、b 两点，并测出 l 值。

③ 用带架指示表测出 a、b 两点的高度差 ΔH，旋转顶尖圆锥重复 3 次进行测量。

④ 按 $\Delta C=\Delta H/l$ 算出锥体锥度误差，并根据公式 $\Delta\alpha=2\times10^5\Delta C$ 算出锥角误差，取 3 次测量的平均值作为测量结果。

⑤ 查阅公差表格，根据查表结果判断实用性。

⑥ 清理仪器和被测工件。

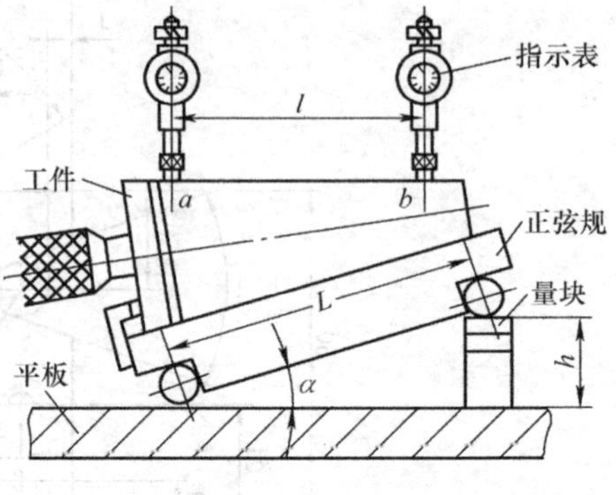

图 2-23 用正弦规测量锥体的锥度

4. 任务评价

填写任务评价表 2-10。

表 2-10 任务评价

班级		姓名		指导教师		成绩	
计量器具		正弦规型号		两圆中心距			
		指示表测量范围		分度值			
		所用量块等级		量块组合尺寸			
被测零件		名称		公称锥角		锥角公差	
被测零件示意图							

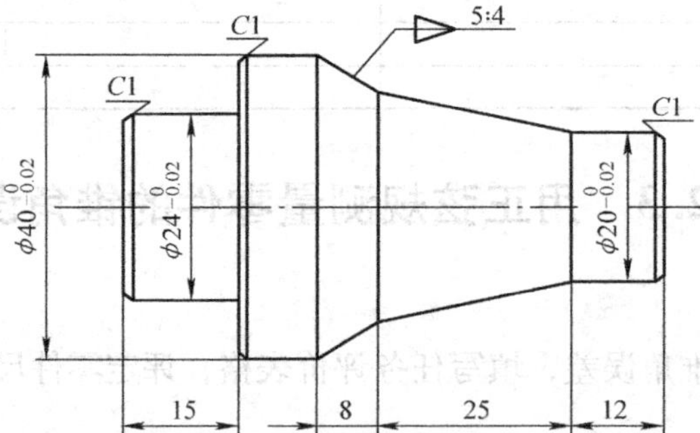

测量位置	a	b	a、b 两点距离 l/mm	a、b 两点的高度差 ΔH
第一次读数				
第二次读数				
第二次读数				
ΔC_1		$\Delta\alpha_1$		
ΔC_2		$\Delta\alpha_2$		
ΔC_2		$\Delta\alpha_3$		
ΔC		$\Delta\alpha$		
合格性判断				
测量日期				

任务2.4　用圆锥量规检测内、外圆锥锥度

1. 任务描述

用圆锥量规检测内、外圆锥锥度，填写任务评价表格，评定零件尺寸是否合格。

2. 圆锥量规的介绍

圆锥可用圆锥塞规和圆锥套规进行检验，检测内圆锥用锥度塞规检验，检测外圆锥用圆锥套规检验，如图2-24所示。

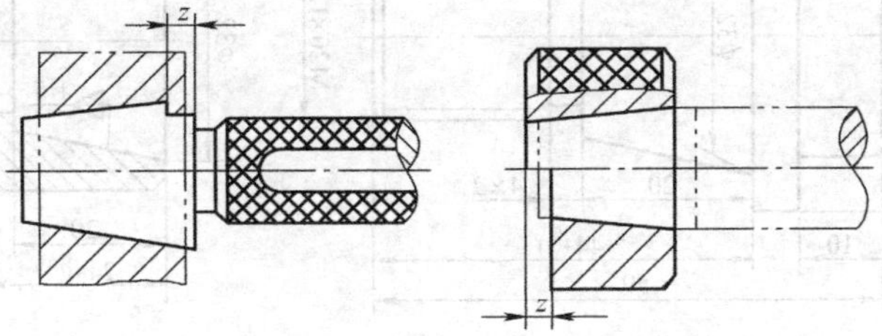

图2-24　圆锥量规

3. 任务实施

检测时，用显示剂（印油或红丹粉）在零件外锥体表面或圆锥塞规表面沿着素线均匀地涂上3条线（此3条线沿圆周方向均布，涂色要求薄而均匀）；然后将塞规或套规的锥面与被测锥面轻轻接触；再在120°范围内往复旋转量规。退出塞规或量规后，若3条显示剂全长被均匀地擦去，说明圆锥锥度正确；如果锥体小端或大端被擦去，说明零件锥度不正确；如果椎体两头或中间被擦去，说明零件素线不直。

如图2-25所示，圆锥塞规或圆锥套规上分别有两条环形刻线和一个缺口台阶，用于检测锥体大端或小端直径的尺寸，如锥体端面位于环形刻线或缺口台阶之间，且两锥体表面接触均匀，则表明锥体的锥度和尺寸正确。

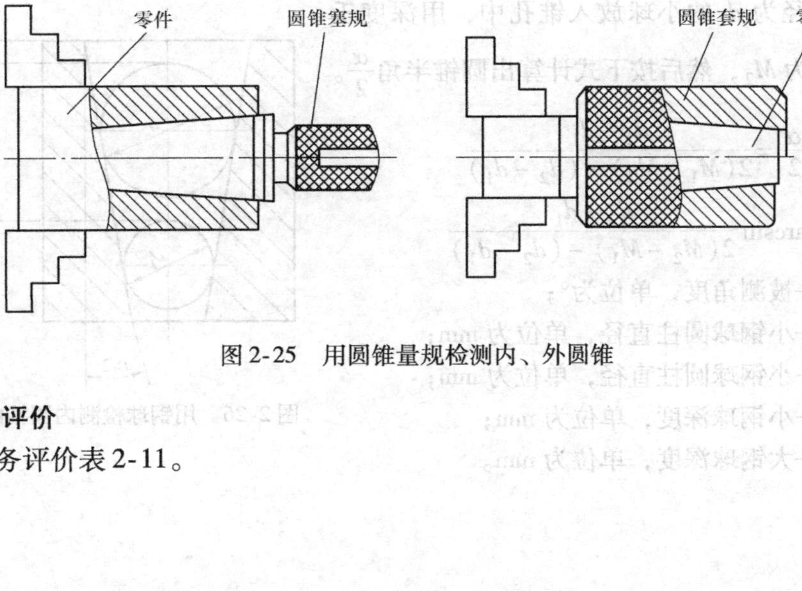

图2-25　用圆锥量规检测内、外圆锥

4. 任务评价

填写任务评价表2-11。

表 2-11 任务评价

<table>
<tr><td>班级</td><td></td><td>姓名</td><td></td><td>指导教师</td><td></td><td>成绩</td><td></td></tr>
<tr><td rowspan="3">计量器具</td><td colspan="2"></td><td colspan="2"></td><td colspan="2"></td><td></td></tr>
<tr><td colspan="2"></td><td colspan="2"></td><td colspan="2"></td><td></td></tr>
<tr><td colspan="2"></td><td colspan="2"></td><td colspan="2"></td><td></td></tr>
<tr><td rowspan="2">被测零件</td><td colspan="2">名称</td><td colspan="3">公称锥角</td><td colspan="2">锥角公差</td></tr>
<tr><td colspan="2"></td><td colspan="3"></td><td colspan="2"></td></tr>
<tr><td colspan="8">被测零件示意图
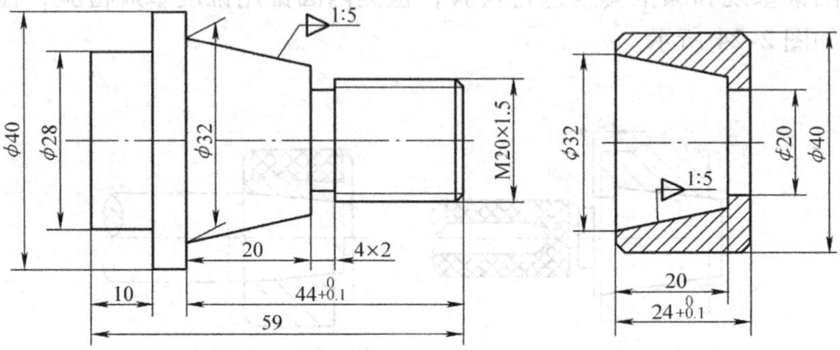</td></tr>
<tr><td>测量位置</td><td>显示剂情况</td><td>椎体端面</td><td></td><td></td></tr>
<tr><td></td><td></td><td></td><td></td><td></td></tr>
<tr><td></td><td></td><td></td><td></td><td></td></tr>
<tr><td></td><td></td><td></td><td></td><td></td></tr>
<tr><td colspan="5">合格性判断</td></tr>
</table>

任务 2.5 用钢球检测内圆锥的圆锥半角

1. 任务描述

用钢球检测内圆锥的圆锥半角，填写任务评价表格，评定零件尺寸是否合格。

2. 任务实施

如图 2-26 所示，先将直径为 d_1 的小球放入锥孔中，用深度千分尺测得距离为 M_1，取出小球后再将直径为 d_2 的小球放入锥孔中，用深度千分尺测得距离为 M_2，然后按下式计算出圆锥半角 $\frac{\alpha}{2}$。

$$\sin\frac{\alpha}{2}=\frac{d_2-d_1}{2(M_1-M_2)-(d_2-d_1)}$$

$$\frac{\alpha}{2}=\arcsin\frac{d_2-d_1}{2(M_2-M_1)-(d_2-d_1)}$$

式中 $\alpha/2$——被测角度，单位为°；

d_1——小钢球圆柱直径，单位为 mm；

d_2——小钢球圆柱直径，单位为 mm；

M_1——小钢球深度，单位为 mm；

M_2——大钢球深度，单位为 mm。

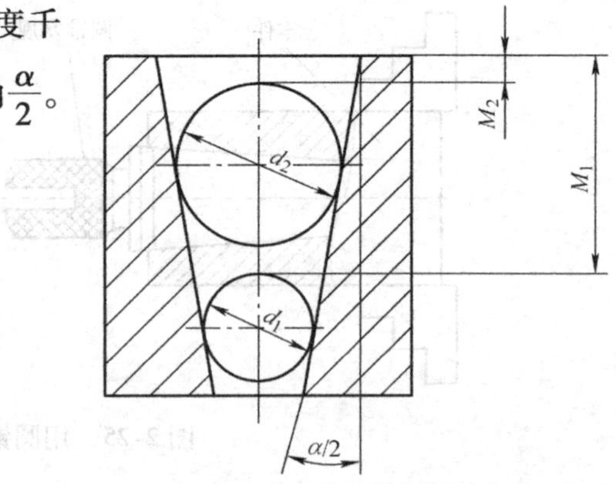

图 2-26 用钢球检测内圆锥的圆锥半角

3. 任务评价

填写任务评价表 2-12。

表 2-12　任务评价

班级		姓名		指导教师		成绩	
计量器具							
被测零件	名称		公称锥角		锥角公差		
被测零件示意图							

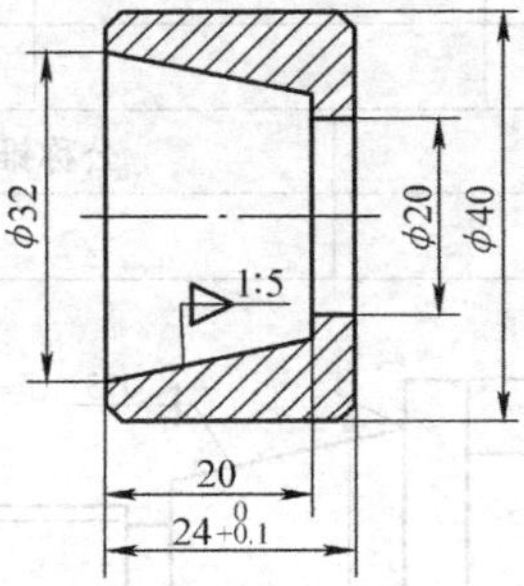

测量位置	距离 M_1	距离 M_2	计算出圆锥半角
合格性判断			

任务 2.6　用圆柱、量块检测外圆锥的圆锥半角

1. 任务描述

用圆柱、量块检测零件的外圆锥圆锥半角，填写任务评价表格，评定零件尺寸是否合格。

2. 任务实施

如图 2-27 所示，将零件圆锥小端的端面放置在平板上，两个直径相同的圆柱放置在圆锥小端两处，用外径千分尺测得距离为 M_1，再将原圆柱用高度均为 H 的量块支撑，用外径千分尺测得距离为 M_2，然后按下式计算出圆锥半角 $\frac{\alpha}{2}$。

$$\tan\frac{\alpha}{2}=\frac{M_2-M_1}{2H}$$

$$\frac{\alpha}{2}=\arctan\frac{M_2-M_1}{2H}$$

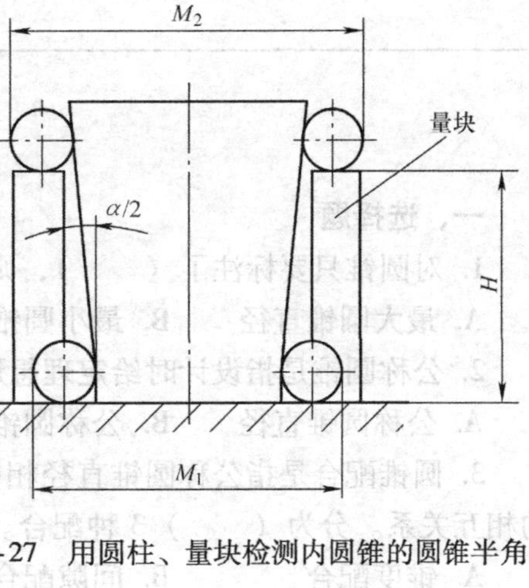

图 2-27　用圆柱、量块检测内圆锥的圆锥半角

式中　$\alpha/2$——被测角度，单位为°；

M_1——圆柱在小端处的检测值，单位为 mm；

M_2——圆柱在小端处的检测值，单位为 mm；

H——量块高度，单位为 mm。

3. 任务评价

填写任务评价表 2-13。

表 2-13 任务评价

班级		姓名		指导教师		成绩	

计量器具				

被测零件	名称	公称锥角	锥角公差

被测零件示意图

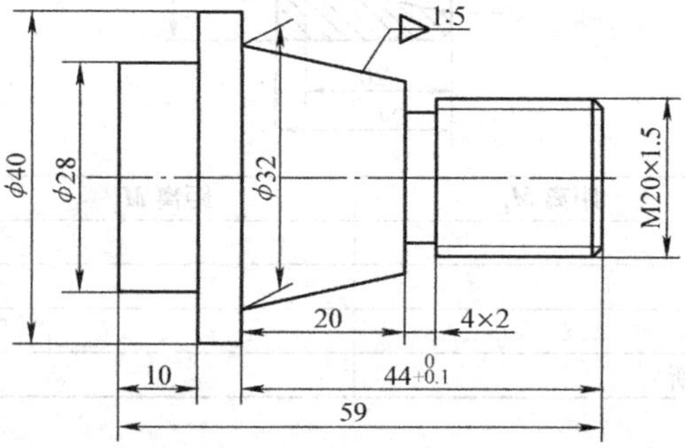

测量位置	距离 M_1	距离 M_2	量块高度	计算出圆锥半角

合格性判断	

思考与练习

一、选择题

1. 对圆锥只要标注了（　　），则这个圆锥就完全确定了。

A. 最大圆锥直径　B. 最小圆锥直径　C. 圆锥长度　D. 圆锥角（或锥度）

2. 公称圆锥是指设计时给定理想形状的圆锥。它的尺寸分别为（　　）。

A. 公称圆锥直径　B. 公称圆锥角　C. 公称圆锥长度　D. 公称锥角度

3. 圆锥配合是指公称圆锥直径相同时的内、外圆锥之间，由于结合的松紧不同所形成的相互关系。分为（　　）3 种配合。

A. 锥度配合　B. 间隙配合　C. 过盈配合　D. 过渡配合

4. 基本锥度法标注圆锥公差是指给出圆锥的（　　）。

A. 公称圆锥直径　　B. 理论正确圆锥角

C. 圆锥长度　　D. 公称圆锥直径的极限偏差

5. 公差锥度法标注圆锥公差是指给出圆锥的（　　）。

A. 锥度的极限偏差　　B. 圆锥角的极限偏差

C. 圆锥长度　　D. 圆锥直径的极限偏差

二、填空题

1. 圆锥的主要几何参数为________，其中________的大小有时用锥度表示。

2. 按照确定内、外圆锥间最终的轴向相对位置采用的方式，圆锥配合的形成可以分为________________两种。

3. 为了保证内、外圆锥的互换性和满足使用要求，对内、外圆锥规定的公差项目有________。

4. 圆锥公差的标注方法有________种。

三、计算题

1. 有一外圆锥，已知大端直径 $D=\phi 20\text{mm}$，小端直径 $D=\phi 5\text{mm}$，圆锥长度 $L=100\text{mm}$，试求其锥度和圆锥角。

2. 已知内圆锥锥度为 1∶10，圆锥长度为 100mm，最大圆锥直径为 30mm，圆锥直径公差区代号为 H8，采用包容要求。试确定该圆锥加工后圆锥角在什么范围内才能合格。

3. 某位移型圆锥配合的锥度 $C=1:20$，要求得到间隙配合，极限间隙 $X_{max}=60\mu\text{m}$，$X_{min}=30\mu\text{m}$，试计算其轴向位移的极限和轴向位移公差。

学习情境3　零件几何公差及其检测

【知识目标】 熟记几何公差特征项目符号及名称，会分析典型几何公差带的形状、大小、方向和位置。掌握几何公差的选用及标注方法。

【能力目标】 学会几何误差的检测方法。

【相关知识】——几何公差

1. 基本概念

在新的公差标准中形位公差被称为几何公差。几何公差是形状、方向、位置和跳动公差的简称，它和尺寸公差一样，是衡量产品质量的重要技术指标之一。零件的形状和位置等误差会影响零件的工作精度、连接强度、运动平稳性、密封性、耐磨性、噪声和使用寿命等。如图 3-1 所示，尽管轴各段截面的尺寸都控制在 ϕ20f7 的尺寸范围内，但如果该轴发生弯曲，将不能与配合孔装配。

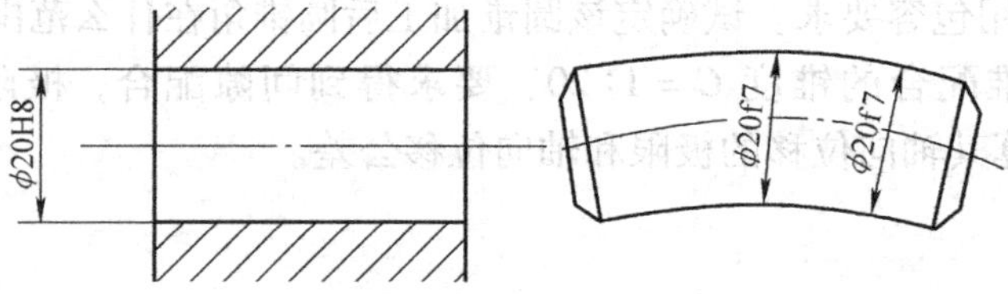

图 3-1　轴孔配合示意图

本学习情境内容涉及的相关标准主要有 GB/T 1182—2008《产品几何技术规范（GPS）几何公差形状、方向、位置和跳动公差标注》、GB/T 18780. 1—2002《产品几何量技术规范（GPS）几何要素第 1 部分：基本术语和定义》、GB/T 1184—1996《形状和位置公差 未注公差值》、GB/T 4249—2009《产品几何技术规范（GPS）公差原则》、GB/T 16671—2009《产品几何技术规范（GPS）几何公差　最大实体要求、最小实体要求和可逆要求》、GB/T 17851—1999《基准和基准体系》、GB/T 1958—2004《形状和位置公差检测规定》、GB/T 8069—1998《功能量规》。

（1）几何公差的研究对象

几何公差的研究对象是零件的几何要素，即构成零件几何特征的点、线、面。如图 3-2 所示的顶点、球心、轴线、圆柱面、球面、圆锥面、平面等。

几何要素从不同的角度可以分为以下 4 类。

1）按结构特征分类

① 组成要素（轮廓要素）是指零件的表面和表面上的线，如图 3-2 所示零件上的圆球、圆锥面、圆柱面、环状端平面和圆锥面、圆柱面的素线等。

组成要素中，按是否具有定形尺寸可分为：

（a）尺寸要素，它是由一定大小的定形尺寸确定的几何形状，可以是具有一定直径定形尺寸的圆柱面、圆球、圆锥面和具有一定厚度定形尺寸的两平行平面，如图 3-2 中的圆柱面、圆球面、圆锥面。

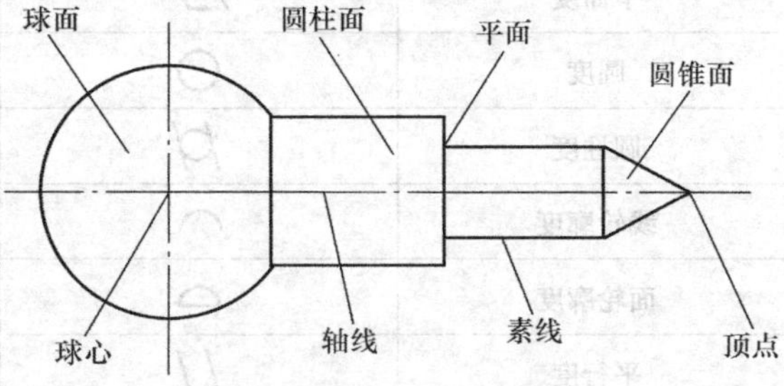

图 3-2　零件的几何要素

（b）非尺寸要素，它是不具有定形尺寸的几何形状，例如图 3-2 中的环状端平面。

② 导出要素（中心要素）是指由一个或几个尺寸要素的对称中心得到的中心点、线、面或回转表面的轴线。中心要素虽然也是客观存在的要素，但不能被人们直接感知，必须通过分析后才能说明它的存在，如圆心、轴线、球心等。

2）按存在状态分类

① 理想要素是指具有几何学意义的要素，即几何的点、线、面。它们不存在任何误差。零件图上表示的要素均为理想要素。

② 实际要素是指加工后零件上实际存在的要素。在测量和评定几何误差时，通常以测得要素代替实际要素。测得要素也称提取要素，是指按规定的方法，由实际要素提取有限数目的点所形成的近似实际要素。

3）按检测关系分类

① 被测要素是指图样上给出了几何公差的要素，也称注有公差的要素，是检测的对象。

② 基准要素是指图样上规定用来确定被测要素的方向或位置关系的要素。基准则是检测时用来确定实际被测要素方向或位置关系的参考对象，它是理想要素。基准由基准要素建立。必须注意，由于实际基准要素存在加工误差，因此应对基准要素规定适当的几何公差。另外，基准要素除了作为确定被测要素方向或位置关系的参考对象以外，在零件使用上还有功能要求，为此也需给出几何公差。所以，基准要素同时也是被测要素。

4）按功能关系分类

① 单一要素是指仅对要素本身给出形状公差要求的要素。

② 关联要素是指对基准要素有功能关系而给出方向、位置或跳动公差的被测要素。

（2）几何公差的特征项目及符号

国家标准 GB/T 1182—2008 规定几何公差的特征项目分为形状公差、方向公差、位置公差和跳动公差 4 大类，共有 19 项，它们的名称和符号见表 3-1。其中，形状公差特征项目有 6 个，它们没有基准要求；方向公差特征项目有 5 个，位置公差特征项目有 6 个，跳动公差特征项目有 2 个，它们都有基准要求。没有基准要求的线、面轮廓度公差属于形状公差，而有基准要求的线、面轮廓度公差则属于方向、位置公差。

表 3-1 几何公差的几何特征和符号

公差类型	特征项目	符号	基准要求
	直线度	—	
	平面度	▱	
	圆度	○	
形状公差	圆柱度	⌭	无
	线轮廓度	⌒	
	面轮廓度	⌓	
	平行度	//	
	垂直度	⊥	
方向公差	倾斜度	∠	有
	线轮廓度	⌒	
	面轮廓度	⌓	
	位置度	⌖	有或无
	同心度（用于中心点）	◎	
	同轴度（用于轴线）	◎	
位置公差	对称度	⌯	
	线轮廓度	⌒	有
	面轮廓度	⌓	
跳动公差	圆跳动	↗	
	全跳动	⌰	

2. 几何公差的标注

(1) 几何公差框格

几何公差框格由 2～5 格组成。形状公差一般为两格，方向、位置和跳动公差一般为3～5 格，框格中的内容从左到右顺序填写：公差特征符号、几何公差值和有关符号、基准字母及有关符号。代表基准的字母（包括基准符号方框内的字母）用大写英文字母（为不引起误解，其中 E、F、I、J、M、Q、O、P、L、R 不用）表示。若几何公差值的数字前加注有 ϕ 或 $s\phi$，则表示其公差带为圆形、圆柱形或球形，如图 3-3 所示。

还有一些其他的表示方法，如图 3-4 所示。其中，图 3-4a 为同一要素有一个以上的公差特征要求；图 3-4b 为同一要素的公差值在全部要素内和其中任一部分有进一步的限制；图 3-4c 为当被测要素为轮廓要素时，指引线的箭头应置于要素的轮廓线或其延长线上，并与尺寸线明显错开；图 3-4d 为当尺寸线安排不下两个箭头时，另一箭头可用短横线代替，在公差框格上部也可标注被测要素的尺寸及有关说明；图 3-4e 为用同一公差带控制几个被

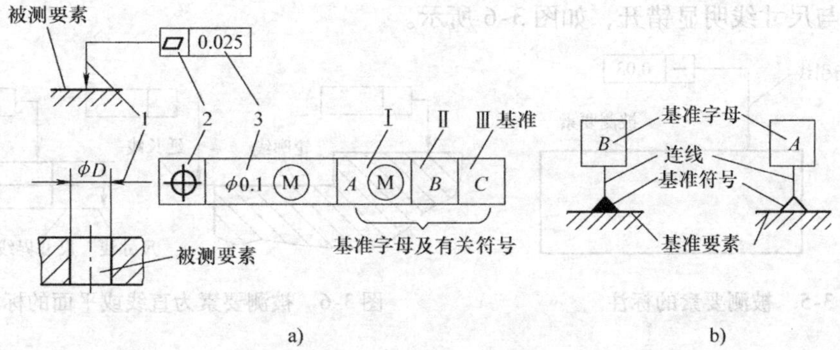

图3-3　公差框格及基准符号

1—指引箭头　2—项目符号　3—几何公差值及有关符号

测要素时，应在公差框格第二格内公差值后面加注公共公差带的符号CZ；图3-4f为几何公差项目如轮廓度公差适用于横截面内的整个外轮廓线或外轮廓面时，应采用全周符号；图3-4g为如仅要求要素某一部分的公差值或某一部分作为基准，则用粗点画线表示其范围，并加注尺寸；图3-4h为指引线的箭头或基准符号可置于带点的参考线上，该点指在实际表面上。

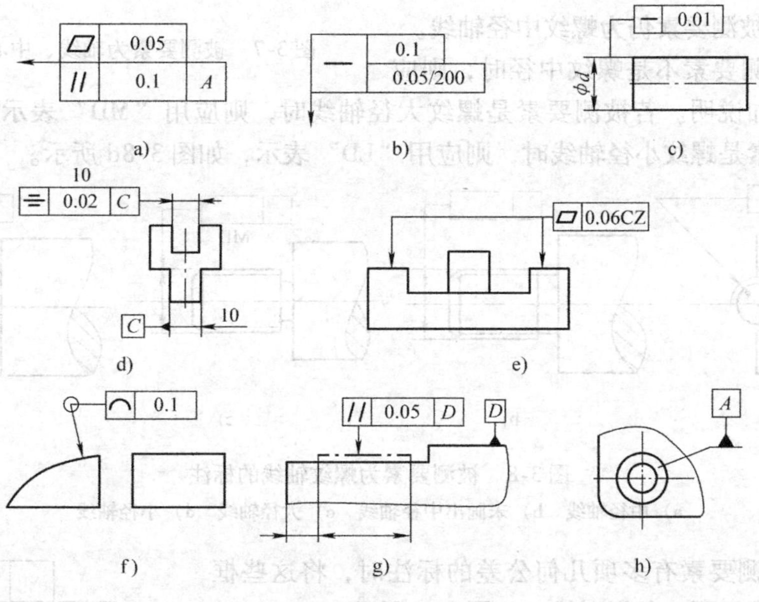

图3-4　几何公差的标注

（2）被测要素的标注

对被测要素的标注，国家标准规定：图样上用带箭头的指引线将被测要素与公差框格一端相连，指引线的箭头应垂直地指向被测要素，如图3-5所示。

指引线的箭头根据被测要素的不同，按下列5种方法与被测要素相连。指引线可从框格的任一端引出，引出段垂直于框格，引向被测要素时允许弯折，但不得多于两次。指引线箭头所指应是公差带的宽度或直径。

① 当被测要素为直线或平面时，指引线的箭头应指到该要素的轮廓线或轮廓线的延长

线上，并应与尺寸线明显错开，如图 3-6 所示。

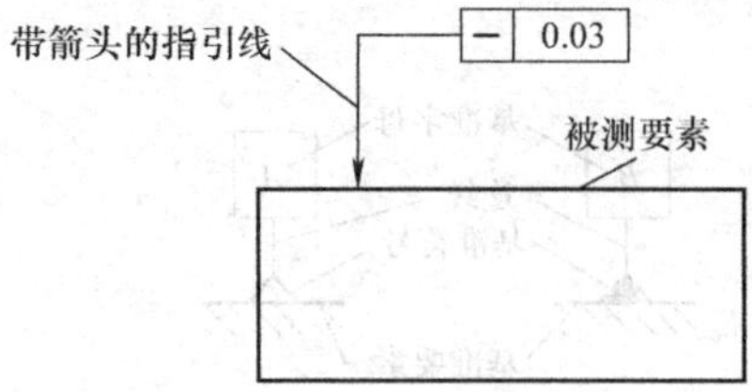

图 3-5 被测要素的标注

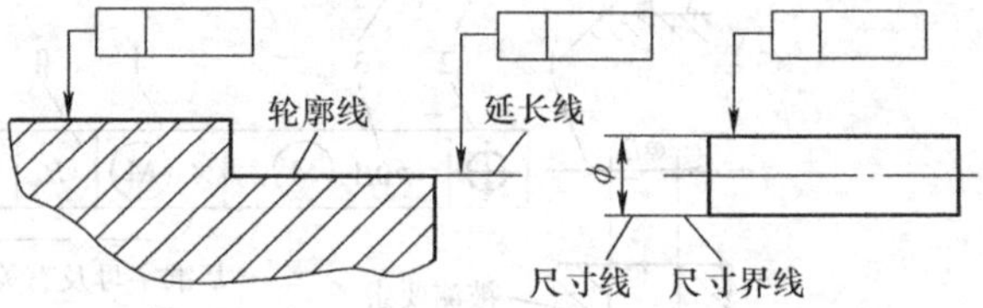

图 3-6 被测要素为直线或平面的标注

② 当被测要素为轴线、球心、中心线或中心平面时，指引线的箭头应与该要素的尺寸线对齐，如图 3-7 所示。

③ 被测要素为螺纹轴线的标注分为以下两种情况。

（a）当被测要素为螺纹中径时，在图样中画出中径，指引线箭头应与中径尺寸线对齐，如图 3-8a 所示。如果图样中未画出中径，指引线箭头可与螺纹尺寸线对齐，如图 3-8b 所示，而被测要素仍为螺纹中径轴线。

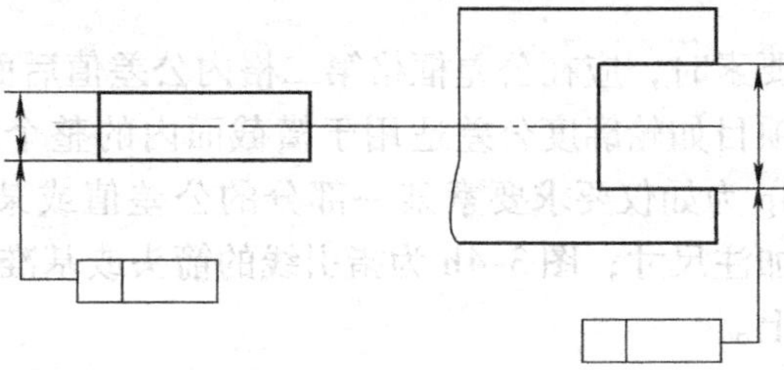

图 3-7 被测要素为轴线、中心线的标注

（b）当被测要素不是螺纹中径时，则应在框格下面附加说明。若被测要素是螺纹大径轴线时，则应用“MD”表示，如图 3-8c 所示。若被测要素是螺纹小径轴线时，则应用“LD”表示，如图 3-8d 所示。

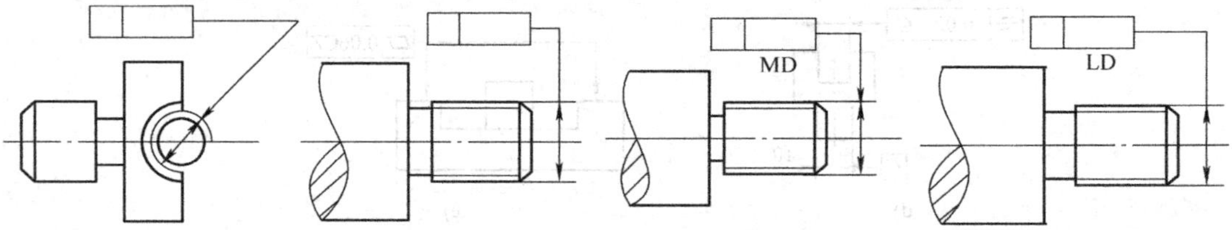

图 3-8 被测要素为螺纹轴线的标注

a）中径轴线 b）未画出中径轴线 c）大径轴线 d）小径轴线

④ 同一被测要素有多项几何公差的标注时，将这些框格绘制在一起，只画一条指引线，如图 3-9 所示。

⑤ 多个被测要素有相同的几何公差标注时，从框格引出的指引线上画出多个指引箭头，并分别指向各被测要素，如图 3-10 所示。

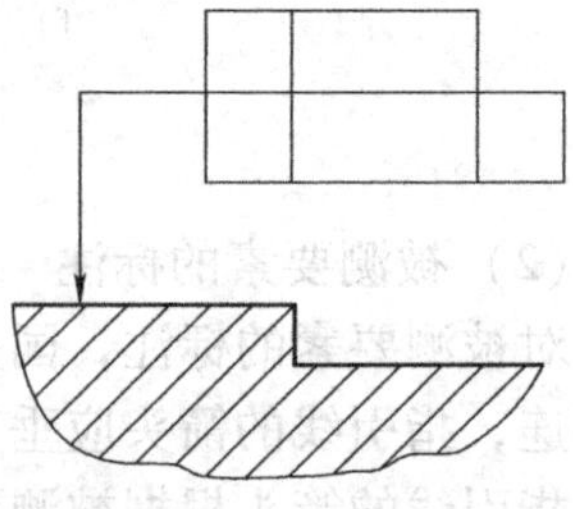

图 3-9 多项几何公差要求的标注

（3）基准要素的标注

① 基准组成要素的标注如下。

当表面或表面上的线为基准要素时，应把基准符号的基准三角形底边放置在该要素的轮廓线或它的延长线上，并且基准三角形放置处必须与尺寸

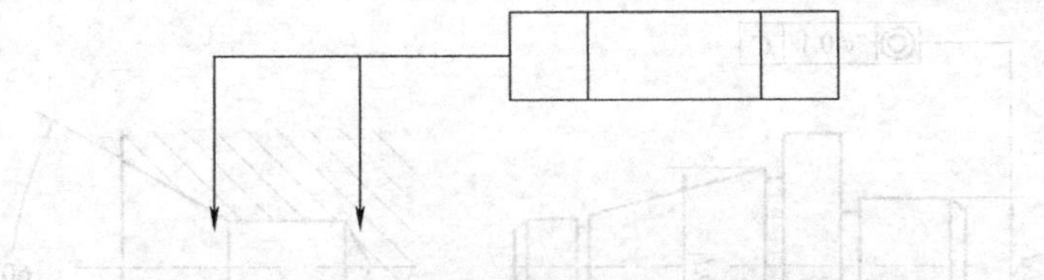

图 3-10　多个被测要素有相同几何公差要求的标注

线明显错开，如图 3-11a、b 所示。对于基准表面，可以用带点的引出线把该表面引出，基准三角形的底边放置于该基准表面引出线的水平线上，如图 3-11c 所示。

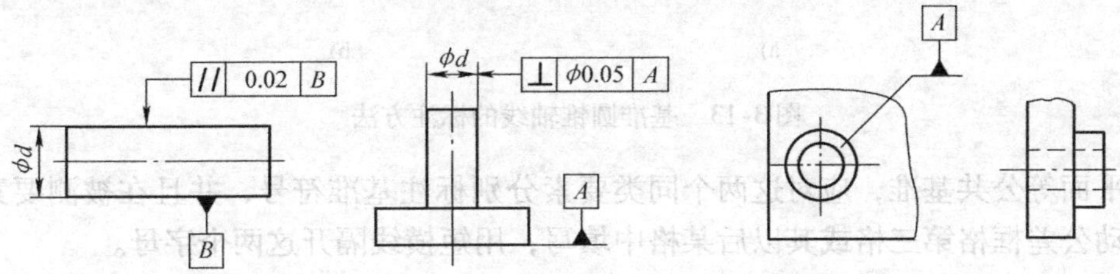

a) 放置在轮廓线上　　b) 放置在轮廓线的延长线上　　c) 放置在带点的引出线的水平线上

图 3-11　基准组成要素的标注方法

② 基准导出要素的标注方法如下。

当轴线或中心平面为基准要素时，应把基准符号的基准三角形底边放置于基准轴线或基准中心平面所对应尺寸要素的尺寸界线上，并且基准符号的细实线在该尺寸要素尺寸线的延长线上，如图 3-12a 所示。如果尺寸线处安排不下它的两个箭头，则保留尺寸线的一个箭头，其另一个箭头用基准符号的基准三角形代替，如图 3-12b 所示。

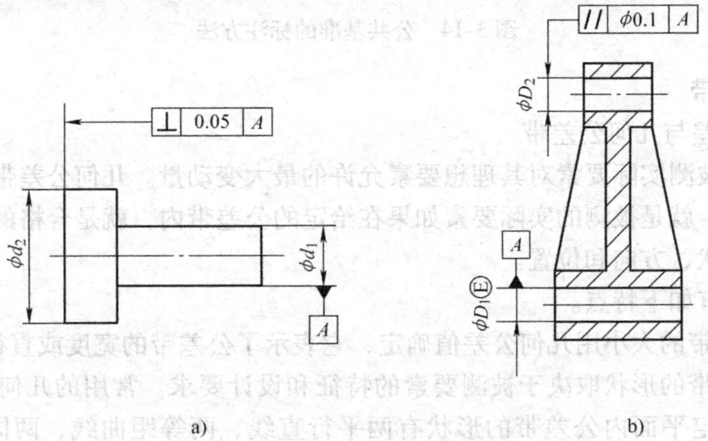

a)　　b)

图 3-12　基准导出要素的标注方法

当圆锥轴线为基准要素时，基准符号的细实线应位于圆锥直径尺寸线的延长线上，如图 3-13a 所示。若圆锥采用角度标注，则基准符号的基准三角形应放置在对应圆锥的角度尺寸界线上，且基准符号的细实线正对该圆锥的角度尺寸线，如图 3-13b 所示。

③ 公共基准的标注方法如下。

如图 3-14 所示，对于由两个同类要素构成而作为一个基准使用的公共基准轴线、公共

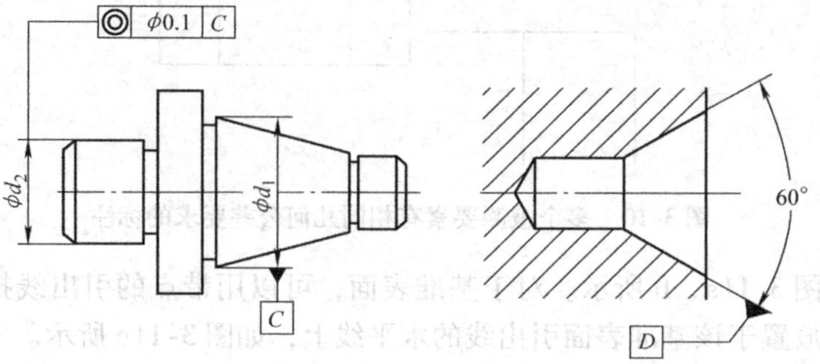

a) b)

图 3-13 基准圆锥轴线的标注方法

基准中心平面等公共基准，应对这两个同类要素分别标注基准符号，并且在被测要素方向、位置或跳动公差框格第三格或其以后某格中填写，用短横线隔开这两个字母。

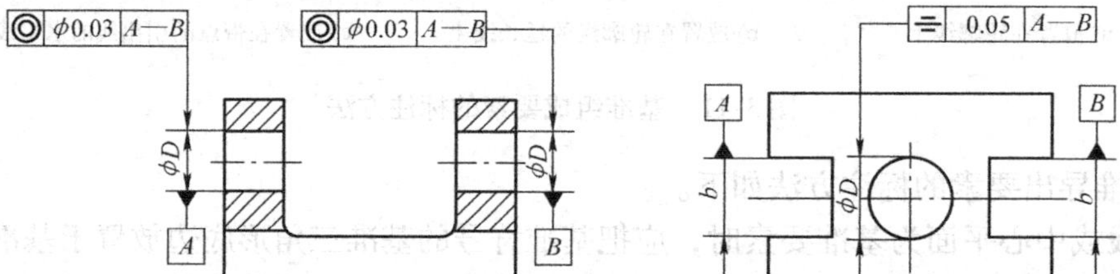

a) 公共基准为轴线 b) 公共基准为中心平面

图 3-14 公共基准的标注方法

3. 几何公差带

（1）几何公差与几何公差带

几何公差是被测实际要素对其理想要素允许的最大变动量。几何公差带是限制被测实际要素变动的区域。就是被测的实际要素如果在给定的公差带内，就是合格的。几何公差带有一定的大小、形状、方向和位置。

几何公差带有如下特点。

① 几何公差带的大小用几何公差值确定，它表示了公差带的宽度或直径。

② 几何公差带的形状取决于被测要素的特征和设计要求。常用的几何公差带形状如图 3-15 所示。在给定平面内公差带的形状有两平行直线、两等距曲线、两同心圆、一个圆；在空间公差带的形状有一个球、两平行平面，两等距曲面、两同轴圆柱、一个四棱柱、一个圆柱等。

③ 公差带的方向即公差带放置的方向，由被测要素与基准的几何关系（垂直、平行或倾斜任一个角度）确定。一般称只能确定方向，不能确定位置的公差带为浮动公差带。

④ 公差带的位置有确定的和浮动的。

（2）形状公差带

形状公差带是限制实际被测要素形状变动的一个区域。形状公差有直线度、平面度、圆度、圆柱度等几个公差项目。形状误差值用最小包容区域的宽度或直径表示。最小包容区域是指包容被测要素时，具有最小宽度或直径的包容区域。最小区域的形状应与公差带的形状一致，公差带的方向和位置则应与最小区域一致。最小区域体现的原则称为最小条件原则，是评定形状误差的基本原则。遵守它，可以最大限度地通过合格件。但在许多情况下，又可能使检测和数据处理复杂化。允许在满足零件功能要求的前提下，用近似最小区域的方法来评定形状误差值。近似方法得到的误差值，只要小于公差值，零件就是合格的，若大于公差值，则应按最小条件原则来判定。表 3-2 为形状公差带的定义和标注示例。

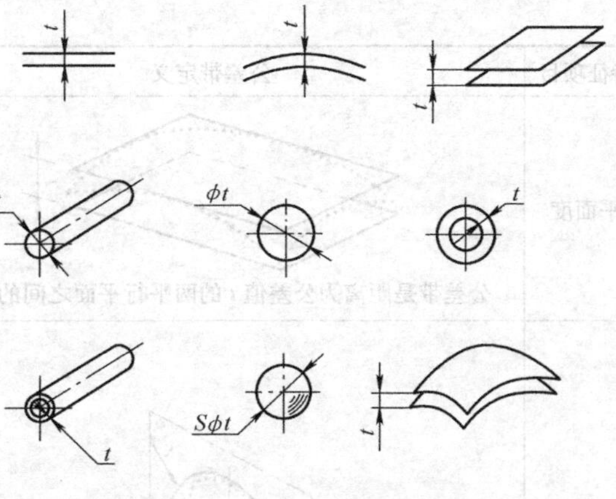

图 3-15　几何公差带的形状

表 3-2　直线度、平面度、圆度和圆柱度公差带的定义和标注示例

特征项目	公差带定义	标注示例和解释
直线度	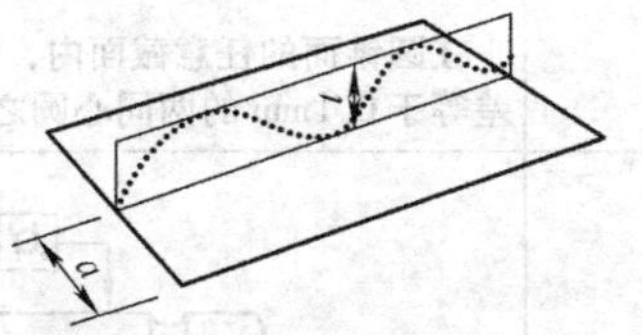 在给定平面内，公差带是距离为公差值 t 的两平行直线之间的区域	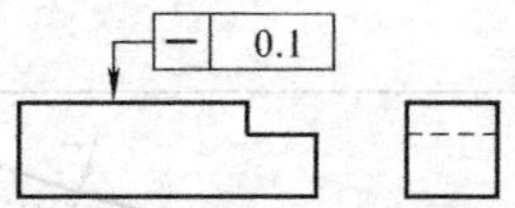 在任一平行于图示投影面平面上，上表面的实际线应限定在间距等于 0.1mm 的两平行直线之间
	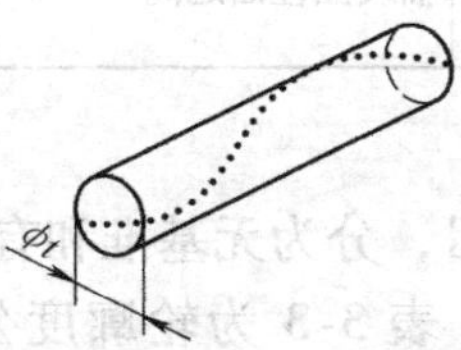 在任意方向上，公差带是直径为 ϕt 圆柱面内的区域	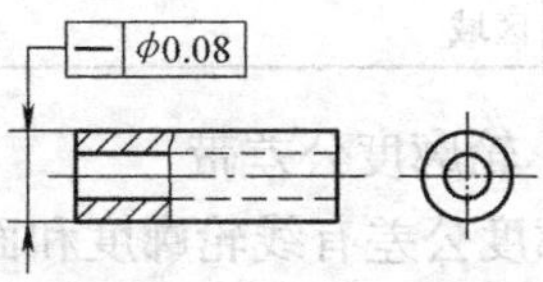 外圆柱面的实际轴线应限定在直径为 $\phi 0.08$mm 的圆柱面内
	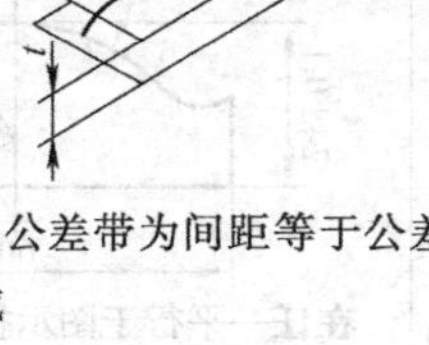 在给定方向上，公差带为间距等于公差值 t 的两平行平面所限定的区域	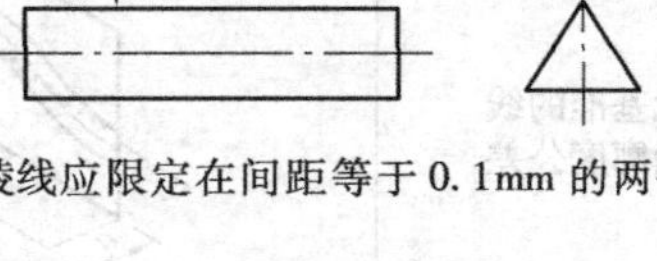 实际棱线应限定在间距等于 0.1mm 的两平行直线之间

（续）

特征项目	公差带定义	标注示例和解释
平面度	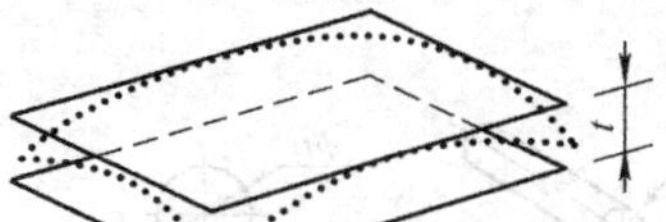 公差带是距离为公差值 t 的两平行平面之间的区域	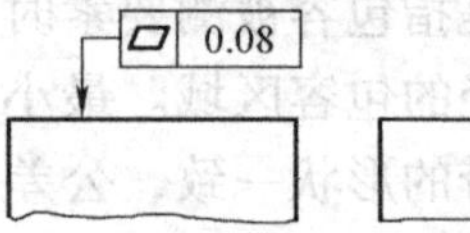 实际表面应限定在间距等于 0.08mm 的两平行平面之间
圆度	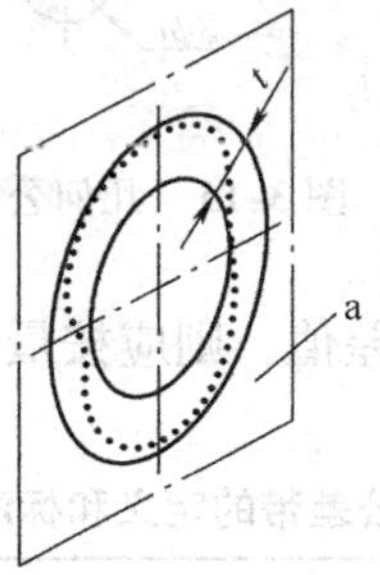 公差带是正截面内半径差为公差值 t 的两同心圆之间的区域	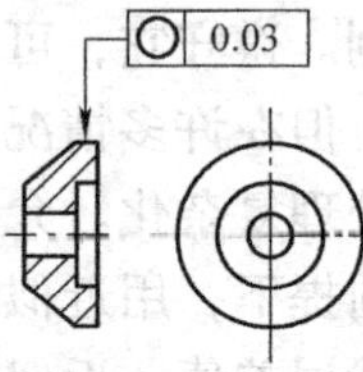 在圆柱面的任意截面内，实际圆周应限定在半径差等于 0.03mm 的两同心圆之间 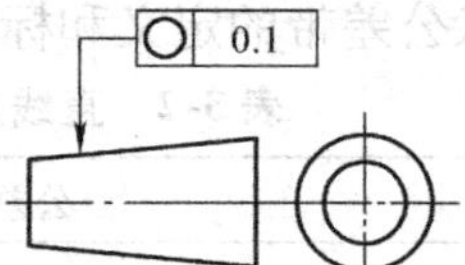 在圆锥面的任意截面内，实际圆周应限定在半径差等于 0.1mm 的两同心圆之间
圆柱度	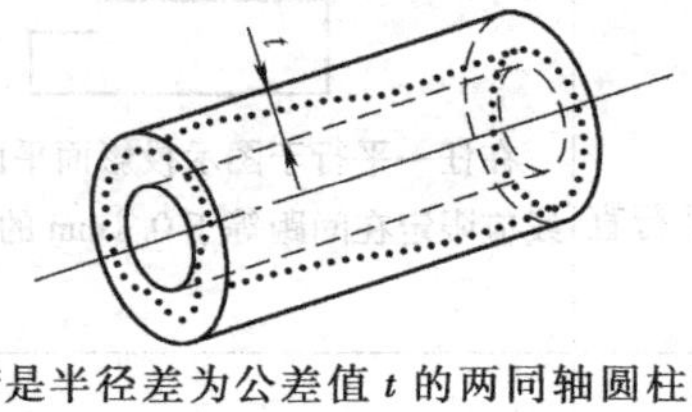 公差带是半径差为公差值 t 的两同轴圆柱面之间的区域	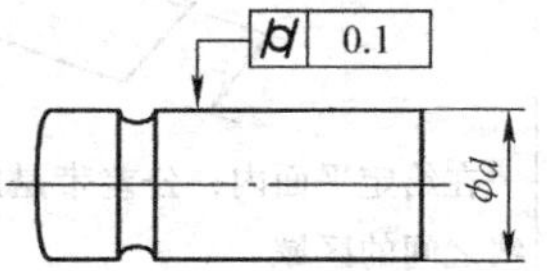 实际圆柱面应限定在半径差等于 0.1mm 的两同轴线圆柱面之间

（3）轮廓度公差带

轮廓度公差有线轮廓度和面轮廓度两个公差项目，分为无基准和有基准两种。无基准的公差方位可以浮动，有基准的公差方位是固定的。表 3-3 为轮廓度公差带的定义和标注示例。

表 3-3 轮廓度公差带的定义和标注示例

特征项目	公差带定义	标注示例和解释
无基准的线轮廓度公差	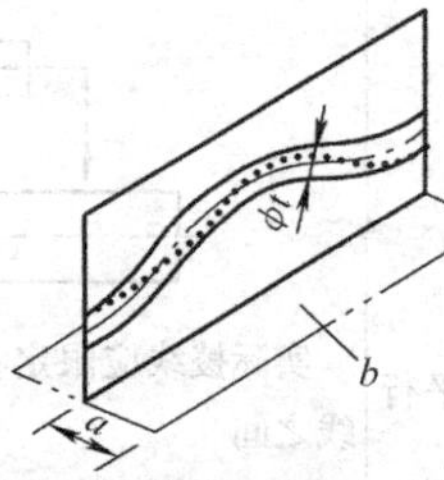 公差带为直径等于公差值 t、圆心位于被测要素理论正确几何形状上的一系列圆的两包络线所限定的区域	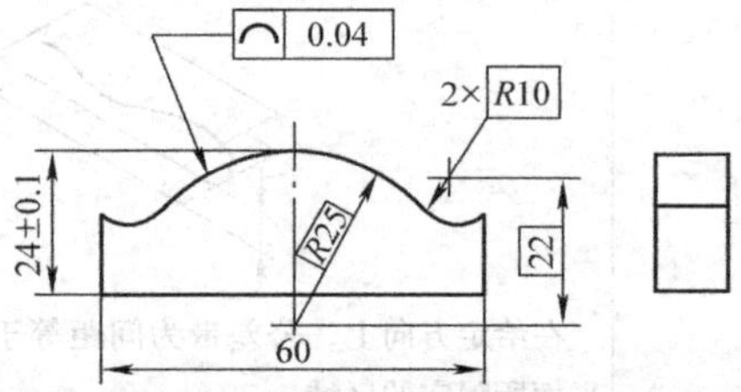 在任一平行于图示投影面的截面内，实际轮廓线应限定在直径等于 0.04mm、圆心位于被测要素理论正确几何形状上的一系列圆的两等距包络线之间

（续）

特征项目	公差带定义	标注示例和解释
相对于基准体系的线轮廓度公差	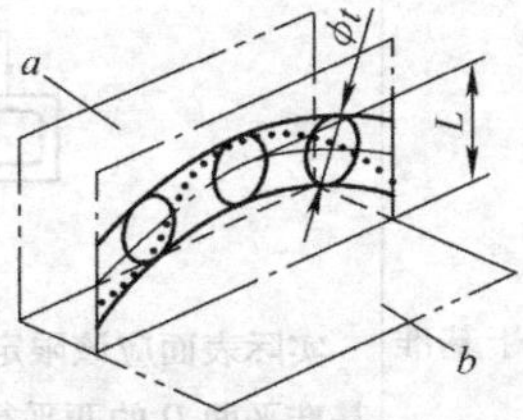 公差带为直径等于公差值 t、圆心位于由基准平面 a 和基准平面 b 确定的被测要素理论正确几何形状上的一系列圆的两包络线所限定的区域	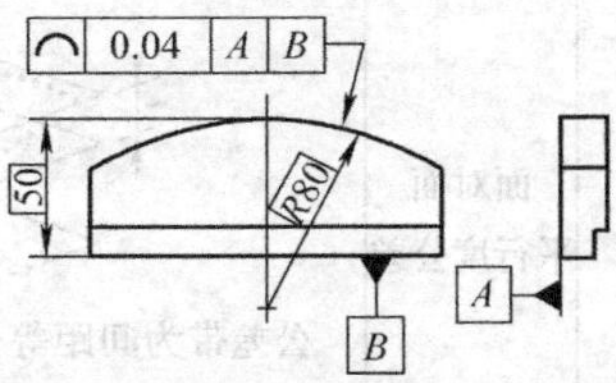 在任一平行于图示投影面的截面内，实际轮廓线应限定在直径等于 0.04mm、圆心位于由基准平面 A 和基准平面 B 确定的被测要素理论正确几何形状上的一系列圆的两等距包络线之间
无基准的面轮廓度公差	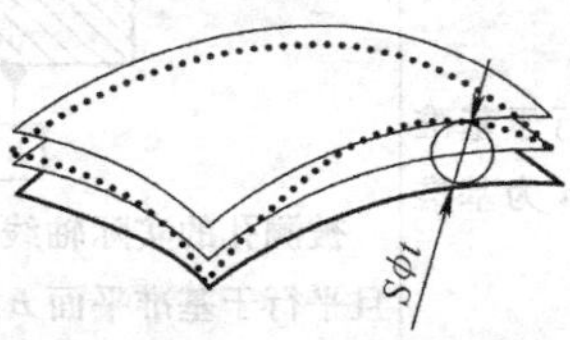 公差带为直径等于公差值 t、球心位于被测要素理论正确几何形状上的一系列圆球的两包络面所限定的区域	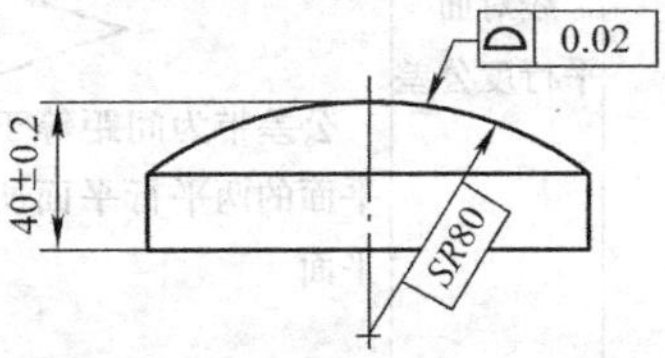 实际轮廓面应限定在直径等于 0.02mm、球心位于被测要素理论正确几何形状上的一系列圆球的两等距包络面之间
相对于基准体系的面轮廓度公差	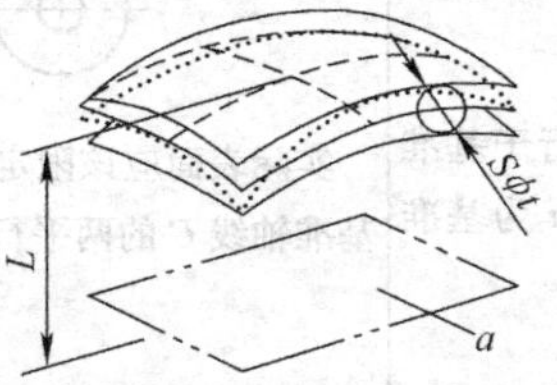 公差带为直径等于公差值 t、球心位于由基准平面 a 确定的被测要素理论正确几何形状上的一系列圆球的两包络面所限定的区域	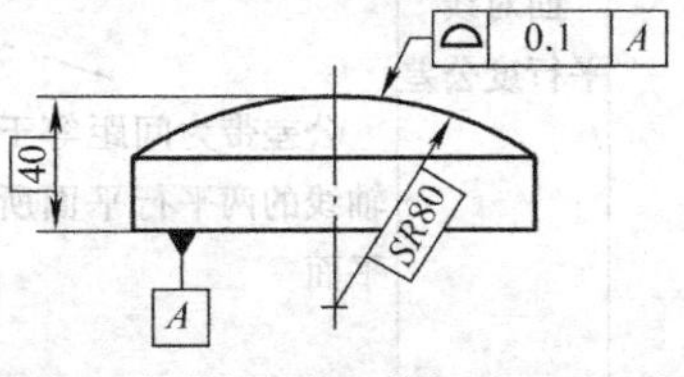 实际轮廓面应限定在直径等于 0.1mm、球心位于由基准平面 A 确定的被测要素理论正确几何形状上的一系列圆球的两等距包络面之间

（4）方向公差带

方向公差有平行度、垂直度和倾斜度等几个公差项目。方向公差带有如下特点：相对于基准有方向要求，并且在满足方向要求的前提下，公差带的位置可浮动。如果被测要素的定向误差 f 不超过定向公差 t，那么其自身的形状也不超过 t。因此，当对某一被测要素给出定向公差后，通常不再对该要素给出形状公差，如果在功能上需要对形状精度作进一步要求，则可同时给出形状公差，当然，形状公差值一定小于定向公差值。方向误差值用定向最小包容区域的宽度或直径表示。定向最小区域是指按公差带要求的方向来包容被测实际要素时，具有最小宽度或直径的包容区域，它的形状与公差带一致，宽度或直径由被测实际要素本身决定。表 3-4 为典型平行度、垂直度和倾斜度公差带的定义和标注示例。

表 3-4　典型平行度、垂直度和倾斜度公差带的定义和标注示例

特征项目		公差带定义	标注示例和解释
平行度公差	面对面平行度公差	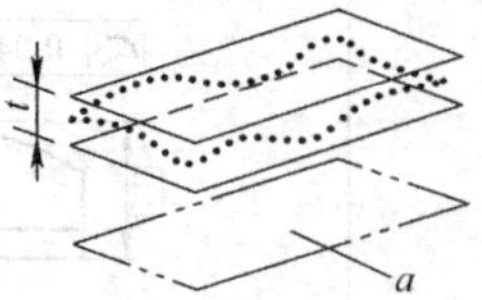 公差带为间距等于公差值 t 且平行于基准平面所限定的区域，a 为基准平面	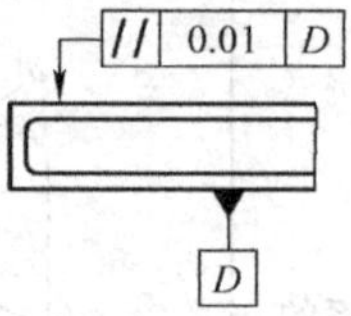 实际表面应该限定在间距等于 0.01mm 且平行于基准平面 D 的两平行平面之间
	线对面平行度公差	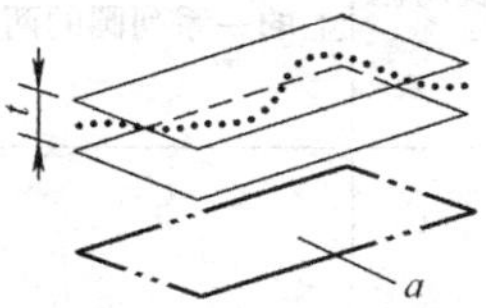 公差带为间距等于公差值 t 且平行于基准平面的两平行平面所限定的区域，a 为基准平面	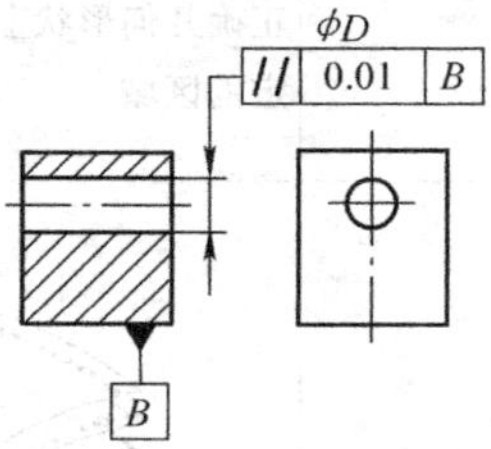 被测孔的实际轴线应该限定在间距等于 0.01mm 且平行于基准平面 B 的两平行平面之间
	面对线平行度公差	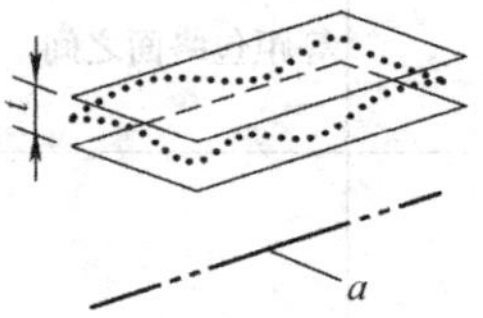 公差带为间距等于公差值 t 且平行于基准轴线的两平行平面所限定的区域，a 为基准平面	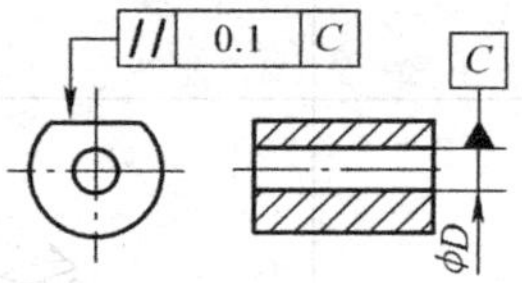 实际表面应该限定在间距等于 0.01mm 且平行于基准轴线 C 的两平行平面之间
	线对线平行度公差（任意方向上）	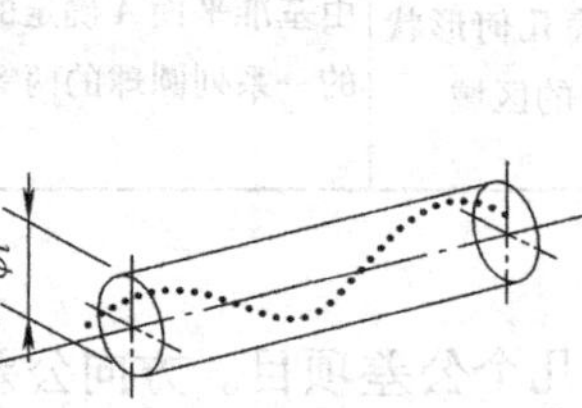 公差带为直径等于公差值 ϕt 且轴线平行于基准轴线的圆柱面所限定的区域，a 为基准轴线	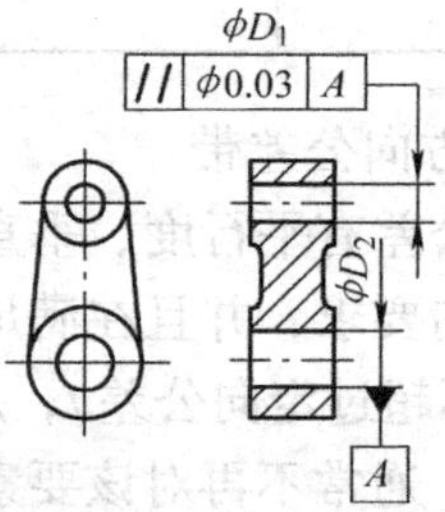 被测孔的实际轴线应限定在直径等于 ϕ0.03mm 且平行于基准轴线 A 的圆柱面内

（续）

<table>
<tr><th colspan="3">特征项目</th><th>公差带定义</th><th>标注示例和解释</th></tr>
<tr><td>平行度公差</td><td>线对线平行度公差</td><td>互相垂直的方向上</td><td>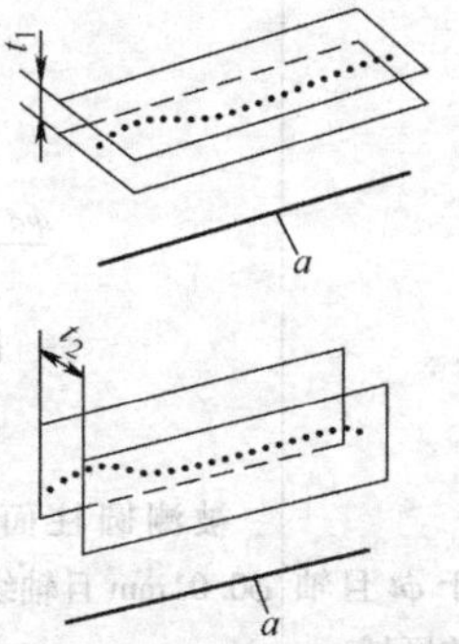

公差带为互相垂直的，间距分别等于公差值 t_1 和 t_2，且平行于基准轴线的两组平行平面所限定的区域，a 为基准轴线</td><td>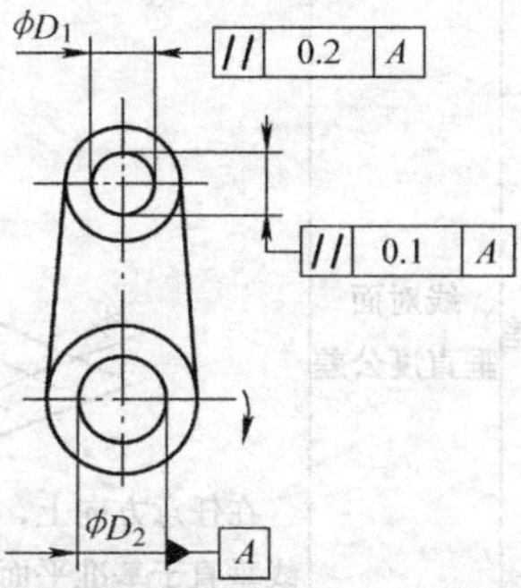

被测孔的实际轴线应限定在间距分别等于 0.2mm 和 0.1mm，在给定的相互垂直方向上且平行于基准轴线 A 的两组平行平面之间</td></tr>
<tr><td rowspan="3">垂直度公差</td><td colspan="2">面对面垂直度公差</td><td>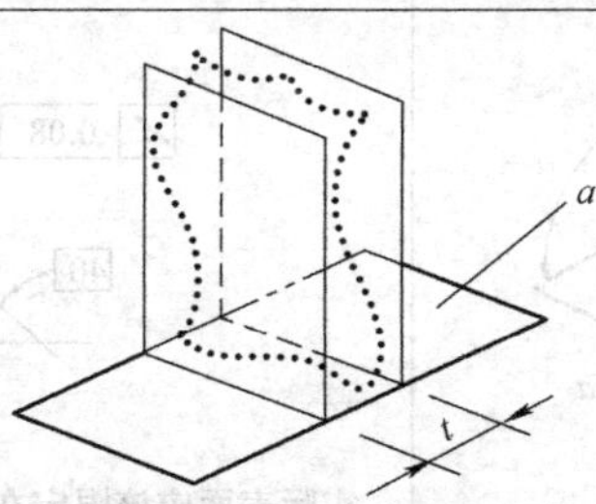

公差带为间距等于公差值 t 且垂直于基准平面的两平行平面所限定的区域，a 为基准平面</td><td>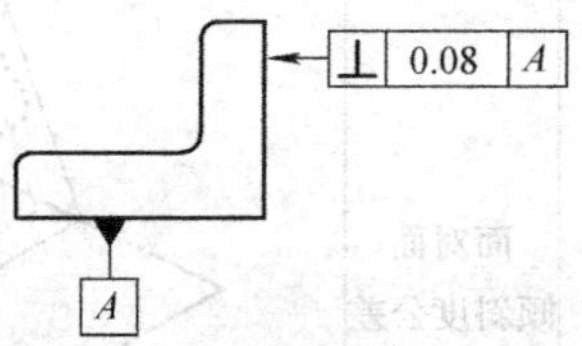

实际表面应该限定在间距等于 0.08mm 且垂直于基准平面 A 的两平行平面之间</td></tr>
<tr><td colspan="2">面对线垂直度公差</td><td>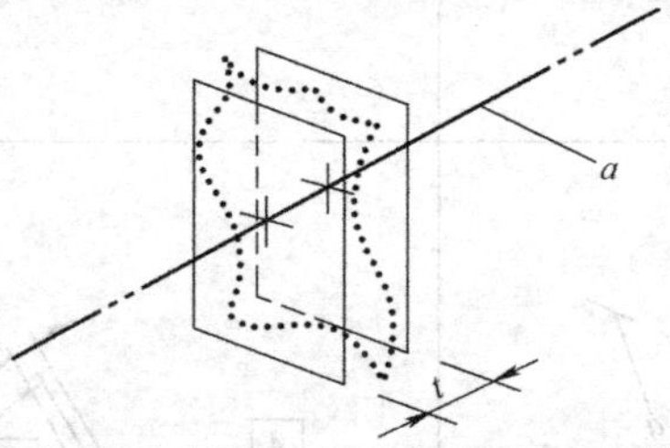

公差带为间距等于公差值 t 且垂直于基准轴线的两平行平面所限定的区域，a 为基准轴线</td><td>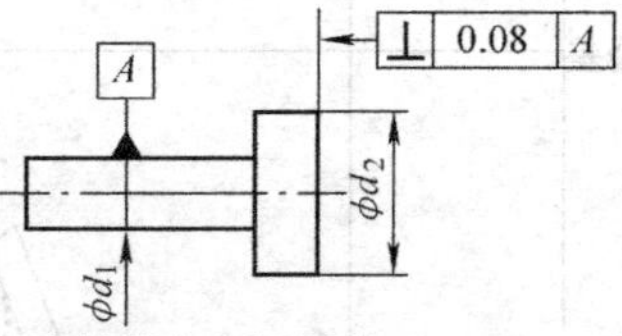

实际表面应该限定在间距等于 0.08mm 且垂直于基准轴线 A 的两平行平面之间</td></tr>
<tr><td colspan="2">线对线垂直度公差</td><td>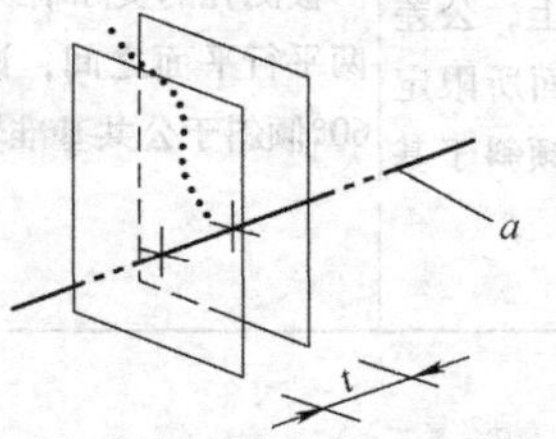

公差带为间距等于公差值 t 且垂直于基准轴线的两平行平面所限定的区域，a 为基准轴线</td><td>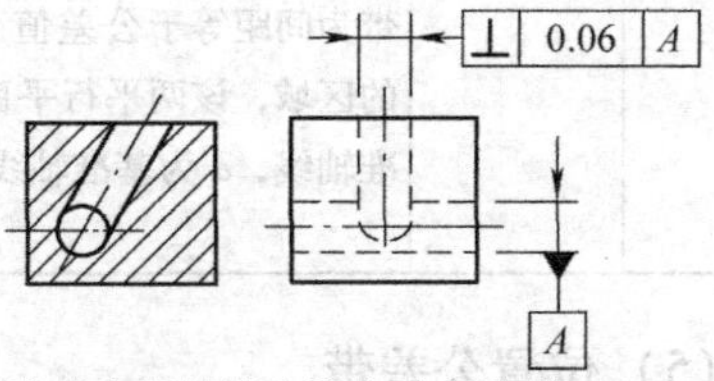

被测孔的实际轴线应限定在间距等于 0.06mm 且垂直于基准轴线 A 的两平行平面之间</td></tr>
</table>

（续）

特征项目		公差带定义	标注示例和解释
垂直度公差	线对面垂直度公差	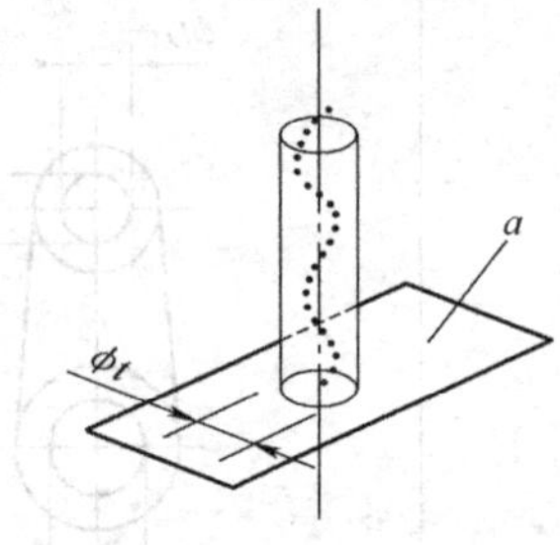 在任意方向上，公差带为直径等于 φt 且轴线垂直于基准平面的圆柱面所限定的区域，a 为基准平面	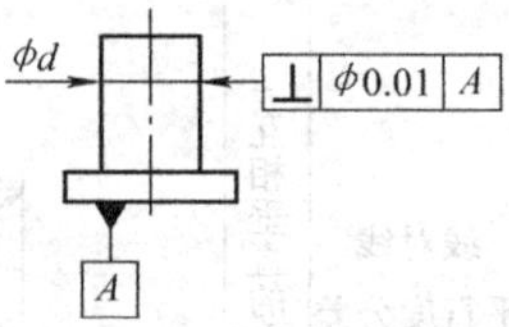 被测圆柱面的实际轴线应限定在直径等于 φ0.01mm 且轴线垂直于基准平面 A 的圆柱面内
倾斜度公差	面对面倾斜度公差	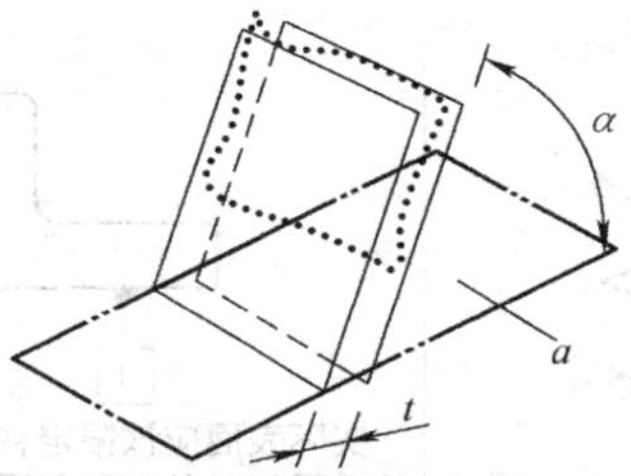 公差带为间距等于公差值 t 的两平行平面所限定的区域，该两平行平面按给定角度倾斜于基准平面，a 为基准平面	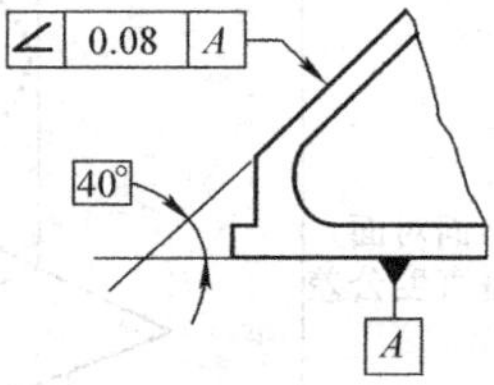 实际表面应该限定在间距等于 0.08mm 的两平行平面之间，该两平行平面按理论正确角度 40°倾斜于基准平面 A
	线对线倾斜度公差	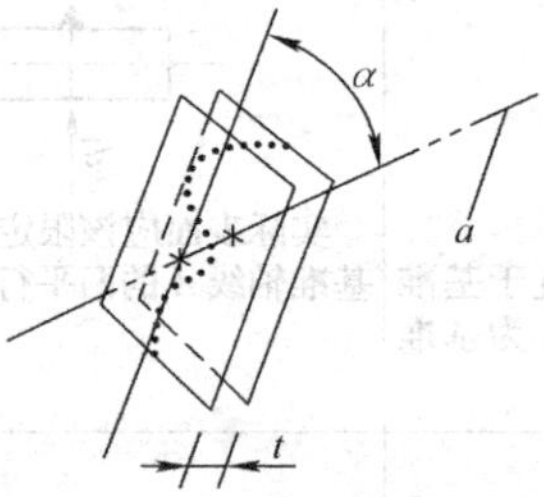 被测直线与基准直线在同一平面上，公差带为间距等于公差值 t 的两平行平面所限定的区域，该两平行平面按给定角度倾斜于基准轴线，a 为基准轴线	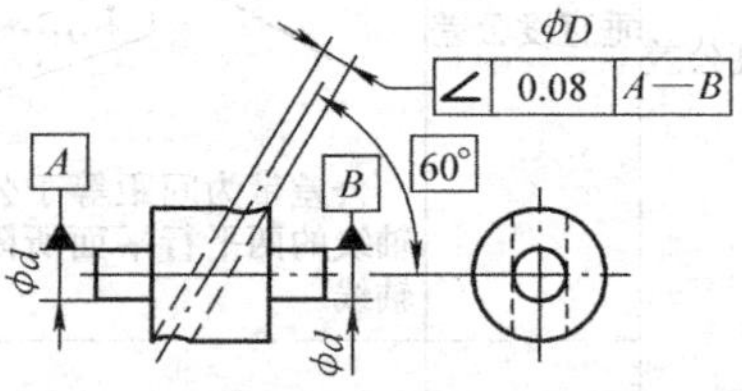 被测孔的实际轴线应限定在间距等于 0.08mm 的两平行平面之间，该两平行平面按理论正确角度 60°倾斜于公共基准轴线 A－B

（5）位置公差带

位置公差有同心度、同轴度、对称度和位置度等几个公差项目。位置公差带有如下特点：相对于基准有位置要求；方向要求包含在位置要求之中；能综合控制被测要素的方向和形状误差；当对某一被测要素给出位置公差后，通常不再对该要素给出方向和形状公差，如果在功能上对方向和形状有进一步要求，则可同时给出位置或形状公差。位置误差值用定位最小包容区域的宽度或直径表示。定位最小区域是指按要求的位置来包容被测要素时，具有最小宽度或直径的包容区域，它的形状与公差带一致，宽度或直径由被测实际要素本身决定。

1）同心度公差带　同心度是指被测点应与基准点重合的精度要求。同心度公差涉及的要素是点，它是指实际被测点对基准点（被测的理想位置）的允许变动量。同心度公差带是指直径等于公差值，且与基准点同心的圆内的区域，公差带的方位是固定的。

2）同轴度公差带　同轴度是指被测轴线应与基准轴线（或公共基准轴线）重合的精度要求。同轴度公差涉及的要素是圆柱面和圆锥面的轴线。同轴度公差是指实际被测轴线对基准轴线（被测轴线的理想位置）的允许变动量。同轴度公差带是指直径等于公差值，且与基准轴线同轴线的圆柱面内的区域，该公差带的方位是固定的。

3）对称度公差带　对称度是指被测导出要素应与基准导出要素重合，或者应通过基准导出要素的精度要求。对称度公差涉及的要素是中心平面（或公共中心平面）和轴线（或公共轴线、中心直线）。对称度公差是指实际被测导出要素的位置对基准的允许变动量，有被测中心平面相对于基准中心平面（面对面）、被测中心平面相对于基准轴线（面对线）、被测轴线相对于基准中心平面（线对面）和被测轴线相对于基准轴线（线对线）等4种形式。对称度公差带是指间距等于公差值，且相对于基准对称配置的两平行平面之间的区域。如图3-16a所示的图样标注，宽度为b的两平面的基准中心平面应与宽度为B的两平行平面的基准中心平面A重合。理想被测要素的形状为平面，以基准中心平面A为中心，在给定方向上控制实际被测要素的变动范围。因此，公差带应是间距等于0.02mm且相对于基准中心平面A对称配置的两平行平面之间的区域，如图3-16b所示。该公差带的方位是固定的。

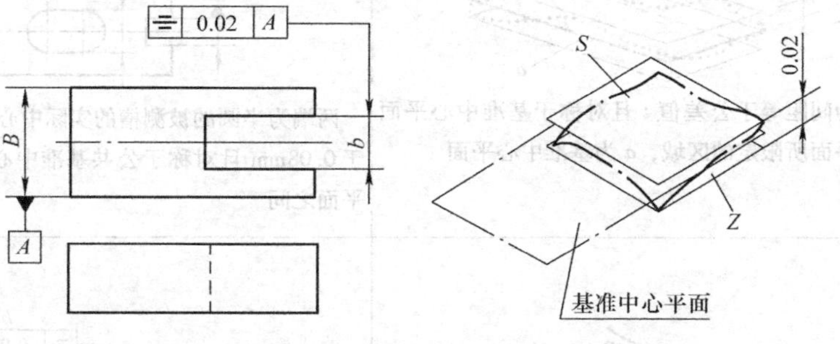

a) 对称度标注示例　　b) 对称度公差带

图3-16　面对面的对称度

S—实际被测中心平面　Z—两平行平面形状的公差带

4）位置度公差带　位置度是指被测要素位于由基准和理论正确尺寸确定的理想位置上的精度要求。位置度公差涉及的被测要素有点、线、面，而涉及的基准要素通常为线和面。位置度公差是指被测要素所在的实际位置对其理想位置的允许变动量。位置度公差带是指以被测要素的理想位置为中心来限制实际被测要素变动的区域，该区域相对于理想位置对称配置，该区域的宽度或直径等于公差值。表3-5为典型同心度、同轴度、对称度和位置度公差带的定义和标注示例。

表 3-5　典型同心度、同轴度、对称度和位置度公差带的定义和标注示例

特征项目		公差带定义	标注示例和解释
同心度与同轴度公差	点的同心度公差	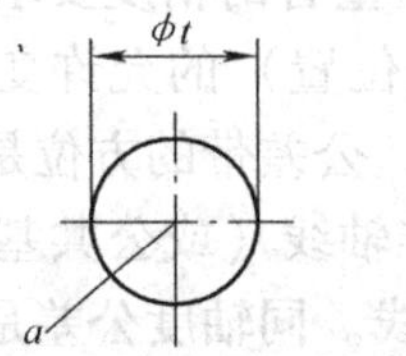 公差带为直径等于公差值 ϕt 的圆周所限定的区域，该圆周的圆心与基准点重合，a 为基准点	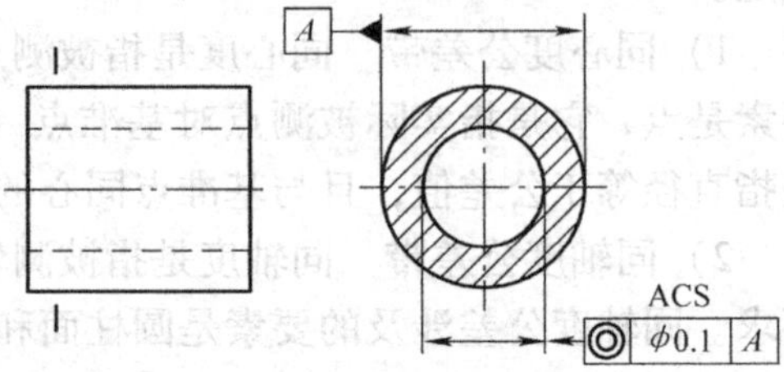 在任意截面内，用符号 ACS 标注在几何公差框格的上方，内圆的实际中心点应限定在直径等于 $\phi0.1$mm 且以基准点为圆心的圆周内
	线的同轴度公差	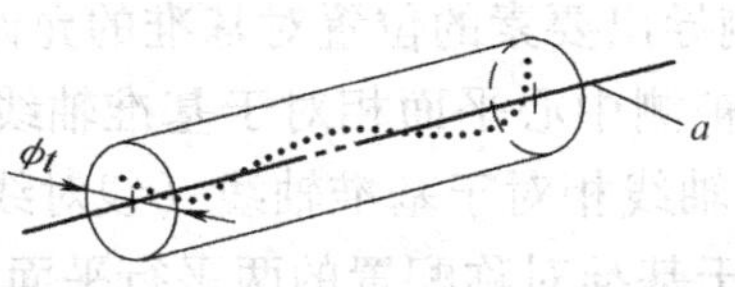 公差带为直径等于公差值 ϕt 且轴线与基准轴线重合的圆柱面所限定的区域，a 为基准轴线	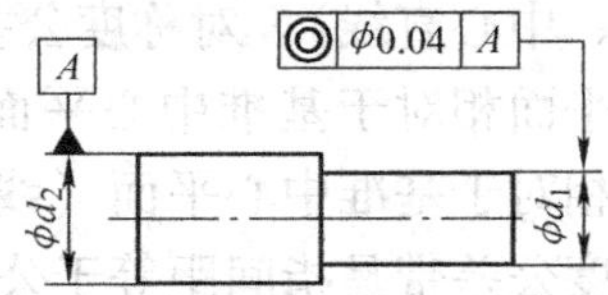 被测圆柱面的实际轴线应限定在直径等于 $\phi0.04$mm 且轴线与基准轴线 A 重合的圆柱面内
对称度公差	面对面对称度公差	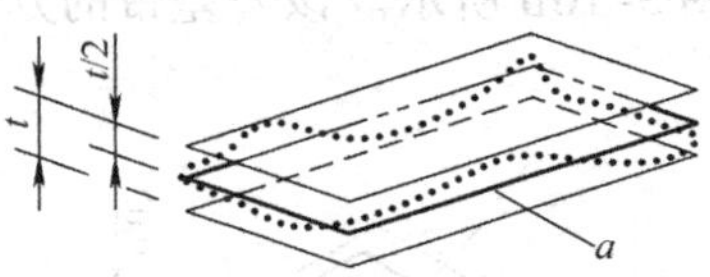 公差带为间距等于公差值 t 且对称于基准中心平面的两平行平面所限定的区域，a 为基准中心平面	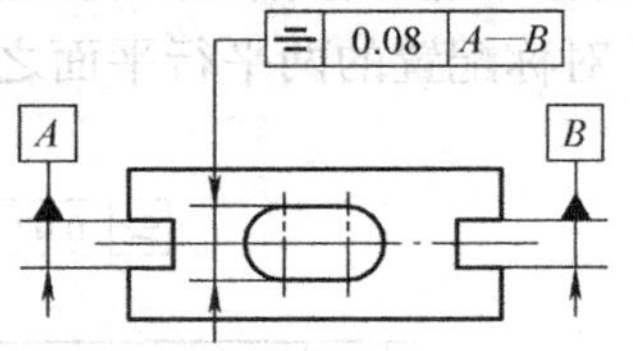 两端为半圆的被测槽的实际中心平面应限定在间距等于 0.08mm 且对称于公共基准中心平面 A—B 的两平行平面之间
	面对线对称度公差	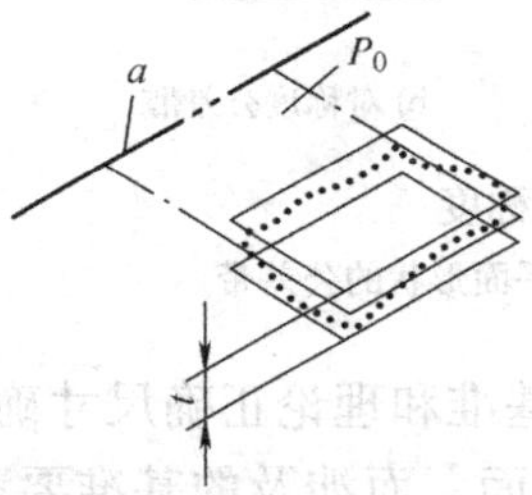 公差带为间距等于公差值 t 且对称于基准轴线的平行平面所限定的区域，a 为基准轴线，P_0 为通过基准轴线的理想平面	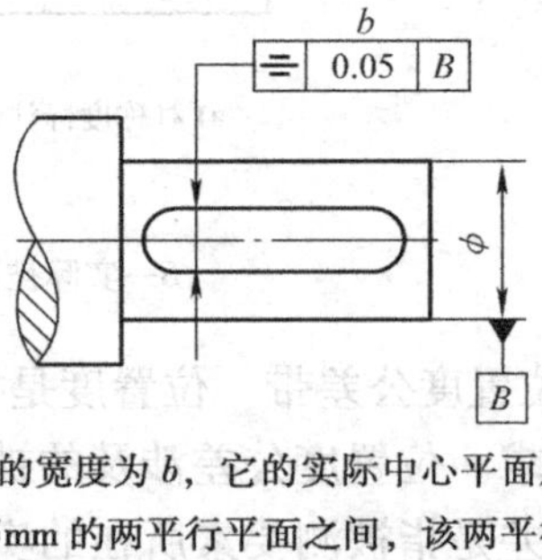 被测键槽的宽度为 b，它的实际中心平面应限定在间距等于 0.05mm 的两平行平面之间，该两平行平面对称于基准轴线 B，即对称于通过基准轴线 B 的理想平面 P_0

（续）

特征项目		公差带定义	标注示例和解释
位置度公差	点的位置度公差	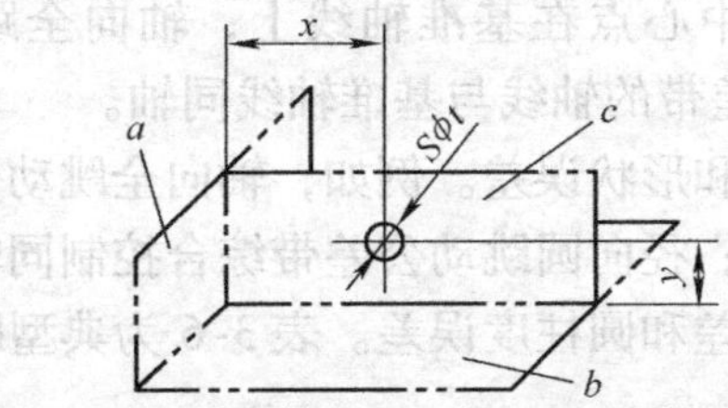公差带为直径等于公差值 $s\phi t$ 的圆球所限定的区域，该圆球中心的理论正确位置由基准平面 A、B、C 和理论正确尺寸 x、y 确定，a、b、c 为基准平面 A、B、C	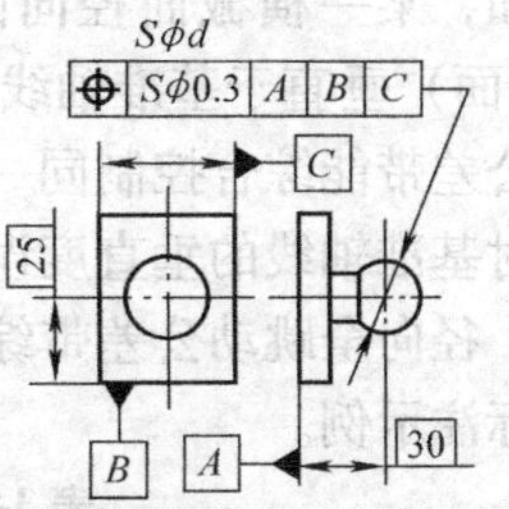实际球心应限定在直径等于 Sϕ0.3mm 的圆球内，该圆球球心的理论正确位置由基准平面 A、B、C 确定
	线的位置度公差	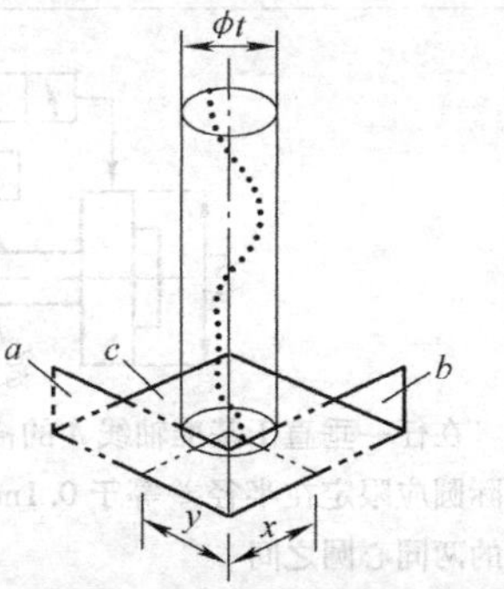公差带为直径等于公差值 ϕt 的圆柱面所限定的区域，该圆柱面轴线的理论正确位置由基准平面 A、B、C 和理论正确尺寸 x、y 确定，a、b、c 为基准平面 A、B、C	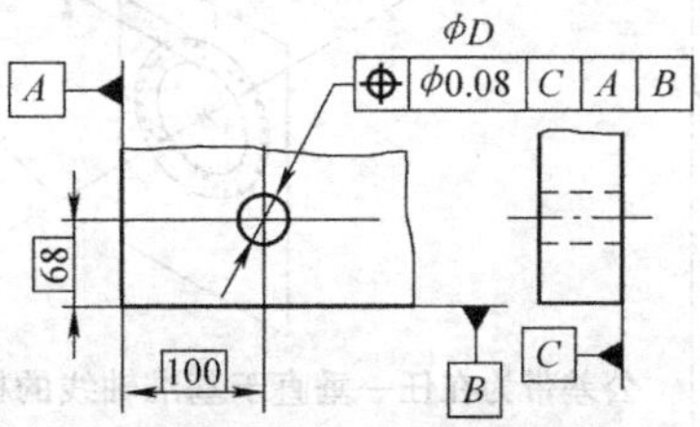被测孔的实际轴线应限定在直径等于 ϕ0.08mm 的圆柱面内，该圆柱面轴线的理论正确位置由基准平面 C、A、B 和理论正确尺寸 100mm、68mm 确定
	面的位置度公差	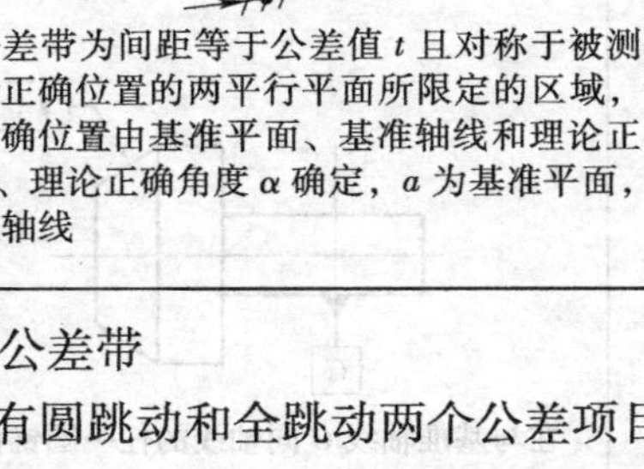公差带为间距等于公差值 t 且对称于被测表面理论正确位置的两平行平面所限定的区域，该理论正确位置由基准平面、基准轴线和理论正确尺寸 L、理论正确角度 α 确定，a 为基准平面，b 为基准轴线	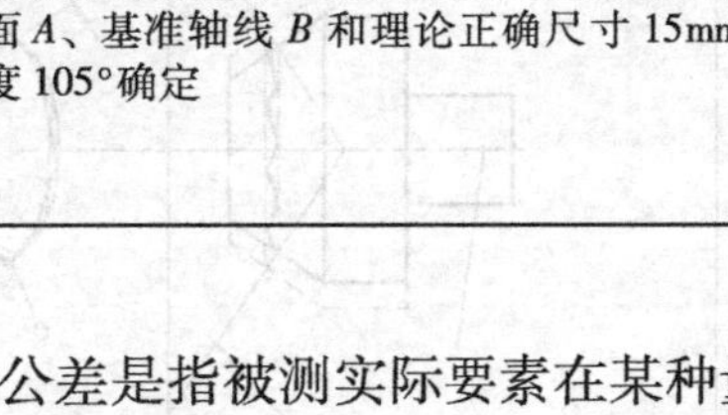实际表面应限定在间距等于 0.05mm 且对称于被测表面理论正确位置的两平行平面之间，该理论正确位置由基准平面 A、基准轴线 B 和理论正确尺寸 15mm、理论正确角度 105°确定

（6）跳动公差带

跳动公差有圆跳动和全跳动两个公差项目。圆跳动公差是指被测实际要素在某种量测截面内相对于基准轴线的最大允许变动量。根据测量截面的不同，圆跳动分为径向圆跳动（测杆轴线与基准轴线垂直且相交）、端面圆跳动（测杆轴线与基准轴平行）和斜向跳动（测杆轴线与基准轴线倾斜某一给定角度且相交）。全跳动公差是指整个被测实际表面相对基准轴线的最大允许变动量。被测表面为圆柱面的全跳动称为径向全跳动，被测表面为平面的全跳动称为端面全跳动。

跳动公差带有形状、大小的要求，还有方位的要求，即公差带相对于基准轴线有确定的方位。例如，某一横截面径向圆跳动公差带的中心点在基准轴线上；轴向全跳动公差带（两平行平面）垂直于基准轴线；径向全跳动公差带的轴线与基准轴线同轴。

跳动公差带能综合控制同一被测要素的方位和形状误差。例如，轴向全跳动公差带综合控制端面对基准轴线的垂直度误差和平面度误差；径向圆跳动公差带综合控制同轴度误差和圆度误差；径向全跳动公差带综合控制同轴度误差和圆柱度误差。表 3-6 为典型跳动公差带的定义和标注示例。

表 3-6 典型跳动公差带的定义和标注示例

特征项目		公差带定义	标注示例和解释
圆跳动公差	径向圆跳动公差	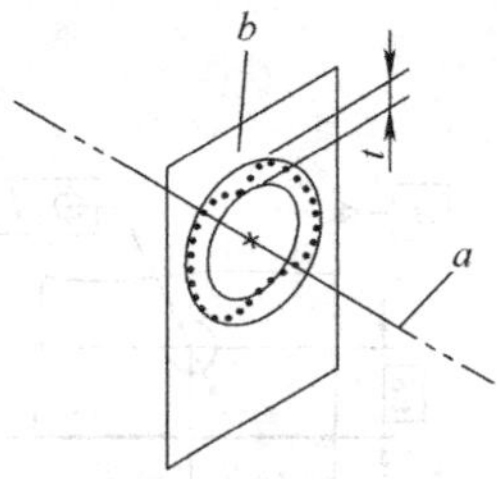 公差带为在任一垂直于基准轴线的横截面内、半径差等于公差值 t、圆心在基准轴线上的两同心圆所限定的区域，a 为基准轴线，b 为横截面	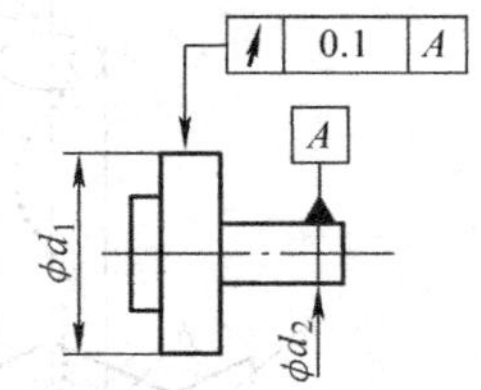 在任一垂直于基准轴线 A 的横截面内，被测圆柱面实际圆应限定在半径差等于 0.1mm 且圆心在基准轴 A 上的两同心圆之间
	轴向圆跳动公差	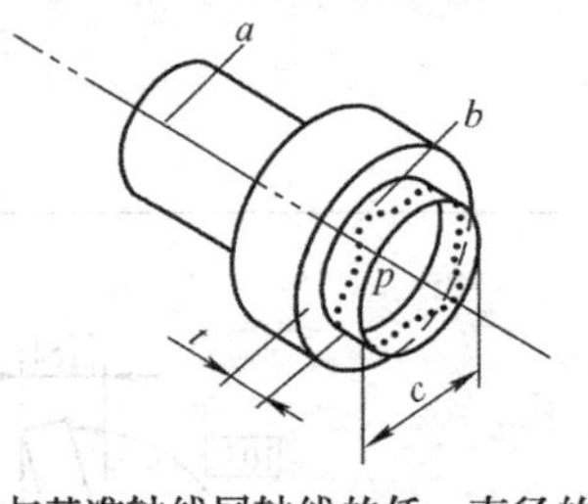 公差带为与基准轴线同轴线的任一直径的圆柱截面上，间距等于公差值 t 的两等直径圆所限定的圆柱面区域，a 为基准轴线，b 为公差带，c 为任意直径	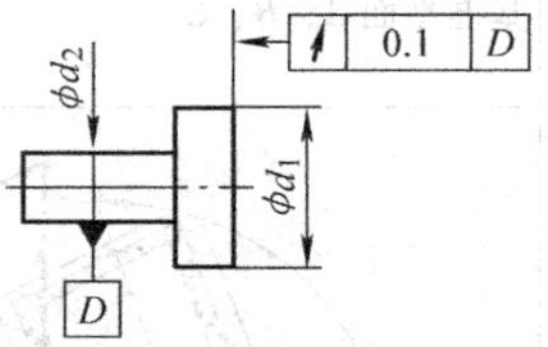 在与基准轴线 D 同轴线的任一直径的圆柱截面上，实际圆应限定在轴向距离等于 0.1mm 的两个等径圆之间
	斜向圆跳动公差	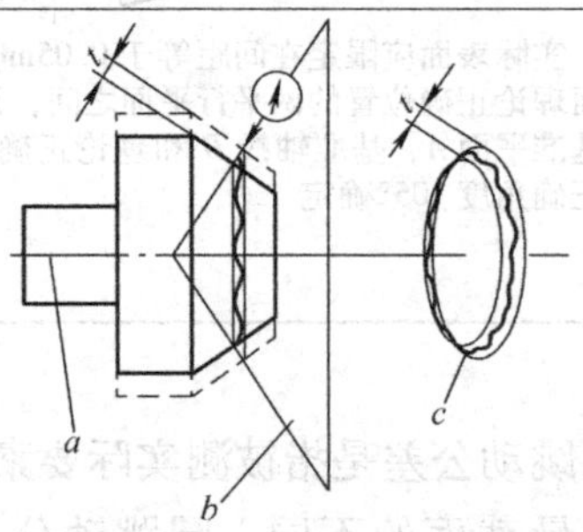 公差带为与基准轴线同轴线的某一圆锥截面上，间距等于公差值 t 的直径不相等的两个圆所限定的圆锥面区域，a 为基准轴线，b 为圆锥截面，c 为公差带	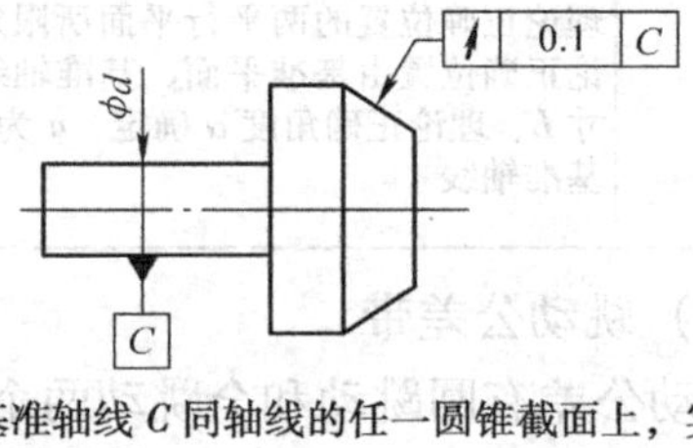 在与基准轴线 C 同轴线的任一圆锥截面上，实际线应限定在素线方向间距等于 0.1mm 直径不相等的两个圆之间

（续）

特征项目		公差带定义	标注示例和解释
全跳动公差	径向全跳动公差	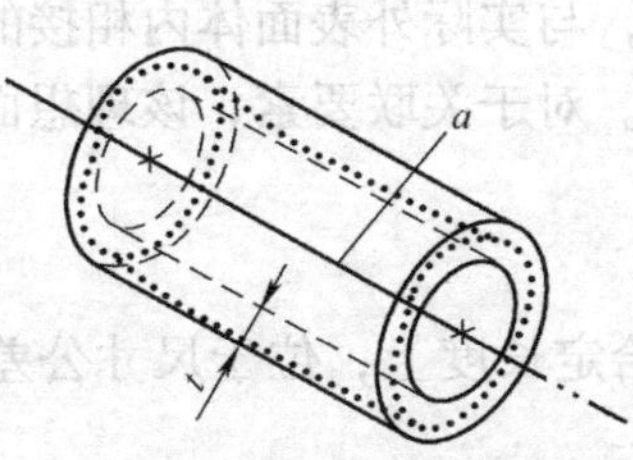 公差带为半径差等于公差值 t 且轴线与基准轴线重合的两个圆柱面所限定的区域，a 为基准轴线	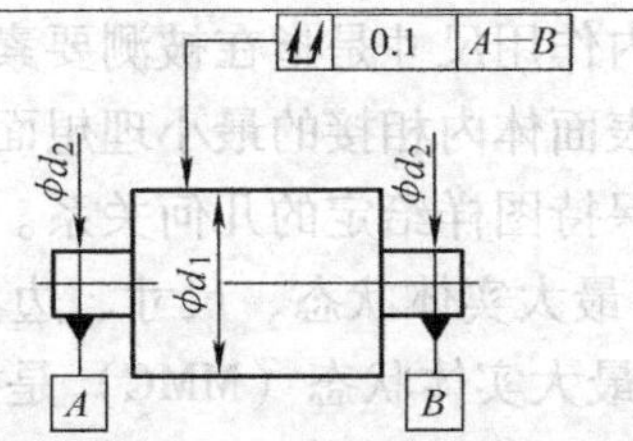 被测圆柱面的整个实际表面应限定在半径差等于 0.1mm 且轴线与公共基准轴线 $A—B$ 重合的两个圆柱面之间
	轴向全跳动公差	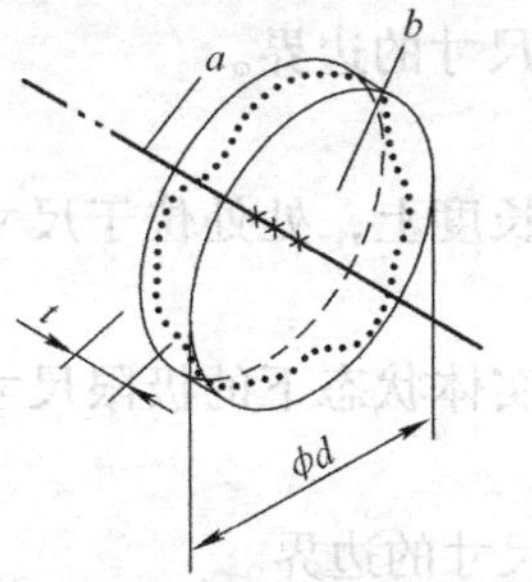 公差带为间距等于公差值 t 且垂直于基准轴线的两平行平面所限定的区域，a 为基准轴线，b 为被测表面	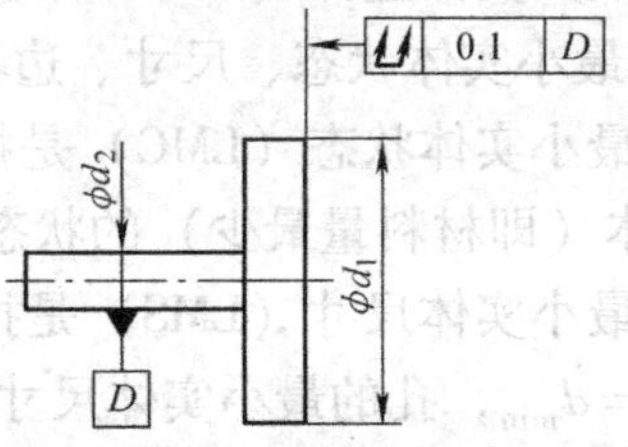 实际端表面应限定在间距等于 0.1mm 且垂直于基准轴线 D 的两平行平面之间

4. 几何公差的选用原则

在设计零件时，根据零件的功能要求，对零件上重要的几何要素，常常需要同时给定尺寸公差和几何公差等。那么，零件上几何要素的实际状态是由要素的尺寸误差和几何误差综合作用的结果，两者都会影响零件的配合性能，因此在设计和检测时需要明确几何公差与尺寸公差之间的关系。确定这种相互关系的原则称为公差原则（要求）。

（1）基本术语

1）局部实际尺寸　局部实际尺寸（D_a，d_a）简称实际尺寸，指在实际要素的任意正截面上，两对应点之间测得的距离。由于存在形状误差和测量误差，因此局部实际尺寸是随机变量。

2）体外作用尺寸　它是指被测要素的给定长度上，与实际表面体外相接的最小理想面或最大理想面的直径或宽度称体外作用尺寸。如图 3-17 所示，体外作用尺寸分别用 D_{fe}，d_{fe}表示。

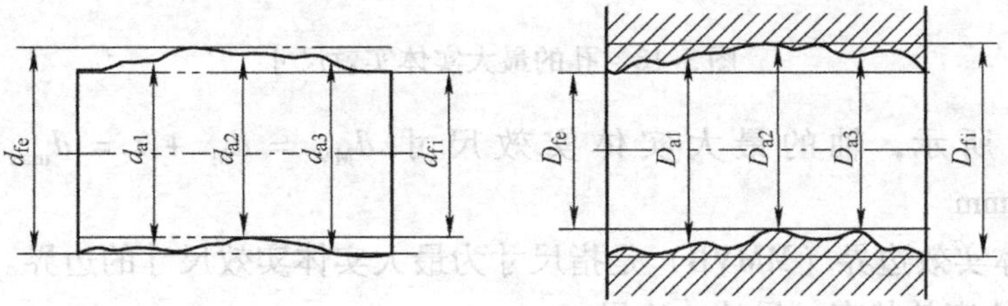

a)　　b)

图 3-17　实际尺寸和作用尺寸

3）体内作用尺寸　体内作用尺寸实际上是对零件强度起作用的尺寸，由被测要素实际尺寸和几何误差综合确定，孔的体内作用尺寸大于该孔的最大局部实际尺寸，轴的体内作用尺寸小于该轴的最小局部实际尺寸。如图 3-17 所示，体内作用尺寸分别用 D_{fi}，d_{fi}表示。

体内作用尺寸是指在被测要素的给定长度上，与实际外表面体内相接的最大理想面或与实际内表面体内相接的最小理想面的直径或宽度。对于关联要素，该理想面的轴线或中心平面必须保持图样给定的几何关系。

4）最大实体状态、尺寸、边界

① 最大实体状态（MMC）是指实际要素在给定长度上，位于尺寸公差带内并具有最大实体（即材料量最多）的状态。

② 最大实体尺寸（MMS）是指实际要素在最大实体状态下的极限尺寸。轴的最大实体尺寸 $d_M = d_{max}$，孔的最大实体尺寸 $D_M = D_{min}$。

③ 最大实体边界（MMB）是指尺寸为最大实体尺寸的边界。

5）最小实体状态、尺寸、边界

① 最小实体状态（LMC）是指实际要素在给定长度上，处处位于尺寸公差带内并具有最小实体（即材料量最少）的状态。

② 最小实体尺寸（LMS）是指实际要素在最小实体状态下的极限尺寸。轴的最小实体尺寸 $d_L = d_{min}$，孔的最小实体尺寸 $D_L = D_{max}$。

③ 最小实体边界（LMB）是指尺寸为最小实体尺寸的边界。

6）最大实体实效状态、尺寸、边界

① 最大实体实效状态（MMVC）是指实际要素在给定长度上处于最大实体状态，且其对应中心要素的几何误差等于图样上标注的几何公差时的综合极限状态。

② 最大实体实效尺寸（MMVS）是指最大实体实效状态对应的体外作用尺寸。轴的最大实体实效尺寸 $d_{MV} = d_M + t = d_{max} + t$；孔的最大实体实效尺寸 $D_{MV} = D_M - t = D_{min} - t$。

如图 3-18 所示，孔的最大实体实效尺寸 $D_{MV} = D_M - t = D_{min} - t = 30mm - 0.03mm = 29.97mm$

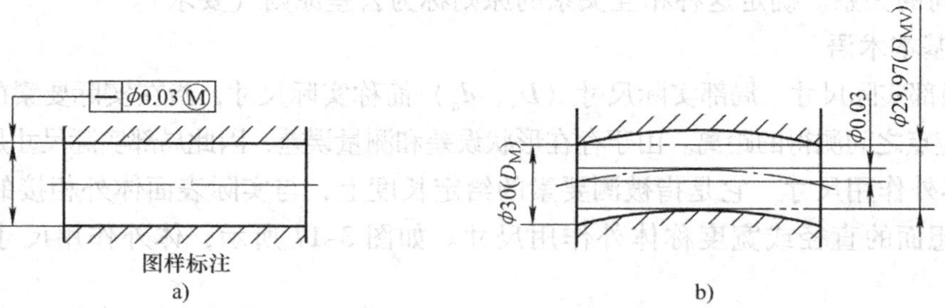

图 3-18　孔的最大实体实效尺寸

如图 3-19 所示，轴的最大实体实效尺寸 $d_{MV} = d_M + t = d_{max} + t = 15mm + 0.02mm = 15.02mm$

③ 最大实体实效边界（MMVB）是指尺寸为最大实体实效尺寸的边界。

7）最小实体实效状态、尺寸、边界

① 最小实体实效状态（LMVC）是指实际要素在给定长度上处于最小实体状态，且其

对应中心要素的几何误差等于图样上标注的几何公差时的综合极限状态。

② 最小实体实效尺寸（LMVS）是指实际要素在最小实体状态下的极限尺寸。轴的最小实体实效尺寸 $d_{LV}=d_L-t=d_{min}-t$；孔的最小实体实效尺寸 $D_{LV}=D_L+t=D_{max}+t$。

如图 3-20 所示，孔的最小实体实效尺寸 $D_{LV}=D_L+t=D_{max}+t=20.05\text{mm}+0.02\text{mm}=20.07\text{mm}$

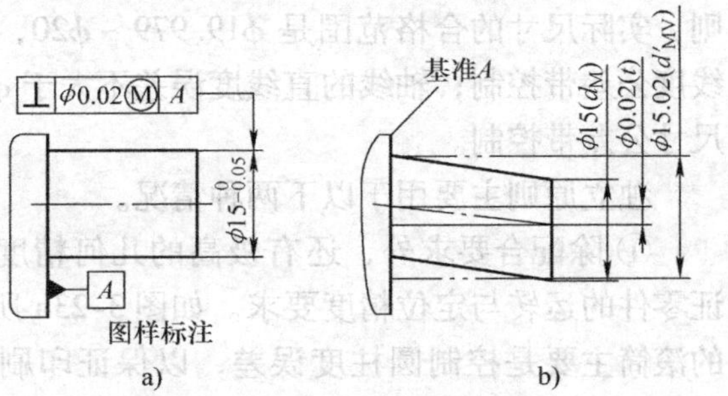

图 3-19　轴的最大实体实效尺寸

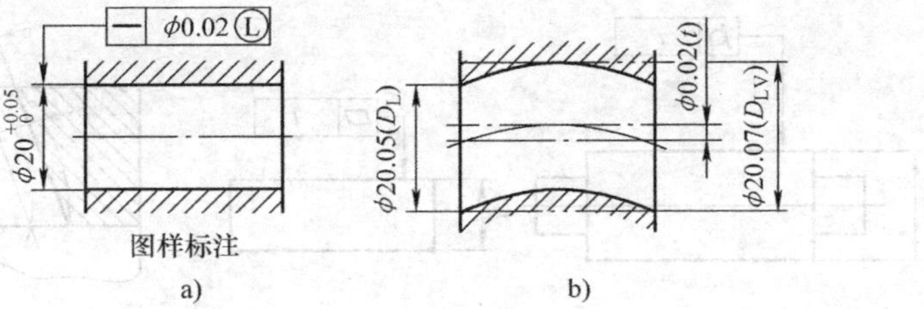

图 3-20　孔的最小实体实效尺寸

如图 3-21 所示，轴的最小实体实效尺寸 $d_{LV}=d_L-t=d_{min}-t=14.95\text{mm}-0.02\text{mm}=14.93\text{mm}$

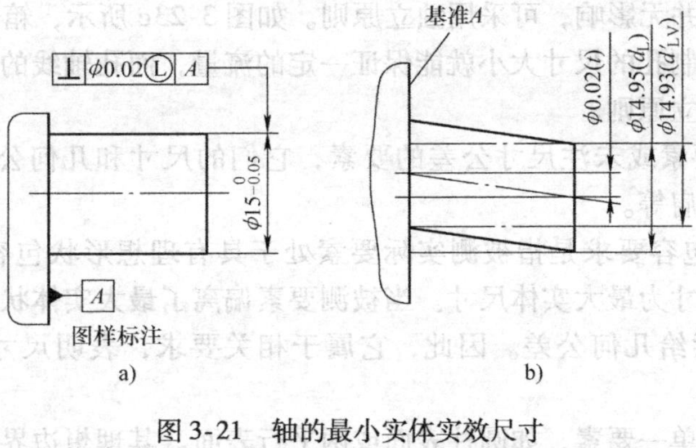

图 3-21　轴的最小实体实效尺寸

③ 最小实体实效边界（LMVB）是指尺寸为最小实体实效尺寸的边界。

（2）公差原则

1）独立原则　独立原则是指图样上给定的几何公差与尺寸公差相互独立无关，分别满足要求的原则。实际要素的尺寸由尺寸公差控制，与几何公差无关；几何误差由几何公差控制，与尺寸公差无关。采用独立原则标注时，独立原则在尺寸和几何公差值后面不需加注特殊符号，即独立原则是尺寸公差与几何公差所遵循的基本原则。图样上的绝大多数公差遵守独立原则。

判断采用独立原则的要素是否合格，需分别检测实际尺寸与几何公差。只有同时满足尺寸公差和几何公差的要求，该零件才能被判为合格。通常实际尺寸用两点法测量，如千分尺、卡尺等，几何误差用通用量具或仪器测量。如图 3-22 所示，尺寸 $\phi 20_{-0.021}^{\ 0}$ 遵循独立原则，实际尺寸的合格范围是 $\phi19.979\sim\phi20$，不受轴线直线度公差带控制；轴线的直线度误差不大于 $\phi0.01$，不受尺寸公差带控制。

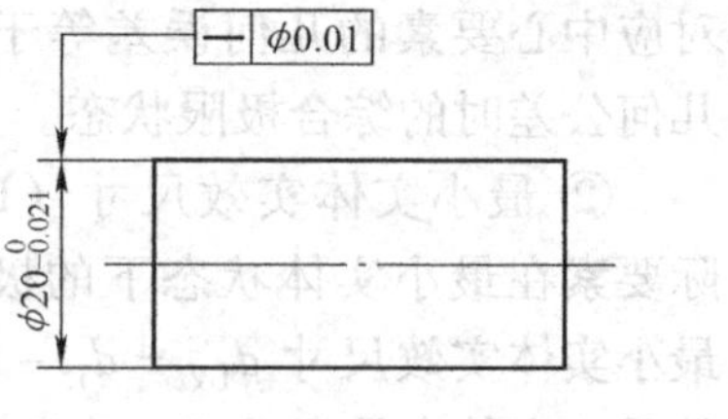

图 3-22 独立原则应用实例一

独立原则主要用于以下两种情况。

① 除配合要求外，还有极高的几何精度要求，以保证零件的运转与定位精度要求。如图 3-23a 所示，印刷机的滚筒主要是控制圆柱度误差，以保证印刷或印染时接触均匀，使图文或花样清晰，而滚筒直径 d 的大小对印刷或印染品质并无影响。采用独立原则，可使圆柱度公差较严而尺寸公差较宽。

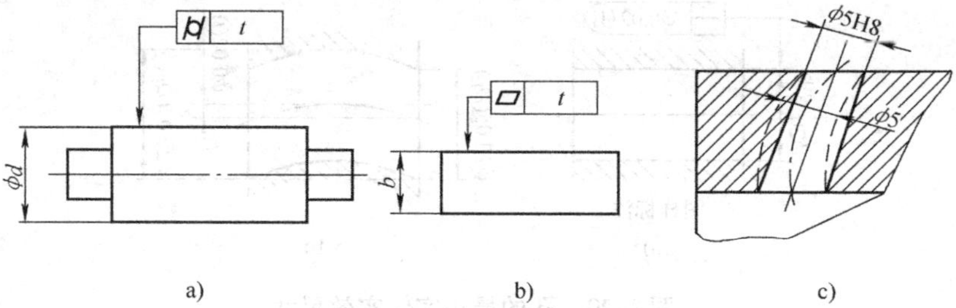

图 3-23 独立原则应用实例二

如图 3-23b 所示，测量平板的功能是测量时模拟理想平面，主要是控制平面度误差，而厚度 b 的大小对功能并无影响，可采用独立原则。如图 3-23c 所示，箱体上的通油孔不与其他零件配合，只需控制孔的尺寸大小就能保证一定的流量，而孔轴线的弯曲并不影响功能要求，因此可以采用独立原则。

② 对于非配合要素或未注尺寸公差的要素，它们的尺寸和几何公差应遵循独立原则，如倒角、退刀槽、轴肩等。

2）包容要求 包容要求是指被测实际要素处于具有理想形状包容面内的一种公差要求。该理想形状的尺寸为最大实体尺寸。当被测要素偏离了最大实体状态时，可将尺寸公差的一部分或全部补偿给几何公差。因此，它属于相关要求，表明尺寸公差与几何公差有关系。

包容要求适用于单一要素，如圆柱表面或两平行表面。其理想边界为最大实体边界。标注时包容要求是在尺寸公差带代号或尺寸极限偏差后面加注符号Ⓔ。

如图 3-24 中轴孔配合采用包容要求，实际轴应满足下列要求。

① 轴的任一局部实际尺寸在 $\phi19.987\sim\phi20$ 之间。

② 实际轴必须遵守最大实体边界，该边界是一个直径为最大实体尺寸 $d_M=\phi20$ 的理想圆柱面。

③ 轴的局部实际尺寸为最大实体尺寸 $\phi20$ 时，不允许轴有任何几何误差。

④ 当轴的局部实际尺寸偏离最大实体尺寸时，包容要求允许将局部实际尺寸偏离最大实体尺寸的偏离值补偿给几何误差。最大补偿值是：当轴的局部实际尺寸为最小实体尺寸时，轴允许有最大的几何误差，其值等于尺寸公差 0.013。

应用包容要求的合格条件是：被测实际轮廓应处处不得超越最大实体边界，其局部实际尺寸不得超出最小实体尺寸。

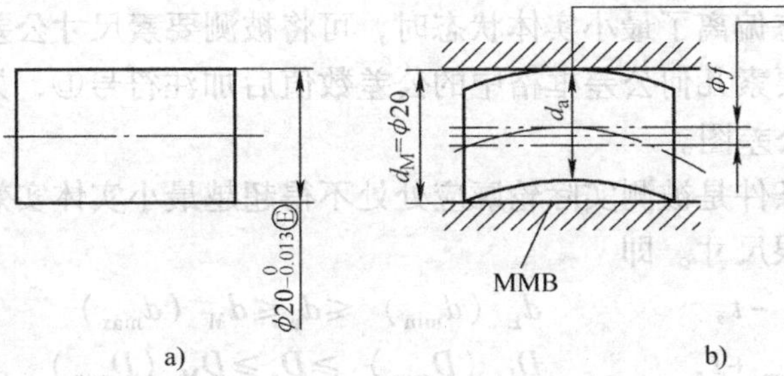

实际尺寸 ϕd_a	允许几何误差 ϕf
$\phi20$	$\phi0$
$\phi19.995$	$\phi0.005$
$\phi19.99$	$\phi0.01$
$\phi19.987$	$\phi0.013$

图 3-24　包容要求示例

轴　$d_{fe} \leqslant d_M$（d_{max}），$d_a \geqslant d_L$（d_{min}）

孔　$D_{fe} \geqslant D_M$（D_{min}），$D_a \leqslant D_L$（D_{max}）

3）最大实体要求　最大实体要求既可用于被测要素（包括单一要素和关联要素），又可用于基准中心要素。当应用于被测要素应在几何公差框格中的几何公差值后面加注符号Ⓜ，如图 3-25a 所示。当应用于基准时，应在几何公差框格中的基准字母后加注符号Ⓜ。最大实体要求用于被测要素，其几何公差值是在该要素处于最大实体状态时给定的。当被测要素的实际轮廓偏离最大实体状态，即实际尺寸偏离最大实体尺寸时，允许的几何误差值增加，增加量为实体尺寸对最大实体尺寸的偏移量，最大增加量等于被测要素的尺寸公差。

最大实体要求应用于被测要素时，被测要素应遵守最大实体实效边界。即

外表面　　$d_{fe} \leqslant d_{MV} = d_{max} + t$，　$d_{max} \geqslant d_a \geqslant d_{min}$

内表面　　$D_{fe} \geqslant D_{MV} = D_{min} - t$，　$D_{max} \geqslant D_a \geqslant D_{min}$

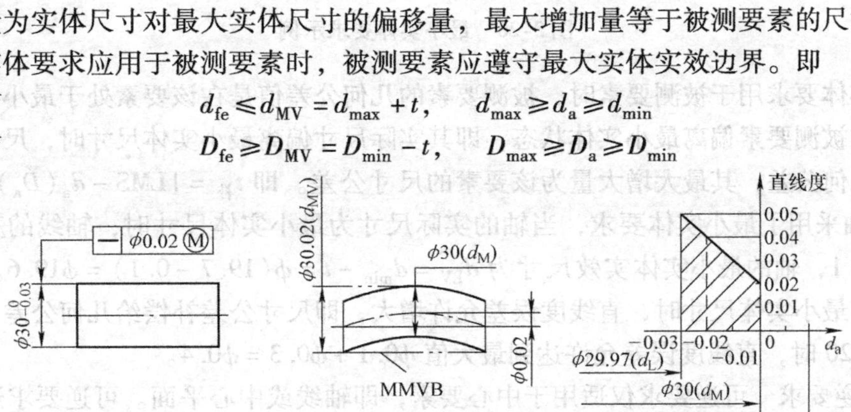

图 3-25　最大实体要求示例

图 3-25a 表示轴 $\phi30^{\ 0}_{-0.03}$ 的轴线直线度公差采用最大实体要求。图 3-25b 表示当该轴处于最大实体状态时，其轴线的直线度公差为 $\phi0.02$；动态公差图如图 3-25c 所示，当轴的实际尺寸偏离最大实体状态时，其轴线允许的直线度误差可相应地增大。该轴应满足下列要求。

① 轴的任一局部实际尺寸在 $\phi29.92 \sim \phi30$ 之间。

② 实际轮廓不超出最大实体实效边界，最大实体实效尺寸 $d_{MV} = d_M + t = 30\text{mm} + 0.02\text{mm} = 30.02\text{mm}$

③ 当该轴处于最小实体状态时，其轴线的直线度误差允许达到最大值，即尺寸公差值全部补偿给直线度公差，允许直线度误差为 $0.02\text{mm} + 0.03\text{mm} = 0.05\text{mm}$

4）最小实体要求　它是控制被测要素的实际轮廓处于其最小实体实效边界之内的一种

公差要求。当被测要素实际状态偏离了最小实体状态时，可将被测要素尺寸公差的一部分或全部补偿给几何公差。在被测要素几何公差框格中的公差数值后加注符号Ⓛ，如图 3-26a 所示。图 3-26c 为其补偿的动态公差图。

应用最小实体要求的合格条件是被测实际轮廓应处处不得超越最小实体实效边界，其局部实际尺寸不得超出上、下极限尺寸。即

轴　　$d_{fi} \geqslant d_{LV} = d_{min} - t$，　　d_L（d_{min}）$\leqslant d_a \leqslant d_M$（$d_{max}$）

孔　　$D_{fi} \leqslant D_{LV} = D_{max} + t$，　　D_L（D_{max}）$\geqslant D_a \geqslant D_M$（$D_{min}$）

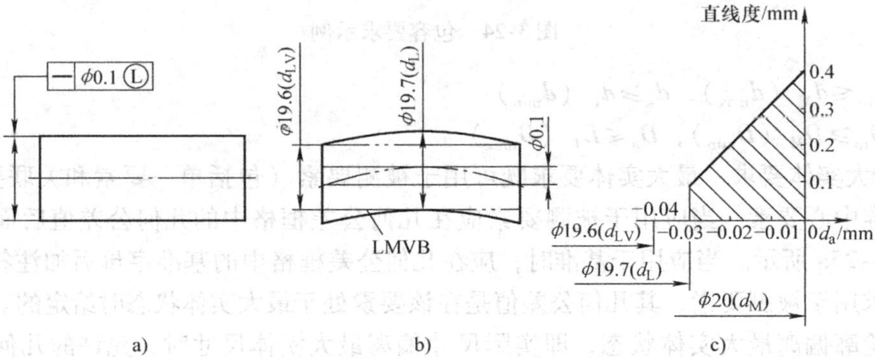

图 3-26　最小实体要求示例

最小实体要求用于被测要素时，被测要素的几何公差值是在该要素处于最小实体状态时给定的。如被测要素偏离最小实体状态，即其实际尺寸偏离最小实体尺寸时，尺寸偏离量可以补偿为几何公差，其最大增大量为该要素的尺寸公差。即 $t_{补} = |LMS - d_a(D_a)|$。如图 3-26 所示的轴采用了最小实体要求，当轴的实际尺寸为最小实体尺寸时，轴线的直线度公差为给定值 0.1，轴的最小实体实效尺寸为 $d_{LV} = d_{min} - t = \phi(19.7 - 0.1) = \phi19.6$。当轴的实际尺寸偏离最小实体尺寸时，直线度误差允许增大，即尺寸公差补偿给几何公差。当轴的实际尺寸为 $\phi20$ 时，直线度误差允许达到最大值 $\phi0.1 + \phi0.3 = \phi0.4$。

5）可逆要求　可逆要求仅适用于中心要素，即轴线或中心平面。可逆要求通常与最大实体要求和最小实体要求连用，不能独立使用。可逆要求标注时在Ⓜ、Ⓛ 后面加注Ⓡ，此时被测要素应遵循最大实体实效边界或最小实体实效边界。

① 可逆要求用于最大实体要求。

如图 3-27 所示，可逆要求用于最大实体要求。被测要素的实际轮廓应遵守其最大实体实效边界，即其体外作用尺寸不超出最大实体实效尺寸。当实际尺寸偏离最大实体尺寸时，允许其几何误差超出给定的几何公差值。在不影响零件功能的前提下，当被测轴线或中心平面的几何误差值小于在最大实体状态下给出的几何公差值时，允许实际尺寸超出最大实体尺寸，即允许相应的尺寸公差增大，但最大可能允许的超出量为几何公差。可逆要求用于最大实体要求的合格条件为：轴或孔的体外作用尺寸不得超过最大实体实效尺寸，局部实际尺寸不得超过最小实体尺寸，即

轴　　$d_{fe} \leqslant d_{MV} = d_{max} + t$　$d_L(d_{min}) \leqslant d_a \leqslant d_{MV}(d_{max} + t)$

孔　　$D_{fe} \geqslant D_M = D_{min} - t$　　$D_L(D_{max}) \geqslant D_a \geqslant D_{MV}(D_{min} - t)$

② 可逆要求用于最小实体要求。

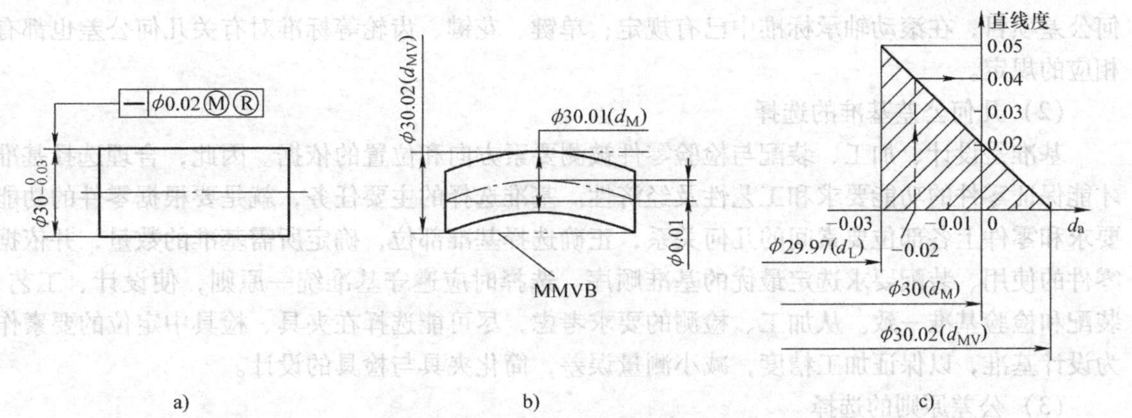

图 3-27　可逆要求用于最大实体要求

如图 3-28 所示被测要素的实际轮廓受最小实体实效边界控制。可逆要求用于最小实体要求的合格条件为：轴或孔的体内作用尺寸不得超过最小实体实效尺寸，局部实际尺寸不得超过最大实体尺寸，即

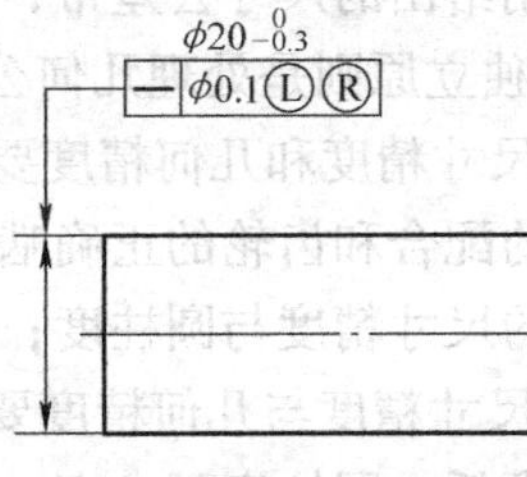

图 3-28　可逆要求用于最小实体要求

轴 $d_{fi} \geqslant d_{LV} = d_{min} - t \quad d_{LV}(d\min - t) \leqslant d_a \leqslant d_M(d_{max})$

孔 $D_{fi} \leqslant D_M = D_{max} + t \quad D_{LV}(D_{max} + t) \geqslant D_a \geqslant D_M(D_{min})$

5. 几何公差的选择

（1）几何公差特征项目的选择

几何公差特征项目的选择可从以下几个方面考虑。

1）零件的几何特征　形状公差项目主要是按要素的几何形状特征制定的，零件几何特征不会产生不同的几何误差。例如，对圆柱形零件，可选择圆度、圆柱度、轴心线直线度及素线直线度等；平面零件可选择平面度；窄长平面可选择直线度。方向或位置公差项目是按要素间几何方位关系制定的，例如槽类零件可选择对称度；阶梯轴、孔可选择同轴度等。

2）零件的功能要求　根据零件不同的功能要求，给出不同的几何公差项目，所以应分析几何误差对零件使用性能的影响。例如，圆柱形零件，当仅需要顺利装配时，可选轴心线的直线度；如果孔、轴之间有相对运动，应均匀接触，或为保证密封性，应标注圆柱度公差以综合控制圆度、素线直线度和轴线直线度（如柱塞与柱塞套、阀芯及阀体等）。又如，为保证机床工作台或刀架运动轨迹的精度，应对导轨提出直线度要求；为使箱体端盖等零件上各螺栓孔能顺利装配，应规定孔组的位置度公差等；对安装齿轮轴的箱体孔，为保证齿轮的正确啮合，应制定孔心线的平行度要求。

3）检测条件　确定几何公差特征项目时，要考虑到检测的方便性与经济性，有时可将所需公差项目用控制效果相同或相近的公差项目来代替。例如，对轴类零件，可用径向全跳动综合控制圆柱度、同轴度；用端面全跳动代替端面对轴线的垂直度，因为跳动误差检测方便，又能较好地控制相应的几何误差。轴向全跳动的公差带和端面对中心线的垂直度公差带完全相同，可相互替代。应当注意：径向圆跳动是同轴度误差与圆柱面形状误差的综合结果，给出的跳动公差值应略大于同轴度公差，否则会要求过严。

确定几何公差项目还应参照有关专业标准的规定。例如，与滚动轴承相配合孔、轴的几何公差项目，在滚动轴承标准中已有规定；单键、花键、齿轮等标准对有关几何公差也都有相应的规定。

（2）几何公差基准的选择

基准是设计、加工、装配与检验零件被测要素方向和位置的依据。因此，合理选择基准才能保证零件的功能要求和工艺性及经济性。基准选择的主要任务，就是要根据零件的功能要求和零件上各部位要素间的几何关系，正确选择基准部位，确定所需基准的数量，并依据零件的使用、装配要求选定最优的基准顺序。选择时应遵守基准统一原则，使设计、工艺、装配和检验基准一致。从加工、检测的要求考虑，尽可能选择在夹具、检具中定位的要素作为设计基准，以保证加工精度，减小测量误差，简化夹具与检具的设计。

（3）公差原则的选择

公差原则主要根据被测要素的功能要求、零件尺寸大小、检测是否方便来选择，应考虑充分利用给出的尺寸公差带，还应考虑用被测要素的几何公差补偿尺寸公差的可能性。

① 独立原则是处理几何公差与尺寸公差关系的基本原则，主要应用在以下场合。

a. 尺寸精度和几何精度要求都较严，并需分别满足要求。如齿轮箱体上的孔，为保证与轴承的配合和齿轮的正确啮合，要分别保证孔的尺寸精度和孔心线的平行度要求；连杆活塞销孔的尺寸精度与圆柱度；滚动轴承内、外圈滚道的尺寸精度与形状精度等。

b. 尺寸精度与几何精度要求相差较大。如印刷机的滚筒、轧钢机的轧辊等零件，尺寸精度要求低，圆柱度要求高；平板的尺寸精度要求低，平面度要求高；通油孔的尺寸有一定精度要求，形状精度无要求等。

c. 为保证运动精度、密封性等特殊要求，单独提出与尺寸精度无关的几何公差要求。如机床导轨为保证运动精度，提出直线度要求，与尺寸精度无关；汽缸套内孔与活塞配合，为了内、外圆柱面均匀接触、并有良好的密封性能，在保证尺寸精度的同时，还要单独保证很高的圆度、圆柱度要求。

d. 零件上的未注几何公差一律遵循独立原则，如退刀槽、倒角、圆角等非功能要素。

② 包容要求主要用于保证国家标准规定的配合性质，特别是要求精密配合的场合，用最大实体边界来控制零件的尺寸和几何误差的综合结果，以保证配合要求的最小间隙或最大过盈。还用于尺寸公差与几何公差无严格比例关系要求的场合，如一般的孔和轴配合，只要求作用尺寸不超越最大实体尺寸，局部实际尺寸不超越最小实体尺寸。

③ 最大实体要求主要用于保证可装配性以及保证关联作用尺寸不超越最大实体尺寸的场合。如轴承盖及法兰盘上用于穿过螺栓通孔的位置度公差。

④ 最小实体要求主要用于保证零件的强度和最小壁厚等场合。如孔轴线的任意方向位置度公差，采用最小实体要求可保证孔组间的最小壁厚。

⑤ 可逆要求与最大（或最小）实体要求联用，能充分利用公差带，扩大了被测要素实际尺寸的范围，使实际尺寸超过了最大（或最小）实体尺寸而体外（或体内）作用尺寸未超过最大（或最小）实体实效边界的废品变为合格品，提高了经济效益。在不影响使用要求的情况下可以选用。

（4）几何公差值的选择

1）几何公差等级　几何公差值主要根据被测要素的功能要求和加工经济性来选择。几何精度的高低用公差等级数字大小来表示。在国家标准 GB/T 1184—1996《形状和位置公差未注公差值》中，对直线度、平面度、圆度、圆柱度、平行度、垂直度、倾斜度、同轴度、对称度、圆跳动和全跳动公差等 11 个特征项目分别规定了若干公差等级及对应的公差值（表 3-7～表 3-10）。这 11 个特征项目中，圆度和圆柱度的公差等级分别规定了 13 个级，它们分别用阿拉伯数字 0、1、2、…、12 表示，其中 0 级最高，等级依次降低，12 级最低。其余 9 个特征项目的公差等级分别规定了 12 个级，它们分别用阿拉伯数字 1、2、…、12 表示，其中 1 级最高，等级依次降低，12 级最低。表 3-11 为位置度公差值数系，位置度公差没有划分公差等级，它的公差值需要通过计算确定。

表 3-7　直线度、平面度公差值（摘自 GB/T 1184—1996）　　（单位：μm）

主参数 L /mm	公差等级											
	1	2	3	4	5	6	7	8	9	10	11	12
≤10	0.2	0.4	0.8	1.2	2	3	5	8	12	20	30	60
>10～16	0.25	0.5	1	1.5	2.5	4	6	10	15	25	40	80
>16～25	0.3	0.6	1.2	2	3	5	8	12	20	30	50	100
>25～40	0.4	0.8	1.5	2.5	4	6	10	15	25	40	60	120
>40～63	0.5	1	2	3	5	8	12	20	30	50	80	150
>63～100	0.6	1.2	2.5	4	6	10	15	25	40	60	100	200
>100～160	0.8	1.5	3	5	8	12	20	30	50	80	120	250
>160～250	1	2	4	6	10	15	25	40	60	100	150	300
>250～400	1.2	2.5	5	8	12	20	30	50	80	120	200	400
>400～630	1.5	3	6	10	15	25	40	60	100	150	250	500
>630～1000	2	4	8	12	20	30	50	80	120	200	300	600

注：主参数 L 为轴、直线、平面的长度。

表 3-8　圆度、圆柱度公差值（摘自 GB/T 1184—1996）　　（单位：μm）

主参数 d（D）/mm	公差等级												
	0	1	2	3	4	5	6	7	8	9	10	11	12
≤3	0.1	0.2	0.3	0.5	0.8	1.2	2	3	4	6	10	14	25
>3～6	0.1	0.2	0.4	0.6	1	1.5	2.5	4	5	8	12	18	30
>6～10	0.12	0.25	0.4	0.6	1	1.5	2.5	4	6	9	15	22	36
>10～18	0.15	0.25	0.5	0.8	1.2	2	3	5	8	11	18	27	43
>18～30	0.2	0.3	0.6	1	1.5	2.5	4	6	9	13	21	33	52
>30～50	0.25	0.4	0.6	1	1.5	2.5	4	7	11	16	25	39	62
>50～80	0.3	0.5	0.8	1.2	2	3	5	8	13	19	30	46	74
>80～120	0.4	0.6	1	1.5	2.5	4	6	10	15	22	35	54	87
>120～180	0.6	1	1.2	2	3.5	5	8	12	18	25	40	63	100
>180～250	0.8	1.2	2	3	4.5	7	10	14	20	29	46	72	115
>250～315	1.0	1.6	2.5	4	6	8	12	16	23	32	52	81	130
>315～400	1.2	2	3	5	7	9	13	18	25	36	57	89	140
>400～500	1.5	2.5	4	6	8	10	15	20	27	40	63	97	155

注：主参数 d（D）为轴（孔）的直径。

表 3-9 平行度、垂直度、倾斜度公差值（摘自 GB/T 1184—1996）（单位：μm）

主参数 L、d（D）/mm	公差等级											
	1	2	3	4	5	6	7	8	9	10	11	12
≤10	0.4	0.8	1.5	3	5	8	12	20	30	50	80	120
>10~16	0.5	1	2	4	6	10	15	25	40	60	100	150
>16~25	0.6	1.2	2.5	5	8	12	20	30	50	80	120	200
>25~40	0.8	1.5	3	6	10	15	25	40	60	100	150	250
>40~63	1	2	4	8	12	20	30	50	80	120	200	300
>63~100	1.2	2.5	5	10	15	25	40	60	100	150	250	400
>100~160	1.5	3	6	12	20	30	50	80	120	200	300	500
>160~250	2	4	8	15	25	40	60	100	150	250	400	600
>250~400	2.5	5	10	20	30	50	80	120	200	300	500	800
>400~630	3	6	12	25	40	60	100	150	250	400	600	1000
>630~1000	4	8	15	30	50	80	120	200	300	500	800	1200

注：1. 主参数 L 为给定平行度时轴线或平面的长度，或给定垂直度、倾斜度时被测要素的长度。

2. 主参数 d（D）为给定面对线垂直度时，被测要素的轴（孔）直径。

表 3-10 同轴度、对称度、圆跳动、全跳动公差值（摘自 GB/T 1184—1996）

（单位：μm）

主参数 d（D）B、L/mm	公差等级											
	1	2	3	4	5	6	7	8	9	10	11	12
≤1	0.4	0.6	1.0	1.5	2.5	4	6	10	15	25	40	60
>1~3	0.4	0.6	1.0	1.5	2.5	4	6	10	20	40	60	120
>3~6	0.5	0.8	1.2	2	3	5	8	12	25	50	80	150
>6~10	0.6	1	1.5	2.5	4	6	10	15	30	60	100	200
>10~18	0.8	1.2	2	3	5	8	12	20	40	80	120	250
>18~30	1	1.5	2.5	4	6	10	15	25	50	100	150	300
>30~50	1.2	2	3	5	8	12	20	30	60	120	200	400
>50~120	1.5	2.5	4	6	10	15	25	40	80	150	250	500
>120~250	2	3	5	8	12	20	30	50	100	200	300	600
>250~500	2.5	4	6	10	15	25	40	60	120	250	400	800

注：1. 主参数 d（D）为给定同轴度时轴直径，或给定圆跳动、全跳动时轴（孔）直径。

2. 圆锥体斜向圆跳动公差的主参数为平均直径；主参数 B 为给定对称度时槽的宽度；主参数 L 为给定两孔对称度时的孔心距。

表 3-11 位置度公差值数系

1	1.2	1.5	2	2.5	3	4	5	6	8
1×10^n	1.2×10^n	1.5×10^n	2×10^n	2.5×10^n	3×10^n	4×10^n	5×10^n	6×10^n	8×10^n

2）几何公差值　几何公差值选用的原则是：在满足零件功能要求的前提下，应该尽可能选用较低的公差等级，并考虑加工的经济性、结构及刚性等具体问题。表 3-12 ~ 表 3-15 列出了部分几何公差等级的适用场合，以供设计者类比参考。

表3-12　直线度、平面度公差等级应用

公差等级	应用举例
5	1级平板，2级宽平尺，平面磨床的纵导轨、垂直导轨、立柱导轨及工作台，液压龙门刨床和转塔车床床身导轨，柴油机进气、排气阀门导杆
6	普通机床导轨面，如卧式车床、龙门刨床、滚齿机、自动车床等的床身导轨、立柱导轨，柴油机壳体
7	2级平板，机床主轴箱、摇臂钻床底座和工作台，镗床工作台，液压泵盖，减速器壳体结合面
8	机床传动箱体，交换齿轮箱体、车床溜板箱体，柴油机气缸体，连杆分离面，缸盖结合面，汽车发动机缸盖、曲轴箱结合面，液压管件和法兰连接面
9	3级平板，自动车床床身底面，摩托车曲轴箱体，汽车变速器壳体，手动机械的支承面

表3-13　圆度、圆柱度公差等级应用

公差等级	应用举例
5	一般计量仪器主轴、测杆外圆柱面，陀螺仪轴颈，一般机床主轴轴颈及主轴轴承孔，柴油机、汽油机活塞、活塞销，与E级滚动轴承配合的轴颈
6	仪表端盖外圆柱面，一般机床主轴及前轴承孔，泵，压缩机的活塞，汽缸，汽油发动机凸轮轴，纺机锭子，减速传动轴轴颈，高速船用柴油机、拖拉机曲轴主轴颈，与E级滚动轴承配合的外壳孔，与G级滚动轴承配合的轴颈
7	大功率低速柴油机曲轴轴颈、活塞、活塞销，连杆、汽缸，高速柴油机箱体轴承孔、千斤顶或压力液压缸活塞，机车传动轴，水泵及通用减速器转轴轴颈，与G级滚动轴承配合的外壳孔
8	低速发动机、大功率曲柄轴轴颈，压气机连杆盖体，拖拉机汽缸、活塞，炼胶机冷铸轴辊，印刷机传墨辊，内燃机曲轴轴颈，柴油机凸轮轴承孔，凸轮轴，拖拉机、小型船用柴油机汽缸套
9	空气压缩机缸体，液压传动筒，通用机械杠杆与拉杆用套筒销子，拖拉机活塞环、套筒孔

表3-14　平行度、垂直度、倾斜度公差等级应用

公差等级	应用举例
4，5	卧式车床导轨，重要支承面，机床主轴孔对基准的平行度，精密机床重要零件，计量仪器、量具、模具的基准面和工作面，主轴箱体重要孔，通用减速器壳体孔，齿轮泵的油孔端面，发动机轴和离合器的凸缘，气缸支承端面，安装精密滚动轴承壳体孔的凸肩
6，7，8	一般机床的基准面和工作面，压力机和锻锤的工作面，中等精度钻模的工作面，机床一般轴承孔对基准面的平行度，变速箱箱体孔，主轴花键对定心直径部位轴线的平行度，重型机械轴承盖端面，卷扬机、手动传动装置中的传动轴，一般导轨，主轴箱体孔，刀架，砂轮架，气缸配合面对基准轴线，活塞销孔对活塞中心线的垂直度，滚动轴承内、外圈端面对轴线的垂直度
9，10	低精度零件，重型机械滚动轴承端盖，柴油机、煤气发动机箱体曲轴孔、曲轴颈，花键轴和轴肩端面，皮带运输机法兰盘等端面对轴线的垂直度，手动卷扬机及传动装置中的轴承端面、减速器壳体平面

表3-15　同轴度、对称度、跳动公差等级应用

公差等级	应用举例
5，6，7	这是应用范围较广的公差等级。用于几何精度要求较高、尺寸公差等级为IT8及高于IT8的零件。5级、6级常用于机床轴颈，计量仪器的测量杆，汽轮机主轴，柱塞油泵转子，高精度滚动轴承外圈，一般精度滚动轴承内圈，回转工作台端面圆跳动。7级用于内燃机曲轴、凸轮轴、齿轮轴、水泵轴、汽车后轮输出轴，电动机转子、印刷机传墨辊的轴颈，键槽

（续）

公差等级	应用举例
8，9	常用于几何精度要求一般、尺寸公差等级为 IT9 及高于 IT11 的零件。8 级用于拖拉机发动机分配轴轴颈，与 9 级精度以下齿轮相配的轴，水泵叶轮，离心泵体，棉花精梳机前后滚子，键槽等。9 级用于内燃机气缸套配合面，自行车中轴

（5）未注几何公差的规定

为了简化制图，对一般机床加工能够保证几何精度，在图样上不必一一标出几何公差。图样上没有具体注明几何公差值的要素，由未注几何公差控制。国家标准对直线度、平面度、垂直度、对称度、圆跳动分别规定了未注公差值，都分为 H、K、L 3 种公差等级，精度依次降低。表 3-16 为直线度和平面度的未注公差值；表 3-17 为垂直度的未注公差值；表 3-18 为对称度的未注公差值；表 3-19 为圆跳动的未注公差值。

其他项目的未注公差说明如下。圆度未注公差值等于其尺寸公差值，但不能大于径向圆跳动未注公差值。圆柱度的未注公差未做规定。实际圆柱面的质量由其构成要素（截面圆、轴线、素线）的注出公差或未注公差控制。平行度的未注公差值等于给出的尺寸公差或直线度（平面度）未注公差值中的较大者。同轴度的未注公差未做规定，可考虑与径向圆跳动的未注公差相等。其他项目（线轮廓度、面轮廓度、倾斜度、位置度、全跳动）由各要素的注出或未注几何公差、线性尺寸公差或角度公差控制。

表 3-16　直线度和平面度的未注公差值（摘自 GB/T 1184—1996）　（单位：mm）

公差等级	基本长度范围					
	≤10	>10～30	>30～100	>100～300	>300～1000	>1000～3000
H	0.02	0.05	0.1	0.2	0.3	0.4
K	0.05	0.1	0.2	0.4	0.6	0.8
L	0.1	0.2	0.4	0.8	1.2	1.6

表 3-17　垂直度的未注公差值（摘自 GB/T 1184—1996）　（单位：mm）

公差等级	基本长度范围			
	≤100	>100～300	>300～1000	>1000～3000
H	0.2	0.3	0.4	0.5
K	0.4	0.6	0.8	1
L	0.6	1	1.5	2

表 3-18　对称度的未注公差值（摘自 GB/T 1184—1996）　（单位：mm）

公差等级	基本长度范围			
	≤100	>100～300	>300～1000	>1000～3000
H	0.5			
K	0.6		0.8	1
L	0.6	1	1.5	2

表3-19　圆跳动的未注公差值（摘自 GB/T 1184—1996）　（单位：mm）

公　差　等　级	圆跳动公差值
H	0.1
K	0.2
L	0.5

任务3.1　用水平仪检测零件的直线度误差

1. 任务描述

用水平仪检测导轨直线度误差，填写任务评价表，并处理数据后，检验导轨是否合格。

2. 水平仪测量直线度误差原理

测量零件的直线度误差可采用光隙法、打表法、节距法等。对于较长的零件测直线度误差时多用节距法。下面介绍用水平仪按节距法测量零件直线度误差。

水平仪是一种测量小角度变化量的常用量具，可测量各种导轨和平面的直线度、平面度、平行度和垂直度，还用于调整安装各种设备的水平和垂直位置。水平仪主要有框式和条式两种，后者又称为钳工水平仪。水平仪的主要工作部分是水准器。水准器是一个封闭的玻璃管，内表面的纵截面具有一定的曲率半径尺，管内装有黏滞系数较小的乙醚或酒精，并留有一定长度的气泡。由于地心引力作用，玻璃管内的液面总是保持水平，即气泡总是在圆弧形玻璃管的最上方。当水准器处于水平时，气泡处于玻璃管刻度的正中间，若水准器倾斜一个角度 α，则气泡就要偏离最高点，移过的格数与倾角 α 成正比，如图3-29所示。所以，可以从气泡偏离中间位置的大小来测量其倾斜角度。例如水平仪的分度值为0.02mm/m，则气泡每移动一格，表示在1m长度内高度变化为0.02mm 或倾斜角 α 为4″。常用框式水平仪的分度值有0.1mm/m，0.05mm/m，0.02mm/m 3种。

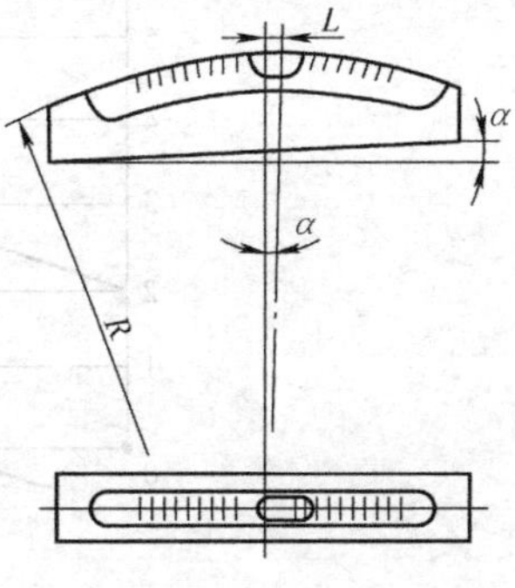

图3-29　水平仪的工作原理

测量时，首先将被测导轨调至接近水平位置，使在测量过程中被测导轨的变化情况都能在水平仪的示值范围内反映出来。根据被测导轨的长度和精度要求，将其等距离分段。水平仪通常放在桥板上，把桥板下面两支承距离调为与每段被测导轨长度相等。分段测量时，桥板移动应注意首尾相接，待气泡稳定后，记录下气泡的位置，如图3-30所示。

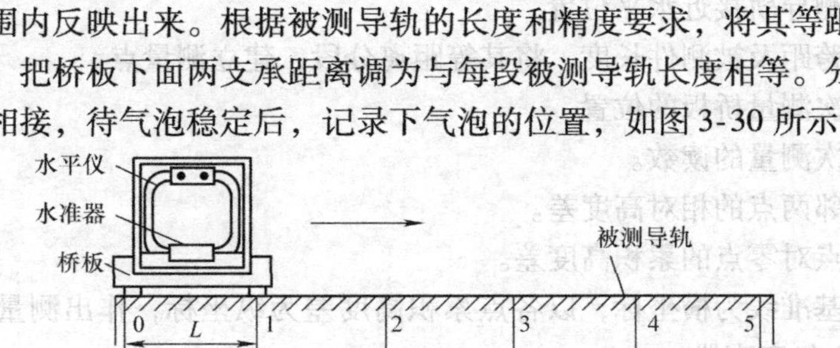

图3-30　用水平仪测导轨直线度

用水平仪测量时，由于每次读数都是反映在该段长度上，后一测点相对于前一测点会有高度变化的情况，所以各次读数必须用累积的方法换算成相对于同一测量基准的数据（这个测量基准是过0点的水平线），然后再按最小区域法或其他方法评定直线度误差。例如通过表3-20水平仪的读数数据，可作如图3-31所示误差曲线。若用最小区域法，作两条平行直线，包容误差曲线，且与误差曲线至少有3个呈相间分布的接触点（如图3-31所示，呈低-高-低相间分布的三个接触点），这两条平行直线在y方向的距离f即为直线度误差。此时求得的直线度误差f为2.8格。有时也允许用简易法评定，即两端点连线法，误差曲线上到两端点连线的最大距离与最小距离（均在y方向量）之代数差即为直线度误差。

表3-20　水平仪测量导轨直线度误差及累积误差数据

测点序号	0	1	2	3	4	5
水平仪读数/格	0	0	+2	+1	+2	-2
累积读数/格	0	0	+2	+3	+5	+3

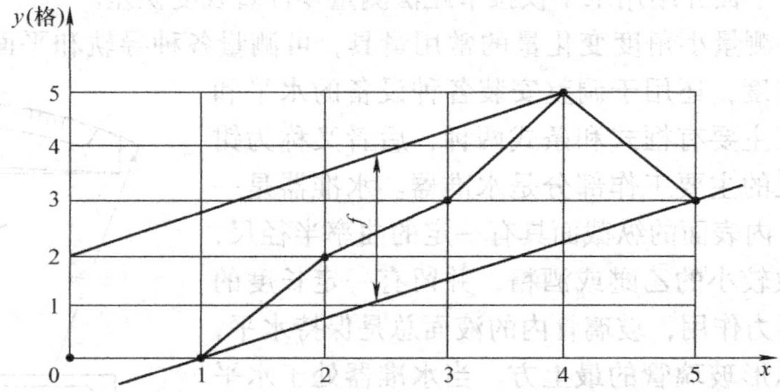

图3-31　最小区域法求直线度误差

不管用哪种方法评定直线度误差都要将格值换算成线值。当桥板上跨距（节距）为300mm，水平仪分度值为0.02mm/m时，采用最小区域法，直线度误差为$f=(2.8\times0.02\times1/1000\times300)\text{ mm}=0.0168\text{mm}$

3. 任务实施

具体步骤如下。

① 调整被测导轨接近水平位置。

② 按桥板跨距及被测件长度，将其等距离分段，建立测量点。

③ 列出每次测量桥板的位置。

④ 记下各次测量的读数。

⑤ 计算相邻两点的相对高度差。

⑥ 算出各点对零点的累积高度差。

⑦ 以测量基准线为横坐标，以各点累积高度差为纵坐标，作出测量点折线，再按最小条件准则，建立包容直线。

⑧ 数据处理，计算导轨直线度误差。

4. 任务评价

填写任务评价表3-21。

表 3-21　任务评价

班级			姓名			组别		成绩		
测量对象名称						直线度公差				
测量器具名称			分度值/μm			示值范围		桥板跨距 L/mm		
框式水平仪										
平板等级						____级				
测点序号		0	1	2	3	4	5	6	7	8
水平仪读数/格	第一次									
	第二次									
平均值/格										
累积读数/格										

误差曲线图：

直线度误差		导轨直线度误差合格性	

任务 3.2　用自准直仪检测零件的直线度误差

1. 任务描述

用自准直仪检测导轨直线度误差，填写任务评价表，处理数据后，检验导轨是否合格。

2. 自准直仪的介绍

自准直仪是一种测量微小角度变化的精密光学测量直线度误差的仪器。它利用一束平行光线模拟理想要素（直线），利用被测要素与平行管线比较，利用所得数据用作图法或计算法求出直线度误差值。仪器由本体和反射镜座两部分组成。本体包括一平行光管和一读数显微镜，如图 3-32 所示。

光线由光源 8 发出，通过滤光片 7 将位于物镜 10 焦平面上的十字分划板 6 上的十字线照亮，光线经过立方棱镜 9 及物镜 10 形成平行光线，到达反射镜 11。立方棱镜由两个直角棱镜组成，其中一个直角棱镜的斜面上镀有半反射膜。由反射镜反射回来的光线一半由此向上反射，聚焦成像在固定分划板 4 上，此分划板也在物镜 10 的焦平面上。通过目镜 2 可以同时观察到可动分划板 3 上的指标线和固定分划板 4 上的刻度尺和亮十字影像。

若反射镜 11 与光轴垂直，光线经反射镜 11 后，仍由原光路经物镜至立方棱镜，转动读数鼓轮 1 使活动分划板上的指标线与十字影像对准时，指标线同时指在固定分划板 4 的

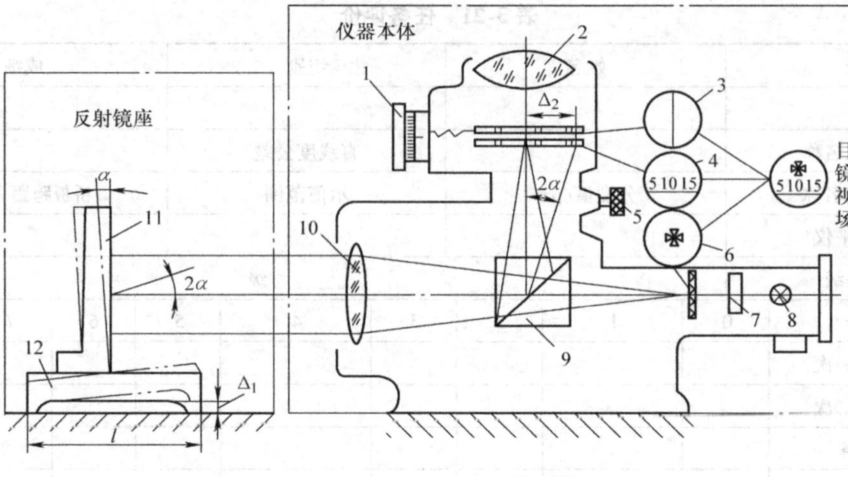

图 3-32　自准直仪工作原理

1—读数鼓轮　2—目镜　3—可动分划板　4—固定分划板　5—调节旋钮

6—十字分划板　7—滤光片　8—光源　9—立方棱镜　10—物镜　11—反射镜　12—反射镜座

“10”刻线上，且读数鼓轮的读数正好为“0”，如图 3-33a 所示，读数为 1000。

若被测点位置使反射镜座 12 倾斜 α 角，则经反射镜后的光线使固定分划板上亮十字影像相对于“10”刻线偏离 Δ_2，如图 3-33b 所示。转动读数鼓轮，使活动分划板上的指标线与亮十字影像对准，从固定分划板上的刻变尺和读数鼓轮上读取数据，便可知反射镜座相对于光轴（理想要素）的倾斜角 α。图 3-33b 中，读数应为 820。

自准直仪的分度值为 1″，即 0.005mm/m。示值范围为 ±500″，测量范围约 5mm。具体测量方法（以测量导轨直线度误差为例）与水平仪测量直线度误差一样，把被测导轨等距离地分成若干段，将桥板两支点的距离调至与每段导轨长度相等。

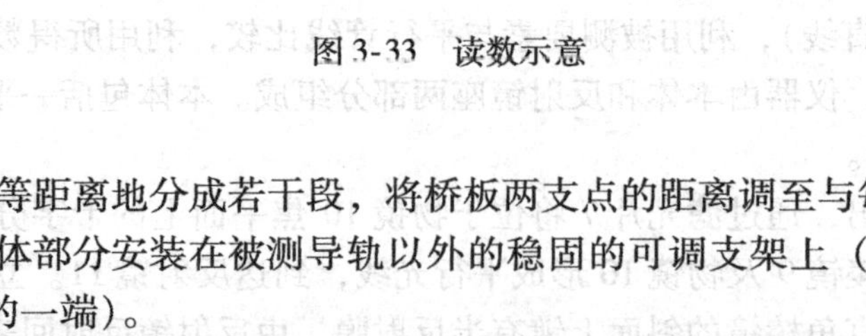

图 3-33　读数示意

3. 任务实施

① 将被测导轨等距离地分成若干段，将桥板两支点的距离调至与每段导轨长度相等。

② 把仪器的主体部分安装在被测导轨以外的稳固的可调支架上（若被测导轨较长，也可安放在被测导轨的一端）。

③ 接通电源，调整仪器目镜焦距，使可动分划板上的指标线清晰。

④ 把被测量导轨调整到大致水平，使得反射镜在导轨始、末两端位置上都能看到反射回来的十字影像。

⑤ 将反射镜安放在桥板上，并置于被测导轨的一端，调节读数鼓轮，使指标线与影像

对准，记下第一个读数 x_1。

⑥ 将桥板依次按跨距逐段移动并进行测量，依次记下各次读数 x_2、$x_3 \cdots x_n$。移动时要注意首尾衔接，且移动轨迹尽量为一直线。

⑦ 为减少测量中各种误差因素，对以上的测量再进行回测，并记下读数，取同一位置两次读数的平均值作为测量结果，若两次读数相差太大，还应该进行重测。

⑧ 以测点0为基准，算出各测点的相对值和累积值，按表中的累积值以适当的比例画误差曲线，用最小包容区域法或两端连线法评定直线度误差。

4. 任务评价

填写任务评价表3-22。

表3-22　任务评价

班级	组别	姓名	成绩
被测件名称		直线度公差	
计量器具	型号	测量范围	分度值
自准直仪			

次序	测量点	0	1	2	3	4	5	6	7
1	顺测读数								
2	反测读数								
3	平均值/″								
4	平均值各点与0点之差								
5	累积值								

误差曲线图：			
直线度误差		导轨直线度误差合格性	

任务3.3　用打表法检测零件的平面度误差

1. 任务描述

用打表法检测零件平面度误差，填写任务评价表，处理数据后，检验零件是否合格。

2. 打表法测量平面度误差

常用的平面度测量方法有平晶干涉法、打表法及节距法。下面将对打表法测量零件平面度误差进行详细介绍。

打表法测量零件平面度误差如图 3-34 所示。将被测零件和测微计均放在标准平板上，将被测平面大致调平，以使整个平面的误差情况能在测微计中反映出来。这种方法是以标准平板体现理想平面，将被测平面与之比较。测微计沿实际平面按事先布置的测点进行读数。获得的一组数据经处理后得到零件的平面度误差。打表法适用于测量较小的平面。对于较大平面，多用节距法测量。节距法是用水平仪或自准直仪测量平面上若干条具有代表性直线的直线度误差，将得到的数据经过处理得到零件平面度误差。

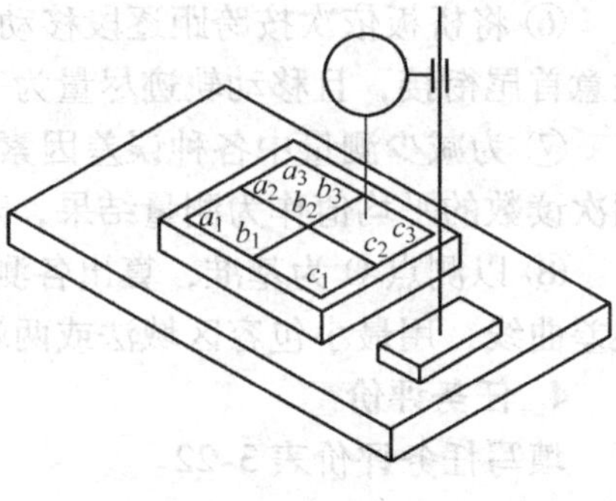

图 3-34　打表法的测量原理

用各种不同方法测得的平面度数值，都应进行数据处理，然后按一定的评定准则处理结果。常用平面度误差的评定方法如下。

（1）最小包容区域法

由两平行平面包容实际被测要素时，实现至少四点或三点接触。且具有下列形式之一者，即为最小包容区域，其平面度误差值最小。最小包容区域的判别方法有下列 3 种形式。

1）三角形准则　如图 3-35a 所示，两平行平面包容被测表面时，被测表面上有 3 个最低点（或 3 个最高点）及一个最高点（或一个最低点）分别与两包容平面接触，并且最高点（或最低点）能投影到 3 个最低点（或 3 个最高点）连成的三角形内，或者落在该三角形的一条边上，则这两个平行平面符合最小包容区域原则。

2）交叉准则　如图 3-35b 所示，被测表面上至少有两个最高点和两个最低点分别与两个平行的包容面相接触，并且两个最高点的连线和两个最低点的连线在空间呈交叉状态，或者有两个最高（低）点与两个平行包容平面中的一个平面接触，还有一个最低（高）点与另一个平面接触，且该最低（高）点的投影落在两个最高（低）点的连线上。则两个平行平面符合于平面度最小包容区域原则。

3）直线准则　如图 3-35c 所示，被测表面的同一截面内有两个最高点及一个最低点（或相反）分别和两个平行的包容面相接触。则该两平行平面符合平面度最小包容区域原则。

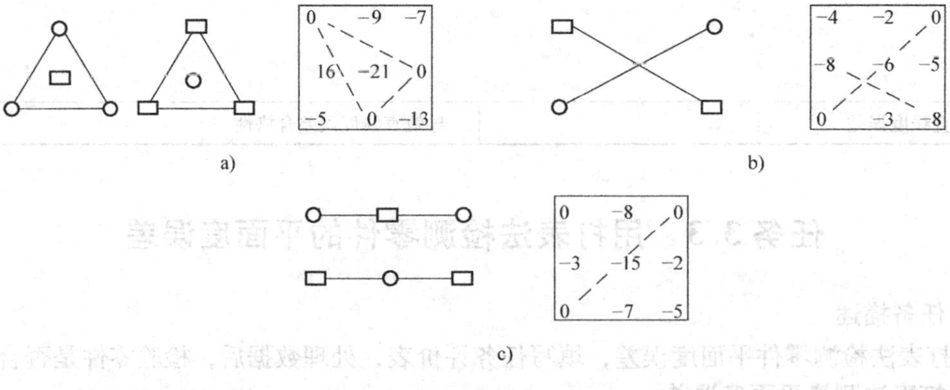

图 3-35　平面度误差的最小包容区域判别准则

（2）三点法

此法属于近似评定方法，是以通过被测表面上相距最远且不在一条直线上的3个点建立一个基准平面。实测时，可先将被测平面上相距最远的三点调整到与标准平板等高，然后再用测微计进行测量。最后直接取读数中的最大值与最小值的代数差作为平面度误差。也可以测量时只进行大致调平，将测得的数据进行基面转换，直到相距最远的三点坐标值相等为止。三点选择的位置不同，评定基准面也就不同，因此评定出的平面度误差也不同。

（3）对角线法

此法属于近似评定方法，是通过被测表面的一条对角线作另一条对角线的平行平面，该平面即为基准平面。实测时，可先将被测平面的4个角点调整为两两等高，如 a_1、c_3 等高，c_1、a_3 等高，测微计在整个被测平面中读数的最大值与最小值的代数差作为平面度误差。与三点法一样，也可以测量时只进行大致调平，将测得的数据进行基面转换，直到4个角点的坐标值两两相等为止。

［例3-1］ 如图3-36所示，用百分表测量较小表面的平面度误差，在平板上以其工作面作为测量基准，用一个固定支承和两个可调支承来支持工件。测量时，首先用百分表和可调支承调整被测表面在平板上的高度位置，使百分表在被测表面上相距最远的3个点测得的示值大致相等。将实际被测表面按 x 和 y 方向使相邻两测点皆等距布置9个测点，如图3-37所示，取第一个测点 a_1 为坐标系原点O，测量基准为 Oxy 平面。然后用百分表分别对9个测点测取示值，即空间直角坐标系里的 z 坐标值，单位：μm。得到的数值如图3-37所示，分别是9个测点相对于平板工作面的高度差。求解工件的平面度误差。

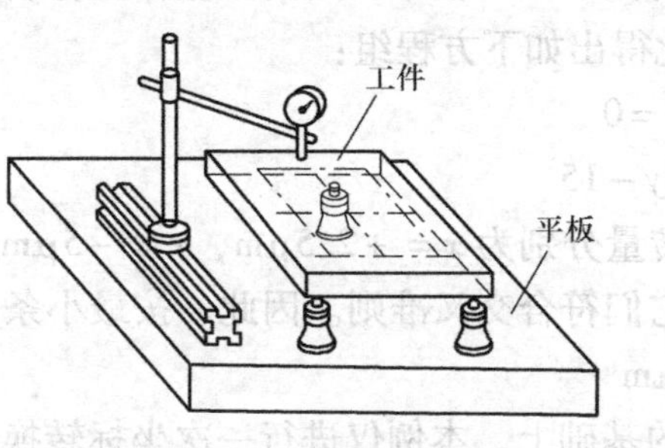

图3-36　百分表测量平面度误差

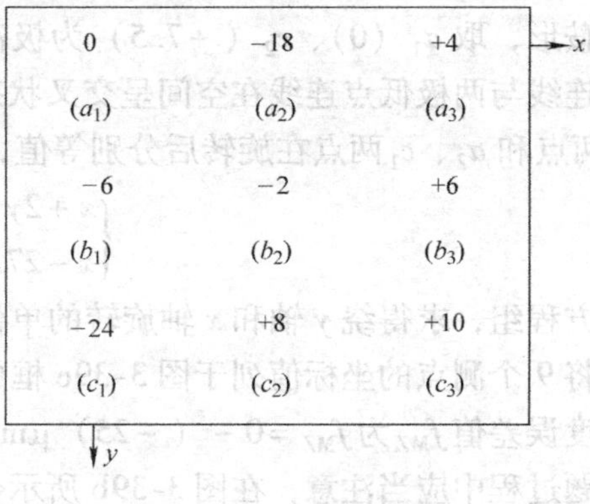

图3-37　测量数据

解：评定工件平面度误差值时，需将实际被测表面上各测点对测量基准的坐标值转换为各测点对评定基准的坐标值。每个测点在坐标转换前后坐标值的差值称为旋转量，在空间直角坐标系里，以 x 和 y 坐标轴作为旋转轴。设绕 x 坐标轴旋转的单位旋转量为 y，绕 y 坐标轴旋转的单位旋转量为 x，则测量基准绕 x 坐标轴旋转，再绕 y 坐标轴旋转时，各测点的综合旋转量如图3-38所示，注意位于坐标系原点上测点的综合旋转量为零。各测点的原坐标值加上综合旋转量，就求得坐标转换后各测点的坐标值。

处理图3-38所列的测量数据时，以对角线平面作为评定基准，测量基准旋转后应使实际被测表面上两个角点 a_1、c_3 等值及 c_1、a_3 等值，因此列出如下方程组

$$\begin{cases}(+10)+2x+2y=0\\((+4)+2x=(-24)+2y\end{cases}$$

解这个方程组，求得绕 x 轴和 y 轴的单位旋转量分别为（正、负号表示旋转方向）：$x=-9.5\mu m$，$y=+4.5\mu m$。

9 个测点的综合旋转量如图 3-39a 框中所示。把图 3-39b 和图 3-38a 对应测点的数据相加，则求得旋转后 9 个测点的坐标值，如图 3-39c 框中所示。因此，按对角线法评定的平面度误差值 f_{DL} 为

$f_{DL}=(+7.5)\mu m-(-27.5)\mu m=35\mu m$

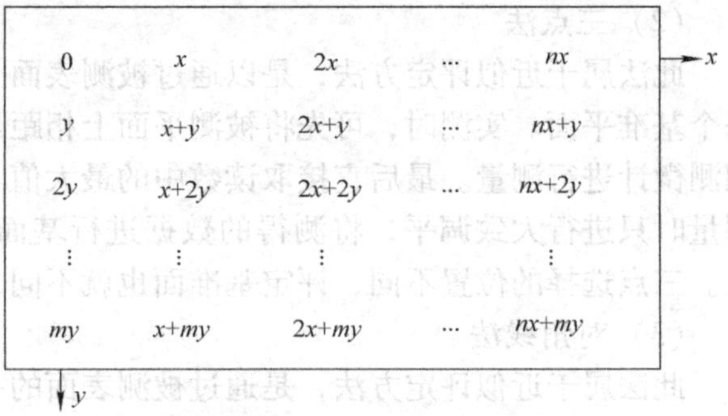

图 3-38　各测点的综合选择量

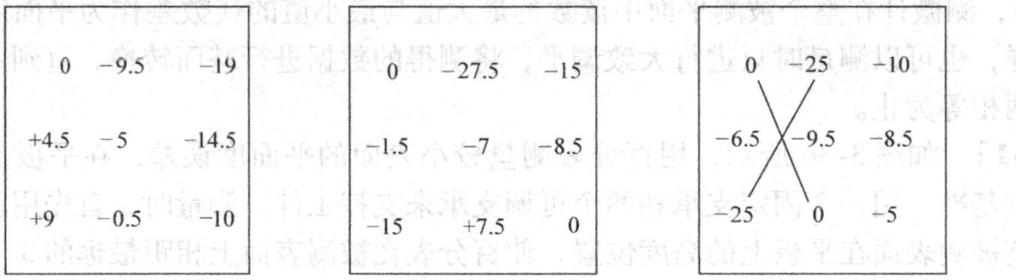

a) 各测点的综合选择量　b) 对角线法转换后各测点的数据　c) 最小条件法转换后各测点的数据

图 3-39　用旋转法求工件平面度误差

进一步按最小条件法评定工件平面度误差值，从图 3-39b 所列的数据判断，实际被测表面呈马鞍形，取 a_1（0）、c_2（+7.5）为极高点，a_2（−27.5）、c_1（−15）为极低点，两极高点连线与两极低点连线在空间呈交叉状态。对图 3-38b 框中所列的数据作坐标转换，使 a_1、c_2 两点和 a_2、c_1 两点在旋转后分别等值，因此得出如下方程组：

$$\begin{cases}x+2y+7.5=0\\x-27.5=2y-15\end{cases}$$

解方程组，求得绕 y 轴和 x 轴旋转的单位旋转量分别为 $x=+2.5\mu m$，$y=-5\mu m$。再次旋转后将 9 个测点的坐标值列于图 3-39c 框中，它们符合交叉准则。因此，按最小条件评定的平面度误差值 f_{MZ} 为 $f_{MZ}=0-(-25)\ \mu m=25\mu m$

解题过程中应当注意，在图 3-39b 所示数据的基础上，本例仅进行一次坐标转换，就获得符合最小包容区域判别准则的平面度误差值。而在实际工作中用最小区域法评定平面度误差十分麻烦，很费时间，随着测点数的增加，难度更大，有时甚至很难下手，因此需借助计算机完成。在没有计算机的情况下，现场多采用三点法和对角线法。

[**例 3-2**] 已知一被测工件表面各测点的坐标值如图 3-40 所示。分别按最小区域法、三点法和对角线法评定其平面度误差。

解：1）按最小区域法评定。根据图 3-40a 中所列数据初步判断得知，被测平面的测量数据呈左边高右边低的状态，不便于直接拟定最高点和最低点，可选取Ⅰ−Ⅰ轴作第一次旋转变换，目的是使左上角与右上角两点尽可能等高。各采样点的旋转量标在图的下方，经过变换后，各采样点的坐标值如图 3-40b 所示。

根据图 3-40b 数据判断，被测平面呈鞍形，现拟定最高两点为第二行的“+2.5”，和“+2”。选定旋转轴Ⅱ−Ⅱ，旋转系数 $\alpha=\pm(2.5-2)/(2+1)=\pm1/6$，经过第二次旋

转变换后，各采样点的坐标值如图3-40c所示。

根据图3-40c选定两最低点，分别为第1行的“-7”和第5行的“$-40/6$”。于是选定旋转轴Ⅲ-Ⅲ，旋转系数$\alpha=\pm(7-40/6)/(3+1)=\pm1/12$，各采样点的旋转量标在图的左边，经过第三次旋转变换后，各采样点的坐标值如图3-40d所示，可知两等高的最高点为“$+28/12$”，两等高的最低点为“$-83/12$”，四点已构成了交叉线的条件，符合最小区域法的交叉准则，故被测平面的平面度误差为$f=\frac{28}{12}\mu m-(-\frac{83}{12})\mu m=9.25\mu m$

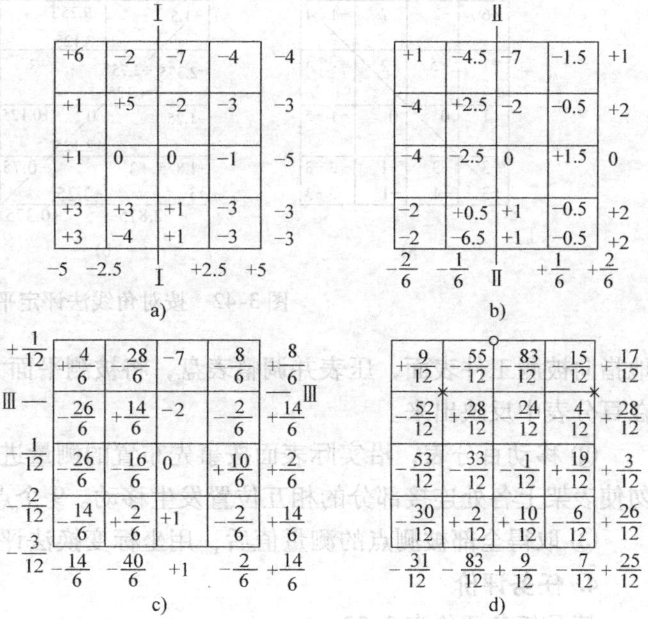

图3-40　按最小区域法评定平面度误差

2）按三点法评定。如图3-41a所示，设理想平面由图中用圆圈圈出第1行的“-7”、左下角“$+3$”和右下角的“-3”所决定。经过第一次旋转变换后，左下角与右下角点等高，其坐标值为“$+3$”，如图3-41b所示。再作第二次旋转变换，使决定理想平面的三点等高，图中的坐标值为“$+3$”，如图3-41c所示。当被测面的理想平面平行于坐标平面时，被测面最高点的坐标值为“$+13$”，最低点的坐标值为“-2.5”，故被测面的平面度误差为$f=13\mu m-(-2.5)\mu m=15.5\mu m$

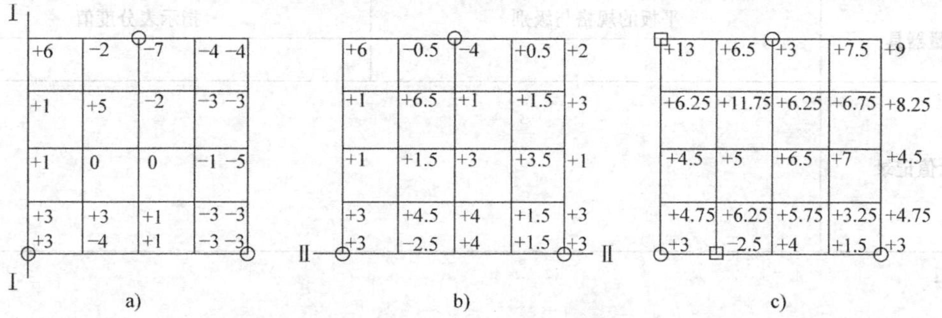

图3-41　按三点法评定平面度误差

3）按对角线法评定。根据对角线法评定准则，决定理想平面的点为4个角点，所以旋转轴设在对角线处，如图3-42a所示。经过第一次旋转变换，使左上角与右下角两点等高，如图3-42b所示。再作二次旋转变换，使右上角与左下角两点等高，如图3-42c所示。经两次变换，被测面的理想平面与坐标平面的方向已一致。可以看出，其最高点的坐标值为“$+2.75$”，最低点的坐标值为“-7.5”，故按对角线法评定的平面度误差为$f=2.75\mu m-(-7.5)\mu m=10.25\mu m$

3. 任务实施

① 将被测工件放在标准平板上，带百分表的测量架放在平板上，并使百分表测头垂直

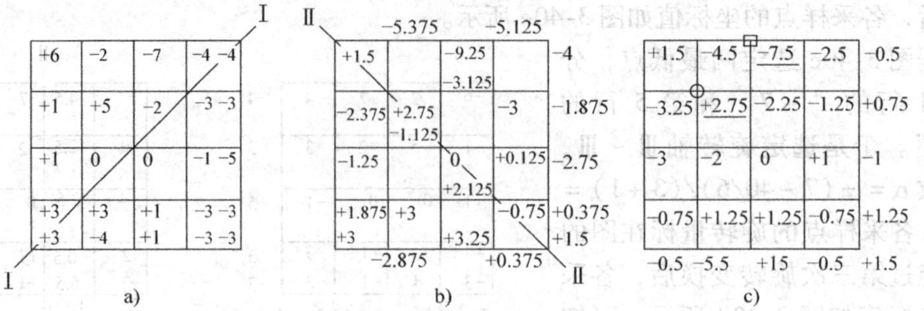

图 3-42 按对角线法评定平面度误差

地指向被测工件表面，压表并调整表盘，将被测平面大致调平，以使整个平面的误差情况能在百分表中反映出来。

② 移动百分表，沿实际表面按事先布置的测量进行读数，按 3×3 逐点取数，移动时切勿使表架上各处连接部分的相互位置发生移动。9 个点逐次测量后对应记数。

③ 取得全部被测点的测量值后，用坐标变换法评定工件平面度误差。

4. 任务评价

填写任务评价表 3-23。

表 3-23 任务评价

班级		姓名		组别		成绩	
被测零件	名称			平面度公差			
计量器具	平板的规格与级别			指示表分度值			
测量值记录							

数据处理：

平面度误差		工件平面度误差合格性	

任务 3.4　用圆度仪测量工件的圆度、圆柱度误差

1. 任务描述

用圆度仪测量工件的圆度、圆柱度误差，处理数据后，检验工件是否合格。

2. 圆度仪的测量原理

(1) 圆度仪的工作原理及使用

圆度仪是 20 世纪 60 年代发展起来的一种精密测量仪器。其原理是用精密回转轴系上的一个动点（即测量装置的触头），在回转中所形成的轨迹（即产生的理想圆），与被测轮廓进行比较以求得工件圆度误差。

圆度仪有两种形式：转台式（图 3-43a）和转轴式（图 3-43b）。这两种形式的共同特点是：在测量过程中，电感测量仪的测头始终与被测表面接触，被测轮廓引起径向尺寸的变化由传感器转换成电信号，通过放大器、滤波器输入到极坐标记录器，把被测截面实际轮廓在半径方向的变化量加以放大画在记录纸上，画好的误差曲线，由人工用刻有同心圆的样板按所选用的方法评定其圆度误差。或者在滤波后从一转内电信号的模拟量中等间隔采样输入计算机，按评定方法要求经计算机评定出圆度误差，并显示或打印出来。现在的圆度仪大多配有计算机，使处理过程大为方便。

如图 3-43a 所示，转轴式圆度仪在测量过程中工件固定不动，主轴带着传感器和测头一起旋转。这种圆度仪可以测量较大的零件，因为工件的重量对主轴回转精度没有影响，所以性能稳定。但由于传感器和测头要随主轴一起旋转，所以结构较复杂。而且，在测高精度长轴零件时，由于必须换长测杆而不能达到仪器的最高放大倍数。

如图 3-43b 所示，转台式圆度仪的测头固定不动，被测工件随工作台一起回转。测头可以很方便地调整到被测工件任意截面进行测量，但受旋转工作台承载能力的限制，这种圆度仪只适用于测量小型零件。

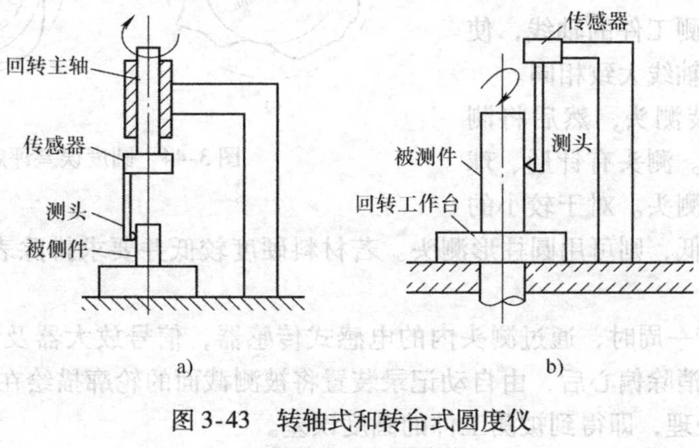

图 3-43　转轴式和转台式圆度仪

a) 转轴式　b) 转台式

圆度仪之所以是高精度的仪器，关键在于它的轴系回转精度很高。现有仪器回转误差通常在 0.025 ~ 0.25μm 范围内。为了保证高的旋转精度，圆度仪主轴不是采用普通的滑动轴

承或滚动轴承，而是采用精度高、运转稳定的空气静压轴承或液体静压轴承。此外，仪器还附有玻璃标准圆度样板，样板圆度误差在0.025μm范围内，从而来校对圆度仪轴系的回转精度。

（2）圆度误差的评定方法

常用的圆度误差的评定方法有4种。

1）最小包容区域法　如图3-44a所示，它是包容实际轮廓且半径差为最小的两个同心圆的区域。两同心圆与被测要素内外相间，至少四点接触（交叉准则），两个同心圆之间的区域即为最小包容区域，该区域的宽度即两同心圆半径之差就是圆度误差值。用此法评定出的圆度误差最小。

2）最小外接圆法　如图3-44b所示，它是以包容实际轮廓且半径为最小的外接圆作为评定基准。以实际轮廓上各点至该圆圆心的最大半径差作为圆度误差，此法适用于评定外圆柱面。

3）最大内切圆法　如图3-44c所示，它是以内切于实际轮廓且半径为最大的内切圆作为评定基准。以实际轮廓上各点至该圆圆心的最大半径差作为圆度误差，此法适用于评定内圆柱面。

以上3种评定方法通常是用画误差曲线、用同心圆样板试凑的处理方法来实现的。

4）最小二乘圆法　如图3-44d所示，最小二乘圆，是指从这个圆到实际轮廓圆上各点的径向距离的平方和为最小值。它是以被测实际轮廓的最小二乘圆作为理想圆，其最小二乘圆圆心至轮廓的最大距离与最小距离之差即为圆度误差。

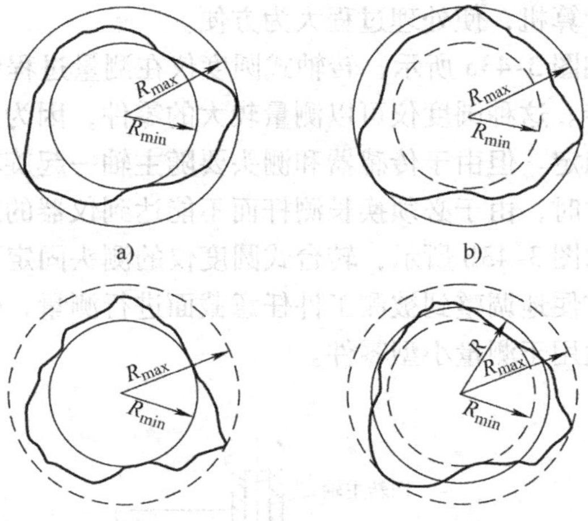

图3-44　圆度误差评定

3. 任务实施

① 将被测工件放在仪器的工作台上。同时调整被测工件的轴线，使它与圆度仪的回转轴线大致相同。

② 选择并安装测头，然后将测头与被测表面接触。测头有针形、球形、圆柱形和斧形测头。对于较小的工件，材料硬度较低，则可用圆柱形测头。若材料硬度较低并要求排除表面粗糙度的影响，则可用斧形测头。

③ 当主轴回转一周时，通过测头内的电感式传感器，信号放大器及记录装置将径向变化放大，经滤波器消除偏心后，由自动记录装置将被测截面的轮廓描绘在极坐标纸上。

④ 经过数据处理，即得到被测工件的圆度误差。

4. 任务评价

填写任务评价表3-24。

表 3-24　任务评价

班级	姓名		组别		成绩		
被测件	名称			圆度公差			
圆度仪	型号			分度值			
测点	0°	30°	60°	90°	120°	150°	180°
读数							
测点	210°	240°	270°	300°	330°	360°	
读数							
数据处理：							
圆度误差			工件圆度误差合格性				

任务 3.5　用两点法、三点法测量工件的圆度、圆柱度误差

1. 任务描述

用两点法、三点法测量工件的圆度、圆柱度误差，处理数据后，检验工件是否合格。

2. 圆度误差测量方法的介绍

圆度误差有多种测量方法，其中用圆度仪测量最符合圆度误差的定义，而且精度高。但由于圆度仪价格昂贵，使用条件要求高，所以应用不普遍。生产中使用较多的是两点法、三点法，它们虽然精度较低，不符合圆度误差的定义，但因设备简单、测量方便，所以被广泛采用。

两点法也称直径法。如图 3-45 所示，该方法是在测量平面内按多个方向测量直径，找出最大直径与最小直径差的一半即为该截面的圆度误差。测量直径可采用千分尺、游标卡尺、百分表及比较仪等。两点法测出的各直径不一定具有共同的圆心，所以，最大、最小直径差与定义中“同心圆半径之差”没有换算关系，这种方法不符合圆度误差定义，是一种近似的测量方法。

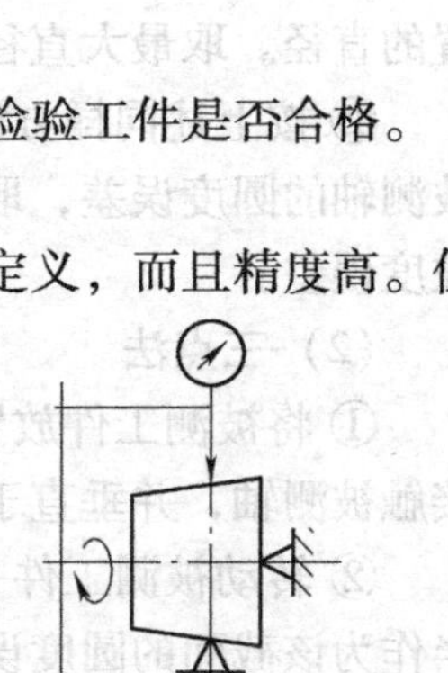

图 3-45　用两点法测量圆度误差

采用两点法要注意，两点法不适用于奇数棱圆。棱圆是圆的一种特殊情况，是等径多弧圆，用两点法测不出奇数棱圆的圆度误差。

三点法如图3-46所示，该方法是用V形块或鞍型架、千分尺来测量圆度误差的方法，如图3-46所示。将工件缓慢旋转一周，千分尺读数的最大差值为Δh，则该截面的圆度误差$f=\Delta h/k$，k为反应系数，与V形块的角度α、工件的棱边数有关，可查有关表格。但测量时，一般不知道工件的棱边数，近似取$k=2$。三点法适合于测量奇数棱圆的圆度误差。

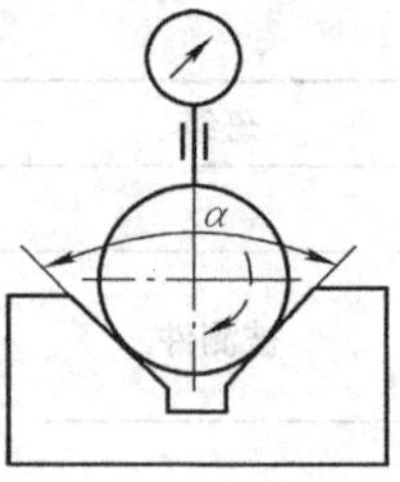

图3-46　三点法测量圆度误差

测量前，往往不知道被测截面是否是棱圆、是奇数棱圆还是偶数棱圆，不便确定采用三点法还是两点法，比较稳妥的办法是用一个两点法和两个三点法（如$\alpha=90°$和$120°$或$\alpha=72°$和$108°$）对工件进行测量，取误差中的最大值作为圆度误差。

以上介绍圆度误差的测量方法也适用于圆柱度误差的测量，只是数据处理有所不同。例如圆柱度误差用三点法即V形块测量时，除工件回转外，测微计还要沿轴向做间断移动，即测量若干个横截面，取各个截面中所有读数的最大值与最小值差值的一半为圆柱度误差。例如测出如表3-25所示的一组数据，试计算该工件的圆度误差和圆柱度误差。

表3-25　V形块测量圆度、圆柱度的数据　　（单位：μm）

横截面	$a-a$	$b-b$	$c-c$
最大读数	0	+3	+4
最小读数	−2	+1	−1

该工件的圆度误差为$f=[4-(-1)]\mu m/2=2.5\mu m$

该工件的圆柱度误差为$f=[4-(-2)]\mu m/2=3\mu m$

3. 任务实施

（1）两点法

① 将被测工件放在支承架上，用百分表测量被测轴同一截面内，轮廓圆一周上6个位置的直径。取最大直径与最小直径之差的一半作为该截面的圆度误差。

② 按上述同样方法，分别测量5个不同截面，取5个截面的圆度误差中最大值作为该被测轴的圆度误差，取各截面内测得的所有读数中最大与最小差值的一半作为该被测轴的圆柱度误差。

（2）三点法

① 将被测工件放置在$\alpha=90°$（或$72°$）的V形块上，平稳移动百分表座，使表的测头接触被测轴，并垂直于被测轴的轴线。

② 转动被测工件一周，记下百分表读数的最大值与最小值，最大值与最小值之差的一半作为该截面的圆度误差。

③ 按同样方法，分别测量被测轴上5个不同截面，取5个截面的圆度误差中最大值作为被测轴的圆度误差；取各截面测得的所有读数中最大值与最小值之差的一半作为该被测轴的圆柱度误差。

④ 将被测轴放置在$a=120°$（或$108°$）的V形块上，按上述方法再测一遍，即可得到工件的圆度误差和圆柱度误差。

以上3次测得误差中的最大值即被测工件的圆度误差和圆柱度误差。

4. 任务评价单

填写任务评价表 3-26。

表 3-26　任务评价

班级		姓名		组别		成绩
测量工件		工件公称尺寸		圆度公差		圆柱度公差
计量器具名称		分度值		测量范围		示值范围
	百分表读数 Mi/mm	Ⅰ－Ⅰ	Ⅱ－Ⅱ	Ⅲ－Ⅲ	Ⅳ－Ⅳ	Ⅴ－Ⅴ
两点法	1－1					
	2－2					
	3－3					
	4－4					
	5－5					
	6－6					
	（M_{imax} － M_{imin}）/2					
	（M_{max} － M_{min}）/2					
三点法 α＝90°	百分表读数/mm					
	（M_{imax} － M_{imin}）/2					
	（M_{max} － M_{min}）/2					
三点法 α＝120°	百分表读数/mm					
	（M_{imax} － M_{imin}）/2					
	（M_{max} － M_{min}）/2					

圆度为三次中（M_{imax} － M_{imin}）/2 的最大值＝________ mm，圆柱度为三次中（M_{max} － M_{min}）/2 的最大值＝________ mm。

测量示意图：	工件圆度、圆柱度的合格性：

任务 3.6 零件方向误差、位置误差的检测

1. 方向误差、位置误差的评定

（1）评定准则

方向误差的评定，是用定向的最小包容区来包容被测实际要素，这个包容区的形状与其公差带的形状相同，包容区的方向由基准要素确定，包容区的最小直径（或宽度）即为定向的位置误差。

位置误差的评定，是用定位的最小包容区来包容被测实际要素，包容区的形状仍然和其公差带的形状相同，包容区的方向、位置由基准要素确定，包容区的最小直径（或宽度）即为定位的位置误差。

例如评定一个阶梯轴小端轴心线对台阶面的垂直度误差时，用与垂直度公差带形状相同、轴心线垂直于基准台阶面的圆柱面来包容被测实际轴线，且包得最紧，这个圆柱面的直径就是被测轴线的垂直度误差。但评定一个阶梯轴小端轴线对大端轴线的同轴度误差时，包容区仍为一圆柱面，但该包容区的轴心线位置已定，即与基准轴线同轴。

（2）基准的建立和体现

基准是确定被测要素方向、位置的依据。在检测位置误差时，必须从基准出发进行测量和评定。图样上标注的基准是理想要素，但完工后的实际基准要素不可避免地存在形状误差，如果直接从实际基准要素进行测量，一定会将它的形状误差带进测量结果中去，不能正确反映被测要素的位置误差。所以必须规定如何从基准实际要素寻找基准。国标中规定了建立基准的原则，即基准为该基准实际要素的理想要素，理想要素的位置应符合最小条件。这时，基准实际要素对基准的最大变动量为最小。

理论上已经确定了基准的位置应符合最小条件，但在实际检测中如何将基准体现出来，这就是基准的体现问题。国标中规定了 4 种体现方法：模拟法、直接法、分析法和目标法。最常用的是模拟法。模拟法是采用具有足够精确形状的实物来模拟基准，如以平板、仪器平台的工作表面来体现基准平面，以心轴的轴线来体现基准孔心线，用 V 形块模拟轴心线等。

为了符合最小条件，在用心轴模拟孔心线时，心轴与基准孔应是无间隙配合，通常用带有很小锥度的心轴或可胀心轴来实现。实际基准平面与平板之间的位置如果不符合最小条件，将直接影响位置误差的测量结果，可能会夸大或缩小被测实际要素的位置误差。

2. 方向误差、位置误差的测量

（1）测量器具

在车间中经常采用“平板测量作业”，即用精密平板模拟理想平面，作为测量基准，再配合其他简单的通用量具，对许多几何误差进行测量，这一类测量方法统称为“平板测量作业”。因这类测量方法所需的工具、量具价格都较便宜，在车间使用很方便，而且具有快速、简便、经济和有足够的精度等优点，所以，即使在广泛采用各种测量新技术、新仪器的今天，“平板测量作业”仍然发挥着非常重要的作用。

1）平板　平板是检测或划线时作为基准平面使用的计量器具，广泛用于生产车间和计量室。平板按准确度分为 00 级、0 级、1 级、2 级和 3 级，除 3 级平板是用于划线外，其余各级均供检验使用。

平板按其制造材料分为铸铁平板（优质铸铁）和岩石平板（花岗石）两类。铸铁平板又有肋板式（平板下方带有按一定方式分布的加强肋）和箱体式之分，岩石平板可分为有凸缘和无凸缘两种形式。铸铁平板经压砂后还可作研磨工具使用。典型的平板外形如图3-47所示。面积较大的平板可有4个手柄（一边两个），供2人或4人抬移或挂钢丝绳（用天车吊钩），也有的平板没有手柄。平板工作面为长方形或方形。铸铁平板最忌工作面锈蚀和碰损，如有锈点要及时修理清除。使用中要避免磨损。使用前须擦洗干净，用后要涂防锈油，对高精度平板应作护罩，不用时罩好。岩石平板的保养比较简便，不会生锈，且表面光洁耐磨，热变形和力变形都比较小，但环境湿度过高则易变形。

2）方箱　如图3-48所示，方箱是具有6个工作面的空腔正方体，用铸铁或钢材制成。其中一个工作面上有V形槽，以供置放圆柱形工件。有的方箱两个相邻工作面都开有V形槽。

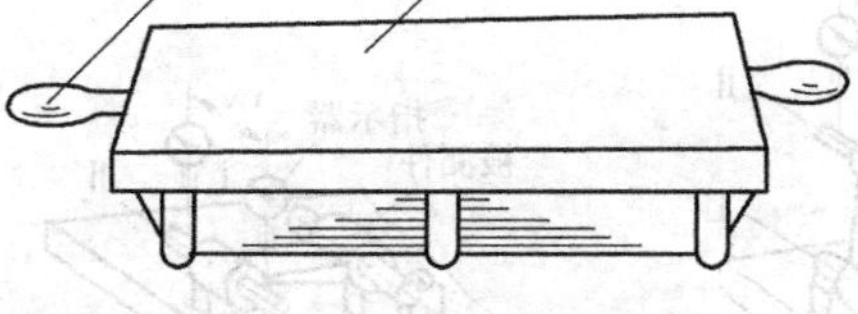

图3-47　平板结构

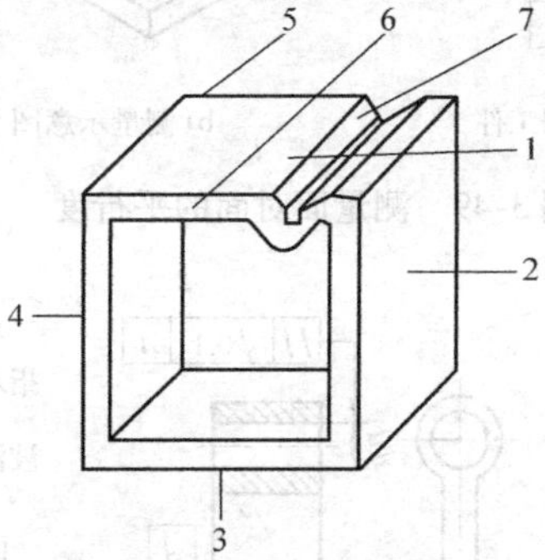

图3-48　方箱结构
1～6—工作面　7—V形槽

方箱主要用于检验零部件的平行度和垂直度，还可供划线使用，作各种测量装置中的辅助件。方箱按准确度等级分为1，2，3级，一般是1级和2级用于检验，3级用于划线。一般方箱的边长有100mm，160mm，200mm，250mm，315mm，400mm和500mm 7种尺寸规格。

方箱使用前要用洁净的汽油进行清洗，并用干净纱布擦干，同时应检查有无影响测量准确度的锈迹、划痕、裂纹及杂质，如有应清理或停止使用。使用方箱时，应将方箱安放在清洁的平板或机床导轨等可作为基准的平面上。方箱有一定重量，要轻拿轻放，使用后要再次清洗擦干净，必要时应涂上防锈油。

3）心轴　心轴是测量时装在孔内，模拟被测孔或基准孔心线的工具。心轴和孔应保持紧密配合，为此常将它做成带有很小锥度的轴。心轴常用的材料为T8A或CrMn钢，淬硬HRC 58～62，对心轴母线直线度、圆柱度都有较高要求。

（2）测量方法

1）测量平行度误差

① 测量面对面的平行度，如图3-49所示，测量时用平板模拟基准平面，百分表在整个被测表面移动，得到的最大、最小读数之差即平行度误差。

② 测量线对面的平行度，如图3-50所示，将被测件直接放在标准平板上，用平板模拟基准平面，用心轴模拟被测孔心线。在距离为L_1的两个位置上指示表的读数分别为M_1、

M_2，则平行度误差为$f=\frac{L}{L_1}|M_1-M_2|$

③ 测量线对线的平行度，如图3-51所示，将被测件直接放在标准平板上，用平板模拟基准平面，用心轴模拟被测孔心线。测量两个互相垂直方向上的平行度误差f_1、f_2，则任意方向上的平行度误差为$f=\sqrt{f_1^2+f_2^2}$

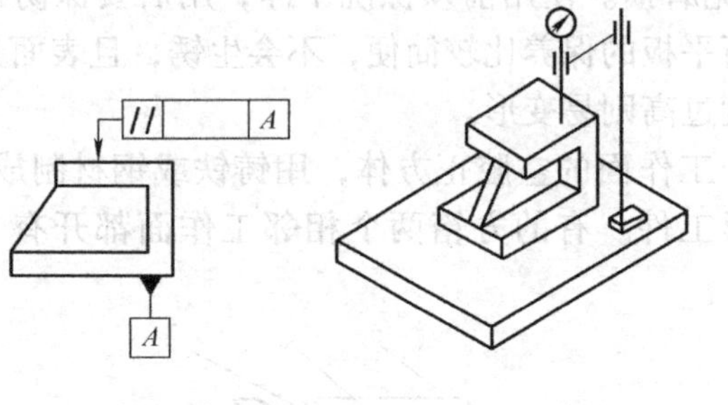

a) 被测工件　　b) 测量示意图

图3-49　测量面对面的平行度

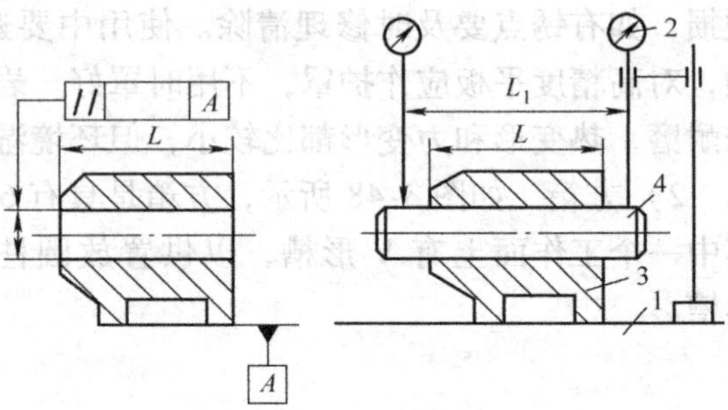

a) 被测工件　　b) 测量示意图

图3-50　测量线对面的平行度

1—平板　2—百分表　3—被测工件　4—心轴

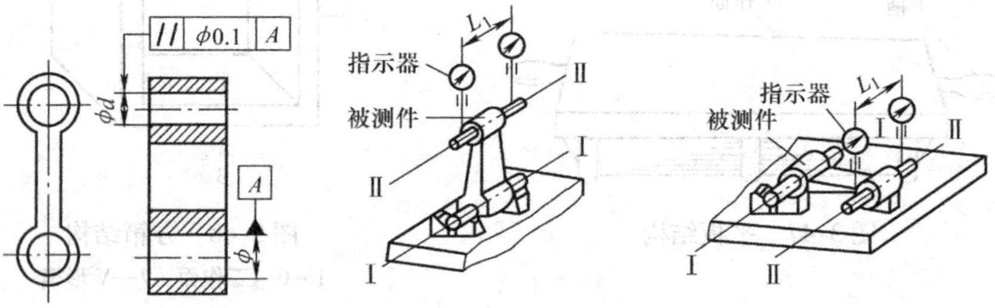

a) 被测工件　　b) 测量x方向的平行度误差　　c) 测量y方向的平行度误差

图3-51　测量线对线的平行度

2）测量同轴度误差

① 测量轴对轴的同轴度误差，如图3-52所示，各径向截面测得的最大读数差中的最大值即轴对轴的同轴度误差。

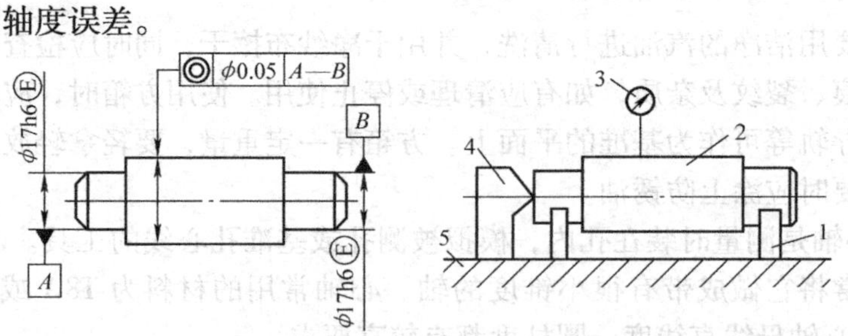

a) 被测工件　　b) 测量示意图

图3-52　测量轴对轴的同轴度误差

1—V形块　2—被测工件　3—百分表　4—定位器　5—平板

② 测量孔对孔的同轴度误差，如图3-53所示，心轴模拟被测孔心轴线，心轴与两孔均为无间隙配合，调整基准孔心轴与平板平行，在靠近被测空心轴的A、B两点测量，求出两点分别与高度$L+(d_2/2)$的差值f_{AX}、f_{BX}；然后把被测工件翻转90°，再测出f_{AY}、f_{BY}，则

A 点的同轴度为 $f_A = 2\sqrt{f_{AX}^2 + f_{AY}^2}$；$B$ 点的同轴度为：$f_B = 2\sqrt{f_{BX}^2 + f_{BY}^2}$，取 A 点、B 点同轴度中的较大者作为被测孔对孔的同轴度误差。

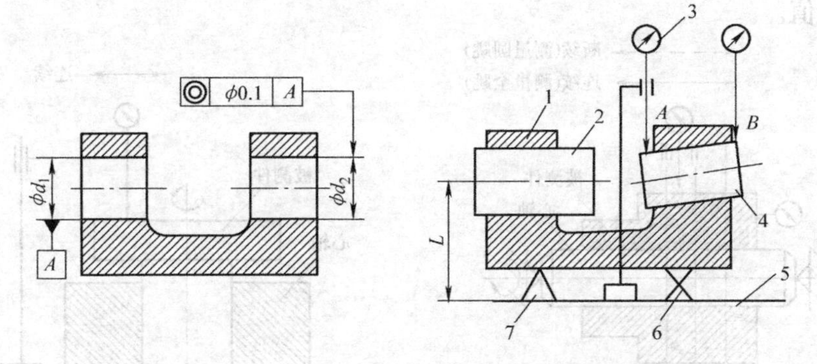

a) 被测工件　　b) 测量示意图

图 3-53　测量孔对孔的同轴度误差

1—被测工件　2—基准孔心轴　3—百分表　4—被测孔心轴　5—平板　6—可调支承　7—固定支承

3）测量对称度误差

测量轴键槽的对称度误差，如图 3-54 所示，测量时 V 形块模拟基准线，定位块模拟被测中心平面，测量分为两步。

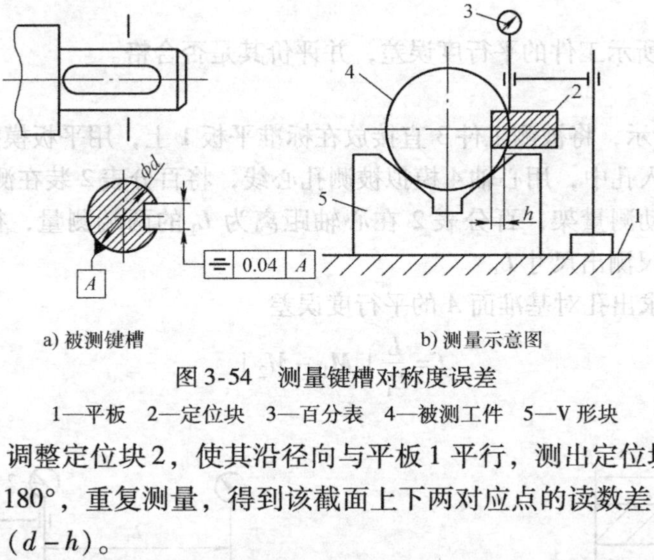

a) 被测键槽　　b) 测量示意图

图 3-54　测量键槽对称度误差

1—平板　2—定位块　3—百分表　4—被测工件　5—V 形块

① 截面测量，调整定位块 2，使其沿径向与平板 1 平行，测出定位块到平板的距离；然后再将被测轴旋转 180°，重复测量，得到该截面上下两对应点的读数差 a，则该截面的对称度误差为 $f_{截} = ha/(d-h)$。

② 长度方向测量，沿键槽长度方向测量，取长度方向两点的最大读数差为长度方向的对称度误差，即 $f_{长} = a_{大} - a_{小}$。

取 $f_{截}$、$f_{长}$ 中较大的一个作为键槽的对称度误差。

4）测量跳动误差

① 圆跳动的测量，如图 3-55 所示，被测工件绕基准轴线作无轴向移动的旋转，在回转一周过程中，指示表的最大和最小读数之差，即该截面上的径向圆跳动或圆柱面上的端面圆跳动。将在圆柱各截面（如Ⅰ-Ⅰ、Ⅱ-Ⅱ、Ⅲ-Ⅲ、…）上测出跳动量中的最大值作为径向圆跳动误差值。将在端面各直径上测出跳动量中的最大值作为端面圆跳动误差值。

② 全跳动的测量，如图 3-56 所示，被测零件在绕基准轴线作无轴向移动的连续回转过

程中，百分表缓慢地沿基准轴线方向平移，测量整个圆柱面，其最大读数差为径向全跳动误差值。若百分表沿着与基准轴线的垂直方向缓慢移动时，测量整个端面，则最大读数差为端面全跳动误差值。

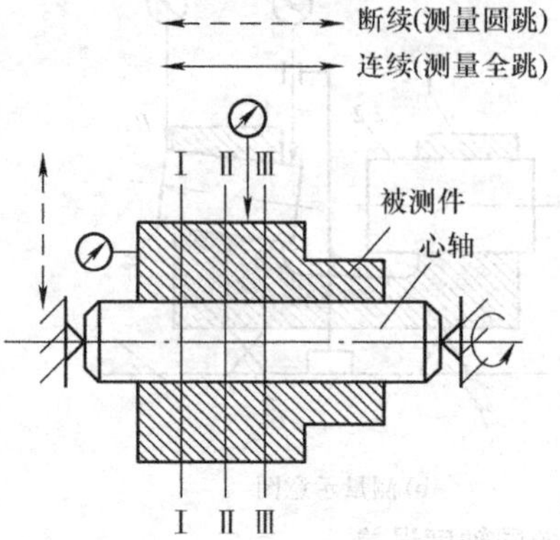

图 3-55 圆跳动的测量

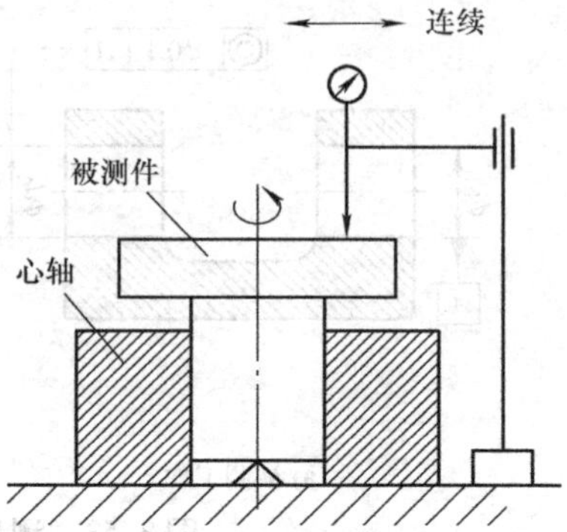

图 3-56 全跳动的测量

子任务 3.6.1 平行度的测量

1. 任务描述

测量如图 3-57 所示工件的平行度误差，并评价其是否合格。

2. 任务实施

① 如图 3-58 所示，将被测工件 3 直接放在标准平板 1 上，用平板模拟基准平面。

② 将心轴 4 装入孔中，用心轴 4 模拟被测孔心线，将百分表 2 装在测量架上。

③ 在平板上移动测量架，百分表 2 在心轴距离为 L_1 的两端测量，得到两读数分别为 M_1、M_2。用游标卡尺测出尺寸 L。

④ 按下面公式求出孔对基准面 A 的平行度误差

$$f=\frac{L}{L_1}\mid M_1-M_2\mid$$

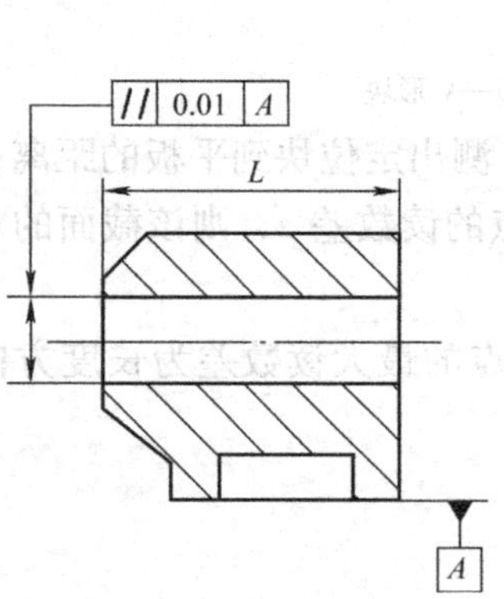

图 3-57 被测工件

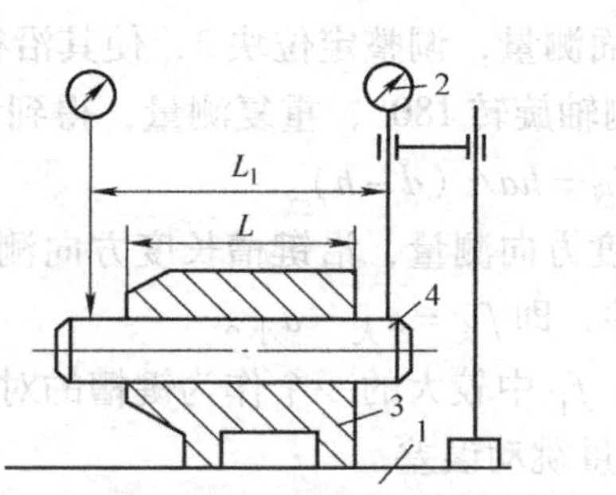

图 3-58 平行度测量原理

1—平板 2—百分表 3—被测工件 4—心轴

3. 任务评价

填写任务评价表 3-27。

表3-27　任务评价

班级		姓名		组别	成绩
测量对象	孔对基准平面的平行度的公差				
计量器具	分度值/mm			示值范围/mm	
读数	M_1		M_2		L
平行度误差	$f=\frac{L}{L_1}\mid M_1-M_2\mid=$				
测量示意图：			被测工件平行度合格性：		

子任务3.6.2　跳动度的测量

1. 任务描述

① 测量如图3-59a所示工件的全跳动误差值，评定是否合格。

② 测量如图3-60a所示工件的端面圆跳动误差值，评定是否合格。

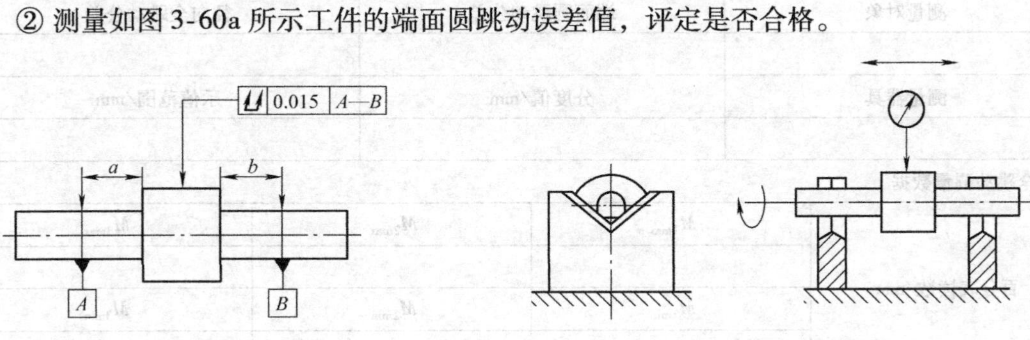

a) 被测工件　　b) 测量示意图

图3-59　被测工件1

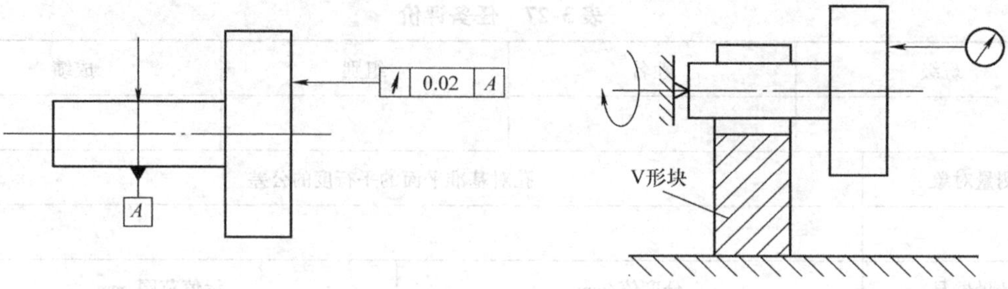

a) 被测工件　　b) 测量示意图

图 3-60　被测工件 2

2. 任务实施

（1）测工件 1 的全跳动误差值

① 如图 3-59b 所示，将被测工件安装在 V 形架上，基准轴线由 V 形架模拟，将百分表的测头垂直压在被测表面，并有 1 ~2 圈的压缩量。

② 缓慢、均匀回转被测工件，工件转动一周时，记下百分表的最大读数和最小读数，取两次读数之差作该截面的径向全跳动误差。选取几个截面的最大读数作为被测工件的径向全跳动误差。

（2）测工件 2 的端面圆跳动误差值

① 如图 3-60b 所示，将工件安装在 V 形架上，基准轴线由 V 形架模拟，并将工件在轴向固定，调节指示表，使测头与工件右端面垂直接触，并有 1 ~2 圈的压缩量。

② 缓慢、均匀回转被测工件，工件转动一周时，记下百分表的最大读数和最小读数，取两次读数之差即该截面的径向全跳动误差。选取几个截面的最大读数作为被测工件的端面圆跳动误差。

3. 任务评价

填写任务评价表 3-28。

表 3-28　任务评价

班级	姓名	组别	成绩
测量对象	端面圆跳动公差		径向全跳动公差
测量器具	分度值/mm		示值范围/mm
径向全跳动测量数据			
百分表读数/mm	M_{1max}	M_{2max}	M_{3max}
	M_{1min}	M_{2min}	M_{3min}
$M_{imax}-M_{imin}$			

（续）

端面圆跳动误差 = （$M_{imax}-M_{imin}$）的最大值 = ________ mm。			
端面圆跳动测量数据			
百分表读数（mm）	M_{max}		M_{min}
径向全跳动误差 = $M_{max}-M_{min}$ = ________ mm。			
测量示意图：		工件跳动度的合格性：	

思考与练习

一、选择题

1. 一般情况下，零件的形状误差（　　）其位置误差，方向误差（　　）其位置误差。

A. 大于　　B. 小于　　C. 等于　　D. 不一定

2. 公差原则是指（　　）。

A. 确定公差值大小的原则　　B. 确定公差与配合标准的原则

C. 形状公差与位置公差的关系　　D. 尺寸公差与几何公差的关系

3. 方向公差带的（　　）随被测实际要素的位置而定。

A. 形状　　B. 位置　　C. 方向　　D. 参数值

4. 几何公差带的形状取决于（　　）。

A. 几何公差特征项目

B. 几何公差标注形式

C. 被测要素的理想形状

D. 几何公差特征项目、几何公差标注形式及被测要素的理想形状

5. 同轴度公差属于（　　）。

A. 形状公差　　B. 定位公差　　C. 定向公差　　D. 跳动公差

6. 在零件图样上标注几何公差要求时，当几何公差值前加注 ϕ 时，则被测要素的公差带形状是（　　）。

A. 两同心圆　　B. 两同轴线圆柱面

C. 圆形或圆柱形　　D. 圆形、圆柱形或球形

7. 对于轴类零件的圆柱面（　　）检测方便、容易实现，故应优先选用。

A. 圆度　　B. 跳动　　C. 圆柱度　　D. 同轴度

8. 径向全跳动公差带的形状与（　　）公差带的形状相同。

A. 圆度　　B. 位置度　　C. 圆柱度　　D. 同轴度

9. 某轴线对基准中心平面的对称度公差为0.1mm，则允许该轴线对基准中心平面的偏离量为（　　）。

A. 0.1mm　　B. 0.025mm　　C. 0.2mm　　D. 0.05mm

10. 几何公差未注公差标准中没有规定（　　）的未注公差，是因为它可以由该要素的尺寸公差来控制。

A. 圆度　　B. 直线度　　C. 圆柱度　　D. 对称度

11. 如被测要素为轴线，标注几何公差时，指引线箭头应（　　）。

A. 与确定中心要素的轮廓线对齐　　B. 与确定中心要素的轮廓线错开

C. 与确定中心要素的尺寸线错开　　D. 与确定中心要素的尺寸线对齐

12. 某实际被测轴线相对于基准轴线最近点的距离是0.04mm，最远点的距离为0.08mm，则该实际被测轴线相对于基准轴线的同轴度误差为（　　）。

A. 0.04mm　　B. 0.012mm　　C. 0.08mm　　D. 0.16mm

13. 尺寸公差与几何公差采用独立原则时，零件加工后的局部尺寸和几何误差中有一项超差，则该零件（　　）。

A. 合格　　B. 不合格　　C. 尺寸最大　　D. 变形最小

14. 若某一轴的横截面实际轮廓由直径分别是ϕ40.05和ϕ40.03的两个同心圆包容而形成最小包容区域，则该轴横截面的圆度误差为（　　）。

A. 0.04mm　　B. 0.02mm　　C. 0.01mm　　D. 0.015mm

15. 一般情况下，孔的体外作用尺寸（　　）其实际尺寸，轴的体外作用尺寸（　　）其实际尺寸。

A. 大于　　B. 小于　　C. 等于　　D. 不一定

二、判断题

1. 若某平面的平面度误差值为0.06mm，则该平面对基准的平行度误差一定小于0.06mm。（　　）

2. 若某平面对基准的垂直度误差为0.05mm，则该平面的平面度误差一定小于等于0.05mm。（　　）

3. 只要离基准轴线最远的端面圆跳动不超过公差值，则该端面的端面圆跳动一定合格。（　　）

4. 轴上有一键槽，对称度公差为0.03mm，该键槽实际中心平面对基准轴线的最大偏离量为0.02mm，它是符合要求的。（　　）

5. 位置误差是关联实际要素的位置对实际基准的变动量。（　　）

6. 评定形状误差时，一定要用最小包容区域法。（　　）

7. 某轴标注径向全跳动公差，现改用圆柱度公差标注，能达到同样技术要求。（　　）

8. 若某平面的平面度误差为f，则该平面对基准平面的平行度误差大于f。（　　）

9. 按同一公差要求加工的同一批轴，其作用尺寸不完全相同。（　　）

10. 独立原则、包容要求既可用于导出要素，也可用于组成要素。（　　）

11. 可逆要求可用于任何公差原则与要求。（　　）

12. 最大实体尺寸是孔和轴上极限尺寸的总称。（　　）

13. 最大实体要求既可用于导出要素，又可以用于组成要素。（　　）

14. 跳动公差带不可以综合控制被测要素的位置、方向和形状。（　　）

15. 采用包容要求时，若零件加工后的实际尺寸在最大、最小尺寸之间，同时形状误差小于等于尺寸公差，则该零件一定合格。（　）

16. 最大实体要求、最小实体要求都只能用于导出要素。（　）

三、填空题

1. 独立原则是指图样上给出被测要素的尺寸公差与______各自独立，彼此无关，分别满足要求的公差原则。这时尺寸公差只控制______的变动范围，不控制______。

2. 某孔的直径为 $\phi 50^{+0.03}_{0}$，其轴线的直线度公差在图样上的给定值为 $\phi 0.01$Ⓜ，则该孔的最大实体尺寸为______mm，最大实体实效尺寸为______mm，允许的最大直线度公差为______mm。

3. 体外作用尺寸是工件______和______综合的结果，孔的体外作用尺寸总是______孔的局部尺寸，轴的体外作用尺寸总是______轴的局部尺寸。

4. 端面全跳动公差带控制端面对基准轴线的______误差，同时，它也控制了端面的______误差。

5. 孔或轴采用包容要求时，应遵守______边界；最大实体要求应用于被测要素时，被测要素应遵守______边界。

6. 可逆要求用于最大实体要求时，在被测要素几何公差框格中的公差值后面应标注符号______，此时被测要素的实际轮廓不得超出______边界，尺寸公差与几何公差的关系为______。

四、问答题

1. 什么是理想要素、实际要素、轮廓要素和中心要素？

2. 什么是被测要素、基准要素、单一要素和关联要素？

3. 几何公差特征项目有哪些？它们分别用什么符号表示？

4. 何谓形状公差？何谓位置公差？

5. 几何公差项目分类如何？其名称和符号是什么？

6. 几何公差带与尺寸公差带有何区别？几何公差的四要素是什么？

7. 下列几何公差项目的公差带有何相同点和不同点？

（1）圆度和径向圆跳动公差带。

（2）端面对轴线的垂直度和端面全跳动公差带。

（3）圆柱度和径向全跳动公差带。

（4）平面度公差带与被测平面对基准平面的平行度公差带。

8. 几何公差框格指引线的箭头如何指向被测轮廓要素？如何指向被测中心要素？

9. 对于基准要素应标注基准符号，基准符号是由哪几部分组成的？基准符号的粗短横线如何放置于基准轮廓要素？如何放置于基准中心要素？

10. 确定几何公差值时，同一被测要素的定位公差值、定向公差值与形状公差值间应保持何种关系？

11. 几何误差测量中，常用模拟法来体现基准。实验中，基准平面、轴的基准轴线及孔的基准轴线分别用什么来模拟？

12. 最小包容区域、定向最小包容区域与定位最小包容区域三者有何差异？若同一要素需同时规定形状公差、定向公差和定位公差时，三者的关系应如何处理？

13. 公差原则有哪些？独立原则和包容要求的含义是什么？

14. 能否用两点法测量平面对平面的平行度误差？为什么？

15. 轮廓要素和中心要素的几何公差标注有什么区别？

16. 哪些场合要用理论正确尺寸？是怎样标注的？

17. 如何正确选择几何公差项目和几何公差等级？具体应考虑哪些问题？

18. 按照直线度公差的不同标注形式，直线度公差带有哪3种不同的形状？

19. 说明基准的含义，何谓单一基准、公共基准、三基面体系？在几何公差框格中如何表示它们？

20. 轮廓度公差带分为无基准要求和有基准要求两种，它们分别有什么特点？

21. 什么是公差原则？公差原则有哪些？

22. 什么是体外作用尺寸、体内作用尺寸？

23. 什么是最大实体状态、最大实体尺寸、最小实体状态、最小实体尺寸？

24. 什么是最大实体实效状态、最大实体实效尺寸、最小实体实效状态、最小实体实效尺寸？

25. 试述独立原则的含义、在图样上的表示方法和主要应用场合。

26. 试述包容要求的含义、在图样上的表示方法和主要应用场合。

27. 试述最大实体要求应用于被测要素的含义、在图样上的表示方法和主要应用场合。

28. 试述最小实体要求应用于被测要素的含义、在图样上的表示方法和主要应用场合。

29. 最小实体要求应用于基准要素时，如何确定基准要素应遵守的边界？基准符号的字母如何在位置公差框格中标注？说明最小实体要求应用于基准要素的含义。

30. 最大实体要求应用于基准要素时，如何确定基准要素应遵守的边界？基准符号的字母如何在位置公差框格中标注？说明最大实体要求应用于基准要素的含义。

31. 何谓最大实体要求的零几何公差？何谓最小实体要求的零几何公差？

32. 试述可逆要求用于最大实体要求和最小实体要求的含义和在图样上的表示方法。

33. 比较独立原则和包容要求的优缺点。

34. 将下列几何公差要求标注在图3-61上。

（1）圆锥截面圆度公差为0.006mm。

（2）圆锥素线直线度公差为7级（$L=50$mm），并且只允许材料向外凸起。

（3）ϕ80H7遵守包容要求，ϕ80H7孔表面的圆柱度公差为0.005mm。

（4）圆锥面对ϕ80H7轴线的斜向圆跳动公差为0.02mm。

（5）右端面对左端面的平行度公差为0.005mm。

（6）其余几何公差按GB/T 1184中K级制造。

35. 将下列几何公差要求分别标注在图3-62上。

（1）ϕ18圆柱面的轴线直线度公差为0.01mm。

（2）ϕ23圆柱面轴线对ϕ18圆柱面轴线的同轴度公差为0.03mm。

（3）6mm的槽的中心平面相对于ϕ18圆柱面轴线的对称度公差为0.03mm。

（4）端面1对ϕ18圆柱面轴线的端面圆跳动公差为0.03mm。

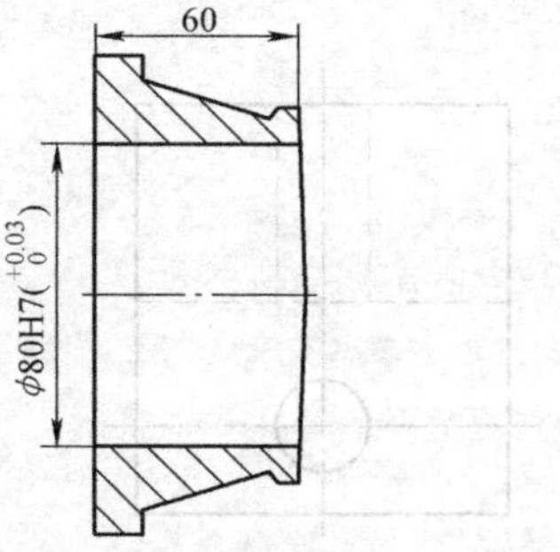

图3-61　第34题零件图

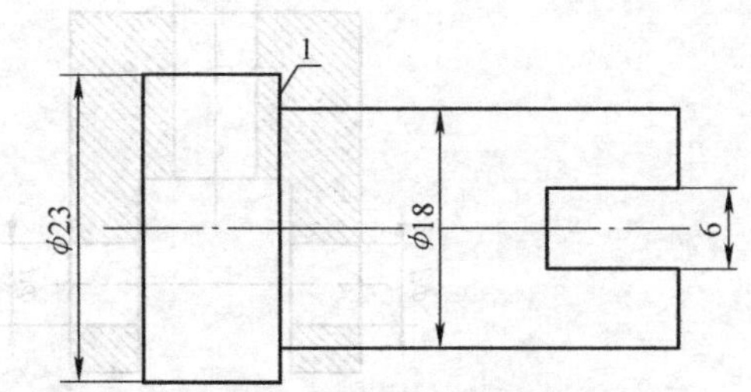

图3-62　第35题零件图

36. 将下列几何公差要求分别标注在图3-63上。

（1）ϕ88h9圆柱面的圆度公差为0.006mm。

（2）ϕ88h9圆柱的外圆表面对ϕ24H7圆孔的轴线的全跳动公差为0.08mm。

（3）ϕ24H7圆孔轴线的直线度公差为0.01mm。

（4）齿轮的右端面对ϕ24H7圆孔的轴线垂直度公差为0.05mm；

（5）齿轮的右端面对左端面平行度公差为0.08mm。

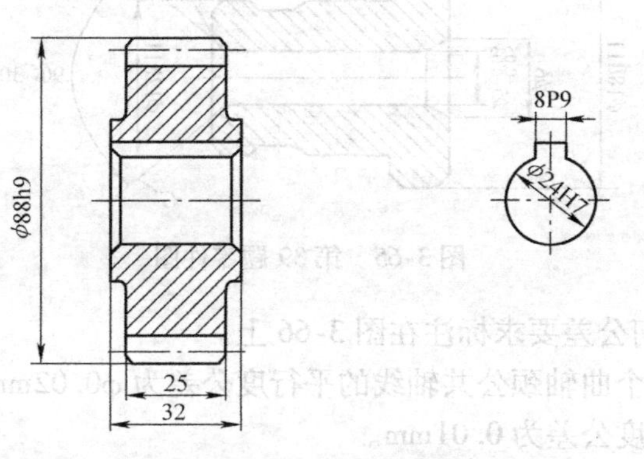

图3-63　第36题零件图

37. 用水平仪按节距法测量导轨直线度误差，桥板跨距为200mm，水平仪分度值为0.02/1000，测得结果如下表所示，试评定其直线度误差值。

分段距离/mm	0～200	200～400	400～600	600～800	800～1000
气泡相对于其零线的格数	+1	+1	−2	−2	+1

38. 将下列技术要求标注在图3-64上。

（1）两个ϕd孔的轴线分别对它们公共轴线的同轴度公差为0.02mm。

（2）ϕD孔的轴线对两个ϕd孔公共轴线的垂直度公差为0.01mm。

（3）ϕD孔的轴线对两个ϕd孔公共轴线的对称度公差为0.03mm。

39. 将下列技术要求标注在图3-65上。

（1）$\phi 5^{+0.05}_{-0.03}$的圆柱度公差为0.02mm，圆度公差为0.0015mm。

（2）B面的平面度公差0.001mm，B面对$\phi 5^{+0.05}_{-0.03}$孔轴线的端面圆跳动公差为0.04mm，B面对C面的平行度公差0.03mm。

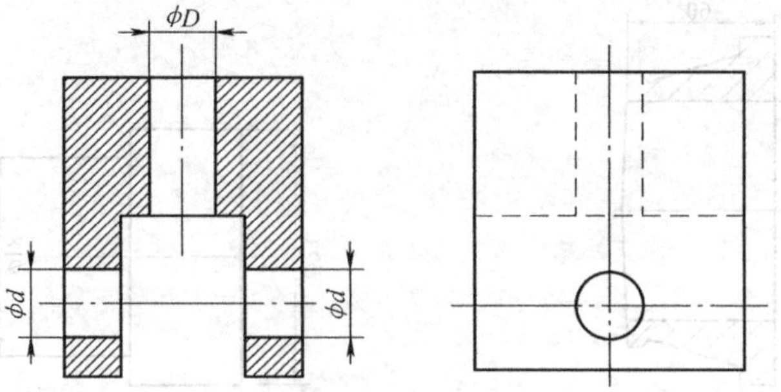

图 3-64　第 38 题零件图

（3）平面 F 对 $\phi 5^{+0.05}_{-0.03}$ 孔轴线的端面圆跳动公差为 0.04mm。

（4）ϕ18d11 外圆柱面轴线对 $\phi 5^{+0.05}_{-0.03}$ 孔轴线的同轴度公差为 0.2mm。

（5）ϕ12b11 外圆柱面轴线对 $\phi 5^{+0.05}_{-0.03}$ 孔轴线的同轴度公差为 0.16mm。

（6）90°30′密封锥面 G 对 $\phi 5^{+0.05}_{-0.03}$ 孔轴线的同轴度公差为 0.16mm。

（7）锥面 G 的圆度公差 0.002mm。

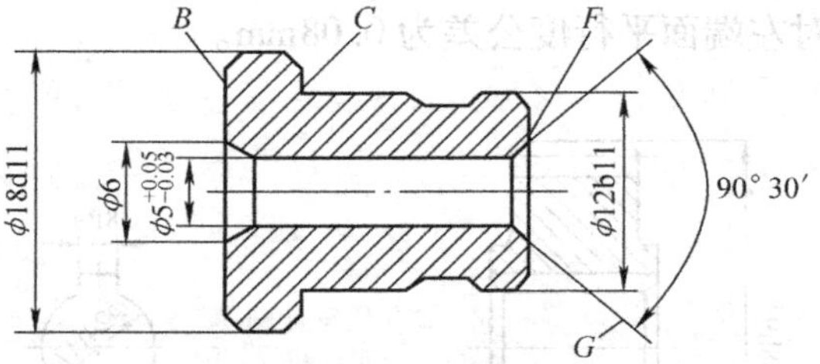

图 3-65　第 39 题零件图

40. 将下列各项几何公差要求标注在图 3-66 上。

（1）曲拐轴线对两个曲轴颈公共轴线的平行度公差为 ϕ0.02mm。

（2）曲拐部分圆柱度公差为 0.01mm。

（3）曲轴左端锥体对两个曲轴颈公共轴线的径向圆跳动公差为 0.025mm。

（4）曲轴左端键槽对锥体轴线的对称度公差为 0.025mm。

（5）右两个曲轴颈的圆柱度公差为 0.006mm。

（6）左右两个曲轴颈对轴端两个中心孔锥面部分公共轴线的径向圆跳动公差为 0.025mm。

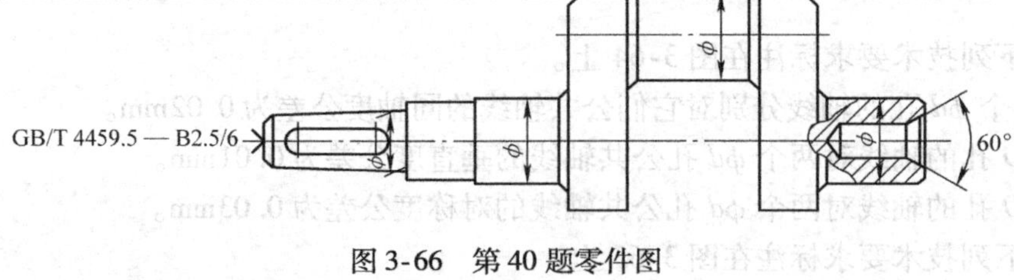

图 3-66　第 40 题零件图

41. 将下列各项几何公差要求标注在图 3-67 上。

（1）左端面的平行度公差为 0.01mm。

（2）右端面对左端面的平行度公差为 0.04mm。

（3）ϕ70 孔采用 H7 并遵守包容要求，ϕ210 外圆柱面采用 h7 并遵守独立原则。

（4）ϕ70 孔轴线对左端面的垂直度公差 0.02mm。

（5）ϕ210 外圆柱面轴线对 ϕ70 孔的同轴度公差 0.03mm。

（6）4×ϕ20H8 孔轴线对左端面（第一基准）及 ϕ70 孔轴线的位置度公差为 ϕ0.15mm（要求均布）；被测轴线位置度公差与 ϕ20H8 孔尺寸公差的关系采用最大实体要求，与基准孔尺寸公差的关系也采用最大实体要求。

42. 对图 3-68 所示的图样上标注的几何公差做解释，并按规定项目填入表 3-29。

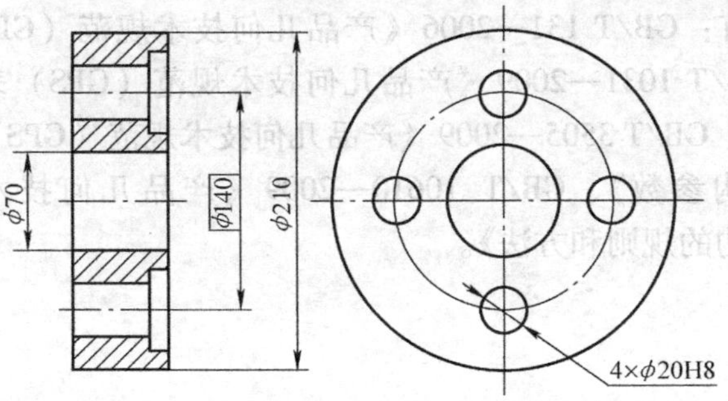

图 3-67　第 41 题零件图

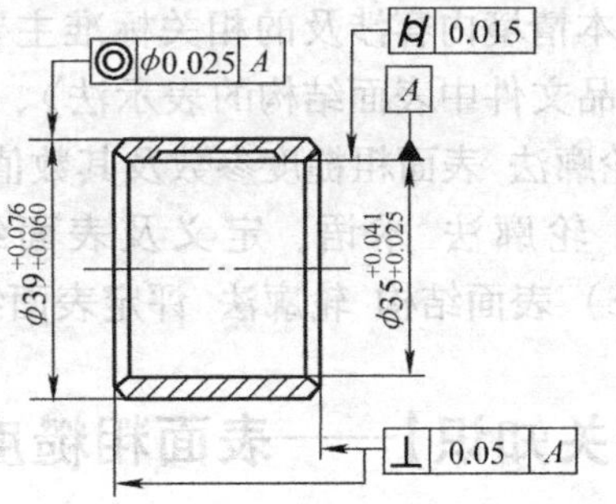

图 3-68　第 42 题零件图

表 3-29　几何公差表格

几何公差特征项目符号	几何公差特征项目名称	被测要素	基准要素	几何公差带形状	几何公差带大小	几何公差带相对于基准的方位关系

43. 用打表法测量销轴外圆柱面素线的直线度误差，如图 3-69 所示。在被测位置的素线方向均布 8 个测点，测得各测点相对于平板的高度差（单位为 mm），分别是：+1，+1.5，0，−0.5，−3，−1，+5，+2。试用最小区域法和两端点连线法分别评定被测素线的直线度误差值。

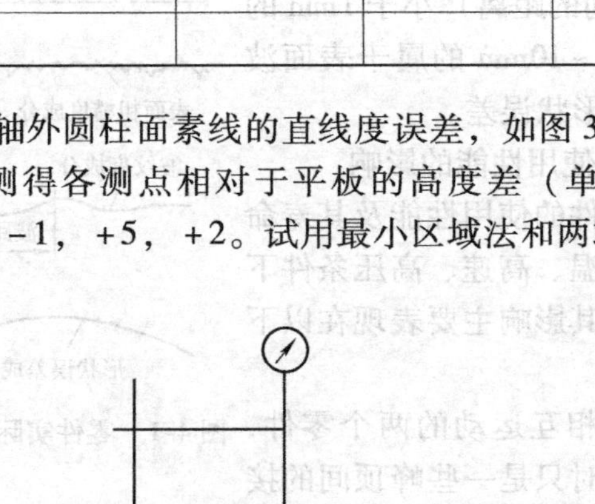

图 3-69　第 43 题测量示意图

学习情境4　表面粗糙度及其检测

【知识目标】　了解表面粗糙度对零件使用性能的影响；掌握表面粗糙度主要评定参数的含义及正确的标注方法。

【能力目标】　学会常用的几种测量表面粗糙度的方法。

本情境内容涉及的相关标准主要有：GB/T 131—2006《产品几何技术规范（GPS）技术产品文件中表面结构的表示法》、GB/T 1031—2009《产品几何技术规范（GPS）表面结构 轮廓法 表面粗糙度参数及其数值》、GB/T 3505—2009《产品几何技术规范（GPS）表面结构 轮廓法 术语、定义及表面结构参数》、GB/T 10610—2009《产品几何技术规范（GPS）表面结构 轮廓法 评定表面结构的规则和方法》。

【相关知识】——表面粗糙度

1. 基本概念

（1）表面粗糙度的定义

无论是机械加工的零件表面，还是用铸、锻、冲压、热轧、冷轧等方法获得的零件表面上都会存在具有很小间距的微小峰、谷所形成的微观形状误差，也称为微观不平度，这种误差用表面粗糙度轮廓表示。轮廓的表面粗糙度值越小，表面越光滑。

表面粗糙度与形状误差（宏观的误差）和表面波纹度是有区别的，如图4-1所示，通常波距（指相邻两波峰或两波谷之间的距离）小于1mm的属于表面粗糙度，波距在1～10mm的属于表面波度，波距大于10mm的属于形状误差。

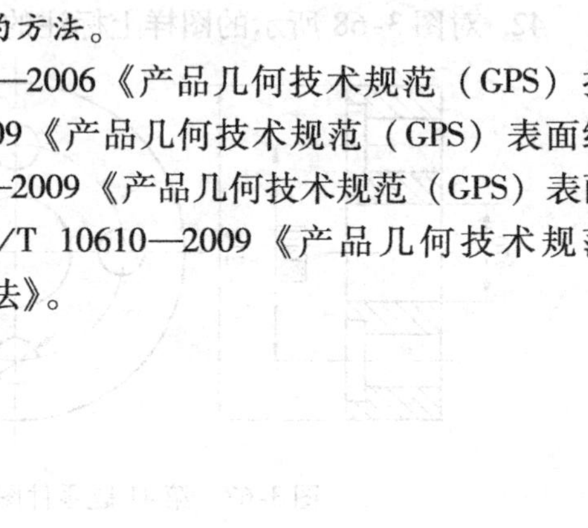

图4-1　零件实际表面轮廓的形状和组成成分

（2）表面粗糙度对零件使用性能的影响

表面粗糙度的大小对零件的使用性能及其寿命有很大的影响，尤其对在高温、高速、高压条件下工作的机械零件影响更大，其影响主要表现在以下几个方面。

1）对耐磨性的影响　相互运动的两个零件，当它们接触并产生相对运动时只是一些峰顶间的接触，从而减少了接触面积，压强增大，使磨损加剧。零件越粗糙，阻力就越大，零件磨损也越快。但是零件表面越光滑，磨损量不一定越小。因为零件的耐磨性除受表面粗糙度影响外，还与磨损下来金属微粒的刻划以及分子间的吸附作用等因素有关，所以过于光滑表面的耐磨性不一定好。

2）对配合性质的影响　对于间隙配合，相对运动的零件表面因粗糙不平而迅速磨损，致使间隙增大；对于过盈配合，零件表面轮廓峰顶在装配时容易被挤平，使实际有效过盈量减小，致使联接强度降低。因此，表面粗糙度影响零件配合性质的可靠性和稳定性。

3）对抗疲劳强度的影响　零件表面越粗糙，凹痕就越深，波谷的曲率半径也越小，对应力集中越敏感。特别是当零件承受交变载荷时，由于应力集中的影响，使疲劳强度降低，导致零件表面产生裂纹而损坏。

4）对接触刚度的影响　接触刚度影响零件的工作精度和抗振性。这是由于表面粗糙度使表面间只有一部分面积接触。一般情况下，实际接触面积只有公称接触面积的百分之几。表面越粗糙，受力后局部变形越大，接触刚度也越低。因此，表面粗糙度影响零件的工作精度和抗振性。

5）对结合面密封性的影响　粗糙的零件表面结合时，两表面只在局部点上接触，中间有缝隙，影响密封性。因此，降低表面粗糙度，可提高其密封性。

6）对抗腐蚀性的影响　粗糙的零件表面，易使腐蚀性物质存积在表面的微观凹谷处，并渗入到金属内部，致使腐蚀加剧。因此，提高零件表面粗糙度的质量可以增强其抗腐蚀的能力。

另外，表面粗糙度的大小还对测量精度、流体流动的阻力、零件外观质量及测量精度等都有很大的影响。

2. 表面粗糙度的评定

由于加工表面的不均匀性，评定零件的表面粗糙度轮廓是否符合要求，应由测量和评定的结果来确定。测量和评定表面粗糙度轮廓时，应规定取样长度、评定长度、轮廓滤波器的截止波长、中线和评定参数，以限制和减弱表面波纹度对表面粗糙度测量结果的影响。当没有指定测量方向时，测量截面方向与表面粗糙度轮廓幅度参数的最大值方向相一致，该方向垂直于被测表面的加工纹理，即垂直于表面主要加工痕迹的方向。

（1）基本术语

1）取样长度 *lr*　由于实际表面轮廓包含着粗糙度、波纹度和宏观形状误差等 3 种几何形状误差，测量表面粗糙度轮廓时，应把测量限制在一段足够短的长度上，以抑制或减弱波纹度、排除宏观形状误差对表面粗糙度轮廓测量的影响，这段长度称为取样长度，一般在一个取样长度内应包含 5 个以上的波峰和波谷，用符号 *lr* 表示，如图 4-2 所示。表面越粗糙，则取样长度 *lr* 应越大。

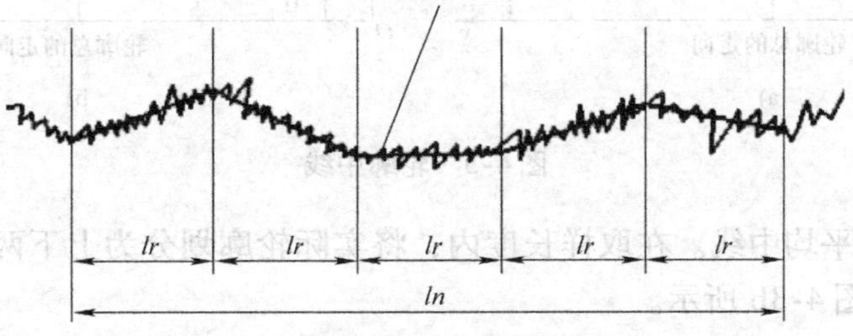

图 4-2　取样长度 *lr* 和评定长度 *ln*

2）评定长度 *ln*　评定长度 *ln* 是指评定表面粗糙度所需的一段长度。由于零件表面的微小峰、谷的不均匀性，在表面轮廓不同位置取样长度上的表面粗糙度轮廓测量值不尽相同。因此，为了更可靠地反映表面粗糙度轮廓的特性，应测量连续的几个取样长度上的表面粗糙度轮廓。这些连续的几个取样长度称为评定长度，用符号 *ln* 表示，如图 4-2 所示。国家标

准推荐 $ln=5lr$，称为“标准长度”。如果评定长度取为标准长度，则不需在表面粗糙度代号中注明。根据零件情况，也可取非标准长度，此时需在表面粗糙度代号中注明，对于均匀性好的表面，可选 $ln>5lr$，对均匀性较差的表面，可选 $ln<5lr$。取样长度和评定长度数值参照表 4-1。

表 4-1 取样长度和评定长度数值

Ra/μm	Rz/μm	lr/mm	ln/mm
>（0.006）~0.02	>（0.025）~0.1	0.08	0.4
>0.02~0.1	>0.1~0.5	0.25	1.25
>0.1~2	>0.5~10	0.8	4
>2~10	>10~50	2.5	12.5
>10~80	>50~200	8	40

3）轮廓滤波器　当评价零件表面轮廓上各种几何形状误差中的某一几何形状误差时，可以利用轮廓滤波器来呈现这一几何形状误差，过滤掉其他的几何形状误差。轮廓滤波器是指能将表面轮廓分离成长波成分和短波成分的滤波器，它们所能抑制的波长称为截止波长。从短波截止波长至长波截止波长这两个极限值之间的波长范围称为传输带。使用接触式仪器测量表面粗糙度轮廓时，为了抑制波纹度对粗糙度测量结果的影响，仪器截止波长为 λ_c 的长波滤波器从实际表面轮廓上把波长较大的波纹度波长成分加以抑制或排除掉；截止波长为 λ_s 的短波滤波器从实际表面轮廓上抑制比粗糙度波长更短的成分，从而只呈现表面粗糙度轮廓，对其进行测量和评定。

4）轮廓中线 m　是具有几何轮廓形状并划分被评定轮廓的基准线，有以下两种。

① 轮廓的最小二乘中线。在取样长度内，使轮廓线上各点至基准线距离的平方和为最小。如图 4-3a 所示。

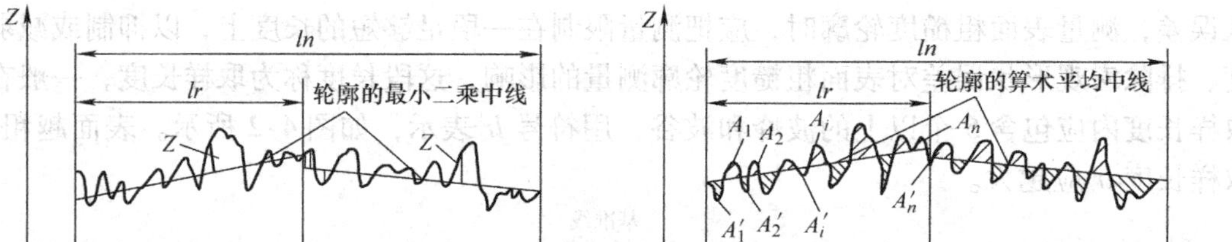

图 4-3　轮廓中线

② 轮廓的算术平均中线。在取样长度内，将实际轮廓划分为上下两部分，且使上下面积相等的直线，如图 4-3b 所示。

（2）评定参数

表面粗糙度的轮廓评定参数有 3 种：基于轮廓法定义的参数叫轮廓参数（GB/T 3505—2000），包括 R 轮廓参数（粗糙度参数）、W 轮廓参数（波纹度参数）和 P 轮廓参数（原始轮廓参数）；基于图形法定义的参数叫图形参数（GB/T 18618—2002）；基于支承率曲线的参数叫支承率曲线参数。下面介绍常用的几种主要评定参数。

1）轮廓的算术平均偏差 Ra　如图4-4所示，轮廓的算术平均偏差 Ra 属于幅度参数，是指在一个取样长度内纵坐标值 $Z(x)$ 绝对值的算术平均值，用公式表示为 $Ra=\frac{1}{lr}\int_0^{lr}|Z(x)|\mathrm{d}x$。

Ra 能较全面客观地反映表面微观几何形状特征，是普遍采用的参数。测得的 Ra 值越大，则表面越粗糙，一般用电动轮廓仪对其进行测量。

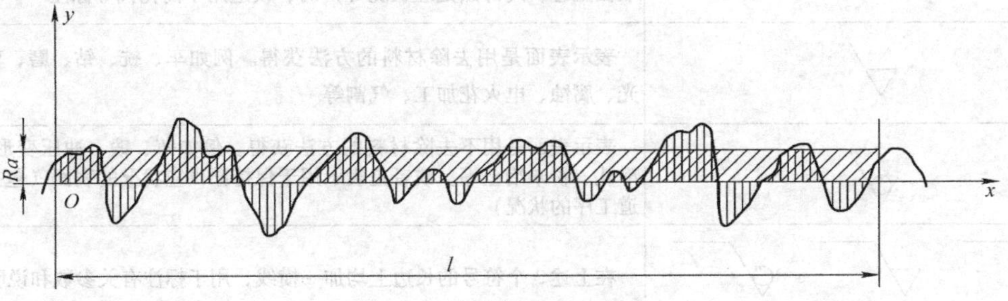

图4-4　轮廓算术平均偏差

2）轮廓的最大高度 Rz　如图4-5所示，轮廓的最大高度属于幅度参数，是指在一个取样长度范围内，被评定轮廓的最大轮廓峰高 Zp 和最大轮廓谷深 Zv 之和的高度，用符号 Rz 表示，即 $Rz=Zp+Zv$，Rz 值越大，表面加工的痕迹越深。

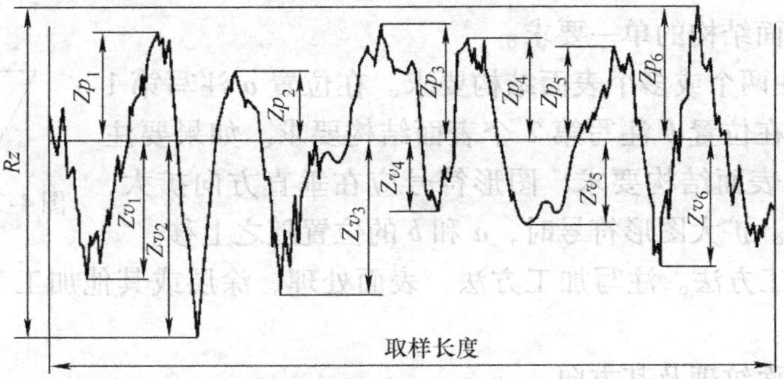

图4-5　表面粗糙度轮廓的最大高度

3）轮廓单元的平均宽度 Rsm　如图4-6所示，轮廓单元的平均宽度属于间距参数。一个轮廓峰与相邻轮廓谷的组合叫作轮廓单元。在一个取样长度 lr 范围内，中线与各个轮廓单元相交线段的长度叫做轮廓单元的宽度，用符号 Xs_i 表示。轮廓单元的平均宽度 Rsm 是指在一个取样长度 lr 范围内所有轮廓单元的宽度 Xs_i 的平均值。

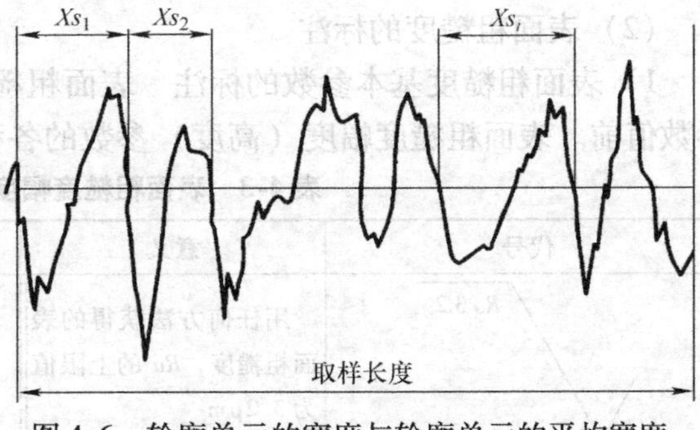

图4-6　轮廓单元的宽度与轮廓单元的平均宽度

3. 表面粗糙度的标注

表面粗糙度的评定参数及其数值确定后，须在零件图上正确地标出。图样上所标注的表面粗糙度符号、代号是该表面完工后的要求。

（1）表面粗糙度的符号及代号

1）符号　GB/T 131—2006中规定了表面粗糙度的图形符号，见表4-2。若仅需要加工

（采用去除材料的方法或不去除材料的方法）但对表面粗糙度的其他规定没有要求时，允许只标注表面粗糙度符号。

表 4-2　表面粗糙度的符号

符号	说　明
	表示表面可用任何方法获得。当不加注粗糙度参数值或有关说明（例如表面处理，局部热处理状况等）时，仅适用于简化代号标注
	表示表面是用去除材料的方法获得。例如车、铣、钻、磨、剪切、抛光、腐蚀、电火花加工、气割等
	表示表面是用不去除材料的方法获得。例如铸、锻、冲压变形、热轧、冷轧、粉末冶金等。或者是表示用于保持原供应状况的表面（包括保持上道工序的状况）
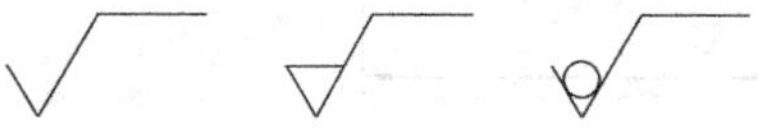	在上述 3 个符号的长边上均加一横线，用于标注有关参数和说明
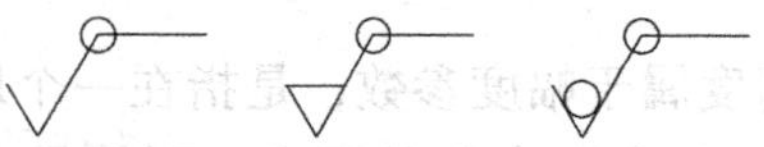	在上述 3 个符号上均加一小圆，表示所有表面具有相同的表面粗糙度要求

2）代号　表面粗糙度的代号如图 4-7 所示。

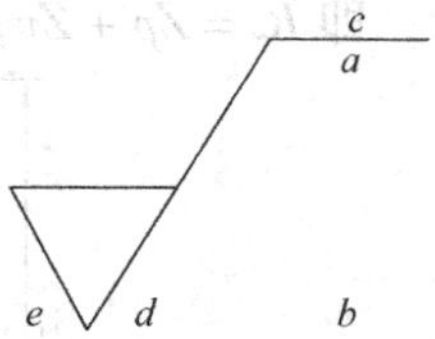

图 4-7　表面粗糙度代号

位置 *a* 标注表面结构的单一要求。

位置 *a*、*b* 标注两个或多个表面结构要求。在位置 *a* 注写第 1 个表面结构要求，在位置 *b* 注写第 2 个表面结构要求。如果要注写第 3 个或更多的表面结构要求，图形符号应在垂直方向扩大，以空出足够的空间。扩大图形符号时，*a* 和 *b* 的位置随之上移。

位置 *c* 标注加工方法。注写加工方法、表面处理、涂层或其他加工工艺要求等，如车、磨、镀等加工方法。

位置 *d* 标注表面纹理及其方向。

位置 *e* 标注加工余量。注写所要求的加工余量，以 mm 为单位给出数值。

（2）表面粗糙度的标注

1）表面粗糙度基本参数的标注　表面粗糙度的基本参数是幅度参数 ***Ra*** 和 ***Rz***，标注在参数值前。表面粗糙度幅度（高度）参数的各种标注方法及其意义如表 4-3 所示。

表 4-3　表面粗糙度幅度（高度）参数的标注

代号	意义	代号	意义
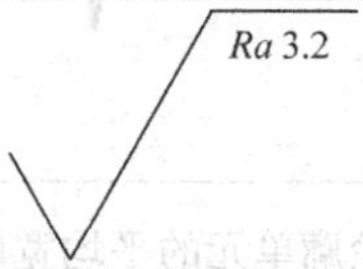	用任何方法获得的表面粗糙度，***Ra*** 的上限值为 3.2μm	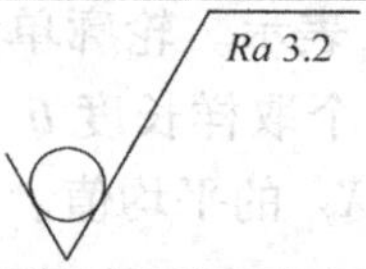	用不去除材料的方法获得的表面粗糙度，***Ra*** 的上限值为 3.2μm
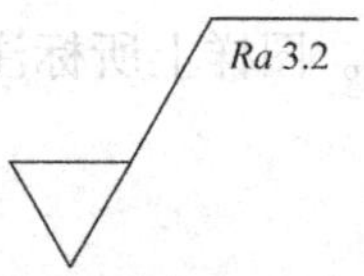	用去除材料的方法获得的表面粗糙度，***Ra*** 的上限值为 3.2μm	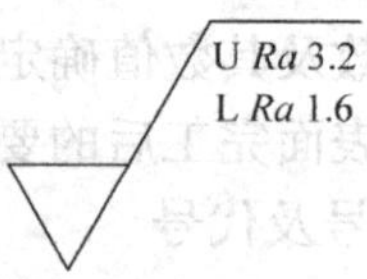	用去除材料的方法获得的表面粗糙度，***Ra*** 的上限值为 3.2μm，***Ra*** 的下限值为 1.6μm

代号	意义	代号	意义
Rz 3.2	用任何方法获得的表面粗糙度，Rz 的上限值为3.2μm	U Rz 3.2 L Rz 1.6	用去除材料的方法获得的表面粗糙度，Rz 的上限值为3.2μm，Rz 的下限值为1.6μm
Ra_{max} 3.2	用任何方法获得的表面粗糙度，Ra 的最大值为3.2μm	U Ra 3.2 U Rz 1.6	用去除材料的方法获得的表面粗糙度，Ra 的上限值为3.2μm，Rz 的上限值为1.6μm
Ra_{max} 3.2	用去除材料的方法获得的表面粗糙度，Ra 的最大值为3.2μm	0.008−0.8/Ra 3.2	用去除材料的方法获得的表面粗糙度，Ra 的上限值为3.2μm，传输带0.008~0.8mm
Ra_{max} 3.2	用不去除材料的方法获得的表面粗糙度，Ra 的最大值为3.2μm	Rz_{max} 3.2 Rz_{min} 1.6	用去除材料的方法获得的表面粗糙度，Rz 的最大值为3.2μm，Rz 的最小值为1.6μm
Ra_{max} 3.2 Ra_{min} 1.6	用去除材料的方法获得的表面粗糙度，Ra 的最大值为3.2μm，Ra 的最小值为1.6μm	Ra_{max} 3.2 Rz_{min} 1.6	用去除材料的方法获得的表面粗糙度，Ra 的最大值为3.2μm，Rz 的最小值为1.6μm
Rz_{max} 3.2	用任何方法获得的表面粗糙度，Rz 的最大值为3.2μm	−0.8/Ra 3.2	用去除材料的方法获得的表面粗糙度，Ra 的上限值为3.2μm，取样长度0.8mm，评定包含3个取样长度

2）表面粗糙度附加参数的标注　表面粗糙度幅度参数以外的其他参数称为附加参数。比如间距参数和混合特性参数。图4-8a为 Rsm 上限值的标注，图4-8b为 Rsm 最大值的标注，图4-8c为 Rmr（c）的标注，表示水平截距 c 在 Rz 的50%位置上，Rmr（c）为70%，此时 Rmr（c）为下限值，图4-8d为 Rmr（c）最小值的标注。

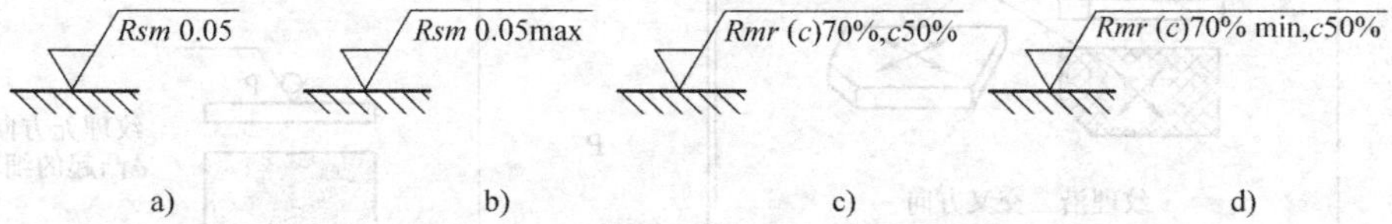

图4-8　表面粗糙度附加参数的标注

3）表面粗糙度其他项目的标注　按标准规定选用对应的取样长度，且评定长度为5个取样长度时，在图样上可以省略标注；若选用非标准值或评定长度不为5个取样长度，则应在相应位置标注取样长度的值或取样长度的个数，如图4-9a表示评定长度为3个取样长度。

如果某表面的粗糙度要求由指定的加工方法（如铣削）获得，可用文字标注在规定之处，如图4-9b所示。

如果需要标注加工余量（设加工总余量为7mm），应将其标注在规定之处，如图4-9c所示。

如果需要控制表面加工纹理方向，应在的规定之处加注加工纹理方向符号，如图 4-9c 所示。标准规定了加工纹理方向符号，见表 4-4。

此外，还有符号分别表示加工纹理呈多方向、纹理呈近似放射形和纹理无方向或呈凸起的细粒状。若所列符号不能清楚表明所要求的纹理方向，应在图样上用文字说明。

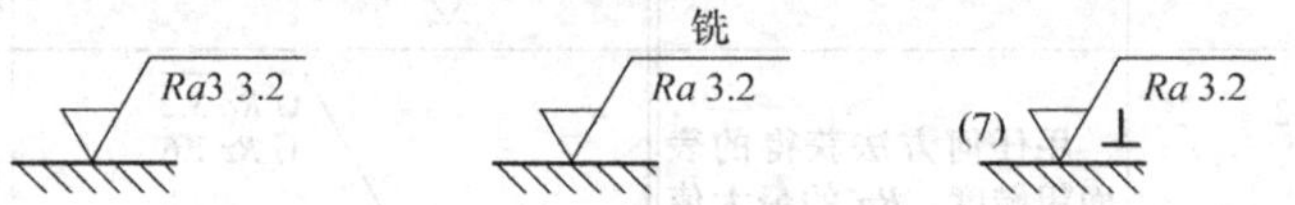

a)　　b)　　c)

图 4-9　表面粗糙度其他项目的标注

表 4-4　加工纹理方向的符号（摘自 GB/T 131—2006）

符号	图例与说明	符号	图例与说明
=	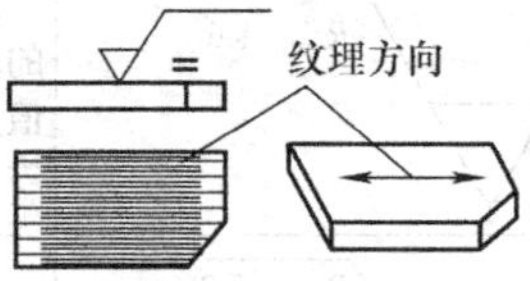 纹理沿平行方向	M	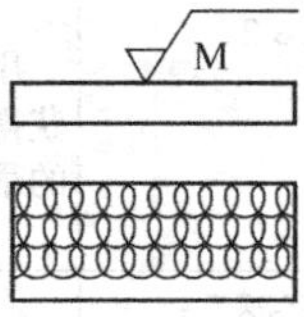 纹理呈多方向
⊥	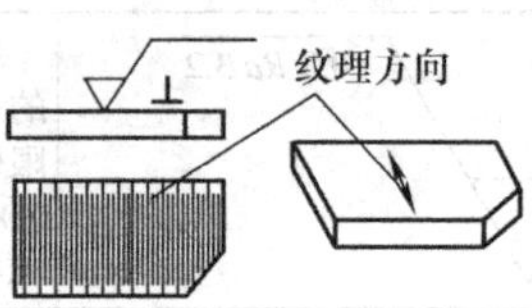 纹理沿垂直方向	C	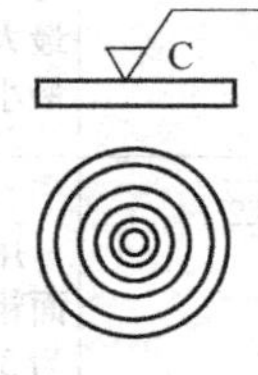 纹理近似为以表面的中心为圆心的同心圆
×	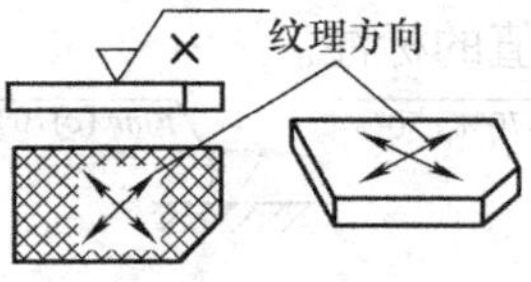 纹理沿二交叉方向	R	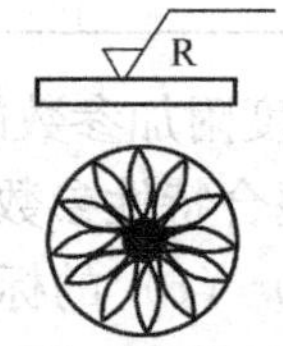 纹理近似为通过表面中心的辐线
		P	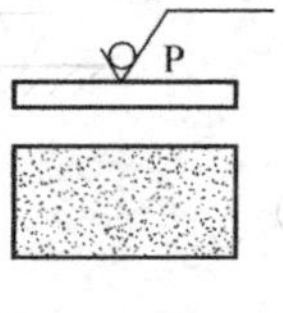 纹理无方向或呈凸起的细粒状

4）表面粗糙度零件图样上的标注　在零件图上标注表面粗糙度代号时，该代号的尖端指向可见轮廓线、尺寸线、尺寸界线或它们的延长线上，且须从材料外指向零件表面。图 4-10 分别表示表面粗糙度代号在不同位置上的标注方法和在零件图上标注的示例。

在同一图样上，每一表面一般只标注一次符号和代号，并尽可能靠近有关的尺寸线。倒角、圆角和键槽的表面粗糙度标注方法如图 4-11 所示。

4. 表面粗糙度的选择

（1）评定参数的选择

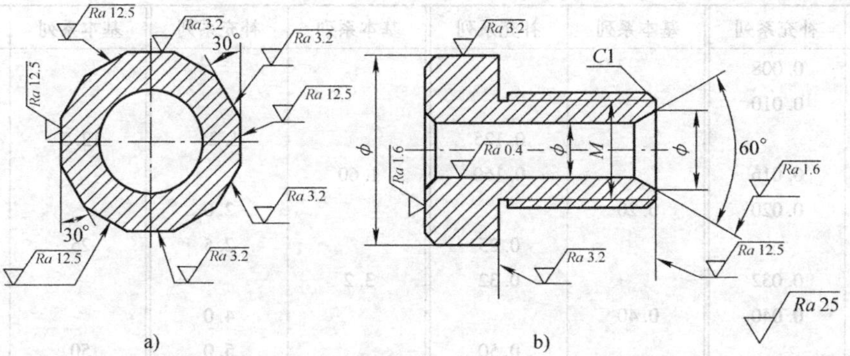

图4-10　表面粗糙度零件图样上的标注方法

a）不同位置的标注方法　b）表面粗糙度标注示例

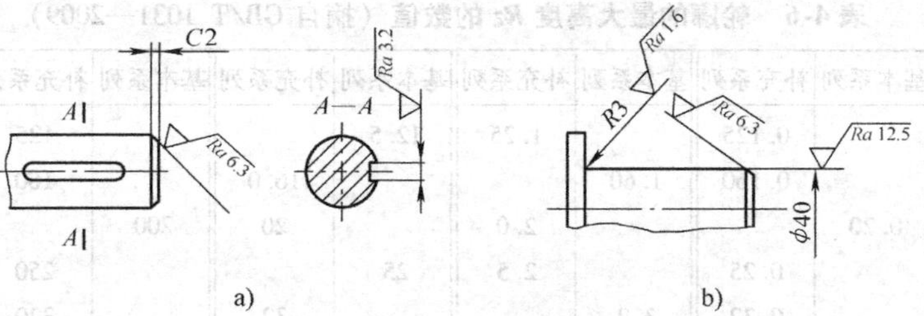

图4-11　表面粗糙度的标注

a）键槽表面粗糙度的标注　b）倒角和圆角表面粗糙度的标注

表面粗糙度评定参数的选择首先考虑零件的使用功能要求，同时要考虑检测的方便性及仪器设备条件等因素。

对于幅度参数，一般情况下从参数 *Ra* 和 *Rz* 中任选一个，但在常用值范围内（*Ra* 为 0.025～6.3μm），优先选用 *Ra* 作为评定参数，因为通常利用电动轮廓仪测量 *Ra* 的值，轮廓仪的测量范围是 0.02～8μm。表面粗糙度要求特别高或特别低（*Ra* < 0.025μm 或 *Ra* > 6.3μm）时，选用 *Rz*。*Rz* 用光学仪器，双管显微镜或干涉显微镜测量。当表面不允许出现较深加工痕迹，防止出现应力集中，或表面段长度很小，不宜采用 *Ra* 时，可选用 *Rz*，但 *Rz* 不如 *Ra* 全面，可与 *Ra* 联合使用。

附加参数 *Rsm* 和 *Rmr*（*c*），一般不能作为独立参数选用，只有少数零件的重要表面并且有特殊要求时才附加选用。如要使喷涂均匀、涂层有极好的附着性和光泽，或要求有良好的密封性，以及冲压成形时对抗裂纹、抗振、抗腐蚀、减小流体流动摩擦阻力等有要求时，就要控制 *Rsm* 参数；对于有较高支承刚度和耐磨性要求的表面时，应规定 *Rmr*（*c*）参数。

（2）评定参数值的选择

表面粗糙度的参数值已经标准化，设计时应按照国家标准 GB/T 1031—2009《表面粗糙度参数及其数值》规定的参数值系列来选取，应优先选用基本系列中的数值，见表 4-5～表 4-7。

表 4-5 轮廓的算术平均偏差 *Ra* 的数值（摘自 GB/T 1031—2009） （单位：μm）

基本系列	补充系列	基本系列	补充系列	基本系列	补充系列	基本系列	补充系列
	0.008						
	0.010						
0.012			0.125		1.25	12.5	
	0.016		0.160	1.60			16.0
	0.020	0.20			2.0		20
0.025			0.25		2.5	25	
	0.032		0.32	3.2			32
	0.040	0.40			4.0		40
0.050			0.50		5.0	50	
	0.063		0.63	6.3			63
	0.080	0.80			8.0		80
0.100			1.00		10.0	100	

表 4-6 轮廓的最大高度 *Rz* 的数值（摘自 GB/T 1031—2009） （单位：μm）

基本系列	补充系列	基本系列	补充系列	基本系列	补充系列	基本系列	补充系列	基本系列	补充系列	基本系列	补充系列
			0.125		1.25	12.5			125		1250
			0.160	1.60			16.0		160	1600	
		0.20			2.0		20	200			
0.025			0.25		2.5	25			250		
	0.032		0.32	3.2			32		320		
	0.040	0.40			4.0		40	400			
0.050			0.50		5.0	50			500		
	0.063		0.63	6.3			63		630		
	0.080	0.80			8.0		80	800			
0.100			1.0		10.0	100			1000		

表 4-7 轮廓单元的平均宽度 *Rsm* 的数值（摘自 GB/T 1031—2009） （单位：μm）

0.006	0.100	1.60
0.0125	0.20	3.2
0.025	0.40	6.3
0.050	0.80	1.25

表面粗糙度参数值的选择原则：在满足使用功能要求的前提下，尽量选择较大的表面粗糙度参数值，以减小加工难度，降低成本。选择方法一般采用类比法。选择时应注意以下几点。

1）同一零件上工作表面比非工作表面粗糙度参数值小。

2）摩擦表面比非摩擦表面，滚动摩擦表面比滑动摩擦表面的粗糙度参数值小。

3）承受交变载荷的表面及易引起应力集中的部分（如圆角，沟槽）粗糙度参数值应小些。

4）要求配合稳定可靠时，粗糙度参数值应小些。小间隙配合表面，受重载作用的过盈配合表面，其粗糙参数值要小。

5）表面粗糙度与尺寸及形状公差应协调，通常尺寸及形状公差小，表面粗糙度参数值也要小，同一尺寸公差的轴比孔的粗糙度参数值要小。设表面形状公差为 t，尺寸公差为 T，则它们之间通常按以下关系来设计。

普通精度 $t \approx 0.6T$　$Ra \leqslant 0.05T$　$Rz \leqslant 0.2T$

较高精度 $t \approx 0.4T$　$Ra \leqslant 0.025T$　$Rz \leqslant 0.1T$

提高精度 $t \approx 0.25T$　$Ra \leqslant 0.012T$　$Rz \leqslant 0.25T$

高精度　$t < 0.25T$　$Ra \leqslant 0.15T$　$Rz \leqslant 0.6T$

说明：表面粗糙度的参数值和尺寸公差、形状公差之间并不存在函数关系，如机器，仪器上的手轮，手柄，外壳等部位。其尺寸、形状精度要求并不高，但表面粗糙度要求高。

6）密封性。防腐蚀性要求高的表面或外观美观的表面其粗糙度值应小些。

7）凡有关标准已对表面粗糙度要求作出规定者（如轴承，量规，齿轮等），应按标准规定作选取表面粗糙度参数值。

表4-8和表4-9分别列出了表面粗糙度的表面特征、经济加工方法、应用举例以及轴和孔的表面粗糙度参数推荐值，供选用时参考。

表4-8　表面粗糙度的表面微观特征、加工方法及应用举例

表面微观特性		Ra/μm	加工方法	应用举例
粗糙表面	微见刀痕	≤20	粗车、粗铣、粗刨、钻孔、毛锉、锯断、粗砂轮等加工	半成品粗加工过的表面、非配合的加工表面，如轴端面、倒角、钻孔、齿轮和带轮侧面、键槽底面、垫圈接触面
半光表面	微见加工痕迹	≤10	车、铣、刨、镗、钻、粗铰	轴上不安装轴承、齿轮处的非配合表面，紧固件的自由装配表面，轴和孔的退刀槽
半光表面	微见加工痕迹	≤5	车、铣、刨、镗、磨、拉、粗刮、滚压	半精加工表面，箱体、支架、盖面、套筒等和其他零件结合而无配合要求的表面，需要发蓝的表面等
半光表面	看不清加工痕迹	≤2.5	车、铣、刨、镗、磨、拉、刮、压、铣齿	接近于精加工表面，箱体上安装轴承的镗孔表面，齿轮的工作面
光表面	可辨加工痕迹方向	≤1.25	车、镗、磨、拉、刮、精铰、磨齿、滚压	圆柱销、圆锥销、与滚动轴承配合的表面，卧式车床导轨面，内、外花键定心表面
光表面	微辨加工痕迹方向	≤0.63	粗铰、精镗、磨、刮、滚压	要求配合性质稳定的配合表面，工作时受交变应力的重要零件，较高精度车床的导轨面
光表面	不可辨加工痕迹方向	≤0.32	精磨、珩磨、研磨、超精加工	精密机床主轴锥孔、顶尖圆锥面、发动机曲轴、凸轮轴工作表面，高精度齿轮齿面
极光表面	暗光表面	≤0.16	精磨、研磨、普通抛光	精密机床主轴轴颈表面，一般量规工作表面，汽缸套内表面，活塞销表面
极光表面	亮光泽面	≤0.08	超精磨、精抛光、镜面磨削	精密机床主轴轴颈表面，滚动轴承的滚珠，高压油泵中柱塞和柱塞套配合表面
极光表面	镜状光泽面	≤0.04	超精磨、精抛光、镜面磨削	精密机床主轴轴颈表面，滚动轴承的滚珠，高压油泵中柱塞和柱塞套配合表面
极光表面	镜面	≤0.01	镜面磨削、超精研	高精度量仪、量块的工作表面，光学仪器中的金属镜面

表 4-9 轴和孔的表面粗糙度参数推荐值

<table>
<tr><td>表面特征</td><td colspan="7">Ra/μm 不大于</td></tr>
<tr><td rowspan="10">轻度装卸零件的配合表面（如挂轮、滚刀等）</td><td rowspan="2">表面</td><td rowspan="2">公差等级</td><td colspan="5">公差尺寸/mm</td></tr>
<tr><td colspan="2">到 50</td><td colspan="3">大于 50 到 500</td></tr>
<tr><td>轴</td><td rowspan="2">5</td><td colspan="2">0.2</td><td colspan="3">0.4</td></tr>
<tr><td>孔</td><td colspan="2">0.4</td><td colspan="3">0.8</td></tr>
<tr><td>轴</td><td rowspan="2">6</td><td colspan="2">0.4</td><td colspan="3">0.8</td></tr>
<tr><td>孔</td><td colspan="2">0.4~0.8</td><td colspan="3">0.8~1.6</td></tr>
<tr><td>轴</td><td rowspan="2">7</td><td colspan="2">0.4~0.8</td><td colspan="3">0.8~1.6</td></tr>
<tr><td>孔</td><td colspan="2">0.8</td><td colspan="3">1.6</td></tr>
<tr><td>轴</td><td rowspan="2">8</td><td colspan="2">0.8</td><td colspan="3">1.6</td></tr>
<tr><td>孔</td><td colspan="2">0.8~1.6</td><td colspan="3">1.6~3.2</td></tr>
<tr><td rowspan="10">过盈配合的配合表面
① 装配按机械压入法
② 装配按热处理法</td><td rowspan="2">表面</td><td rowspan="2">公差等级</td><td colspan="5">公称尺寸/mm</td></tr>
<tr><td colspan="2">到 50</td><td colspan="2">大于 50 到 120</td><td>大于 120 到 500</td></tr>
<tr><td>轴</td><td rowspan="2">5</td><td colspan="2">0.1~0.2</td><td colspan="2">0.4</td><td>0.4</td></tr>
<tr><td>孔</td><td colspan="2">0.2~0.4</td><td colspan="2">0.8</td><td>0.8</td></tr>
<tr><td>轴</td><td rowspan="2">6~7</td><td colspan="2">0.4</td><td colspan="2">0.8</td><td>1.6</td></tr>
<tr><td>孔</td><td colspan="2">0.8</td><td colspan="2">1.6</td><td>1.6</td></tr>
<tr><td>轴</td><td rowspan="2">8</td><td colspan="2">0.8</td><td colspan="2">0.8~1.6</td><td>1.6~3.2</td></tr>
<tr><td>孔</td><td colspan="2">1.6</td><td colspan="2">1.6~3.2</td><td>1.6~3.2</td></tr>
<tr><td>轴</td><td rowspan="2">—</td><td colspan="5">1.6</td></tr>
<tr><td>孔</td><td colspan="5">1.6~3.2</td></tr>
<tr><td rowspan="5">精密定心用配合的零件表面</td><td rowspan="3">表面</td><td colspan="6">径向圆跳动公差/μm</td></tr>
<tr><td>2.5</td><td>4</td><td>6</td><td>10</td><td>16</td><td>25</td></tr>
<tr><td colspan="6">Ra/μm 不大于</td></tr>
<tr><td>轴</td><td>0.05</td><td>0.1</td><td>0.1</td><td>0.2</td><td>0.4</td><td>0.8</td></tr>
<tr><td>孔</td><td>0.1</td><td>0.2</td><td>0.2</td><td>0.4</td><td>0.8</td><td>1.6</td></tr>
<tr><td rowspan="5">滑动轴承的配合表面</td><td rowspan="3">表面</td><td colspan="4">公差等级</td><td colspan="2" rowspan="2">液体湿摩擦条件</td></tr>
<tr><td colspan="2">6~9</td><td colspan="2">10~12</td></tr>
<tr><td colspan="6">Ra/μm 不大于</td></tr>
<tr><td>轴</td><td colspan="2">0.4~0.8</td><td colspan="2">0.8~3.2</td><td colspan="2">0.1~0.4</td></tr>
<tr><td>孔</td><td colspan="2">0.8~1.6</td><td colspan="2">1.6~3.2</td><td colspan="2">0.2~0.8</td></tr>
</table>

5. 表面粗糙度的检测

表面粗糙度的检测方法主要有比较法、针描法、光切法、显微干涉法。

（1）比较法

比较法是生产车间检验表面粗糙度常用的方法，它是将被测表面与已知其评定参数值的表面粗糙度样块进行触觉和视觉比较的方法。所选用的样块和被测零件的加工方法必须相同，并且样块的颜色、形状、表面色泽等应尽可能与被测零件一致。判断的准则是根据被测零件表面加工痕迹的深浅来判断其表面粗糙度轮廓是否符合零件图上规定的技术要求。如果被测表面加工痕迹的深度相当于或小于样块加工痕迹的深度，则被测零件表面轮廓幅度参数的 Ra 值小于或等于样块所标记的 Ra 值。

触觉比较法是用手指的触感来判别，适用于检测 Ra 值在 1.25～10μm 范围的外表面；视觉比较法是指目测或借助于放大镜、显微镜观察，适用于检测 Ra 值在 0.16～100μm 范围的外表面。比较法简单易行，适用于生产车间条件下判断较粗糙轮廓的表面，但测量精度不高。

(2) 针描法

针描法是一种接触式测量方法，它是利用仪器的触针划过被测零件表面，被测零件表面的微观不平度将使触针作垂直方向的位移，再通过传感器将位移量转换成电量，经信号放大后将表面粗糙度轮廓送入计算机，在显示器上显示出被测表面粗糙度的评定参数值。针描法测量表面粗糙度示意图如图4-12所示。采用针描法原理设计制造的表面粗糙度测量仪器通常称为轮廓仪，它适用于测量 Ra 值在 0.04～5μm 的内、外表面和球面。根据转换原理不同，轮廓仪有电感式轮廓仪、电容式轮廓仪、压电式轮廓仪等。该方法测量范围广、速度可靠、操作简便并易于实现自动测量和计算机数据处理，但被测表面易被触针划伤。

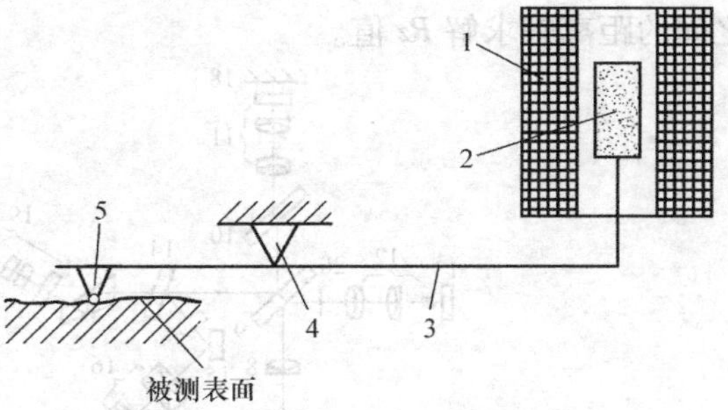

图4-12　针描法测量表面粗糙度示意图

1—电感线圈　2—铁心　3—杠杆　4—支点　5—触针

(3) 光切法

光切法属于非接触式测量方法，它是利用光切原理测量表面粗糙度轮廓的方法。采用光切原理制成的表面粗糙度轮廓测量仪称为光切显微镜（或称双管显微镜），它适用于测量 Rz 值为 0.8～80μm，相当于 Ra 值为 0.32～10μm 的平面和外圆柱面。光切显微镜的测量原理如图 4-13 所示，测量仪有两个轴线相互垂直的光管，左光管为观察管，右光管为照明管。由光源 1 发出的光线经狭缝 2 后形成平行光束。该光束以与两光管轴线夹角平分线成 45°的入射角投射到被测表面上，把表面轮廓切成窄长的光带。这光带以与两光管轴线夹角平分线成 45°的反射角反射到观察管的目镜 3。从目镜 3 中观察到放大的被测轮廓影像，它的高度为 h'。

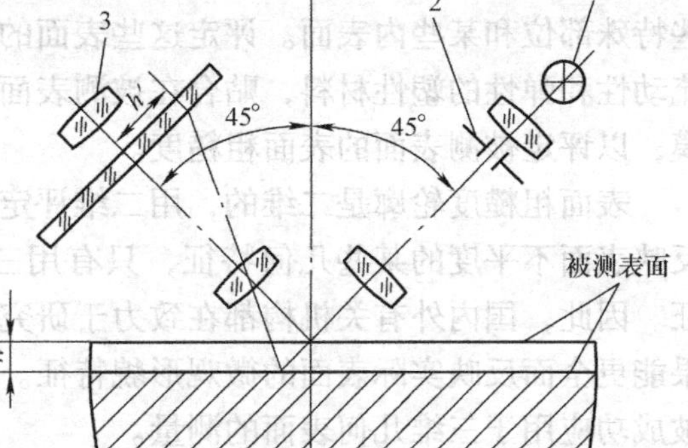

图4-13　光切显微镜测量原理图

1—光源　2—狭缝　3—目镜

在一个取样长度范围内，找出同一光带所有峰中最高的一个峰尖和所有谷中最低的一个谷底，利用测量仪测微装置测出该峰尖与该谷底之间的距离（h'值），把它换算为 h 值，来求解 Rz 值。

(4) 显微干涉法

干涉法属于非接触式测量方法，是利用光波干涉原理测量表面粗糙度的方法。根据干涉原理设计制造的仪器称为干涉显微镜，图 4-14a 所示为其基本光路系统。由光源 1 发出的光线经平面镜 5 反射向上，至半透半反分光镜 9 后分成两束。一束向上射至被测表面 18 返回，另一束向左射至参考镜 13 返回。此两束光线汇合后形成一组干涉条纹。干涉条纹的相对弯曲程度反映被测表面微观不平度的状况，如图 4-14b 所示。仪器的测微装置可按定义测出相应的评定参数 Rz 值，适用于测量 Rz 值在 0.025 ~ 0.8μm 的平面、外圆柱面和球面。在一个取样长度范围内，测出同一条干涉条纹所有峰中最高的一个峰尖和所有谷中最低的一个谷底之间的距离来求解 Rz 值。

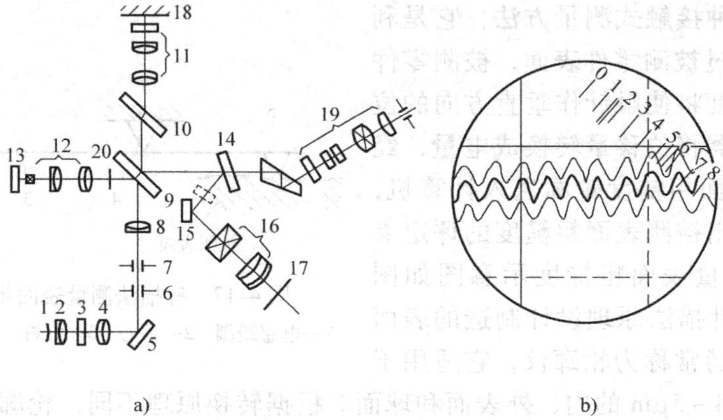

图 4-14 干涉显微镜测量原理图

实际检测中，常常会遇到一些表面不方便使用上述仪器直接测量的情况，如工件上的一些特殊部位和某些内表面。评定这些表面的表面粗糙度时，常采用印模法。它是利用一些无流动性和弹性的塑性材料，贴合在被测表面上，将被检测的表面轮廓复制成模，然后测量印模，以评定被测表面的表面粗糙度。

表面粗糙度轮廓是二维的，用二维评定参数反映实际表面的形貌显然是不充分的，只能反映表面不平度的某些几何特征，只有用三维评定参数才能真实地反映被测表面的实际特征。因此，国内外有关机构都在致力于研究开发三维粗糙度自动测量分析系统，以使测量结果能更全面反映实际表面的微观形貌特征。现在光切法、微波法和电子显微镜等测量方法已被成功应用于三维几何表面的测量。

任务 4.1 用光切显微镜检测表面粗糙度

1. 任务描述

用 9J 型光切显微镜测量给定零件的表面粗糙度，填写测量表格，评定零件表面粗糙度是否合格。

2. 光切显微镜的介绍

光切显微镜又称双管显微镜，它是利用被测表面能反射光的特性，根据“光切法原理”制成的光学仪器，能测量 Rz、Ry 参数，Rz 参数值的测量范围是 0.8 ~ 80μm。任务所用仪器为 9J 型光切显微镜，外形如图 4-15 所示，它由底座、工作台、立柱、横臂和观察显微镜、照明显微镜等组成。

9J 型光切显微镜工作原理如图 4-16 所示，被测表面为 $A-A$，当一平行光束经过狭缝 3，成为一扁平光带通过物镜 4，然后顺着加工痕迹以 45°方向照射被测表面，此时具有微观不平的被测表面被照射后分别在其轮廓的波峰 s 点和波谷 s' 点产生反射，通过物镜 4，各自在分划板 5 成像为 a 和 a'。通过目镜测微器 6 测出 aa'，即可换算出波峰至波谷的高度，从而得到零件表面粗糙度值。表 4-10 为 9J 型光切显微镜的测量参数。

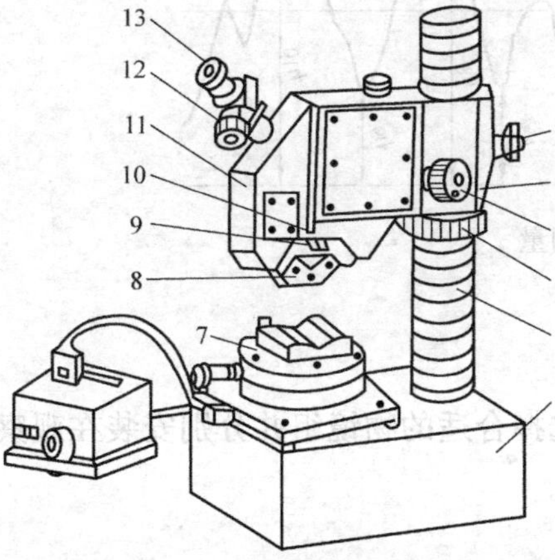

图 4-15　9J 型光切显微镜外形图

1—底座　2—立柱　3—升降螺母　4—微调手轮
5—支臂　6—支臂锁紧螺钉　7—工作台　8—物镜组
9—物镜锁紧机构　10—遮光板手轮　11—壳体
12—目镜测微器　13—目镜

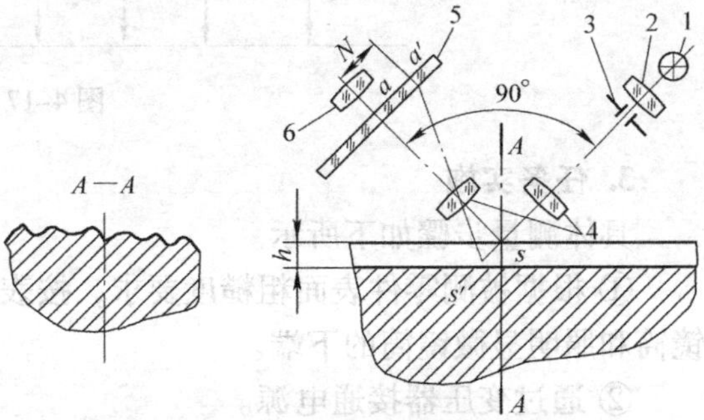

图 4-16　光切显微镜的测量原理图

1—光源　2—聚光镜　3—狭缝
4—物镜　5—分划板　6—目镜测微器

表 4-10　光切显微镜测量参数

物镜倍数	总放大倍数	视场直径/mm	系数 E/（μm/格）	测量范围/μm
7×	60×	2.7	1.28	15~50
14×	120×	1.3	0.63	5~15
30×	260×	0.6	0.29	1.5~5
60×	520×	0.3	0.16	0.8~1.5

由于投射角及目镜千分尺结构和物镜放大倍数的关系，在目镜千分尺鼓轮上读出的数值 a_i 并不等于实际工件高度 h_i，而需要通过换算。

$$h_i = a_i \times E \times 10^2 \quad (\mu m)$$

式中　h_i——第 i 个实际高度；

a_i——第 i 个峰（谷）的千分尺鼓轮值，单位为 mm；

E——换算系数。

如图 4-17 所示，根据的 Rz 定义，在取样长度内，从平行于轮廓中线任一条刻线到轮廓 5 个最高点（峰）和 5 个最低点（谷）之间的平均距离。

$$Rz = \frac{(h_2 + h_4 + h_8 + h_{10}) - (h_1 + h_3 + h_7 + h_9)}{5}$$

实际测量时，不必测一个 a_i，就换算一个 h_i，在一个取样长度内可按下式进行一次换算。

$$Rz=\frac{(a_2+a_4+a_6+a_8+a_{10})-(a_1+a_3+a_5+a_7+a_9)}{5}\times E\times 10^2\ \mu m$$

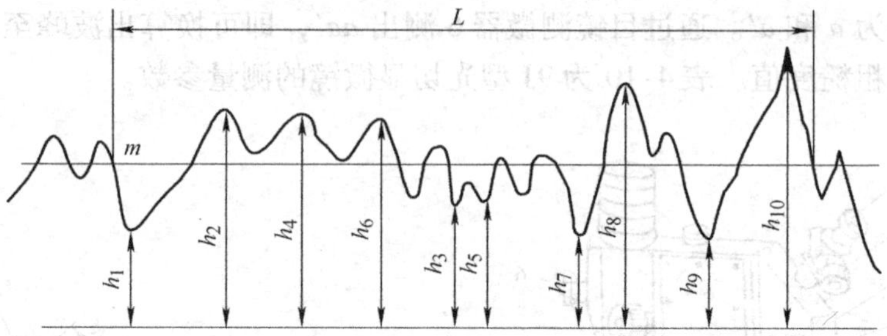

图 4-17　*Rz* 的测量

3. 任务实施

具体测量步骤如下所示。

① 根据被测零件表面粗糙度要求，按表 4-10 选择合适的物镜组并分别安装在观察显微镜筒和照明显微镜筒的下端。

② 通过变压器接通电源。

③ 擦净被测工件并置于工作台上，使被测表面加工痕迹的方向与工作台垂直。

④ 粗调节。参看图 4-15，放松物镜锁紧机构 9，旋转遮光板手轮 10，使支臂慢下降，直到工件表面上出现一绿色光带后锁紧物镜锁紧机构 9，转动工作台，使光带方向与加工痕迹垂直。为了防止仪器和工件表面相碰而损坏物镜组，一般由下向上慢慢调节。

⑤ 细调节。调节支臂锁紧螺钉 6 进行细调焦，配合调整微调手轮 4，直到场中央出现最清晰窄亮带。

⑥ 进行测量。松开目镜紧固螺钉，转动目镜千分尺，使目镜中十字线的水平线在取样长度内平行于光带的清晰边缘，此线即定为平行于轮廓中线，在取样长度内找出 5 个高峰点和 5 个低谷点，并使水平线与之相切，如图 4-18 所示，分别记下目镜分划板和鼓轮的读数 $a_1\sim a_{10}$。根据公式计算 *Rz* 值。

⑦ 取 $ln=3l$，测出 3 个 *Rz* 值，取平均值作为测量结果。

⑧ 根据计算结果，判别被测零件表面粗糙度是否合格。

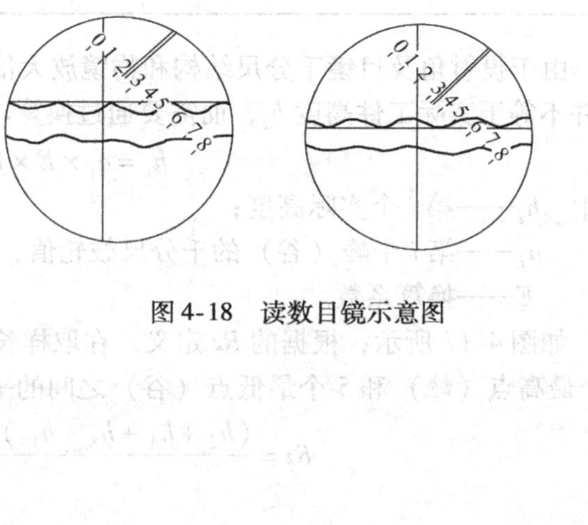

图 4-18　读数目镜示意图

4. 任务评价

填写任务评价表 4-11。

表4-11　任务评价

班级	组别	学号	姓名	成绩
被测零件	名称	被测粗糙度允许值 Rz	取样长度 l	评定长度 ln
器具名称	名称	物镜组的放大倍数	套筒的分度值	测量范围

测量序号	测量读数	1	2	3	4	5
1	峰顶	$a_2=$	$a_4=$	$a_6=$	$a_8=$	$a_{10}=$
	谷底	$a_1=$	$a_3=$	$a_5=$	$a_7=$	$a_9=$
	$Rz_1=\dfrac{(a_2+a_4+a_6+a_8+a_{10})-(a_1+a_3+a_5+a_7+a_9)}{5}\times E\times 10^2\mu m=$					
2	峰顶	$a_2=$	$a_4=$	$a_6=$	$a_8=$	$a_{10}=$
	谷底	$a_1=$	$a_3=$	$a_5=$	$a_7=$	$a_9=$
	$Rz_2=\dfrac{(a_2+a_4+a_6+a_8+a_{10})-(a_1+a_3+a_5+a_7+a_9)}{5}\times E\times 10^2\mu m=$					
3	峰顶	$a_2=$	$a_4=$	$a_6=$	$a_8=$	$a_{10}=$
	谷底	$a_1=$	$a_3=$	$a_5=$	$a_7=$	$a_9=$
	$Rz_3=\dfrac{(a_2+a_4+a_6+a_8+a_{10})-(a_1+a_3+a_5+a_7+a_9)}{5}\times E\times 10^2\mu m=$					

计算在评定长度 L_n 内 Rz 的平均值：	判断零件表面粗糙度合格性：
$Rz=\dfrac{Rz_1+Rz_2+Rz_3}{3}=$	

任务4.2　用干涉显微镜检测零件表面粗糙度

1. 任务描述

用6JA型干涉显微镜测量给定零件的表面粗糙度，填写测量表格，评定零件表面粗糙度是否合格。

2. 干涉显微镜的介绍

6JA型干涉显微镜外形结构如图4-19所示，它主要由工作台、干涉仪主体、微调干涉条纹部件、测微目镜等部分组成，它是利用光波干涉原理，将具有微观不平度的被测表面与标准光学镜面相比较，用光波波长为基准来测量工件表面粗糙度。可以测量0.05~0.9μmRz

值及Ry值。

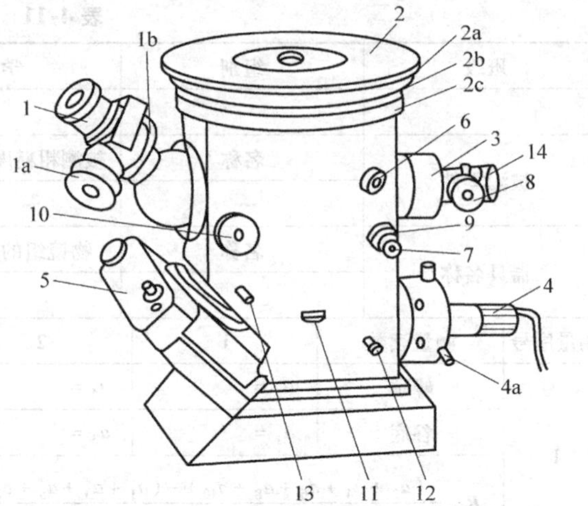

图 4-19 6JA 型干涉显微镜外形图

1—目镜千分尺 1a—刻度筒 1b—螺钉 2—圆工作台 2a—移动圆台的滚花环 2b—转动圆台的滚花环 2c—升降圆台的滚花环 3—参考镜部件 4—光源 4a—调节螺钉 5—照相机 6—遮光板手轮 7、8、9、14—干涉带调节手轮 10—目视或照相的转换手轮 11—光阑调节手轮 12—滤光片手柄 13—固紧照相机的螺钉

图 4-20 为 6JA 型干涉显微镜光学系统图。从光源 1 发出的光束，经过分光镜 9 分为两束光。一束透过分光镜 9、补偿板 10，射向被测工件表面，由工件反射后经原路返回至分光镜 9，射向观察目镜 20。另一束光通过分光镜 9 反射到标准参考镜 13，由标准参考镜 13 反射并透过分光镜 9，也射向观察目镜 20。这两束光线间存在光程差，当相遇时，产生光波干涉，形成明暗相间的干涉条纹。在本仪器上用白光工作时，通过黑色干涉条纹进行测量来评定零件表面粗糙度。若工件表面为理想平面，则干涉条纹为等距离平行直线；若工件表面存在着微观不平度，通过目镜将看到如图 4-21 的弯曲干涉条纹。测出干涉条纹的弯曲度 Δh_i 和间隔宽度 b_i。通过下式可计算出波峰至波谷的实际高度 Y_i 为

$$Y_i = \frac{\Delta h_i}{b_i} \times \frac{\lambda}{2}$$

式中 λ——光波波长。自然光（白光），$\lambda = 0.66\mu m$；绿光（单色光），$\lambda = 0.509\mu m$；红光（单色光），$\lambda = 0.644\mu m$。

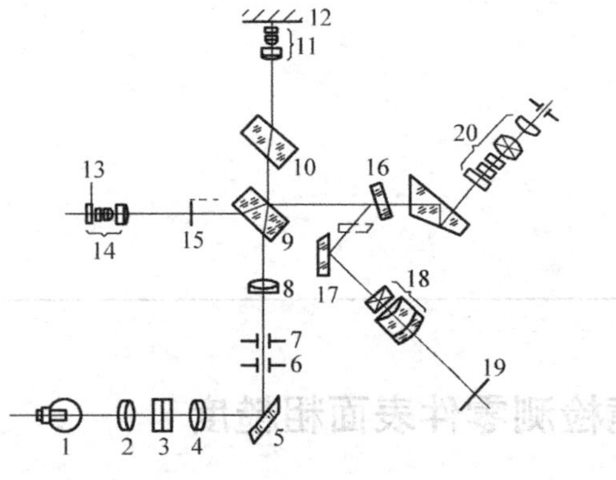

图 4-20 6JA 型干涉显微镜光学系统

1—光源 2，4，8—聚光镜 3—滤光片 5—折射镜 6—视场光阑 7—孔径光阑 9—分光镜 10—补偿板 11—物镜 12—被测表面 13—标准参考镜 14—物镜组 15—遮光板 16—可调反光镜 17—折射镜 18—照相物镜 19—照相底片 20—观察目镜

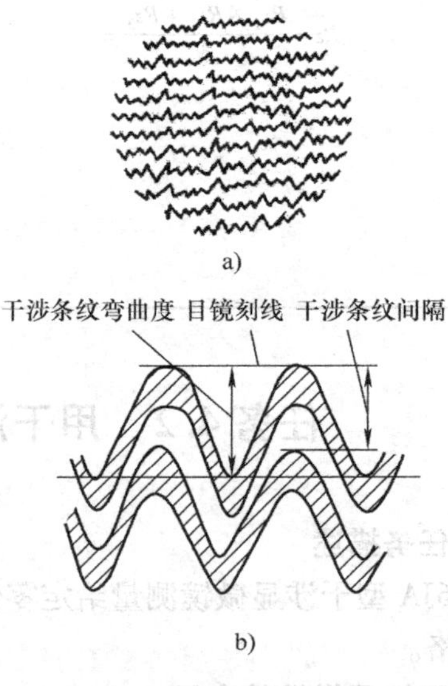

图 4-21 干涉条纹视场

3. 任务实施（图 4-19）

① 开亮灯泡，转动手轮，将遮光板从光路中转出。如果视场亮度不均匀，可转动调节

螺钉，使视场亮度均匀。

② 在工作台上放好用汽油洗净的检测工件，使被测表面向下朝向物镜，接通电源。

③ 将挡板调节手柄旋至箭头向上，遮住射向参考镜的光线。移动滤光片手柄 12，选取单光，记下波长数值，将光圈 5 开到最大。

④ 缓慢转动微调旋钮 13，使整个干涉系统上下移动，对被测表面调焦，直到从目镜 11 中观察到清晰的被测表面加工痕迹。转动挡板手柄 9 使肖头处水平位置，此时从目镜可看到干涉条纹。旋转调焦手柄 10，调节干涉带宽和方向，使其方向与工件切削痕迹垂直。

⑤ 松开锁紧螺丝 13 转动目镜千分尺并旋转鼓轮 12 在目镜视场中可看到十字线在移动，使目镜中十字线的水平线平行于干涉条纹的方向。

⑥ 在干涉条纹的取样长度内，选 5 个高峰和 5 个低谷进行测量、读数并记录。干涉条纹弯曲度的平均值 Δh 用下式计算，即

$$\Delta h = \frac{\sum_{i=1}^{5} h_{PIi} - \sum_{i=1}^{5} h_{PVi}}{5b}$$

干涉条纹的间隔宽度，可取 3 个不同位置的平均值，即

$$b = \frac{b_1 + b_2 + b_3}{3}$$

一般在 5 个取样长度上分别测出 5 个 Δh 值，以其平均值作为工件的表面粗糙度，即

$$Rz = \frac{\Delta h}{5} \times \frac{\lambda}{2}$$

同理，也可测出轮廓最大高度 Ry 为：

$$Ry = h_{峰\max} - h_{谷\min}$$

4. 任务评价

填写任务评价表 4-12。

表 4-12　任务评价

班级	组别	姓名	学号	成绩
测量对象	被测试件编号	被测试件表面粗糙度允许值 Rz =	取样长度	评定长度
测量器具	名称与型号	目镜千分尺分度值	测量范围	物镜的放大倍数

n	读数 1（格）		读数 2（格）		读数 3（格）		读数 4（格）		读数 5（格）	
	$h_{峰}$	$h_{谷}$	$h_{峰}$	$h_{谷}$	$h_{峰}$	$h_{谷}$	$h_{峰}$	$h_{谷}$	$h_{峰}$	$h_{谷}$
1										
2										
3										
4										
5										
$\sum$										
b										
Rz										

（续）

$$Rz=\frac{\sum h_{峰}-\sum h_{谷}}{5b}\times\frac{\lambda}{2}$$	
计算在评定长度 ln 内 Rz 的平均值 $Rz=\frac{\sum Rz}{5}=$	判断零件表面粗糙度合格性：

思考与练习

一、选择题

1. 表面粗糙度轮廓的符号√用于（　　）。

A. 需要去除材料的表面　　C. 不需要去除材料的表面

B. 用任何方法获得的表面　　D. 特殊加工的表面

2. 车间生产中评定表面粗糙度轮廓参数最常用的方法是（　　）。

A. 光切法　　B. 干涉法　　C. 针描法　　D. 比较法

3. 用双管显微镜测表面粗糙度时，被测表面的加工纹理与仪器的狭缝夹角（　　）。

A. 垂直　　B. 平行　　C. 倾斜45°　　D. 倾斜60°

4. 电动轮廓仪是根据（　　）原理制成的。

A. 针描　　B. 印泥　　C. 光波干涉　　D. 光切

二、判断题

1. 零件的尺寸公差等级越高，则该零件加工后的表面粗糙度轮廓值越小。（　　）

2. 表面粗糙度轮廓参数中，Rz 为轮廓的算术平均偏差，Rq 为轮廓的均方根。（　　）

3. 测量和评定零件表面粗糙度轮廓参数时，如果零件表面的微观几何形状很均匀，那么可以选用一个取样长度作为评定长度。（　　）

4. 可以用干涉显微镜测量零件表面粗糙度参数的 Ra 和 Rz 值。（　　）

三、填空题

1. 测量零件表面粗糙度轮廓时，规定取样长度的目的是____________，按照GB/T 3505—2009 的规定，表面粗糙度轮廓最大高度的符号为________。

2. 测量零件表面粗糙度轮廓时，应把测量限制在一段足够短的长度上，这段长度称作________。

3. 测量和评定表面粗糙度轮廓参数时，可以选取________作为基准线。按照GB/T 10610—2009 的规定，标准评定长度为连续的________个标准取样长度。

4. 选择表面粗糙度幅度参数时，通常优先选用________。

5. GB/T 3505—2009 规定的表面粗糙度轮廓参数中，常用的两个幅度参数是________和________；常用的间距参数的名称是________。

四、问答题

1. 表面粗糙度的含义是什么？对零件的工作性能有哪些影响？

2. 什么是取样长度和评定长度？

3. 测量表面粗糙度轮廓和评定表面粗糙度轮廓参数时，为什么要规定取样长度？标准评定长度等于连续的几个标准取样长度？

4. 表面粗糙度评定参数 Rz 和 Ra 的含义是什么？

5. 什么是轮廓峰和轮廓谷？

6. 表面粗糙度参数值是否选得越小越好？选用的原则是什么？如何选用？

7. 表面粗糙度与尺寸公差有什么关系？

8. 表面粗糙度的检测方法有哪些？

9. 比较法评定表面粗糙度有些什么要求？如何评定？适用范围怎样？

10. 电动轮廓仪的工作原理是什么？如何用它来检测零件表面粗糙度？

11. 光切显微镜的工作原理是什么？如何用它来检测零件表面粗糙度？

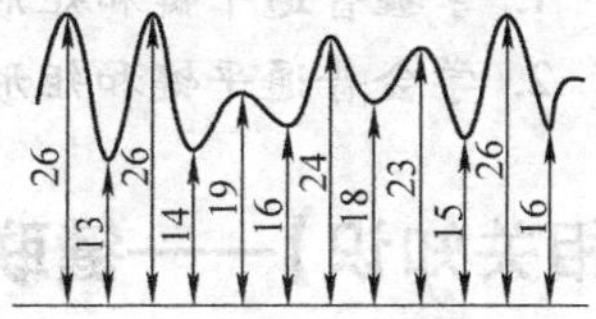

图4-22　第12题测量数据图

12. 某零件要求表面粗糙度 Rz 的最大值为10μm，现用光切显微镜测得表面粗糙度数据如图4-22所示（单位：μm），试判断该零件表面粗糙度是否合格。

13. 在一般情况下，下列每组中两孔表面粗糙度参数值的允许值是否应该有差异？如果有差异，那么哪个孔的允许值较小？为什么？

（1）ϕ60H8 与 ϕ20H8 孔。

（2）ϕ50H7/h6 与 ϕ50H7/g6 中的 H7 孔。

（3）圆柱度公差分别为0.01mm和0.02mm的两个 ϕ40H7 孔。

14. 表面粗糙度的图样标注中，什么情况注出评定参数的上限值、下限值？什么情况要注出最大值、最小值，上限值和下限值与最大值和最小值如何标注？

15. ϕ60H7/f6 和 ϕ60H7/h6 相比，何者应选用较小的表面粗糙度 Ra 和 Rz，为什么？

16. 将表面粗糙度符号标注在图4-23上，要求：

（1）用任何方法加工圆柱面 ϕd_3，Ra 上限值为3.2μm。

（2）用去除材料的方法获得孔 ϕd_1，Ra 上限值为3.2μm。

（3）用去除材料的方法获得表面 A，Rz 上限值为3.2μm。

（4）其余表面用去除材料的方法获得，Ra 上限值为25μm。

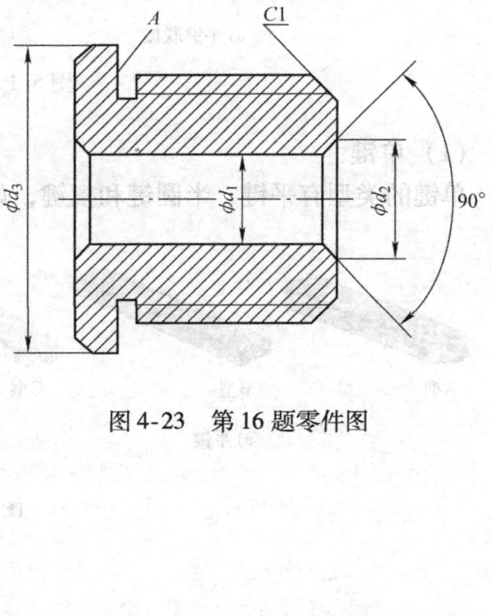

图4-23　第16题零件图

学习情境 5　键联接的精度与检测

【知识目标】

1. 了解键的作用、类型及特点。
2. 熟悉普通平键和矩形花键的几何参数、主要配合尺寸及标记。
3. 了解普通平键和矩形花键公差与配合的标准及其选用。

【能力目标】

1. 掌握普通平键和矩形花键在图样上的正确标注。
2. 学会普通平键和矩形花键的检测方法。

【相关知识】——键联接及键的检测

1. 概述

键是机械传动中的标准件。轴和轴上转动件的可拆结合，往往借助键和花键以传递运动和转矩，楔键还可以起单向轴向固定零件，而导键、滑键、花键还可用作轴上滑动的导向装置。用键将轴与带毂零件联成一体的可拆联接，广泛应用于轴与齿轮、链轮、皮带轮或联轴器等可拆卸传动件之间的联接。如图 5-1a 所示，变速箱中齿轮与轴之间，通过平键联接；如图 5-1b 所示，通过花键与花键轴联接。

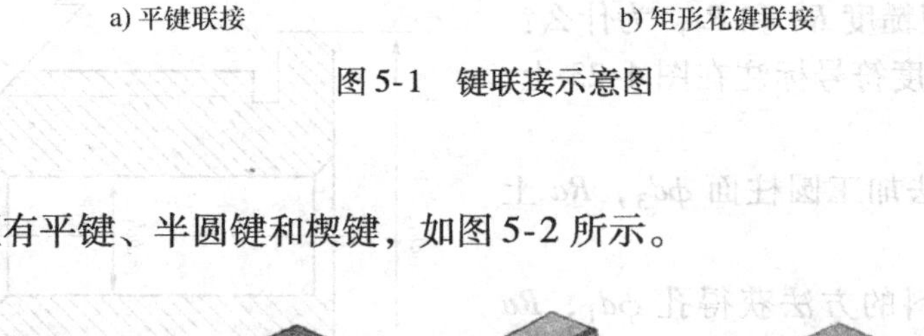

a) 平键联接　　b) 矩形花键联接

图 5-1　键联接示意图

（1）单键

单键的类型有平键、半圆键和楔键，如图 5-2 所示。

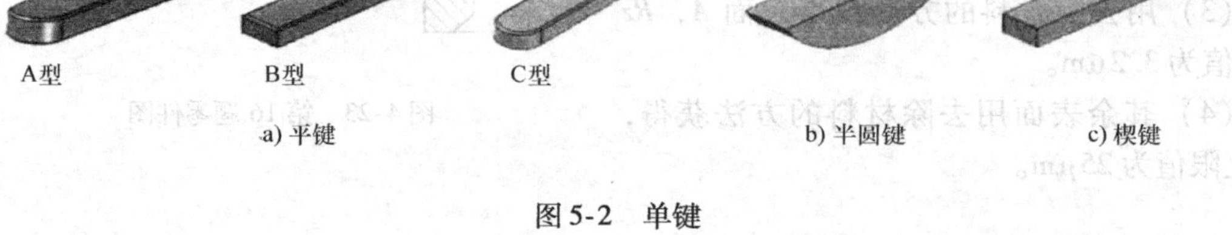

a) 平键　　b) 半圆键　　c) 楔键

图 5-2　单键

平键包括普通平键、薄型平键、导向平键和滑键。普通平键用于带毂零件无需在轴上移动的静联接；导向平键固定在轴上，而毂可以沿着键移动；滑键固定在毂上，而随毂一同沿着轴上键槽移动。滑移距离大时采用滑键，导向平键和滑键都构成动联接。轴上的键槽用盘铣刀或指状铣刀加工，轮毂槽用拉刀或插刀加工。

普通平键（简称平键）根据两端形状又有 A 型（两端圆）、B 型（两端平）、C 型（一端圆、一端平）之分，如图 5-2a 所示。

薄型平键的键高约为普通平键的 60% ~70%，圆头、方头、单圆头用于薄壁结构、空心轴等径向尺寸受限制的联接。

导向平键与滑键要求接合面粗糙度小，摩擦小，否则寿命短。特点是装拆方便，对零件对中性无影响，容易制造，作用可靠，多用于高精度联接。但只能圆周固定，易窜动（轴向），不能承受轴向力。

半圆键与平键类似，但它能绕其几何中心摆动，以适应带毂零件上键槽的斜度。

楔键用以构成紧联接，主要有钩头楔键和切向键两种。钩头楔键的一个底面有 1∶100 的斜度，借以楔紧在轴、毂之间构成联接。它主要靠摩擦传递扭矩和轴向力，因楔紧会引起带毂零件的偏心，其应用不如平键普遍。切向键由两个钩头楔键组成，成对使用，以两个斜面互相贴合构成联接，主要靠沿轴切向互相压紧传力，可用于重载联接。

平键制造、装拆简便且成本低，对中性好，可用于较高精度的联结，因此应用广泛。由于单键联接时键槽会引起应力集中，被联接件难以获得精确的定心，在载荷很大和变化频繁或对零件定心要求较高的场合，键联接已逐渐为花键联接所代替。

（2）花键

花键分为内花键（花键孔）和外花键（花键轴），如图 5-1b 所示。按截面形状又有矩形花键、渐开线花键、梯形花键、三角形花键之分，其中矩形花键应用最广泛。与平键联接相比，花键联接具有定心精度高、导向性好、承载能力强等优点，而且既可作固定联接，也可作滑动联接，故在汽车、机床等机械行业中广泛应用。但加工需专用设备和刃具、量具，制造成本较高。本单元主要讨论普通平键和矩形花键的公差配合及精度检测。

2. 平键的公差配合

（1）平键的几何参数及标记

普通平键是通过键的侧面与轴槽、轮毂槽侧面间的相互接触来传递转矩的，键结合的特点是：键的侧面既与轴槽侧面配合又与轮廓槽侧面相配合。联接时，键的上表面与轮毂键槽底面间要留有一定间隙。因此，键和轴槽的侧面应有足够大的实际有效接触面积来承受载荷，并且键嵌入轴槽要牢固可靠，防止松动脱落。其结构及主要尺寸如图 5-3a 所示，图示为减速器的输出轴与带轮之间的联接，输出的动力及转矩通过平键来传递。

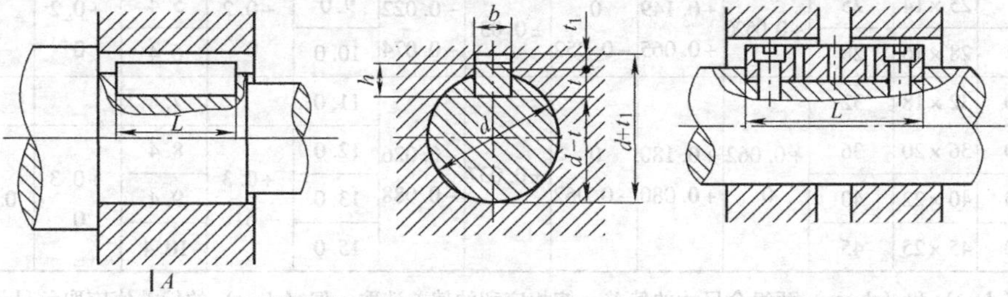

a) 普通平键联接　　b) 导向平键联接

图 5-3　平键联接

键的标准件，公称尺寸是键宽 b，键高 h 和键长 L。平键标记为 GB/T 1099—2003 键 $b \times h \times L$。例如：GB/T 1099—2003 键 $6 \times 10 \times 25$。

其他尺寸有轴槽深 t 和轮毂槽深 t_1，轴和轮毂直径 d，为便于测量，图样上分别标注尺寸“$d-t$”和“$d+t_1$”。设计键联接时，平键参数根据 d 查表确定，见表5-1、表5-2。国标规定键长 L 是个合理范围，一般取 L = 轮毂宽 $-2\times$ 毂宽余量，毂宽余量取 3 ~ 5mm。如图 5-3a所示，设轮毂宽为 40，毂宽余量取 4，则键长 $L = 40-2\times4 = 32$mm。

表5-1 普通平键键槽尺寸与公差（摘自 GB/T 1095—2003） （单位：mm）

轴	键	键槽											
		宽度 b						深度					
			轴槽宽与毂槽宽的极限偏差										
公称直径 d	公称尺寸 $b\times h$	键宽 b	松联接		正常联接		紧密联接	轴槽深 t_1		毂槽深 t_2		半径 r	
			轴 H9	毂 D10	轴 N9	毂 JS9	轴和毂 P9	公称尺寸	偏差	公称尺寸	偏差	最大	最小
≤6 ~ 8	2×2	2	+0.025 0	+0.060 +0.020	−0.004 −0.029	±0.0125	−0.006 −0.031	1.2		1			
>8 ~ 10	3×3	3						1.8	+0.10 0	1.4	+0.10 0	0.08	0.16
>10 ~ 12	4×4	4	+0.030 0	+0.078 +0.030	0 −0.030	±0.015	−0.012 −0.042	2.5		1.8			
>12 ~ 17	5×5	5						3.0		2.3			
>17 ~ 22	6×6	6						3.5		2.8		0.16	0.25
>22 ~ 30	8×7	8	+0.036 0	+0.098 +0.040	0 −0.036	±0.018	−0.015 −0.051	4.0		3.3			
>30 ~ 38	10×8	10						5.0	+0.2 0	3.3			
>38 ~ 44	12×8	12	+0.043 0	+0.120 +0.050	0 −0.043	±0.0215	−0.018 −0.061	5.0		3.3		0.25	0.40
>44 ~ 50	14×9	14						5.5		3.8	+0.2 0		
>50 ~ 58	16×10	16						6.0		4.3			
>58 ~ 65	18×11	18	+0.052 0	+0.149 +0.065	0 −0.052	±0.026	−0.022 −0.074	7.0		4.4			
>65 ~ 75	20×12	20						7.5	+0.2 0	4.9			
>75 ~ 85	22×14	22						9.0		5.4		0.40	0.60
>85 ~ 95	25×14	25	+0.052 0	+0.149 +0.065	0 −0.052	±0.031	−0.022 −0.074	9.0	+0.2 0	5.4	+0.2 0		
>95 ~ 110	28×16	28						10.0		6.4			
>110 ~ 130	32×18	32	+0.062 0	+0.180 +0.080	0 −0.062	±0.037	−0.026 −0.088	11.0		7.4			
>130 ~ 150	36×20	36						12.0		8.4			
>150 ~ 170	40×22	40						13.0	+0.3 0	9.4	+0.3 0	0.70	1.0
>170 ~ 200	45×25	45						15.0		10.4			

注：1. （$d-t$）和（$d+t_1$）两组合尺寸的偏差，按相应和的偏差选取，但（$d-t$）的偏差值应取负号（−）。

2. 导向平键的轴槽与轮毂槽用较松键联接的公差。

表 5-2　普通平键的尺寸与公差（摘自 GB/T 1095—2003）　（单位：mm）

b	公称尺寸	8	10	12	14	16	18	20	22	25	28
	极限偏差（h8）	0 −0.022		0 −0.027				0 −0.033			
h	公称尺寸	7	8	8	9	10	11	12	14	16	
	极限偏差（h11）	0 −0.090					0 −0.110				

（2）平键联接的公差配合及选用

1）尺寸公差　在键与键槽宽的配合中，键宽相当于广义的“轴”，键槽宽相当于广义的“孔”。键宽同时要与轴槽宽和轮毂槽宽配合，而配合性质又不同，由于平键是标准件，因此平键配合采用基轴制。

普通平键联接中，键的宽度 b 是决定配合性质和配合精度的主要参数，为主要配合尺寸，公差等级要求高；而键长 L、键高 h、轴槽深 t 和轮毂槽深 t_1 为非配合尺寸，其精度要求较低。一般来说对配合尺寸给出较严格的公差，对非配合尺寸给出较宽松的公差。对键宽只规定一种公差带，键槽宽则采用不同的 3 种公差带构成 3 种联接，分别为松联接、正常联接和紧密联接。

平键的选择包括类型选择和尺寸选择两个方面，键的类型应根据键联接的结构特点、使用要求和工作条件来选择；键的尺寸则按符合标准规格和强度要求来取定。键的主要尺寸为其截面尺寸和长度。键的长度一般可按轮毂长度而定，一般键长略短于或等于轮毂的长度；导向平键和滑键则按轮毂及其滑动的距离而定。

普通平键高度 h 的公差带一般采用 h11，平键长度 L 的公差带采用 h14；轴键长度 L 的公差带采用 H14。GB/T 1095—2003 对轴键槽深度 t_1 和轮毂槽深度 t_2 的极限偏差作了专门规定，为了便于测量，在图样上对轴键槽深度和轮毂键槽深度分别标注“$d-t_1$”和“$d+t_2$”，此处 d 为孔、轴的公称尺寸，它们的极限偏差见表 5-3。

表 5-3　普通平键尺寸和键槽深度 t_1、t_2 的公称尺寸及极限偏差　（单位：mm）

相互配合的孔、轴的公称尺寸	键尺寸 $b\times h$	轴键槽 t_1 公称尺寸	轴键槽 t_1 极限偏差	$d-t_1$	轮毂键槽 t_2 公称尺寸	轮毂键槽 t_2 极限偏差	$d+t_2$
	2×2	1.2			1.0		
	3×3	1.8			1.4		
	4×4	2.5	+0.1	0	1.8	+0.1	+0.1
	5×5	3.0	0	0.1	2.3	0	0
	6×6	3.5			2.8		
	8×7	4.0			3.3		
d	10×8	5.0			3.3		
	12×8	5.0			3.3		
	14×9	5.5			3.8		
	16×10	6.0	+0.2	0	4.3	+0.2	+0.2
	18×11	7.0	0	−0.2	4.4	0	0
	20×12	7.5			4.9		
	22×14	9.0			5.4		

① 配合尺寸。GB/T 1095—2003 规定的键和键槽宽度 b 公差带均从 GB/T 1801—2009《极限与配合　公差带和配合的选择》中选取，键宽公差带规定为 h9，对轴槽宽和轮毂槽宽分别规定 3 种公差带：H9、N9、P9 和 D10、JS9、P9，共同组成 3 种联接配合类型：松联接、正常联接和较紧联接，以满足不同用途需要。公差带如图 5-4 所示，其应用见表 5-4。

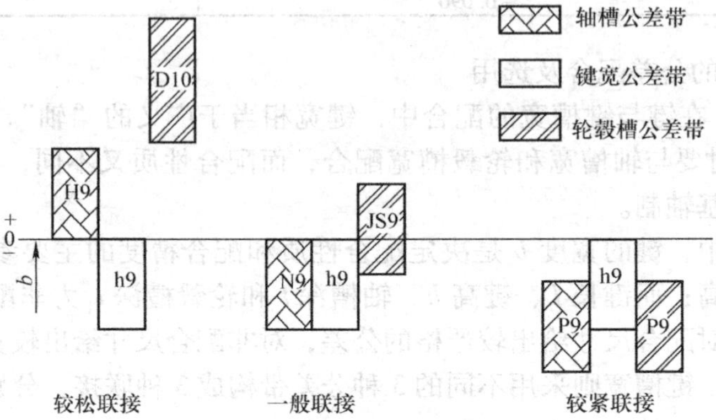

图 5-4　平键联接的配合类型

表 5-4　平键联接中键宽 b 的 3 种配合类型及其应用

配合类型	尺寸的公差带			应　用
	键	轴槽	轮毂槽	
较松联接	H9	H9	D10	轮毂可在轴上滑动，主要用于导向平键
一般联接		N9	JS9	键固定在键槽和轮毂槽中，用于载荷不大的场合
较紧联接		P9	P9	键牢固安装在轴槽和轮毂槽中，用于较大载荷、冲击或双向载荷的场合

② 非配合尺寸。轴槽深 t 和轮毂槽深 t_1 的公差见表 5-1。键高 h、键长 L 和轴键槽长的公差见表 5-5。

表 5-5　平键联接中非配合尺寸的公差带

非配合尺寸	键高 h	键长 L	轴槽长
公差带	h11	h14	H14

2）几何公差和表面粗糙度

① 键槽的几何公差。键与键槽配合的松紧程度不仅取决于它们配合尺寸的公差带，而且还与它们配合表面的几何误差有关，因此还需规定轴键槽两侧面的中心平面对轴的基准轴线和轮毂键槽两侧面的中心平面对孔的基准轴线的对称度公差。键联接的几何公差主要是指键槽的实际中心平面对基准轴线的对称度公差。其对称度误差使键与键槽间接触不均匀，导致传递扭矩时工作表面负载不均匀，从而影响键联接的配合性质，并降低键联接的装配性。根据不同的功能要求，该对称度公差与键槽宽度公差的关系以及与孔、轴尺寸公差的关系可以采用独立原则（图 5-5），或者采用最大实体要求（图 5-6）。

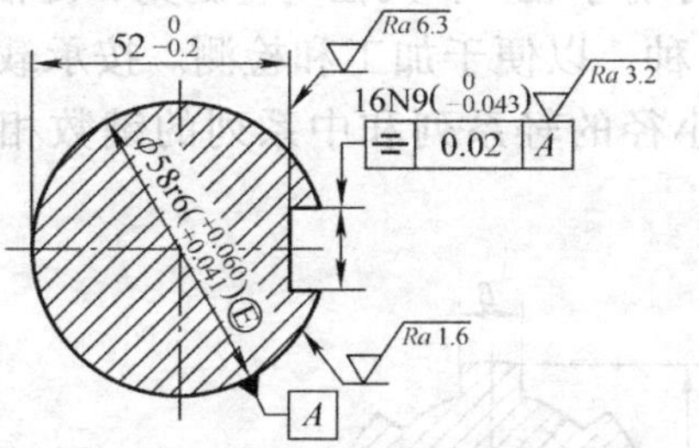

图 5-5　轴键槽尺寸和公差的标注示例
（对称度公差采用独立原则）

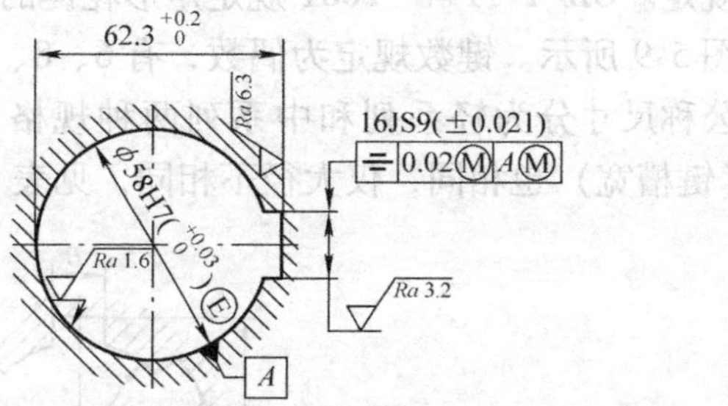

图 5-6　轮毂键槽尺寸和公差的标注示例
（对称度公差采用最大实体要求）

为了保证键联接正常工作，国家标准《形状和位置公差未注公差值》（GB/T 1184—1996）对键和键槽的几何公差作出以下规定。

（a）对称度，公差等级一般取 7～9 级（以键宽 b 为主参数）。

（b）对长键（$L/b \geqslant 8$）规定键的两工作侧面在长度方向的平行度，公差等级当 $b \leqslant 6$mm 时取 7 级、6～36mm 时取 6 级、$b \geqslant 40$mm 时取 5 级。

② 键槽的表面粗糙度

键和键槽配合面的表面粗糙度轮廓幅度参数 Ra 值一般取 1.6～6.3μm，非配合面（如键槽底面）的 Ra 值取 6.3～12.5μm。标注如图 5-5、图 5-6 所示。

［例 5-1］　轴 $\phi 70$，试确定键联接的精度。

解：查表 5-1 得 $b=20$、$t=7.5$、$t_1=4.9$，按一般联接考虑：键槽 h9、轴槽 N9、毂槽 JS9。

① 尺寸公差。查尺寸公差表得 IT9＝0.052，公差带如图 5-7 所示。

② 几何公差。对称度：取 8 级，查几何公差表得 0.025。

③ 表面粗糙度。配合面取 $Ra=3.2$μm，非配合面取 $Ra=12.5$μm，标注如图 5-8 所示。

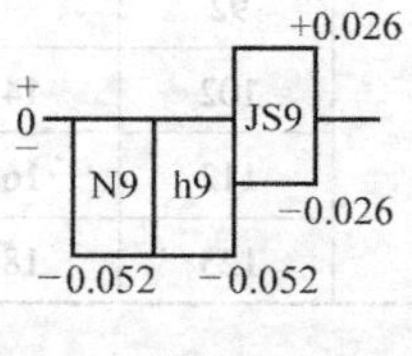

图 5-7　例题公差带图

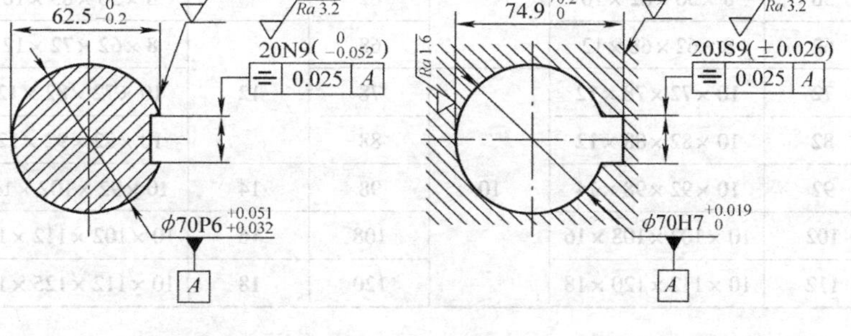

图 5-8　平键的键槽尺寸和公差标注示

3. 矩形花键的公差配合

（1）花键的几何参量及标记

花键联接由内花键（花键孔）和外花键（花键轴）组成，将轴与轴上零件联为一体共同传递扭矩。其规格尺寸在国家标准 GB/T 1144—2001《矩形花键尺寸、公差和检验》中规定。GB/T 1144—2001 规定矩形花键的主要尺寸有小径 d、大径 D、键宽和键槽宽 B，如图 5-9 所示。键数规定为偶数，有 6、8、10 共 3 种，以便于加工和检测。按承载能力，对公称尺寸分为轻系列和中系列两种规格，同一小径的轻系列和中系列的键数相同，键宽（键槽宽）也相同，仅大径不相同，见表 5-6。

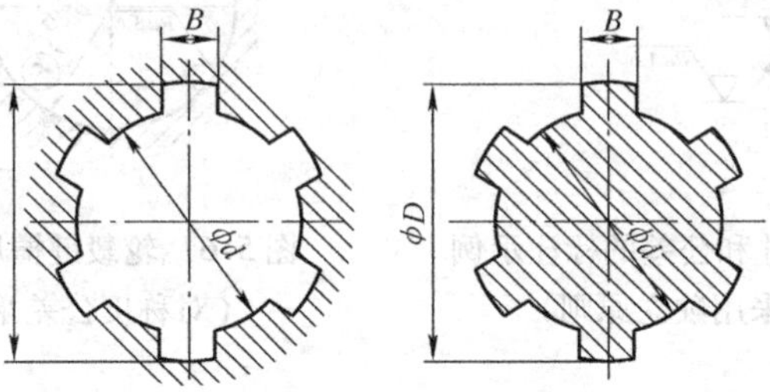

图 5-9　矩形花键的主要尺寸

表 5-6　矩形花键公称尺寸系列（摘自 GB/T 1144—2001）　　（单位：mm）

小径 d	轻系列				中系列			
	规格 $N \times d \times D \times B$	键数 N	大径 D	键宽 B	规格 $N \times d \times D \times B$	键数 N	大径 D	键宽 B
23	6×23×26×6	6	26	6	6×23×28×6	6	28	6
26	6×26×30×6		30		6×26×32×6		32	
28	6×28×32×7		32	7	6×28×34×7		34	7
32	6×32×36×6		36	6	8×32×38×6	8	38	6
36	8×36×40×7	8	40	7	8×36×42×7		42	7
42	8×42×46×8		46	8	8×42×48×8		48	8
46	8×46×50×9		50	9	8×46×54×9		54	9
52	8×52×58×10		58	10	8×52×60×10		60	10
56	8×56×62×10		62		8×56×65×10		65	
62	8×62×68×12		68	12	8×62×72×12		72	12
72	10×72×78×12	10	78		10×72×82×12	10	82	
82	10×82×88×12		88		10×82×92×12		92	
92	10×92×98×14		98	14	10×92×102×14		102	14
102	10×102×108×16		108	16	10×102×112×16		112	16
112	10×112×120×18		120	18	10×112×125×18		125	18

矩形花键的标记为：键数 N×小径 d×大径 D×键宽（键槽宽）B，即 $N \times d \times D \times B$，如 6×23×26×6。按照这顺序在装配图上标注花键的配合代号和在零件图上标注花键的尺寸公差带代号。

例如，某花键副 $N=6$，$d=23\frac{H7}{f7}$，$D=26\frac{H10}{a11}$，$B=6\frac{H11}{d10}$，标记如下（图 5-10）：

外花键　6×23f7×26a11×6d10

内花键　6×23H7×26H10×6H11

花键配合 $6\times23\frac{H7}{f7}\times26\frac{H10}{a11}\times6\frac{H11}{d10}$

在图样上的标注如图 5-10 所示。

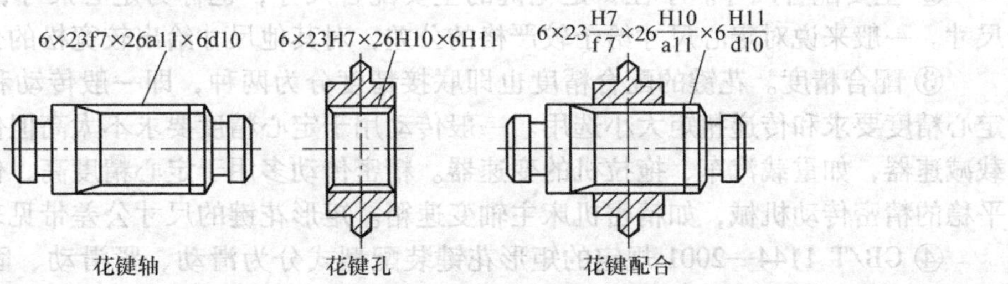

图 5-10　矩形花键在图样中的标注

(2) 矩形花键联接的定心方式

如图 5-11 所示，矩形花键联接由内花键和外花键构成，它靠内、外花键的大径 D、小径 d 和键宽 B 同时参与配合，来保证内、外花键的同轴度（定心精度）、联接强度和传递转矩的可靠性；对要求轴向滑动的联接，还应保证导向精度。因此，矩形花键可以有 3 种定心方式：小径 d 定心、大径 D 定心和键侧（键槽侧）B 定心。

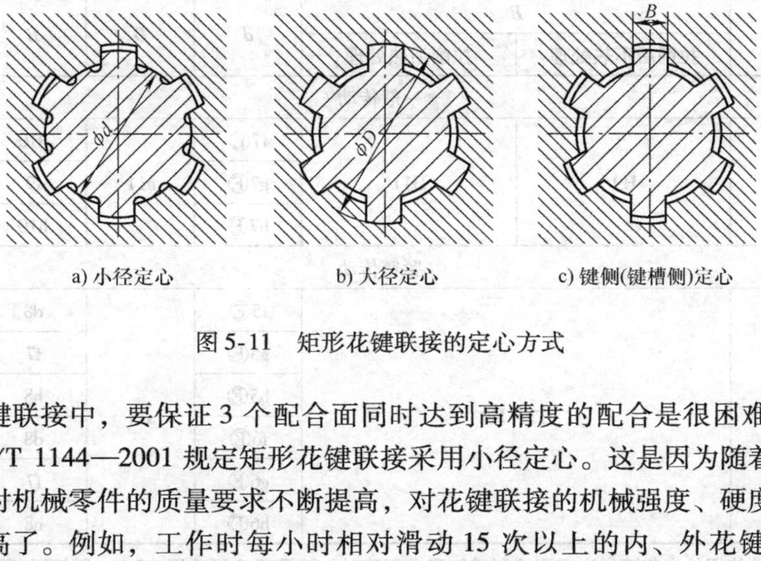

图 5-11　矩形花键联接的定心方式

在矩形花键联接中，要保证 3 个配合面同时达到高精度的配合是很困难的，也没有必要。因此，GB/T 1144—2001 规定矩形花键联接采用小径定心。这是因为随着科学技术的发展，现代工业对机械零件的质量要求不断提高，对花键联接的机械强度、硬度、耐磨性和精度的要求都提高了。例如，工作时每小时相对滑动 15 次以上的内、外花键，要求硬度在 40HRC 以上；相对滑动频繁的内、外花键，则要求硬度为 56～60HRC，这样在内、外花键制造时需热处理（淬火）来提高硬度和耐磨性。为了保证定心表面的精度要求，淬硬后该表面需进行磨削加工。从加工工艺性看，小径便于磨削（内花键小径表面可在内圆磨床上磨削，外花键小径表面可用成形砂轮磨削），通过磨削可达到高精度要求。所以矩形花键联接采用小径定心可以获得更高的定心精度，并能保证和提高花键的表面质量。而内、外花键非定心的大径表面之间有相当大的间隙，以保证它们不接触。键和键槽两侧面的宽度 B 应具有足够的精度，因为它们要传递转矩和导向。

(3) 矩形花键联接的公差与配合

1) 尺寸公差带与装配型式

① 基准制。由于内花键比外花键加工复杂，为了减少内花键加工，检验用的刀、量具的规格及数量，故花键联接通常采用基孔制配合。

② 主要配合尺寸。小径 d 是花键的主要配合尺寸，也称为定心尺寸，其他为次要配合尺寸。一般来说对定心尺寸给予较严格的公差，对其他尺寸给出较宽松的公差。

③ 配合精度。花键的配合精度也即联接精度分为两种，即一般传动和精密传动。根据定心精度要求和传递扭矩大小选用。一般传动用于定心精度要求不太高但传递扭矩较大的重载减速器，如重载汽车、拖拉机的变速器。精密传动多用于定心精度高、传递扭矩大且要求平稳的精密传动机械，如精密机床主轴变速箱。矩形花键的尺寸公差带见表 5-7。

④ GB/T 1144—2001 规定的矩形花键装配型式分为滑动、紧滑动、固定 3 种。按精度的高低，这 3 种装配型式各分为一般用途和精密传动使用两种。内、外花键的定心小径、非定心大径和键宽（键槽宽）的尺寸公差带与装配型式见表 5-7，这些尺寸公差带均取自 GB/T 1801—2009。为了减少花键拉刀和花键塞规的品种、规格，花键联接采用基孔制配合。由于花键几何误差的影响，3 种装配型式指明的配合皆分别比各自的配合代号所表示的配合紧些。此外，大径为非定心直径，所以内、外花键大径表面的配合采用较大间隙的间隙配合。其选用范围见表 5-8。

表 5-7 矩形花键尺寸公差带与装配型式

内花键				外花键			装配形式
d	*D*	*B*		*d*	*D*	*B*	
		拉削后不热处理	拉削后热处理				
一般传动							
H7Ⓔ	H10	H9	H11	f7Ⓔ	a11	d10	滑动
				g7Ⓔ		f9	紧滑动
				h7Ⓔ		h10	固定
紧密传动							
H5Ⓔ	H10	H7、H9		f5Ⓔ	a11	d8	滑动
				g5Ⓔ		f7	紧滑动
				h5Ⓔ		h8	固　定
H6Ⓔ				f6Ⓔ		d8	滑动
				g6Ⓔ		f7	紧滑动
				h6Ⓔ		h8	固　定

注：1. 精密传动使用的内花键，当需要控制键侧配合间隙时，键槽宽 B 可选用 H7，一般情况下可选用 H9。

2. 小径 d 的公差带为 H6Ⓔ或 H7Ⓔ的内花键，允许与提高一级的外花键配合。

表 5-8 花键联接类型及选用范围

联接类型	选用范围
固定联接	内外花键间无相对滑动，只传递扭矩
紧滑动联接	内外花键间有相对滑动，但定心精度要求高、传递扭矩大或常有正反向转动
滑动联接	内外花键间有相对滑动，且滑动距离长、滑动频率高。其配合间隙较大，使配合面间有足够的润滑层以保证其运动灵活性，如汽车、拖拉机等变速箱中的变速齿轮与轴的联接

2）几何公差 内、外花键加工时，不可避免地会产生几何误差。影响花键联接互换性的因素除尺寸误差外，主要是花键齿（或键槽）在圆周上位置分布不均匀和相对于轴线位置不正确，矩形花键的几何误差对花键联接的质量有很大的影响。如图 5-12 所示，假设内、外花键各部分的实际尺寸合格，内花键定心表面和键槽侧面的形状及位置都正确，而外花键定心表面各部分不同轴，各键不等分或不对称，这相当于外花键的作用尺寸增大了，从而使该内花键与外花键装配后不能获得配合代号表示的配合性质，甚至可能无法装配，并且使键（键槽）侧面受载不均匀。同理，内花键的几何误差相当于内花键的作用尺寸减小，也同样会造成它与外花键干涉或无法装配的现象。因此，为避免装配困难，对内、外花键必须分别规定几何公差，以保证花键联接精度和强度的要求。如图 5-13 所示，为保证小径定心表面装配后的配合性质，GB/T 1144—2001 规定该表面的形状公差与尺寸公差的关系采用包容要求Ⓔ。

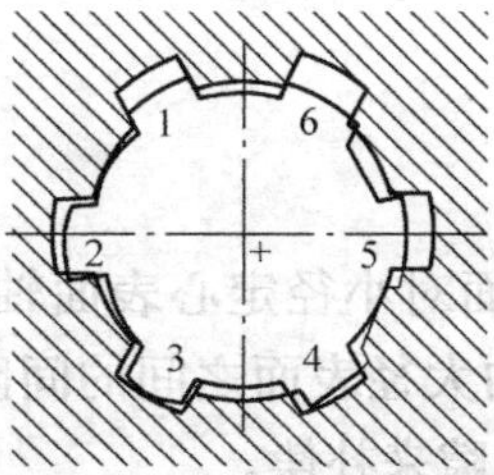

图 5-12 矩形花键几何误差对花键联接的影响

1—键位置正确 2、3、4、5、6—键位置不正

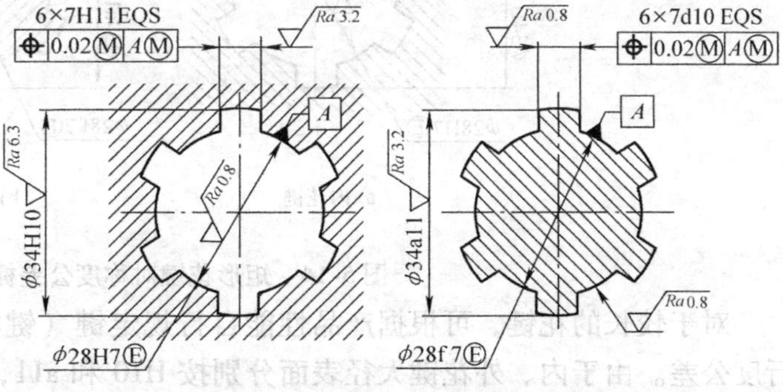

a) 内花键 b) 外花键

图 5-13 矩形花键位置度公差标注示例

除了小径定心表面的形状误差以外，还有内、外花键的方向、位置误差影响装配和精度，包括键（键槽）两侧面的中心平面对小径定心表面轴线的对称度误差、键（键槽）的等分度误差及键（键槽）侧面对小径定心表面轴线的平行度误差和大径表面轴线对小径定心表面轴线的同轴度误差。其中，以花键的对称度误差和分度误差的影响最大。因此，花键的对称度误差和分度误差通常用位置度公差予以综合控制，位置度公差值见表 5-9。该位置度公差与键（键槽）宽度公差及小径定心表面尺寸公差的关系皆采用最大实体要求，如图 5-13 所示，用花键量规检验。

表 5-9 矩形花键的位置度公差 （单位：mm）

键槽宽或键宽 B		3	3.5～6	7～10	12～18
		位置度公差数值 t_1			
键槽宽		0.010	0.015	0.020	0.025
键宽	滑动、固定	0.010	0.015	0.020	0.025
	紧滑动	0.006	0.010	0.013	0.016

在单件小批生产时，采用单项测量，则规定键（键槽）两侧面的中心平面对小径定心表面轴线的对称度公差和等分度公差，对称度公差值见表5-10，该对称度公差与键（键槽）宽度公差及小径定心表面尺寸公差的关系皆采用独立原则，如图5-14所示。花键等分度公差如下确定：花键各键（键槽）沿360°圆周均匀分布为它们的理想位置，允许它们偏离理想位置最大值的两倍为花键均匀分布公差值，其数值与花键对称度公差值相同，故花键等分度公差在图样上不必注出。

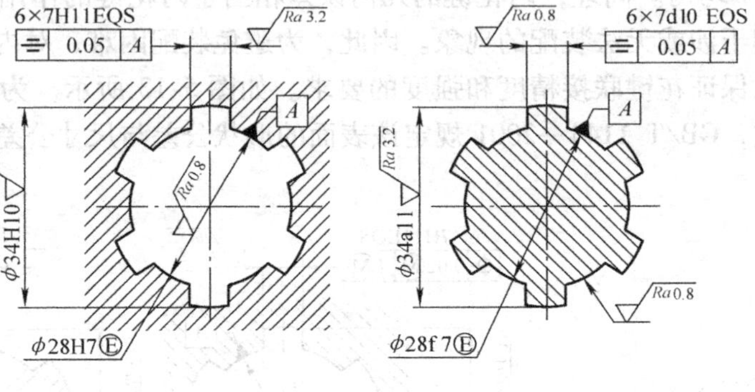

a) 内花键　　b) 外花键

图5-14　矩形花键对称度公差标注示例

对于较长的花键，可根据产品性能自行规定键（键槽）侧面对小径定心表面轴线的平行度公差。由于内、外花键大径表面分别按H10和a11，它们的大径表面之间的间隙很大，因此大径表面轴线对小径定心表面轴线的同轴度误差可以用此间隙来补偿。

表5-10　矩形花键的对称度公差　　（单位：mm）

键槽宽或键宽 B	3	3.5~6	7~10	12~18
	对称度公差数值			
一般传递用	0.010	0.012	0.015	0.018
精密传递用	0.006	0.008	0.009	0.011

3）表面粗糙度轮廓要求　花键各结合表面的表面粗糙度值见表5-11。矩形花键的表面粗糙度轮廓幅度参数 Ra 的上限值推荐如下。内花键：小径表面不大于0.8μm，键槽侧面不大于3.2μm，大径表面不大于6.3μm。外花键：小径表面不大于0.8μm，键侧面不大于0.8μm，大径表面不大于3.2μm。

表5-11　花键表面粗糙度参考值　　（单位：μm）

加工表面	内花键	外花键
	Ra 不大于	
小　径	1.6	0.8
大　径	6.3	3.2
键　侧	6.3	1.6

注：本单元内容涉及的相关标准有：《平键键槽的剖面尺寸》（GB/T 1095—2003）《矩形花键尺寸、公差和检验》（GB/T 1144—2001）等。

任务5.1　平键与键槽的检测

1. 任务描述

用通用量具和专用量规检测平键与键槽，并判断合格性。

2. 任务实施

平键联接需检测项目有：键与键槽尺寸（键宽、轴槽宽和深、轮毂槽宽和深），以及键槽对轴线的对称度。

（1）键的检测

无特殊要求，可以用游标卡尺或千分尺等普通计量器具测量。

（2）键槽的检测

轴键槽和轮毂键槽深也为单一尺寸，在小批量生产时，多用游标卡尺或外径千分尺测量轴尺寸（$d-t$）；用游标卡尺或内径千分尺测量轮毂尺寸（$d+t_1$）。在大批量生产时，需用专用量规。如图5-15所示，各量规都有通端和止端。当量规能插入轮毂槽中或伸入轴槽底，通端能通过而止端不能通过时，键槽合格。

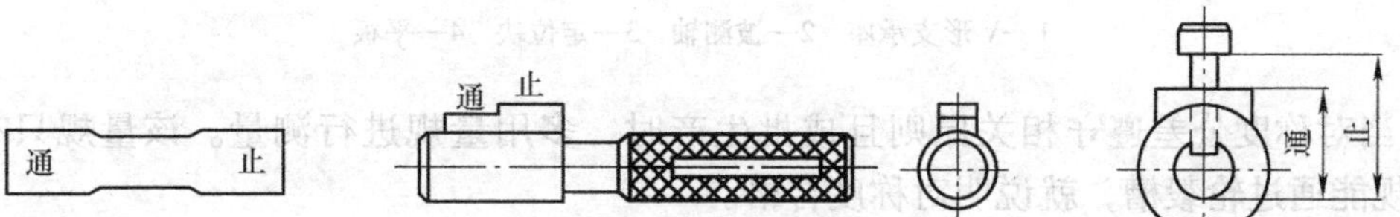

a) 键槽宽极限量规　　b) 轮毂槽深极限量规　　c) 轴槽深极限量规

图5-15　键槽尺寸检测的量规

（3）轴键槽对称度误差的检测

① 当对称度公差遵守独立原则，且单件小批生产时，用通用测量器具，也可用分度头、V形块和指示表检测。

如图5-16所示，轴键槽中心平面对基准轴线的对称度公差采用独立原则。这时键槽对称度误差可按图5-16b所示的方法来测量。该方法是以平板4作为测量基准，用V形支承座1体现被测轴2的基准轴线，它平行于平板。用定位块3（或量块）模拟体现键槽中心平面。将置于平板4上的指示器的测头与定位块3的顶面接触，沿定位块的一个截面移动，并稍稍转动被测轴来调整定位块的位置，使指示器沿定位块这个横截面移动时使之始终不变为止，从而确定定位块的这个横截面的素线平行于平板。然后用指示器对定位块长度两端的Ⅰ和Ⅱ部位的测点进行测量，测得的示值分别为M_{I}和M_{II}。将被测轴2在V形支承座1上翻转180°，然后按上述方法进行调整并测量定位块另一顶面（前一轮测量时的底面）长度两端的Ⅰ和Ⅱ部位的测点，测得示值分别为M_{I}和M_{II}。

图5-16b所示的直角坐标系中，x坐标轴为被测轴的基准轴线，y坐标轴平行于平板，z坐标轴为指示器的测量方向。因此键槽实际被测中心平面两端相对于通过基准轴线且平行于平板的平面Oxy的偏离量Δ_1和Δ_2分别是：

$$\Delta_1=(M_{\mathrm{I}}-M'_{\mathrm{I}})/2$$

$$\Delta_2 = (M_{II} - M'_{II})/2$$

轴键槽对称度误差值f由Δ_1和Δ_2值以及被测轴的直径d和键槽深度t_1按下式计算

$$f = \left| \frac{t_1(\Delta_1 + \Delta_2)}{d - t_1} + (\Delta_1 - \Delta_2) \right|$$

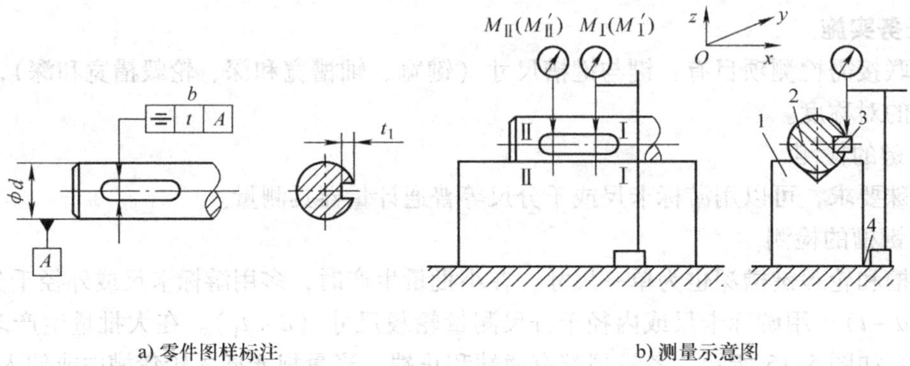

图 5-16 轴键槽对称度误差的测量

1—V 形支承座 2—被测轴 3—定位块 4—平板

② 当对称度公差遵守相关原则且成批生产时，多用量规进行测量。该量规只有通端，只要量规能通过轮毂槽，就说明对称度合格。

如图 5-17a 所示，当轴键槽对称度公差与键槽宽度公差的关系采用最大实体要求，与轴尺寸公差的关系采用独立原则时，该键槽的对称度误差可用图 5-17b 所示的量规来检验。它是按一次检验方式设计的功能量规，检验实际被测键槽的轮廓是否超出其最大实体实效边界。该量规以 V 形表面作为定位表面来体现基准轴线（不受轴实际尺寸变化的影响），用检验键两侧面模拟体现被测键槽的最大实体实效边界。当量规的 V 形定位表面与轴表面接触且检验键能够自由进入实际被测键槽时，表示对称度误差合格。键槽实际尺寸用两点法测量。

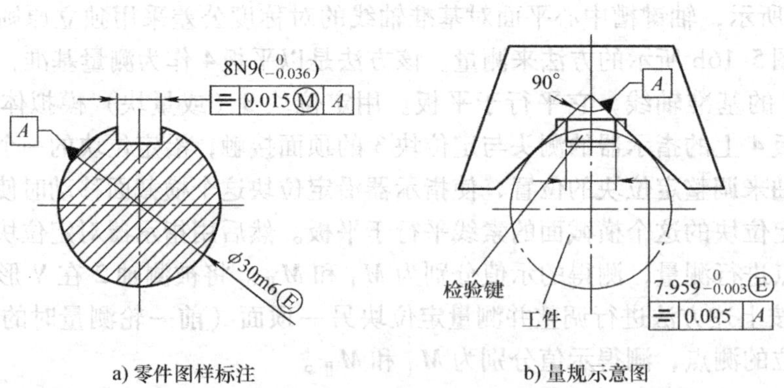

图 5-17 轴键槽对称度量规

（4）轮毂键槽对称度误差检测

如图5-18所示轮毂键槽对称度公差与键槽宽度公差及基准孔尺寸公差的关系皆采用最大实体要求，该键槽的对称度误差可用如图5-19所示的量规来检验。它是按共同检验方式设计的功能量规。它的定位圆柱面既能模拟体现基准孔，又能够检验实际基准孔的轮廓是否超出其最大实体边界；它的检验键模拟体现被测键槽两侧面的最大实体实效边界，检验实际被测键槽的实际轮廓是否超出该边界。如果它的定位圆柱和检验键能够同时自由通过轮廓的实际基准孔和实际被测键槽，则表示对称度合格。基准孔和键槽宽度的实际尺寸用两点法测量。

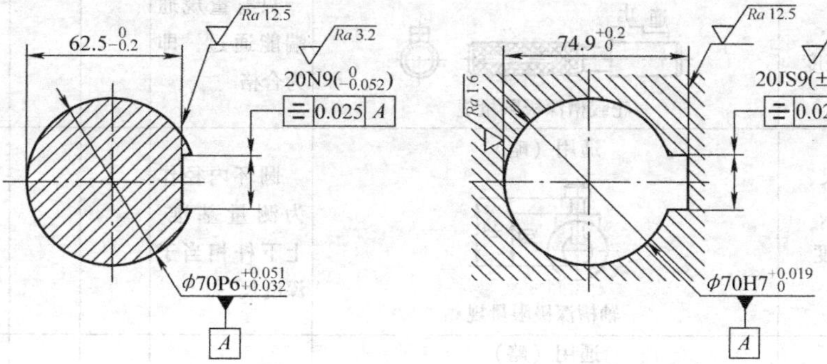

图5-18　平键的键槽尺寸和公差标注示例

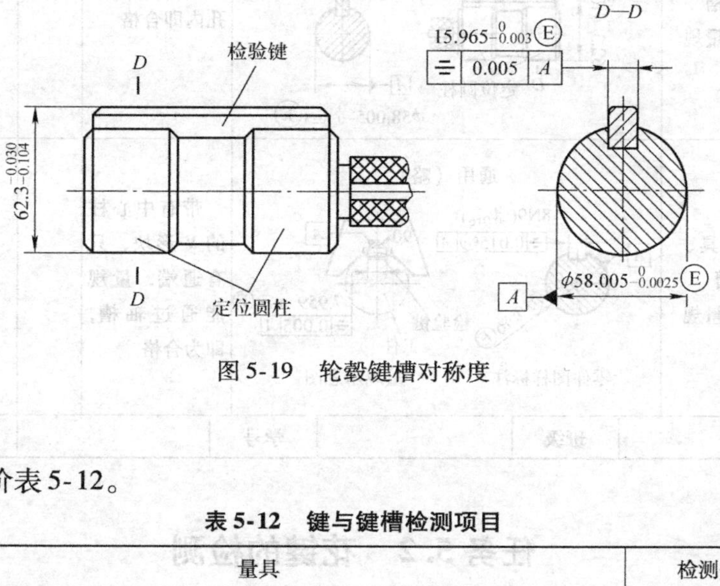

图5-19　轮毂键槽对称度

3. 任务评价

完成任务评价表5-12。

表5-12　键与键槽检测项目

被检参数	量具			检测数据			分析与评价
	名称	图形	说明	测1	测2	测3	
键尺寸	游标卡尺、千分尺	 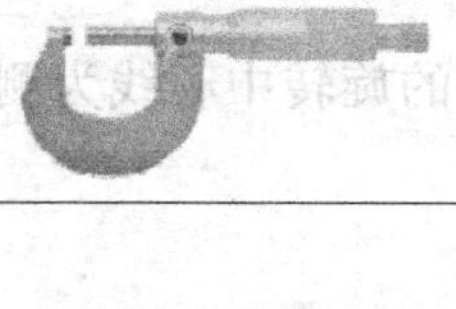	检测数据进行判断				

（续）

被检参数	量具			检测数据			分析与评价
	名称	图形	说明	测1	测2	测3	
键槽宽	游标卡尺、千分尺、槽宽极限量规	通用（略） 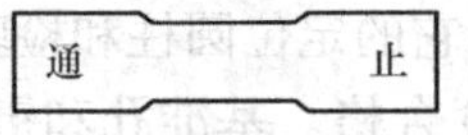 键槽宽极限量规	只有量规通端能通过，即为合格				
轮毂槽深	游标卡尺、千分尺、轮毂槽深度量规	通用（略） 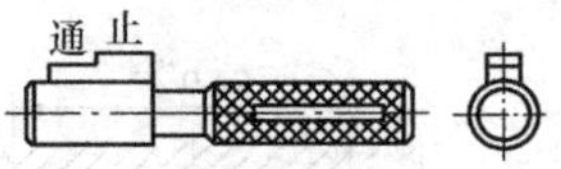 轮毂槽深极限量规	只有量规通端能通过，即为合格				
轴槽深度	游标卡尺、千分尺、轴槽深度量规	通用（略） 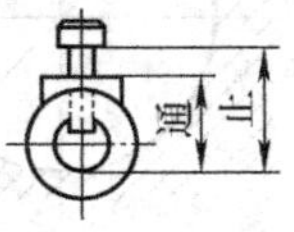 轴槽深极限量规	圆环内径作为测量基准，上下杆相当于深度尺				
轮毂槽的对称度	通用量具、轮毂槽对称度量规	通用（略） 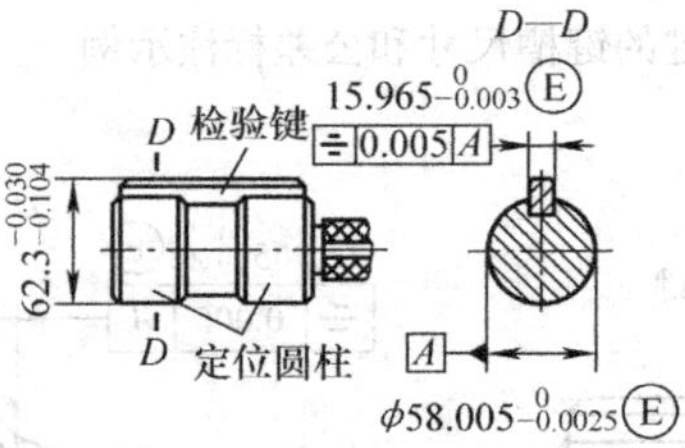 	量规能塞入孔内即合格				
轴槽的对称度	通用量具、轴槽对称度量规	通用（略） 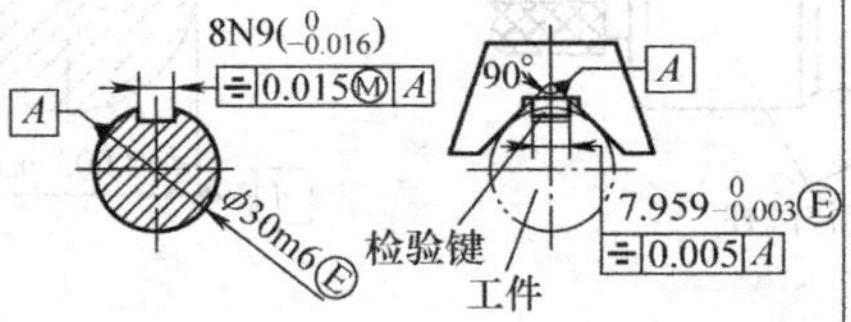 零件图样标注　量规示意图	带有中心柱的V形块，只有通端，量规能通过轴槽，即为合格				
姓名		班级		学号		成绩	

任务 5.2　花键的检测

1. 任务描述

用光学分度头和专用量具检测花键公差，并判断合格性。

2. 光学分度头的介绍

(1) 光学分度头外形及工作原理

FP130A 型影屏式光学分度头一般以工件的旋转中心线为测量基准，测量中心角和加工中的分度。其外形结构如图 5-20 所示。

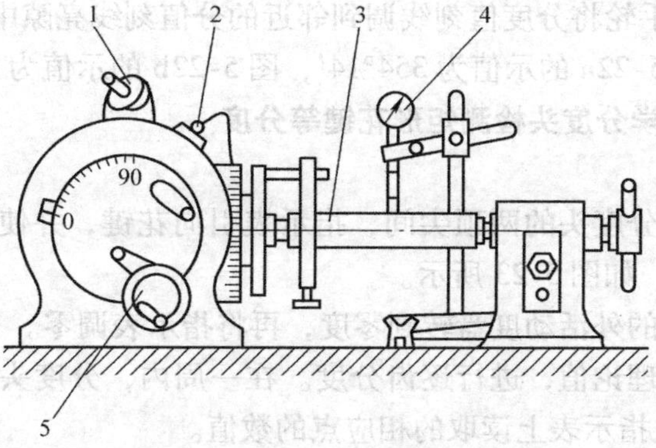

图 5-20　光学分度头外形结构

1—目镜　2—光源　3—工件　4—指示表　5—手轮

仪器的主要技术参数有如下几个：玻璃分度盘刻度值 1°；分值分划板刻度值 5′；秒值分划板刻度值 5″；顶尖中心高 130mm；两顶尖间最大距离 710mm。

图 5-21 所示为光学分度头的光学系统。光学分度头的玻璃分度盘直接安装在分度头主轴上而与传动机构无关。当主轴旋转时，玻璃分度盘将随着一起转动，这样避免了传动机构的制造误差对测量结果的影响，所以具有相当高的精确度。由光源 12 发出的光线经滤光片 11、聚光镜 l0 到反射镜 9，照亮主轴上的玻璃分度盘 8（分度值为 1°）。玻璃刻线影像经过棱镜 6 投射到秒值分划板 5 上（刻度值为 5″），玻璃分度盘上的影像和秒值刻线影像一起又投射到分值分划板 3 上（刻度值为 5°），通过目镜可同时看到度值刻线、分值刻线和秒值刻线。

（2）读数原理

如图 5-22 所示，在目镜视野中，右边细长刻线，刻度值为 1°，满刻度 360°；中间短亮隙，刻度值为 5′，满刻度 60′（1°）；左边分度值 5″，满刻度 300″（5′）。

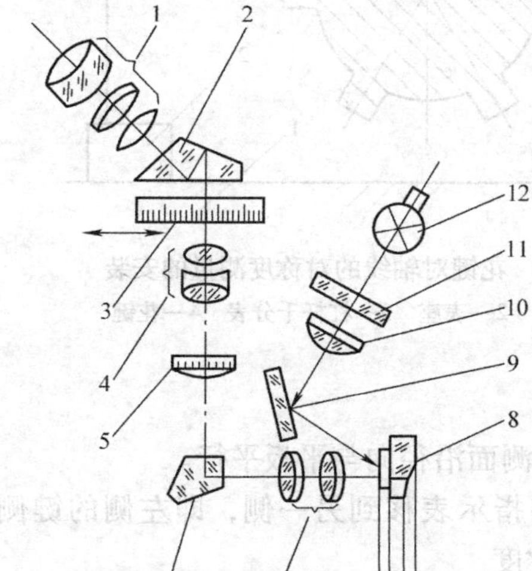

图 5-21　光学分度头的光学系统

1—目镜　2，6—棱镜　3—分值分划板

4，7—物镜组　5—秒值分划板　8—玻璃分度盘

9—反射镜　10—聚光镜　11—滤光片　12—光源

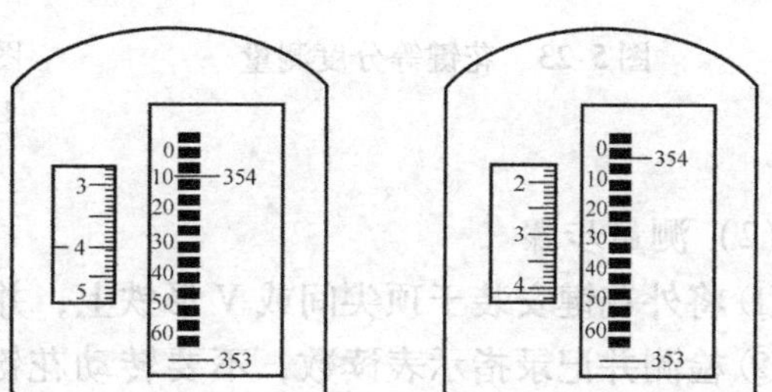

图 5-22　光学分度示值

测量时，通过螺旋手轮将分度值刻线调到邻近的分值刻线亮隙中间，即可读数。左、右两边相加即得示值。图5-22a的示值为354°14′，图5-22b的示值为354°8′5″。

3. 任务实施一　光学分度头检测矩形花键等分度

（1）测量步骤

① 将零件顶在光学分度头的两顶尖间，指示表引向花键，并使表头与接近花键大径处的表面某一位置相接触，如图5-23所示。

② 将分度头主轴上的外活动度盘转到零度，再将指示表调零。

③ 根据花键分度角理论值，进行逐齿分度。在一周内，分度头每转过一个角度（或进行了一次分度），记录从指示表上读取的相应点的数值。

④ 进行数据处理并做出合格性判断（指示表在各齿上的读数最大值与最小值的代数差为分度误差，n 为键数）。

⑤ 填写检测报告（见表5-14）。

（2）注意事项

1）用光学分度头检测矩形花键等分度时，应校验光学分度头与尾架是否对准中心线。

2）采用专用的量具测量花键时，被测零件应去除毛刺，才能测量。

4. 任务实施二　光学分度头检测矩形花键对轴线的对称度

（1）花键对称度测量

花键对轴线对称度测量的安装如图5-24所示。

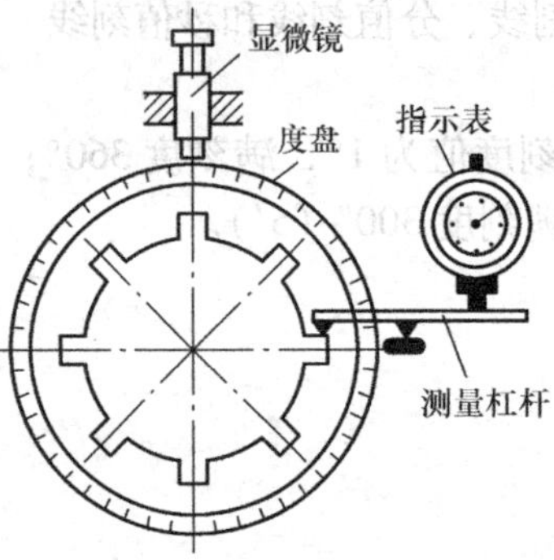

图5-23　花键等分度测量

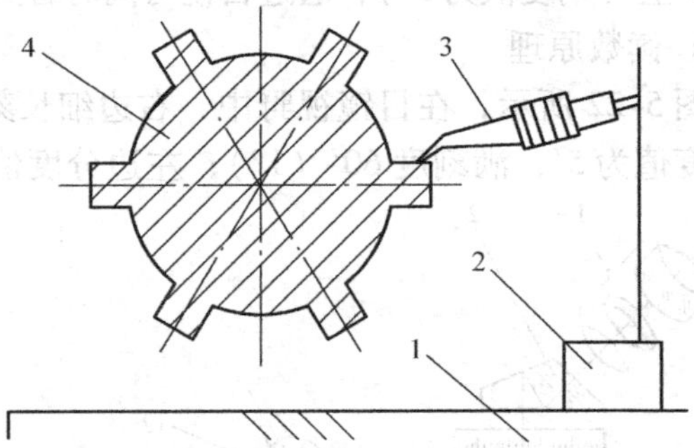

图5-24　花键对轴线的对称度测量的安装

1—平台　2—表座　3—杠杆千分表　4—花键

（2）测量步骤

① 将外花键安装于顶尖间或V形铁上，并使被测面沿径向与平板平行。

② 检测并记录指示表读数，不要转动花键，将指示表移到另一侧，即左侧的键侧面，记录第二次指示表读数。设两次读数差为 a，则对称度

$$f=\frac{ah}{d-h}$$

式中　a——读数差；

d——大径；

h——键齿工作面高度。

（3）测量记录填表（见表 5-14）。

5. 任务实施三　外花键大径、小径、键宽与侧面对轴线的平行度的测量

（1）测量方法

外花键大径、小径、键宽与侧面对轴线的平行度的测量方法见表 5-13。

表 5-13　外花键大径、小径、键宽与侧面对轴线的平行度的测量方法

被检项目	示意图	说明
大径	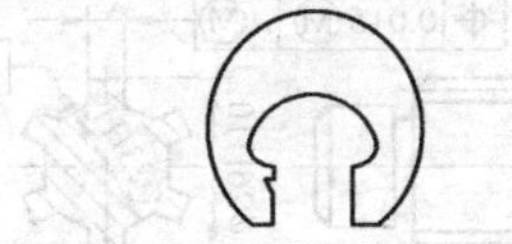	用光滑极限量规（卡规）测量矩形外花键的大径
小径	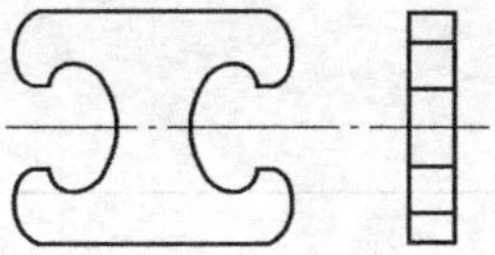	用光滑极限量规（卡规）测量矩形外花键的小径
键宽	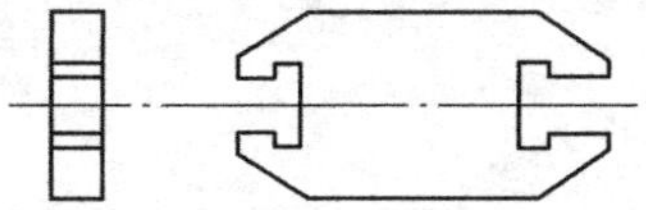	用卡规测量矩形外花键的键宽
侧面对轴线的平行度	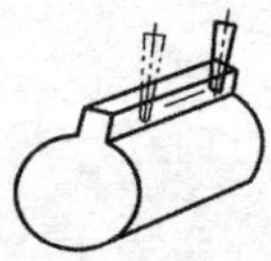	将外花键安装在两顶尖间并防止其自由转动，指示表测头接触键齿侧面，沿轴向相对移动，表的读数差即为侧面对轴线的平行度

（2）量具介绍

在制造批量较大时，花键的检验多采用专用量具，如图 5-25 所示。采用如图 5-25a 所示的量具时，被测项目是以大径或槽侧定心花键孔的位置误差（只有通规，没有止规，被检对象首先应经单项止规检查为不过）。采用如图 5-25b 所示的量具时，被测项目是以小径定心花键孔的位置误差及小径（只有通规，没有止规，被检对象首先应经单项止规检查为不过）。采用如图 5-25c 所示的量具时，被测项目是花键轴的位置误差及花键轴的大径（只有通规，没有止规，被检对象应首先经单项止规检查为不过）。

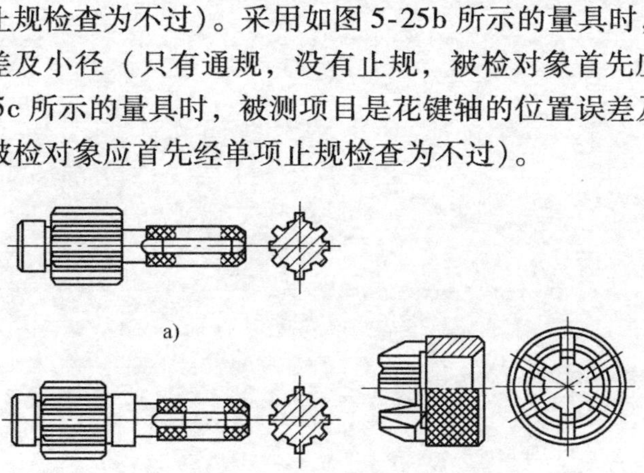

a)　b)　c)

图 5-25　矩形花键综合量规

6．任务评价

花键测量与误差分析报告见表5-14。

表5-14 花键测量与误差分析报告

测量项目：测量零件简图

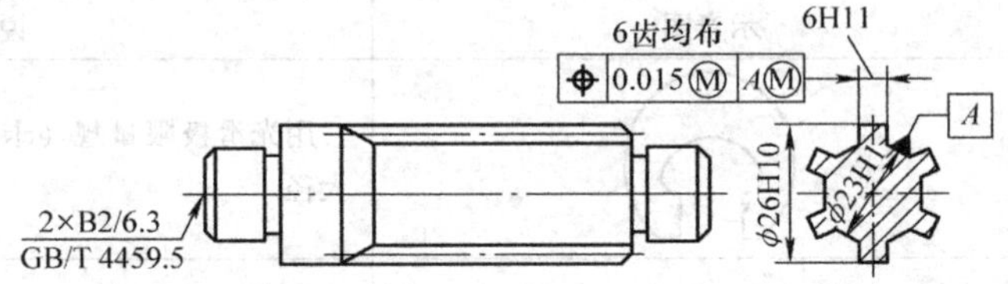

测量工具：________________________________

____

____

工具简图：

测量方法及要求：

（续）

测量位置内容						
测量值（1）						
测量值（2）						
测量值（3）						
合格						
不合格						
修配后是否可用						

分析：

姓名		班级		学号		成绩	

思考与练习

一、思考题

1. 平键联接为什么对键（键槽）宽规定严格的公差要求？

2. 矩形花键的主要参数有哪些？定心方式有哪几种？为什么国家标准规定矩形花键的定心方式采用小径定心？

3. 平键、花键联接的配合各采用何种基准制？为什么？

二、判断题

1. 平键联接中，键宽与键槽宽的配合采用基轴制。(　　)

2. 矩形花键联接推荐采用小径定心的目的是可以减少花键拉刀和花键塞规的数量规格。(　　)

3. 矩形花键零件在单件小批生产时，因为采用单项测量，故规定键（键槽）两侧面的中心平面对小径定心表面轴线的对称度公差和等分度公差，而不规定键（键槽）两侧面的中心平面对小径定心表面轴线的位置度公差。(　　)

三、选择题

1. 标准对平键的键宽尺寸 b 规定有（　　）公差带。

A. 一种　　B. 两种　　C. 三种　　D. 四种

2. 平键联接中宽度尺寸 b 的不同配合依靠改变（　　）公差带的位置来获得。

A. 轴槽和轮毂槽宽度　B. 键宽　C. 轴槽宽度　D. 轮毂槽宽度

3. 平键的（　　）是配合尺寸。

A. 键宽和槽宽　B. 键高和槽深　C. 键长和槽长　D. 键宽和键高

4. GB/T 1095—2003 规定的普通平键宽度公差带的代号为（　　）。

A. h7　B. h8　C. h9　D. h10

5. 矩形花键联接选择的基准制为（　　）。

A. 基孔制　B. 基轴制　C. 非基准制　D. 基孔制或基轴制

6. 为了保证内、外矩形花键小径定心表面的配合性质，小径表面的形状公差与尺寸公差的关系采用（　　）。

A. 最大实体要求　B. 最小实体要求　C. 包容要求　D. 独立原则

四、填空题

1. 普通平键联接中，键与键槽的________是配合尺寸。

2. 对于普通平键，键和键槽宽共有 3 种配合，它们分别是________、________、________。

3. 在装配图上矩形花键联接标注为 6×23H7/f7×26H10/a11×6H11/d10 GB/T 1144—2001 表示键数________，23H7/f7 表示________，26H10/a11 表示________，6H11/d10 表示________。

4. 在零件图上，矩形花键联接的标记为 6×23f7×26a11×6d10 GB/T 1144—2001 表示小径为________，键宽为________，大径为________的________。

5. 按 GB/T 1144—2001 的规定，矩形花键联接的定心方式采用________定心；图样上标注的内、外矩形花键配合代号所表示的配合性质与该图样检测合格的内、外矩形花键装配后实际的配合性质相比较。

五、综合题

1. 齿轮与轴为 ϕ56H7/h6 采用一般平键联接。试查出键槽尺寸偏差、几何公差和表面粗糙度，分别标注在图 5-26 中。

2. 某变速器传动轴采用矩形花键联接，标记为“6×26×30×6”。要求定心精度较高，固定联接，并批量生产。试将确定的内、外花键的尺寸公差、几何公差和表面粗糙度等要求标注在图 5-27 中。

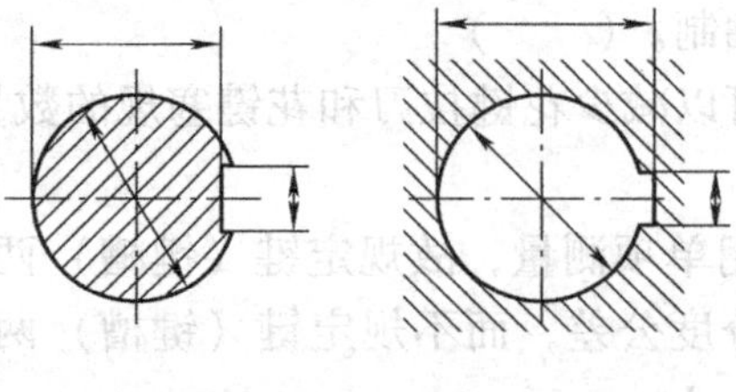

图 5-26　综合题 1 平键联接图

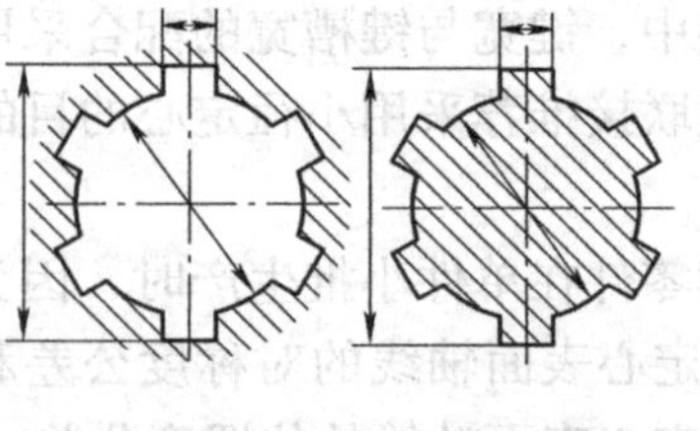

图 5-27　综合题 2 花键联接图

3. 某减速器传递一般载荷，其中某一齿轮与轴之间通过平键联接来传递转矩，已知键宽 b=8mm，试确定键宽 b 的配合代号，查出其极限偏差值，并作公差带图。

4. 按 GB/T 1144—2001 的规定，采用矩形花键联接的 3 个结合表面中的哪个表面作为定心表面？内、外矩形花键定心表面间和非定心表面间的配合和精度要求有何不同？

5. 某矩形花键联接标注为 8×46 H7/f7×50H10/a11×9H11/d10，试说明该标注中各项代号的含义。内、外矩形花键键槽和键两侧面的中心平面对小径定心表面轴线的位置公差有哪两种选择？试述它们的名称及相应采用的公差原则。

6. 平键联接为什么只对键宽和槽宽规定较严的公差？

7. 轴键槽和轮廓键槽的深度尺寸的上、下极限偏差如何确定？

8. 有一 ϕ40H7/m6 的孔轴配合，采用普通平键联接中的正常联接传递转矩。试确定：

（1）孔和轴的极限偏差。

（2）轮毂键槽和轴键槽宽度和深度的公称尺寸及极限偏差。

（3）孔和轴采用的公差原则。

（4）轮毂键槽两侧面的中心平面相对于轮毂孔基准轴线的对称度公差值，该对称度公差采用独立原则。

（5）轴键槽两侧面的中心平面相对于轴基准轴线的对称度公差值，该对称度公差与键槽宽度尺寸公差的关系采用最大实体要求，而与轴尺寸公差的关系采用独立原则。

（6）孔、轴和键槽的表面粗糙度轮廓幅度参数及其允许值。将这些技术要求标注在图5-28上。

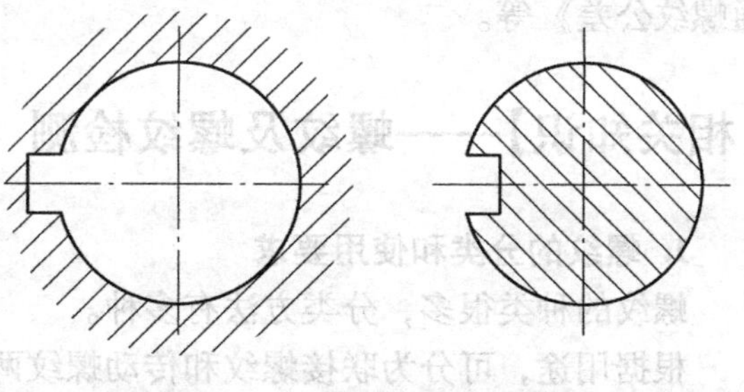

图 5-28　综合题 8 平键联接图

9. 矩形花键定心方式有哪几种？推荐采用哪种定心方式？为什么？

10. 某一减速器中所用的内、外花键，键数为 8，花键孔可在花键轴上移动，其公称尺寸为 46mm×42mm×8mm，内花键长为 30mm，外花键长为 75mm，一般精度，试确定：

（1）用哪种定心方式，并简述其理由。

（2）用何种公差与配合，并查出极限偏差。

（3）画出工作图，并将各参数标注在图样上。

学习情境 6　螺纹的公差与检测

【知识目标】

掌握普通螺纹互换性的特点及其公差标准的应用。

掌握螺纹主要几何误差对互换性的影响。

【能力目标】

能正确使用量具，检测螺纹尺寸和精度。

螺纹在机器制造中应用最为广泛，为了满足螺纹的精度使用要求，保证其互换性，我国发布了一系列相关的国家标准：GB/T 192—2003《普通螺纹基本牙型》GB/T 193—2003《普通螺纹直径与螺距系列》GB/T 196—2003《普通螺纹公称尺寸》GB/T 197—2003《普通螺纹公差》等。

【相关知识】——螺纹及螺纹检测

1. 螺纹的分类和使用要求

螺纹的种类很多，分类方法有多种。

根据用途，可分为联接螺纹和传动螺纹两大类，其中联接螺纹又可分为紧固螺纹和紧密螺纹两种。根据基本牙型，可分为三角形螺纹、梯形螺纹、锯齿形螺纹和矩形螺纹等。

螺纹的种类、牙型及代号和使用要求见表 6-1。

表 6-1　螺纹的种类、牙型及代号和使用要求

种　类			牙型及代号	使用要求
联接螺纹	普通螺纹	粗牙，细牙	三角形　M　60°	良好的旋合性、密封性及联接的可靠性
	紧密螺纹（管螺纹）	密封	三角形　R　55°	
		非密封	三角形　G　55°	
传动螺纹		梯形	梯形　Tr	传递位移的准确性、传递动力的可靠性
		锯齿形	锯齿形　B	
		矩形	矩形	

① 紧固螺纹用于紧固或联接零件，如公制普通螺纹等，是使用最广泛的一种螺纹。对这类螺纹的使用要求是具有良好的可旋合性和足够的联接强度。

② 紧密螺纹是用于密封的螺纹。对这类螺纹的使用要求是保证密封性和联接强度。

③ 传动螺纹用于传递力和精确的位移，如丝杠等。对这类螺纹的使用要求是保证传递动力的可靠性和传动比的稳定性。

除上述 3 类螺纹外，还有一些专门用途的螺纹，如石油螺纹、气瓶螺纹、灯泡螺纹以及轮胎气门芯螺纹等。这里主要介绍应用最广泛的公制普通螺纹的公差配合及其检测。

2. 普通螺纹的基本牙型和几何参数

GB/T 192—2003 规定，普通螺纹的基本牙型是指在螺纹轴向剖面内，截去原始等边三角形的顶部（H/8）和底部（H/4）所形成的螺纹牙型，如图 6-1 所示。该牙型全部尺寸均为公称尺寸，故称为基本牙型。

螺纹的主要参数有牙型、公称直径、螺距、线数和旋向等。其具体定义及代号如图6-1、图 6-2 和表 6-2 所示。

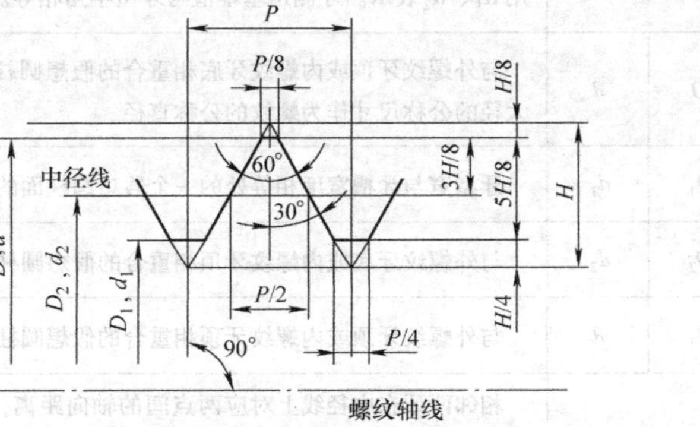

图 6-1　普通螺纹的基本牙型

D—内螺纹大径　d—外螺纹大径　D_1—内螺纹小径　d_1—外螺纹小径；

D_2—内螺纹中径　d_2—外螺纹中径　P—螺距　H—原始三角形高度

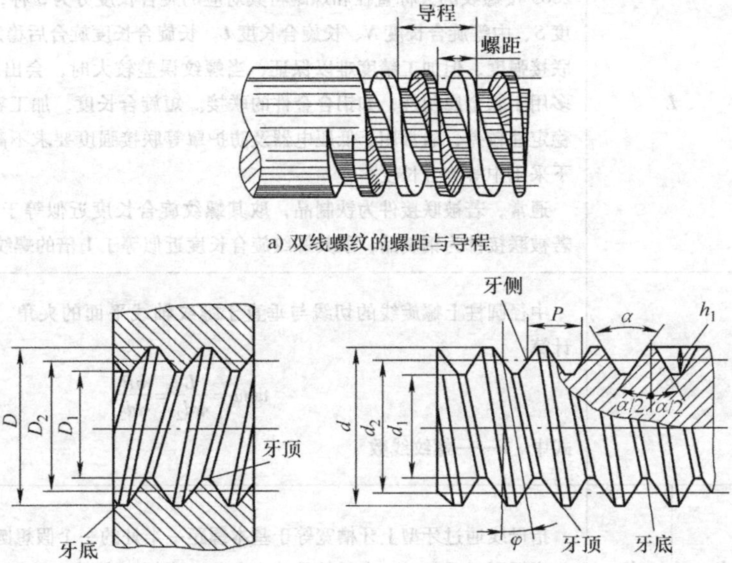

a) 双线螺纹的螺距与导程

b) 内螺纹　c) 外螺纹

图 6-2　普通螺纹的公称尺寸

表 6-2 普通螺纹的基本几何参数

参数		代号		定义
		内螺纹	外螺纹	
原始三角形高度		H		原始等边三角形顶点到底边的垂直距离
牙型角		α		在螺纹牙型上相邻两牙侧间的夹角，普通螺纹的理论牙型角 α 为 60°，牙型角的一半称为牙型半角，牙型半角 $\alpha/2$ 为 30°
牙侧角		α_1、α_2		牙侧角是指在螺纹牙型上，牙侧与螺纹轴线垂线间的夹角。左、右牙侧角分别用 α_1、α_2 表示。牙侧角基本值与牙型半角相等。普通螺纹牙侧角基本值为 30°
螺纹直径	螺纹大径	D	d	与外螺纹牙顶或内螺纹牙底相重合的假想圆柱面的直径。国家标准规定，螺纹大径的公称尺寸作为螺纹的公称直径
	螺纹中径	D_1	d_1	牙型宽与牙槽宽度相等处的一个假想圆柱面的直径
	螺纹小径	D_2	d_2	与外螺纹牙底或内螺纹牙顶相重合的假想圆柱面的直径
	顶径	D_1	d	与外螺纹牙顶或内螺纹牙顶相重合的假想圆柱面的直径
螺距		P		相邻两牙在中径线上对应两点间的轴向距离，螺距应按 GB/T 193—2003 规定的系列选取
导程		P_n		同一条螺旋线上相邻两牙在中径线上对应两点间的轴向距离 对单线螺纹：$P_h = P$；对多线螺纹：$P_h = nP$
旋合长度		L		是指两个相互配合的螺纹沿螺纹轴线方向相互旋合部分的长度。GB/T 197—2003 按螺纹的公称直径和螺距将其对应的旋合长度分为 3 种，分别称为短旋合长度 S、中等旋合长度 N、长旋合长度 L。长旋合长度旋合后稳定性好，且有足够的联接强度，但加工精度难以保证，当螺纹误差较大时，会出现难以旋合的现象，多用于软金属制件，如铝合金件的联接。短旋合长度，加工容易保证，但旋合后稳定性较差，通常用于低压电器及防护罩等联接强度要求不高的场合。一般情况下采用中等旋合长度 通常，若被联接件为铁制品，取其螺纹旋合长度近似等于 1.5 倍的螺纹大径；若被联接件为钢制品，取其螺纹旋合长度近似等于 1 倍的螺纹大径
螺纹升角		ϕ		中径圆柱上螺旋线的切线与垂直于螺纹轴线平面的夹角。螺纹升角可用下式计算 $$\tan\varphi = \frac{L}{\pi d_2} = \frac{nP}{\pi d_2}$$ 式中 n——螺纹线数
单一中径		D_{2s}	d_{2s}	指母线通过牙型上牙槽宽等于基本螺距一半处的一个假想圆柱面的直径 当螺距无误差时，中径就是单一中径；当螺距有误差时，两者不相等。单一中径通常近似看作是螺纹实际中径

（续）

参数	代号		定义
	内螺纹	外螺纹	
作用中径	D_{2m}	D_{2m}	实际中径与螺距误差、牙型半角误差综合起作用时的中径 当有螺距、牙型半角等误差的外螺纹与具有理想牙型的内螺纹旋合时，旋合变紧，其效果好像外螺纹的中径增大了，这个增大了的假想中径是与内螺纹旋合时起作用的中径，称为外螺纹的作用中径，以 d_{2m} 表示，它等于外螺纹单一中径与螺距、牙型半角等误差在中径上的当量之和，即 $d_{2m}=d_{2s}+(f_p+f_a)$ 同理，当有螺距和牙型半角等误差的内螺纹与具有理想牙型的外螺纹旋合时，旋合也变紧了，其效果好像内螺纹中径减小了。这个减小了的假想中径是与外螺纹旋合时起作用的中径，称为内螺纹的作用中径，以 D_{2m} 表示，它等于内螺纹的单一中径与螺距、牙型半角等误差在中径上的当量之差，即 $D_{2m}=D_{2s}-(F_p-F_a)$ 作用中径也是用来判断螺纹可否旋合的中径，若要保证内、外螺纹的旋合性，必须满足要求 $D_{2m}\geqslant d_{2m}$
螺纹接触高度			是指在两个相互配合的牙型上，牙侧重合部分在垂直于螺纹轴线方向上的距离

注：普通螺纹牙顶宽是1/8P，牙底宽是1/4P。1/8H是外螺纹牙顶削平高度，1/4H是内螺纹牙底削平高度。这样设计是为了让螺纹有一定的强度和抗冲击力，并且在中径部分有足够的接触面积。过尖的牙顶容易损伤（倒牙、撕裂、卷齿等），在强度比较高的场合，外螺纹牙底一般都做成圆弧形来分散受力。

3. 普通螺纹的标记

螺纹的完整标记由螺纹代号、螺纹公差代号和旋合长度3部分组成，各部分间用“－”隔开：

（1）单个螺纹的标记

普通螺纹及梯形螺纹的完整标记为

螺纹代号－螺纹中径和顶径的公差带代号－旋合长度代号

在零件图上，内、外螺纹如下标记（标注在大径引出的尺寸线上）。

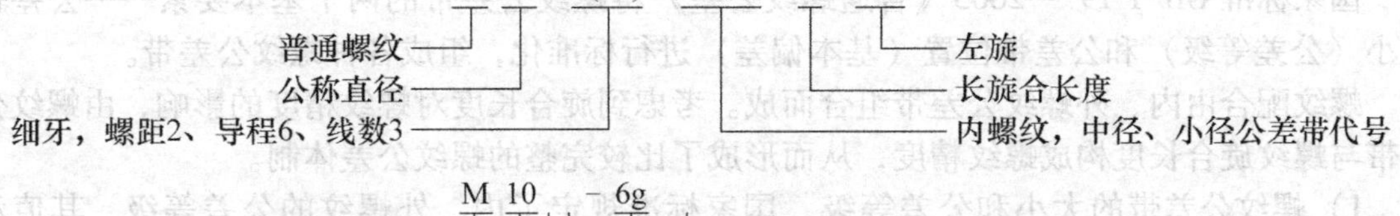

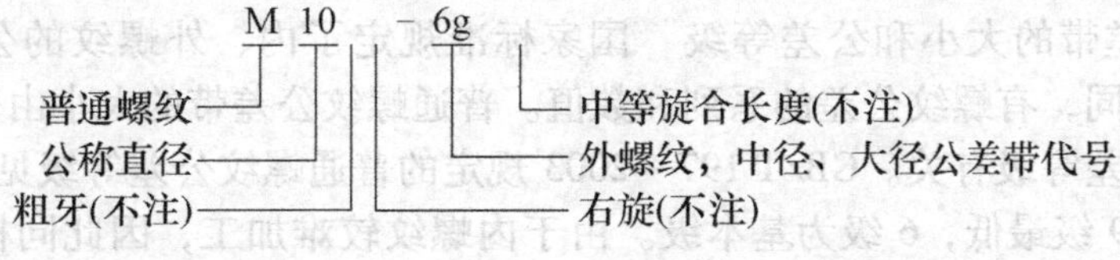

1）螺纹代号

螺纹牙型符号　公称直径×螺距（单线时）或导程（P螺距）（多线时）旋向

其中　螺距——细牙螺纹需要标注出螺距，粗牙普通螺纹螺距省略标注；

旋向——标注中，左旋螺纹需在螺纹代号后加注“LH”。

2）公差带代号　螺纹公差带代号是由表示其大小的公差等级数字和表示其位置的字母

组成（内螺纹用大写字母，外螺纹用小写字母）如6H、5g等。

若螺纹的中径公差带与顶径公差带的代号不同，前者表示中径公差带代号，后者表示顶径公差带代号（顶径指外螺纹的大径和内螺纹的小径），则分别标注，如4H5H、5h6h。

中径和顶径公差带代号两者相同时，可只标一个代号。

3）旋合长度代号　螺纹旋合长度是指两个相互配合的螺纹，沿螺纹轴线方向相互旋合部分的长度（螺纹端倒角不包括在内）。

普通螺纹旋合长度分短（S）、中（N）、长（L）3组，梯形螺纹分N、L两组。

当旋合长度为N时，省略标注。

例：M30×2－5g6g－S

表示公称直径为30mm，螺距2mm，中径和顶径公差带分别为5g、6g的短旋合长度的普通细牙外螺纹。

例：M20×2LH－5H－L

表示公称直径为20mm，螺距2mm，中径和顶径公差带都为5H的长旋合长度的左旋普通细牙内螺纹。

例：M16×P_h3P1.5

表示公称直径为16mm，导程3mm，螺距1.5mm普通细牙螺纹。

（2）螺纹配合的标记

装配图上，标注螺纹配合时，内、外螺纹的公差带代号用斜线分开，左边（分子）为内螺纹公差带代号，右边（分母）为外螺纹公差带代号（分子为内螺纹、分母为外螺纹）。

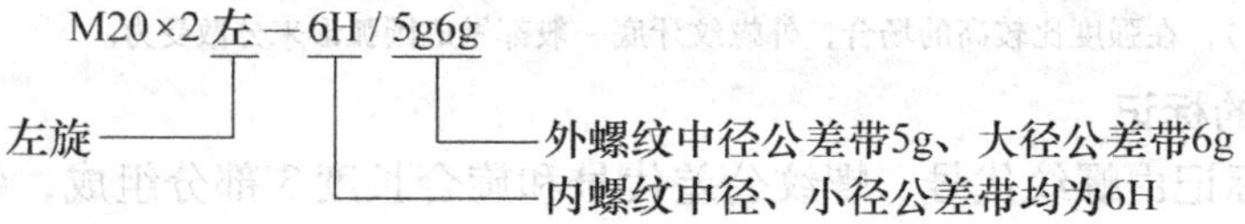

例：M20×2－5H/5g6g

表示公称直径为20mm，螺距2mm，中径和顶径公差带都为5H的内螺纹与中径和顶径公差带分别为5g、6g的外螺纹旋合。

4. 普通螺纹公差与配合选用

（1）普通螺纹的公差带

国家标准GB/T 197—2003《普通螺纹公差》将螺纹公差带的两个基本要素——公差带大小（公差等级）和公差带位置（基本偏差）进行标准化，组成各种螺纹公差带。

螺纹配合由内、外螺纹公差带组合而成。考虑到旋合长度对螺纹精度的影响，由螺纹公差带与螺纹旋合长度构成螺纹精度，从而形成了比较完整的螺纹公差体制。

1）螺纹公差带的大小和公差等级　国家标准规定了内、外螺纹的公差等级，其值和孔、轴公差值不同，有螺纹公差的系列和数值。普通螺纹公差带的大小由公差值确定，公差值又与螺距和公差等级有关。GB/T 197—2003规定的普通螺纹公差等级见表6-3。各公差等级中3级最高，9级最低，6级为基本级。由于内螺纹较难加工，因此同样公差等级的内螺纹中径公差比外螺纹中径公差大32%左右。对外螺纹的小径和内螺纹的大径不规定具体的公差数值，而只规定内、外螺纹牙底实际轮廓上的任何点均不得超越按基本偏差所确定的最大实体牙型，此外还规定了外螺纹的最小牙底半径。

另外，国标对内、外螺纹的顶径和中径规定了公差值，具体数值可查表6-4、表6-5。

表 6-3 普通螺纹的公差等级

螺纹直径	公差等级	螺纹直径	公差等级
内螺纹中径 D_2	4，5，6，7，8	外螺纹中径 d_2	3，4，5，6，7，8，9
内螺纹小径 D_1	4，5，6，7，8	外螺纹大径 d_1	4，6，8

表 6-4 普通螺纹中径公差（摘自 GB/T 197—2003）

公称直径 D/mm		螺距 P/mm	内螺纹中径公差 T_{D2}/μm					外螺纹中径公差 T_{d2}/μm						
			公差等级					公差等级						
>	≤		4	5	6	7	8	3	4	5	6	7	8	9
5.6	11.2	0.5	71	90	112	140	—	42	53	67	85	106	—	—
		0.75	85	106	132	170	—	50	63	80	100	125	—	—
		1	95	118	150	190	236	56	71	90	112	140	180	224
		1.25	100	125	160	200	250	60	75	95	118	150	190	236
		1.5	112	140	180	224	280	67	85	106	132	170	212	265
11.2	22.4	0.5	75	95	118	150	—	45	56	71	90	112	—	—
		0.75	90	112	140	180	—	53	67	85	106	132	—	—
		1	100	125	160	200	250	60	75	95	118	150	190	236
		1.25	112	140	180	224	280	67	85	106	132	170	212	265
		1.5	118	150	190	236	300	71	90	112	140	180	224	280
		1.75	125	160	200	250	315	75	95	118	150	190	236	300
		2	132	170	212	265	335	80	100	125	160	200	250	315
		2.5	140	180	224	280	355	85	106	132	170	212	265	335
22.4	45	0.75	95	118	150	190	—	56	71	90	112	140	—	—
		1	106	132	170	212	—	63	80	100	125	160	200	250
		1.5	125	160	200	250	315	75	95	118	150	190	236	300
		2	140	180	224	280	355	85	106	132	170	212	265	335
		3	170	212	265	335	425	100	125	160	200	250	315	400
		3.5	180	224	280	355	450	106	132	170	212	265	335	425
		4	190	236	300	375	475	112	140	180	224	280	355	450
		4.5	200	250	315	400	500	118	150	190	236	300	375	475

表 6-5 普通螺纹基本偏差和顶径公差（摘自 GB/T 197—2003）

螺距 P/mm	内螺纹的基本偏差 EI		外螺纹的基本偏差 es				内螺纹小径公差 T_{D1} 公差等级					外螺纹大径公差 T_d 公差等级		
	G	H	e	f	g	h	4	5	6	7	8	4	6	8
1	+26		-60	-40	-26		150	190	236	300	375	112	180	280
1.25	+28		-63	-42	-28		170	212	265	335	425	132	212	335
1.5	+32		-67	-45	-32		190	236	300	375	475	150	236	375
1.75	+34		-71	-48	-34		212	265	335	425	530	170	265	425
2	+38	0	-71	-52	-38	0	236	300	375	475	600	180	280	450
2.5	+42		-80	-58	-42		280	355	450	560	710	212	335	530
3	+48		-85	-63	-48		315	400	500	630	800	236	375	600
3.5	+53		-90	-70	-53		355	450	560	710	900	265	425	670
4	+60		-95	-75	-60		375	475	600	750	950	300	475	750

2）螺纹公差带的位置和基本偏差　普通螺纹公差带是以基本牙型为零线布置的，所以螺纹的基本牙型是计算螺纹偏差的基准。内、外螺纹的公差带相对于基本牙型的位置，与圆柱体的公差带位置一样，由基本偏差来确定。对于外螺纹，基本偏差是上极限偏差 es，对于内螺纹，基本偏差是下极限偏差 EI，则外螺纹下极限偏差 ei = es − T，内螺纹上极限偏差 ES = EI + T（T 为螺纹公差）。

国标对内螺纹的中径和小径规定了 G、H 两种公差带位置，以下极限偏差 EI 为基本偏差，由这两种基本偏差所决定的内螺纹的公差带均在基本牙型之上，如图 6-3 所示。

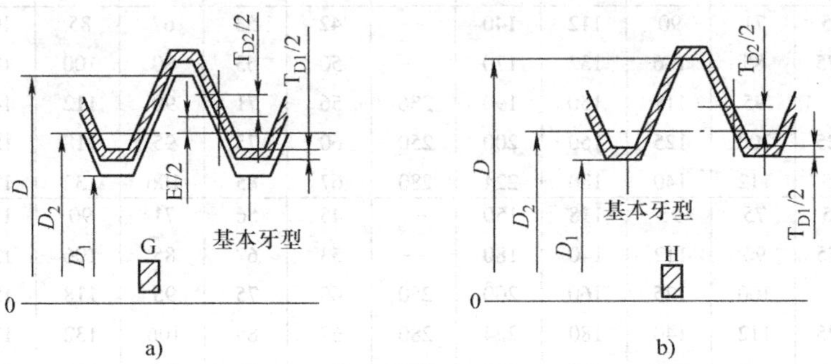

图 6-3　内螺纹的基本偏差

T_{D1}—内螺纹小径公差　T_{D2}—内螺纹中径公差　EI—内螺纹中径基本偏差

国标对外螺纹的中径和大径规定了 e、f、g、h 4 种公差带位置，以上极限偏差 es 为基本偏差，由这 4 种基本偏差所决定的外螺纹公差带均在基本牙型之下，如图 6-4 所示。

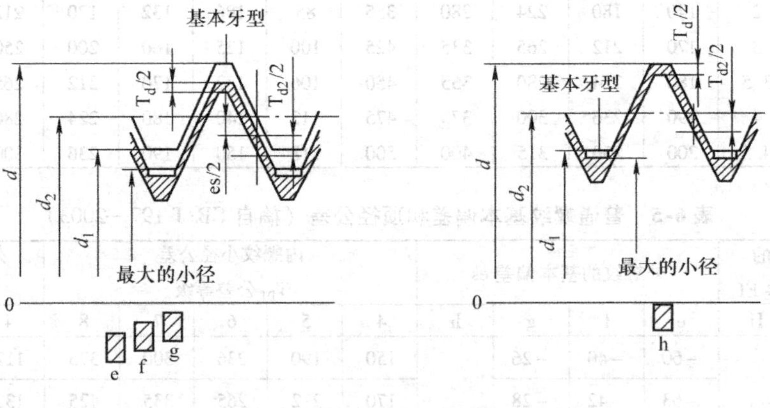

图 6-4　外螺纹的基本偏差

T_d—外螺纹大径公差　T_{d2}—外螺纹中径公差　es—外螺纹中径基本偏差

内、外螺纹基本偏差的含义和代号取自公差与配合标准中相对应的孔和轴。标准中对内螺纹的中径和小径规定采用 G、H 两种公差带位置，对外螺纹大径和中径规定了 e、f、g、h 4 种公差带位置。

（2）螺纹旋合长度及其精度选用

1）螺纹旋合长度　国家标准以螺纹公称直径和螺距为公称尺寸，对螺纹联接规定了 3

组旋合长度：短旋合长度（*S*）、中等旋合长度（*N*）和长旋合长度（*L*），其值可从表6-6中选取。一般情况采用中等旋合长度，其值往往取螺纹公称直径的0.5~1.5倍。

表6-6 螺纹旋合长度（摘自GB/T 197—2003） （单位：mm）

公称直径 *D*、*d*		螺距 *P*	旋合长度			
			S	*N*		*L*
>	≤		≤	>	≤	>
2.8	5.6	0.35	1	1	3	3
		0.5	1.5	1.5	4.5	4.5
		0.6	1.7	1.7	5	5
		0.7	2	2	6	6
		0.75	2.2	2.2	6.7	6.7
		0.8	2.5	2.5	7.5	7.5
5.6	1.2	0.75	2.4	2.4	7.1	7.1
		1	3	3	9	9
		1.25	4	4	12	12
		1.5	5	5	15	15
11.2	22.4	1	3.8	3.8	11	11
		1.25	4.5	4.5	13	13
		1.5	5.6	5.6	16	16
		1.75	6	6	18	18
		2	8	8	24	24
		2.5	10	10	30	30
22.4	45	1	4	4	12	12
		1.5	6.3	6.3	19	19
		2	8.5	8.5	25	25
		3	12	12	36	36
		3.5	15	15	45	45
		4	18	18	53	53
		4.5	21	21	63	63
45	90	1.5	7.5	7.5	22	22
		2	9.5	9.5	28	28
		3	15	15	45	45
		4	19	19	56	56
		5	24	24	71	71
		5.5	28	28	85	85
		6	32	32	95	95

2）配合精度 GB/T 197—2003将普通螺纹的配合精度分为精密级、中等级和粗糙级3个等级，见表6-7。

① 精密级。用于配合性质要求稳定及保证定位精度的场合，如飞机零件上螺纹可用内螺纹4H5H与外螺纹4h相配合。

② 中等级。用于一般螺纹联接如应用在一般的机器、仪器和机构中。

③ 粗糙级。用于精度要求不高（即不重要的结构）或制造较困难的螺纹（如在较深的

盲孔中加工螺纹），也用于工作环境恶劣的场合。如低压电器及防护罩等联接强度要求不高的场合。

表 6-7 普通螺纹的选用公差带及旋合长度（摘自 GB/T 197—2003）

公差带位置 \ 精度	G			H		
旋合长度	S	N	L	S	N	L
精密				4H	4H、5H	5H、6H
中等	(5G)	(6G)	(7G)	*5H	*6H	*7H
粗糙		(7G)			7H	

公差带位置 \ 精度	e			f			g			h		
旋合长度	S	N	L	S	N	L	S	N	L	S	N	L
精密										(3h、4h)	*4h	(5h、4h)
中等		*6e			*6f		(5g、6g)	*6g	(7g、6g)	(5h、6h)	*6h	(7h、6h)
粗糙								8g			8h	

注：其中大量生产的精制紧固螺纹，推荐采用带方框的公差带；带"*"的公差带应优先选用，其次是不带"*"的公差带；括号内的的公差带尽量不用。

（3）配合的选用

为减少刀具、量具规格及数量，提高经济效益，国标 GB/T 197—2003 对内螺纹规定了 11 个选用公差带，对外螺纹规定了 13 个选用公差带，见表 6-8 和表 6-9。

表 6-8 外螺纹选用公差带（摘自 GB/T 197—2003）

精度	公差带位置 e			公差带位置 f			公差带位置 g			公差带位置 h		
	S	*N*	*L*	*S*	*N*	*L*	*S*	*N*	*L*	*S*	*N*	*L*
精密								(4g)	(5g4s)	(3h4h)	*4h	(5h4h)
中等		*6e	(7e6e)		*6f		(5g6g)	*6g	(7g6g)	(5h6h)	*6h	(7h6h)
粗糙		(8e)	(9e8e)					8g	(9g8g)		(8h)	

表 6-9 内螺纹选用公差带（摘自 GB/T 197—2003）

精度	公差带位置 G			公差带位置 H		
	S	*N*	*L*	*S*	*N*	*L*
精密				4H	4H5H	5H6H
中等	(5G)	(6G)	(7G)	*5H	*6H	*7H
粗糙		(7G)	(8G)		7H	8H

注：大量生产的精致紧固螺纹，推荐采用带方框的公差带；带 * 的应优先选用，其次是不带 * 的，括号中的公差带尽量不采用。

1）结合精度的确定

精密级——用于精密联接螺纹。

中等级——用于一般用途联接。

粗糙级——用于要求不高及制造困难的螺纹。

2）旋合长度的确定　一般多用N组。根据公称直径和螺距选择。

3）公差带的确定　是螺纹公差等级和基本偏差的组合。表示方法是公差等级后加上基本偏差代号。如外螺纹6f；内螺纹6H。

4）配合的选用　理论上，由表6-7的内、外螺纹的公差带组合可得到多种供选用的螺纹配合，一般螺纹配合的选用主要根据使用要求来确定。

① 间隙为零的配合H/h。通常用于内、外螺纹具有较高的同轴度，并有足够的接触高度和结合强度的场合或单件、小批量生产的螺纹。

② 较小间隙的配合H/g或G/h。用于要保证间隙，提高效率及改善螺纹的疲劳强度、需要拆卸方便的螺纹。

③ 小间隙配合H、G与e、f、g。

④ 用于需要镀层的螺纹，其基本偏差按所需镀层厚度确定。内螺纹较难镀层，涂镀对象主要是外螺纹，当镀层厚度为10μm、20μm、30μm时，可分别选用g、f、e与H组成配合。当内、外螺纹均需要涂镀时，可采用G/e、G/f。

⑤ 用于高温条件下工作的螺纹，应保证足够间隙以防卡死。可根据工作时的温度来确定配合，一般当温度低于450°时可选H/g，温度高于450°时可选H/f、H/e。

5）表面粗糙度　国标有普通螺纹的表面粗糙度推荐值。一般情况下，选用中等精度、中等旋合长度的公差带，即内螺纹公差带常选6H、6G；外螺纹公差带6h、6g应用较广。

5. 普通螺纹几何参数对互换性的影响

要实现普通螺纹的互换性，保证联接精度，则要求相同规格的内、外螺纹在装配过程具有良好的可旋合性以及在使用过程中具有足够的联接强度。由于标准规定螺纹的大径及小径处均留有一定的间隙，因此影响螺纹互换性的主要参数是螺纹直径偏差、螺距误差、牙侧角偏差。

要实现普通螺纹的互换性，必须保证内、外螺纹自由旋合，且具有足够的联接强度。

（1）螺纹直径偏差的影响

螺纹直径（包括大径、小径和中径）的偏差是指螺纹加工后直径的实际尺寸与螺纹直径的公称尺寸之差。由于相互结合的内、外螺纹直径的公称尺寸相等，因此，如果外螺纹直径的偏差大于内螺纹对应直径的偏差，则不能保证它们的旋合性；倘若外螺纹直径的偏差比内螺纹对应直径的偏差小得多，那么，虽然它们能够旋入，但会使它们的接触高度减小，从而削弱它们的联接强度。由于螺纹的配合面是牙侧面，故中径偏差对螺纹互换性的影响比大径偏差、小径偏差的更大。

鉴于此，必须控制螺纹直径的实际尺寸，对直径规定适当的上、下极限偏差。

相互结合的内、外螺纹在顶径处和底径处应分别留有适当的间隙，以保证它们能够自由旋合。为了保证螺纹的联接强度，螺纹的牙底应制成圆弧形状。

（2）螺距误差的影响

螺距误差分为螺距偏差ΔP和螺距累积误差ΔP_{Σ}。Δ是指螺距的实际值与其基本值之差，它与旋合长度无关。ΔP_{Σ}是指在规定的螺纹长度内，任意两同名牙侧与中径线交点间的实际轴向距离与其基本值之差中的最大绝对值，它与旋合长度有关。ΔP_{Σ}对螺纹互换性的影响比ΔP更大。

如图6-5所示，相互结合内、外螺纹螺距的基本值为P，假设内螺纹为理想螺纹，其所

有的几何参数皆无误差；而外螺纹仅存在螺距误差，它的 n 个螺距实际轴向距离 $L_{外}$ 大于其基本值 nP（内螺纹的实际轴向距离 $L_{内}=nP$），因此它的螺距累积误差为 $\Delta P_{\Sigma}=|L_{外}-nP|$。$\Delta P_{\Sigma}$ 使内、外螺纹牙侧产生干涉（图中阴影部分）而不能旋合。

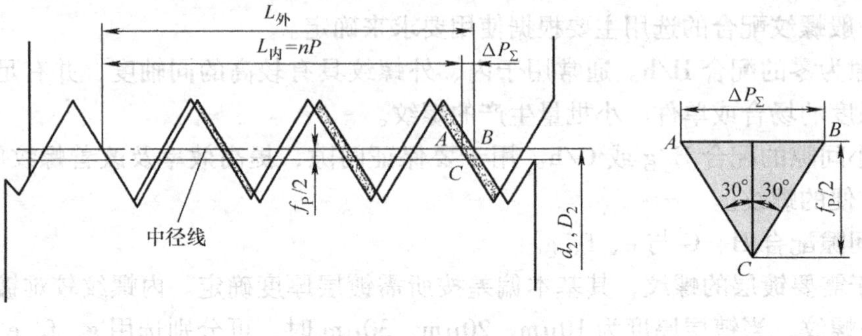

图 6-5　螺距累计误差对旋合性的影响

为了使上述具有 ΔP_{Σ} 的外螺纹能够旋入理想的内螺纹，保证旋合性，应将外螺纹的干涉部分切掉，使其牙侧上的 B 点移至与内螺纹牙侧上的 C 点接触（螺牙另一侧的间隙不变）。也就是说，将外螺纹的中径减小一个数值 f_p，使外螺纹轮廓刚好能被内螺纹轮廓包容。同理，如果内螺纹存在螺距累积误差，为了保证旋合性，则应将内螺纹的中径增大一个数值 F_p。f_p（或 F_p）称为螺距误差的中径当量。由图 6-5 中的△ABC 可求出

$$f_p(\text{或 } F_p)=\Delta P_{\Sigma}\cot 30°=1.732\times\Delta P_{\Sigma}$$

应当指出，虽然增大内螺纹中径或（和）减小外螺纹中径可以消除 ΔP_{Σ} 对旋合性的不利影响，但 ΔP_{Σ} 会使内、外螺纹实际接触的螺牙减少，载荷集中在接触部位，造成接触压力增大，降低螺纹的联接强度。

（3）牙侧角偏差的影响

牙侧角偏差是指牙侧角的实际值与其基本值（30°）的差，它包括螺纹牙侧的形状误差和牙侧相对于螺纹轴线的垂线的位置误差，如图 6-6 所示。

如图 6-7 所示，相互结合的内、外螺纹的牙侧角的基本值为 30°，螺距的基本值为 P，假设内螺纹 1（粗实线）为理想螺纹，而外螺纹 2（细实线）仅存在牙侧角偏差（左牙侧角偏差 $\Delta\alpha_1<0$，右牙侧角偏差 $\Delta\alpha_2>0$），使内、外螺纹牙侧产生干涉（图中画斜线部分）而

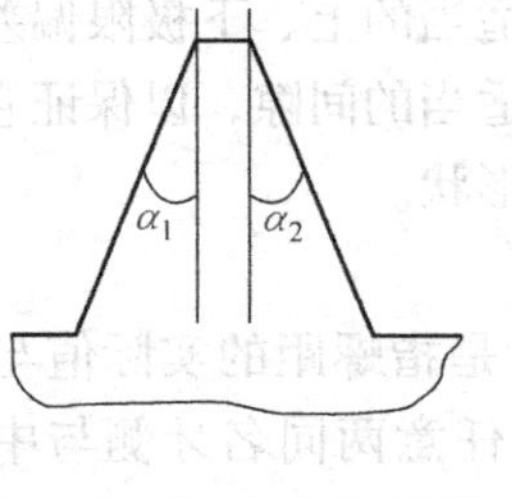

图 6-6　牙侧角

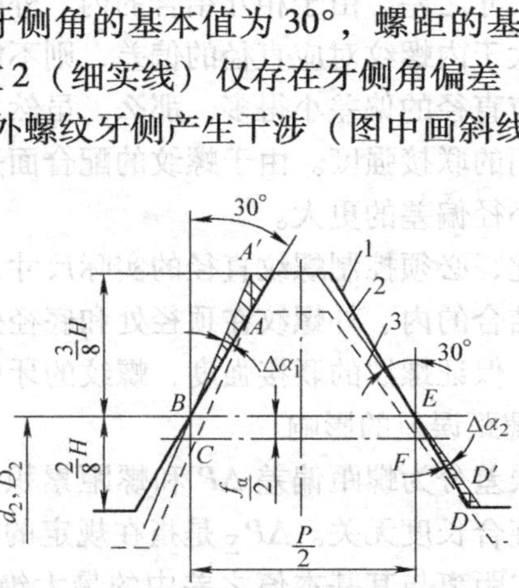

图 6-7　牙侧角偏差对旋合性的影响

不能旋合。为了使上述具有牙侧角偏差的外螺纹能够旋入理想的内螺纹，保证旋合性，应将外螺纹的干涉部分切掉，把外螺纹螺牙径向移至虚线 3 处，使外螺纹轮廓刚好能被内螺纹轮廓包容。也就是说，将外螺纹的中径减小一个数值 f_α。同理，当内螺纹存在牙侧角偏差时，为了保证旋合性，应将内螺纹中径增大一个数值 F_α。f_α（或 F_α）称为牙侧角偏差的中径当量。

由图 6-7 可以看出，由于牙侧角偏差 $\Delta\alpha_1$ 和 $\Delta\alpha_2$ 的大小和符号各不相同，因此左、右牙侧干涉区的最大径向干涉量也不相同（$AA' > DD'$），通常取它们的平均值作为 $f_\alpha/2$，即：

$$f_\alpha/2 = (AA' + DD')/2$$

$\triangle ABC$ 的边长 $BC = AA'$，$\triangle DEF$ 的边长 $EF = DD'$，在 $\triangle ABC$ 和 $\triangle DEF$ 中应用正弦定理，并注意牙型半角为 30°时，$H = \sqrt{3}P/2$，经整理、运算并进行单位换算后得

$$f_\alpha = 0.0732P\ (3|\Delta\alpha_1| + 2\Delta\alpha_2) \qquad (单位为\ \mu m)$$

考虑到左、右牙侧角偏差均有可能为正值或负值，并且考虑内螺纹 F_α 的计算，将上式写成通式如下

$$f_\alpha(或\ F_\alpha) = 0.073P(K_1|\Delta\alpha_1| + K_2|\Delta\alpha_2|)$$

式中　P——螺距，单位为 mm；

$\Delta\alpha_1$——左半角误差，单位为′；

$\Delta\alpha_2$——右半角误差，单位为′；

K_1、K_2——系数，K_1、K_2 的数值分别取决于 $\Delta\alpha_1$、$\Delta\alpha_2$ 的正、负号，见表 6-10。

表 6-10　K_1、K_2 系数值

	内螺纹		外螺纹	
半角误差	>0	<0	>0	<0
K_1、K_2	3	2	2	3

对于外螺纹，当 $\Delta\alpha_1$（或 $\Delta\alpha_2$）为正值时，在中径与小径之间的牙侧产生干涉，相应的系数 K_1（或 K_2）取 2；当 $\Delta\alpha_1$（或 $\Delta\alpha_2$）为负值时，在中径与大径之间的牙侧产生干涉，相应的系数 K_1（或 K_2）取 3。

对于内螺纹，当 $\Delta\alpha_1$（或 $\Delta\alpha_2$）为正值时，在中径与大径之间的牙侧产生干涉，相应的系数 K_1（或 K_2）取 3；当 $\Delta\alpha_1$（或 $\Delta\alpha_2$）为负值时，在中径与小径之间的牙侧产生干涉，相应的系数 K_1（或 K_2）取 2。

应当指出，虽然增大内螺纹中径或（和）减小外螺纹中径可以消除牙侧角偏差对旋合性的不利影响，但牙侧角偏差会使内、外螺纹牙侧接触面积减少，载荷相对集中到接触部位，造成接触压力增大，降低螺纹的联接强度。

（4）作用中径对螺纹旋合性的影响

从以上的分析可知：影响螺纹旋合性的主要因素是中径偏差、螺距误差和牙侧角偏差。它们的综合结果可以用作用中径表示。

前已述及，当外螺纹存在螺距累积误差和牙侧角偏差时，需将它的中径减小，它方能与理想的内螺纹旋合。若不减小它的中径，则它只能与一个中径较大的内螺纹相旋合。同理，存在螺距累积误差和牙侧角偏差的实际内螺纹，只能与一个中径较小的外螺纹旋合。

如图 6-8 所示，在规定的旋合长度内，恰好包容实际外螺纹的假想内螺纹的中径，称为

该外螺纹的作用中径，用代号 d_{2m} 表示；恰好包容实际内螺纹的假想外螺纹的中径，称为该内螺纹的作用中径，用代号 D_{2m} 表示。这假想螺纹具有理想的螺距、牙侧角和牙型高度，并且分别能够在牙顶处和牙底处留有间隙，以保证它包容实际螺纹时两者的大径、小径处不发生干涉。

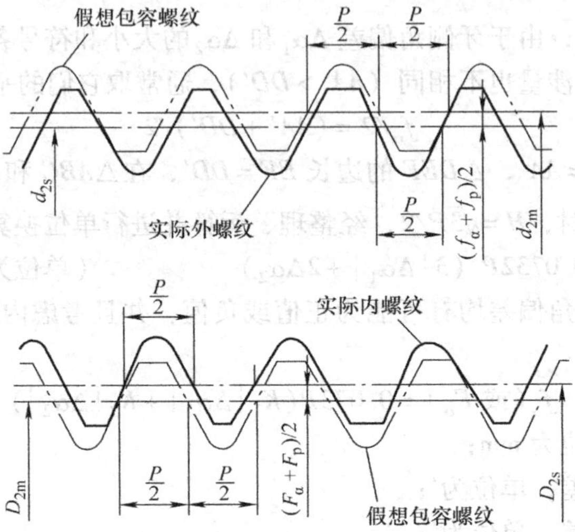

图 6-8　内、外螺纹作用中径

d_{2s}、D_{2s}—内、外螺纹的单一中径

单一中径、螺距误差、牙侧角偏差是独立的，外螺纹和内螺纹的作用中径可分别按下式计算

$$d_{2m}=d_{2s}+(f_p+f_\alpha)$$

$$D_{2m}=D_{2s}-(F_p-F_\alpha)$$

显然，内、外螺纹能够自由旋合的条件是

$$d_{2m}\leqslant D_{2m}$$

或者外螺纹 d_{2m} 不大于其中径的上极限尺寸，内螺纹 D_{2m} 不小于其中径的下极限尺寸。

（5）普通螺纹合格性的判断

螺纹的检测手段是多种多样的，应根据螺纹的不同使用场合及螺纹加工条件，由产品设计者自己决定采用何种检测手段，来判断被测螺纹合格与否。

对于生产批量不大的螺纹，或者为了查找螺纹加工误差的产生原因，可以用工具显微镜、螺纹千分尺等分别测出螺纹的单一中径（d_{2s}、D_{2s}）、螺距误差和牙侧角偏差。对于生产批量较大的螺纹，可以按泰勒原则使用螺纹量规检验，来判断被测螺纹的旋合性和联接强度合格与否。

如图 6-9 所示，泰勒原则是指为了保证旋合性，实际螺纹的作用中径应不超出最大实体牙型的中径；为了保证联接强度，该实际螺纹任何部位的单一中径应不超出最小实体牙型的中径。

所谓最大和最小实体牙型是指在螺纹中径公差范围内，分别具有材料量最多和最少且具有与基本牙型一致的螺纹牙型。外螺纹的最大和最小实体牙型中径分别等于其中径的上极限

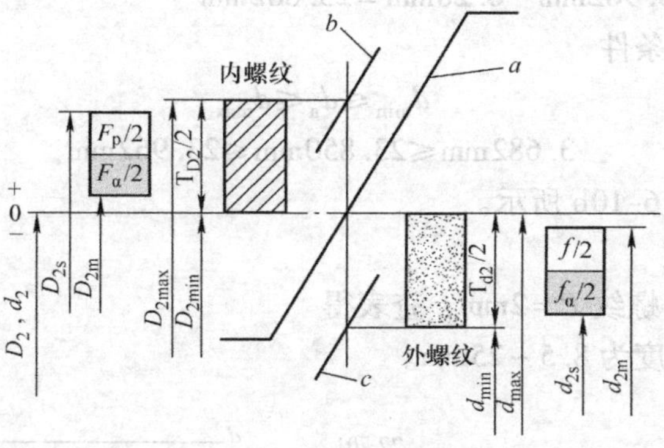

图 6-9　泰勒原则

a—内、外螺纹最大实体尺寸　b—内螺纹最小实体牙型　c—外螺纹最小实体牙型

D_{2max}、D_{2min}—内螺纹中径的上、下极限尺寸　d_{2max}、d_{2min}—外螺纹中径的上、下极限尺寸

T_{D2}、T_{d2}—内、外螺纹中径公差

尺寸和下极限尺寸 d_{2max}、d_{2min}，内螺纹的最大和最小实体牙型中径分别等于其中径的下极限尺寸和上极限尺寸 D_{2min}、D_{2max}。

按泰勒原则，判断螺纹中径合格的条件为

$$d_{2m} \leqslant d_{2max} \text{ 并且 } d_{2s} \geqslant d_{2min} \quad \text{（外螺纹）}$$

$$D_{2m} \geqslant D_{2min} \text{ 并且 } D_{2s} \leqslant D_{2max} \quad \text{（内螺纹）}$$

［**例 6-1**］　已知螺纹尺寸 M24 × 2 − 6g，同时测得实际大径 $d_a = 23.850$mm，实际中径 $d_{2a} = 22.521$mm，螺距累积误差 $\Delta P_\Sigma = +0.05$mm，$\Delta\alpha_1 = +20'$，$\Delta\alpha_2 = -25'$，试判断螺纹中径、顶径是否合格，并查出所需旋合长度的范围（单位为 mm）。

解：(1) 判断中径的合格性

查表得：中径 $d_2 = 22.701$mm　es = −0.038mm，$T_{d2} = 0.170$mm

$d_{2max} = d_2 + es = 22.701\text{mm} - 0.038\text{mm} = 22.663\text{mm}$

$d_{2min} = d_{2max} - T_{d2} = 22.663\text{mm} - 0.17\text{mm} = 22.646\text{mm}$

单一中径 $d_{2S} = 22.521$mm

螺距累计误差的中径当量　$f_p = 1.732|\Delta P_\Sigma| = 1.732 \times 0.05\text{mm} = 0.087\text{mm}$

因为 $\Delta\alpha_1 > 0$，$\Delta\alpha_2 < 0$，牙型半角误差补偿系数 $K_1 = 2$，$K_2 = 3$

$f_\alpha(F_\alpha) = 0.073P(K_1|\Delta\alpha_1| + K_2|\Delta\alpha_2|) = 0.073 \times 2 \times (2 \times 20 + 3 \times 25)\mu\text{m} \approx 16.8\mu\text{m} \approx 0.017\text{mm}$

螺纹作用中径　$d_{2m} = d_{2S} + (f_p + f_\alpha) = 22.521\text{mm} + (0.087 + 0.017)\text{mm} = 22.625\text{mm}$

据中径合格性判断条件

$$d_{2m} \leqslant d_{2max} \qquad 22.625 \leqslant 22.663$$

$$d_{2S} \geqslant d_{2min} \qquad 22.521 \geqslant 22.493$$

故中径合格，如图 6-10a 所示。

(2) 判断大径的合格性

查表得

es = −0.038mm　$T_d = 0.280$mm

$d_{max} = d + es = 24\text{mm} - 0.038\text{mm} = 23.962\text{mm}$

$d_{min}=d_{max}-T_d=23.962mm-0.28mm=23.682mm$

据大径合格性判断条件

$$d_{min}\leqslant d_a\leqslant d_{max}$$

$$3.682mm\leqslant 23.850mm\leqslant 23.962mm$$

故大径合格，如图6-10b所示。

(3) 所需旋合长度

据大径 $d=24mm$、螺纹 $P=2mm$，查表得

应采取中等旋合长度为8.5～25mm。

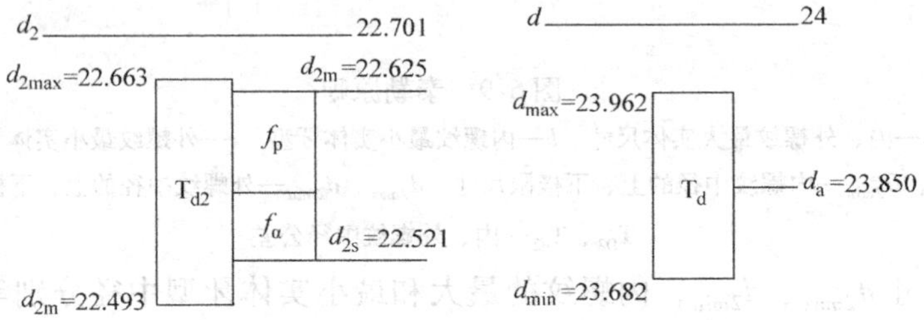

a) 中径合格　　b) 大径合格

图6-10　中径、顶径合格性判断

6. 螺纹的检测

(1) 单项测量

对于具有其他精度要求和功能要求的精密螺纹，其中径、螺距和牙型半角等参数规定了不同的公差要求，常进行单项测量。单项测量是指用量具或量仪测量螺纹各个参数的实际值，其特点是可以对各项误差进行分析，找出产生原因，从而指导生产。如用工具显微镜测量螺纹各参数，用螺纹千分尺测量中径，用单针法或三针法测量螺纹中径等。

1) 螺纹大、小径的检测 外螺纹大径和内螺纹小径一般用普通计量器具（如千分尺、内测千分尺、卡尺）检测；对外螺纹小径和内螺纹大径一般不检测，只在必要时抽查。主要由验证工艺和检测刀具（如丝锥、板牙、滚板、内螺纹研磨具等）的精度来控制。

2) 牙型半角的检测 对普通螺纹，一般不需检测牙型半角而是通过成型刀具和调整机床来保证螺纹牙型半角。当精度要求高（如螺纹量规）或牙型较大（如梯形螺纹），需用调整、修磨车刀、砂轮来保证牙型角时，则必需检测。牙型半角一般在工具显微镜上检测。

① 影像法测量牙型半角。

首先根据螺纹牙型大小选择放大倍数适当的物镜，然后校正角度目镜的零位并按螺旋升角将显微镜头旋转一角度，调整焦距直至得到清晰的牙型轮廓。在牙侧对线并分别在左右牙侧读出左、右半角的角度值，如图6-11所示。

为了减少误差，应在与螺纹轴线对称的两个位置对同一侧牙型半角进行检测。然后，把

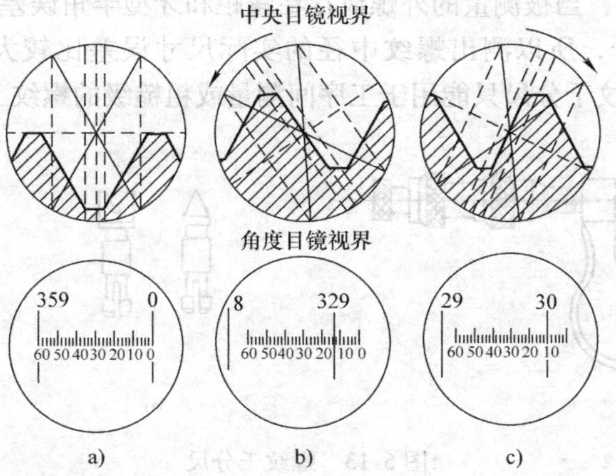

图 6-11　牙侧半角读取

相对的两个左半角和两个右半角分别取代数和的平均值，求出被测螺纹牙型左、右半角的数值（图 6-12）。计算方法如下

$$\Delta\alpha_1 = \frac{\frac{\alpha}{2}(1) + \frac{\alpha}{2}(4)}{2} \qquad \Delta\alpha_2 = \frac{\frac{\alpha}{2}(2) + \frac{\alpha}{2}(3)}{2}$$

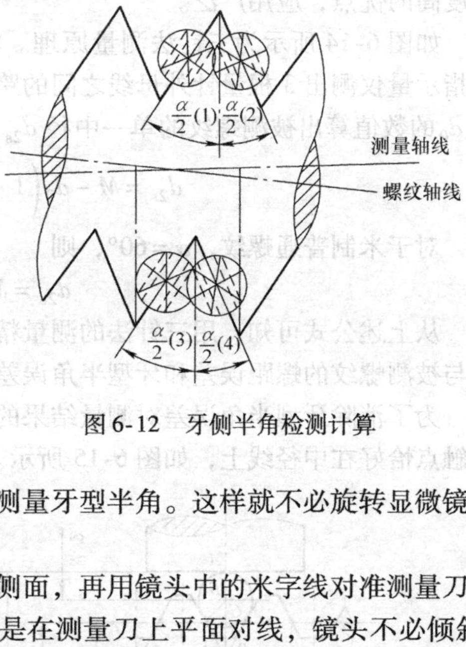

图 6-12　牙侧半角检测计算

② 干涉法和轴切法测量牙型半角。

除了影像法之外，还可以用干涉法和轴切法测量牙型半角。

干涉法就是在显微镜下部透射镜头上放一中间有小孔的挡片，在螺纹牙型轮廓周边就可出现几条干涉带，用米字线对准靠近轮廓的一条干涉带，以代表轮廓，按照与影像法类似的方法测量牙型半角。这样就不必旋转显微镜头去找牙侧的影像，既方便又减少了误差。

轴切法是利用显微镜所附的测量刀贴靠在牙型侧面，再用镜头中的米字线对准测量刀上面的细线（与刀刃平行）来测量牙型半角。轴切法是在测量刀上平面对线，镜头不必倾斜，不存在轴向与法向的误差，测量精度比影像法高，对于高精度螺纹和大螺纹升角，应用轴切法测量才可靠。

3）螺纹中径的检测

① 用螺纹千分尺测量中径。在工厂现场一般使用带插入式测量头的螺纹千分尺测量外螺纹中径。它的构造与外径千分尺相似，差别仅在于两个测量头的形状。螺纹千分尺的测量头做成和螺纹牙型相吻合的形状，即一个为 V 形测量头，与螺纹牙型凸起部分拥吻合；另一个为圆锥形测量头，与螺纹牙型沟槽相吻合。

这种螺纹千分尺有一套可换测量头，每对测量头只能用来测量一定螺距范围的螺纹，如图 6-13 所示。用螺纹千分尺测量外螺纹中径时，读得的数值是螺纹中径的实际尺寸，它不包括螺距误差和牙型半角误差在中径上的当量值。但是螺纹千分尺的测量头是根据牙型角和螺距的标准尺寸制造的，当被测量的外螺纹存在螺距和牙型半角误差时，测量头与被测量的外螺纹不能很好地吻合，所以测出螺纹中径的实际尺寸误差比较大，一般误差在 0.05 ~ 0.20mm 左右，因此螺纹千分尺只能用于工序间测量或粗糙级的螺纹工件测量。

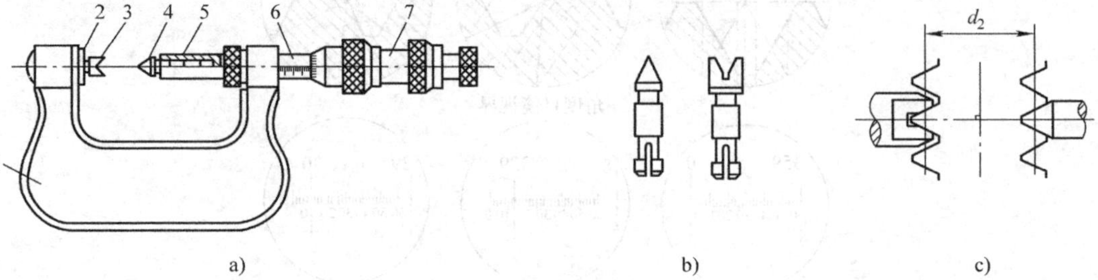

图 6-13　螺纹千分尺

1—隔热装置　2—尺架　3—测砧　4—测微螺杆　5—锁紧装置　6—固定套管　7—微分筒

② 用量针测量。生产中常采用“三针法”测量外螺纹的中径，它具有方法简单、测量精度高的优点，应用广泛。

如图 6-14 所示为三针法测量原理。将 3 根直径相同的量针，放在螺纹牙型沟槽中间，用指示量仪测出 3 根量针外母线之间的跨距 M，根据已知的螺距 P，牙型半角 $\alpha/2$ 及量针直径 d_0 的数值算出被测螺纹的单一中径 d_{2s}。计算公式如下

$$d_{2s}=M-d_0\left(1+\frac{1}{\sin(\alpha/2)}\right)+\frac{P}{2}\cot(\alpha/2)$$

对于米制普通螺纹，$\alpha=60°$，则

$$d_{2s}=M-3d_0+0.866P$$

从上述公式可知，用三针法的测量精度，除所选量仪的示值误差和量针本身的误差外，还与被测螺纹的螺距误差和牙型半角误差有关。

为了消除牙型半角误差对测量结果的影响，应选最佳量针直径，使它与螺纹牙型侧面的接触点恰好在中径线上，如图 6-15 所示。

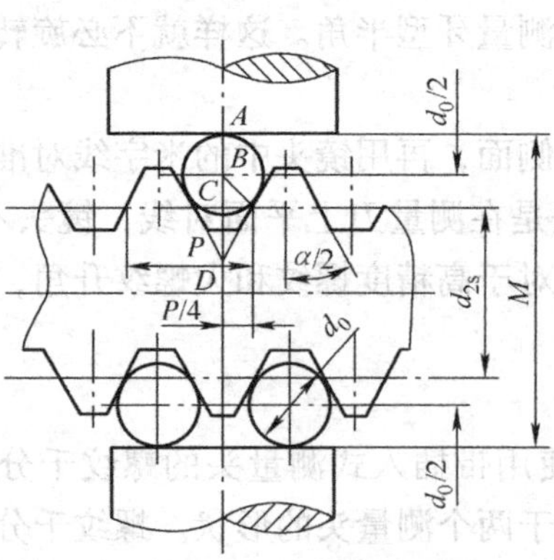

图 6-14　用三针法测量外螺纹的单一中径

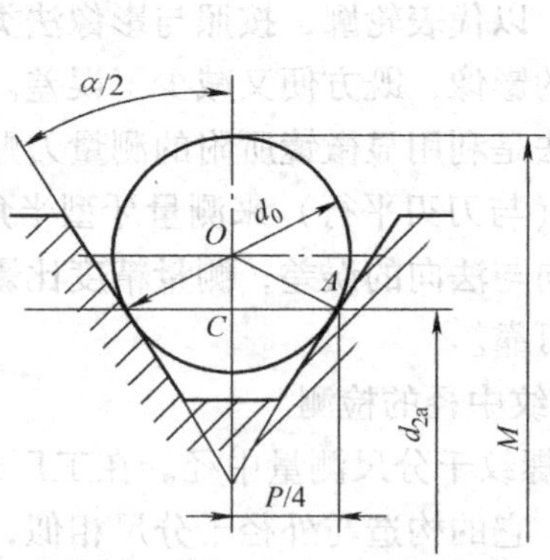

图 6-15　最佳量针直径确定

此时最佳量针直径为

$$d_{0最佳}=\frac{P}{2\cos(\alpha/2)}$$

为了适应各种类型的螺纹，对量针的直径进行合并以减少规格，当量针直径偏离最佳量针直径很小时，不会对中径检测产生大的影响。标准化了的量针直径见表 6-11。用三针量法的测量精度比目前常用的其他方法测量精度要高，且在生产条件下，应用也较方便。表 6-11 列出了常用螺距与量针直径。

表 6-11　螺距与量针直径　（单位：mm）

螺距	0.2	0.25	0.3 0.35	0.4 0.45	0.5	0.6	0.7 0.75 0.8	1	1.25	1.5
量针直径	0.118	0.142	0.185	0.25	0.291	0.343	0.433	0.572	0.724	0.866
螺距	1.75	2	2.5	3	3.5	4	4.5	5	5.5	6
量针直径	1.008	1.157	1.441	1.732	2.05	2.311	2.595	2.886	3.177	3.55

③ 用工具显微镜测量中径。用影像法在工具显微镜上测量中径就是测量在螺纹牙型沟槽等于基本螺距一半的地方的直径（图 6-16）。测量时调整显微镜，找到牙型沟槽宽度等于基本螺距一半的地方，记下横向测微计读数，得第一个横向数值 α_1（或 α_2）；移动横向滑台到螺纹的另一边，找到牙型沟槽宽度等于基本螺距一半处，记下横向测微计读数，得第 2 个横向数值 α_3（或 α_4）。两次横向数值之差，即为螺纹的单一中径

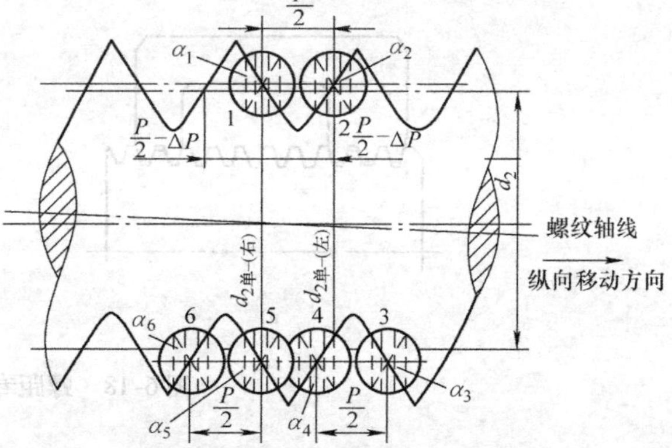

图 6-16　工具显微镜测螺纹中径

$$d_{2s}(左) = |\alpha_2 - \alpha_4|$$

为了减少安装时螺纹轴线方向与横向滑板轴线不垂直所引起的误差，按上述方法，再测得第 3 个横向数值 α_5（或 α_6），与第一个横向数值之差，即得

$$d_{2s}(右) = |\alpha_5 - \alpha_1|$$

最后取算术平均值，即为所测螺纹的单一中径。用式表示为

$$d_{2s} = \frac{d_{2s(左)} + d_{2s(右)}}{2}$$

④ 内螺纹中径的测量。内螺纹中径的测量一般在附配有内侧钩和测内螺纹专用校对块的卧式测长仪、测长机、卧式光学计等仪器上进行。具体方法请查阅相关资料。

4）螺距的测量

① 用螺纹样板检验螺距。图 6-17 是用螺纹样板检验螺纹的示意图。螺纹样板是一种带有不同螺距的基本牙型薄片，用以与被检螺纹比较来确定被检螺纹的螺距。螺纹样板分为公制螺纹样板和英制螺纹样板两种，螺纹样板上都标有该样板的螺距公称尺寸。检测时，根据被检螺纹的

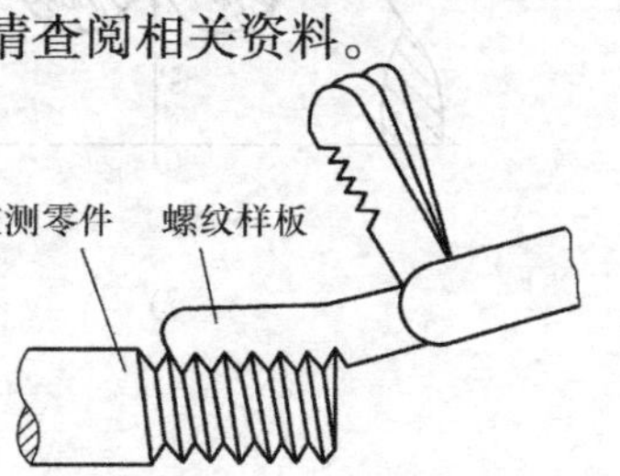

图 6-17　螺纹样板

螺距选择螺纹样板。当不知道被检螺纹的螺距时，可用试测法寻找合适的螺纹样板。检验时，把样板的牙型扣在被测螺纹上，用眼睛观察两者的吻合情况（是否透光）来判断被检螺纹的合格性。如两者牙型全都吻合、不透光，说明被检螺纹的螺距合格；如果有的牙型不吻合、透光，说明被测螺纹的螺距不合格。

用螺纹样板检验螺纹的误差大，只适用于检验精度不高的螺纹。实际上更多的是用在维修、测绘等过程中确定螺距公称值，区别螺纹种类等（确定属于米制还是英制、牙型角是55°还是60°）。对于粗车、粗磨螺纹过程中，可用于调整机床刀具、修整砂轮，粗略控制，以减少用精密仪器检测的次数。

② 用专用检具检测螺距。当需要经常检测某种规格螺纹的螺距时，可自行制作专用样板或专用比较装置来检测螺纹，如图6-18所示。

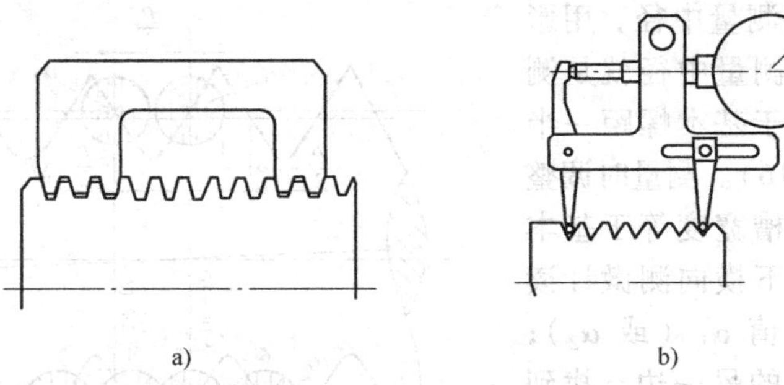

图6-18 螺距专用样板

③ 用印模法检测螺距。对内螺纹，少数大尺寸的可以在普通测长仪器上用内测钩直接检测螺距，但大部分内螺纹无法直接检测，可用印模法来解决这个问题。印模法是将稀释了的制模材料（如石膏）浇注于内螺纹沟槽中，待凝固后取出印模，晾干，再在仪器上检测螺距（或牙型角）。

④ 用工具显微镜测量螺距。用工具显微镜测量螺距可以由测量中径线上相邻两牙间的距离得到，也可由测量中径线上数牙间的距离再除以牙数，从而得出螺距平均值，如图6-19所示。

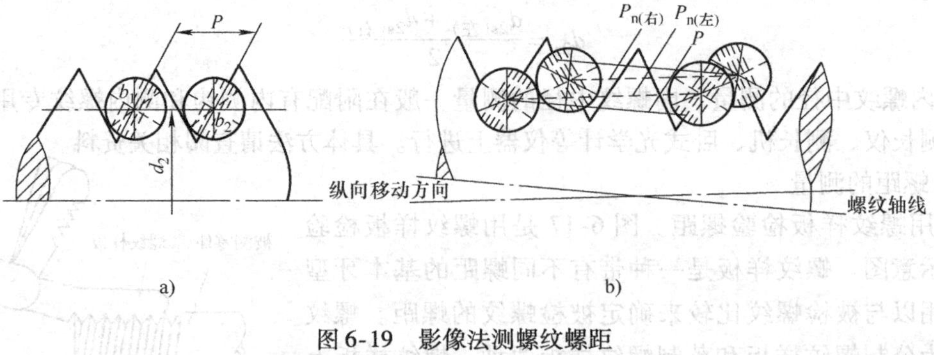

图6-19 影像法测螺纹螺距

采用影像法测量时，用与测量螺纹中径类似的瞄准方法，调整横向滑台使目镜米字线的中心线在牙型影像的中径线上。这样可以减少由于牙型半角误差致使测量部位不同所造成的误差值。记下纵向测微计读数 b_1，然后移动纵向滑板，直至米字线的中心与相邻牙的相应点重合，记下第 2 次纵向测微计读数 b_2，两次的读数差的绝对值就是所测螺距的实际数值。为了减少安装时螺纹轴线与纵向滑板移动轴线不平行所造成的误差，可在螺纹牙型两侧进行两次测量，两次测得螺距的算术平均值为螺距的实测值。测量公式如下

$$P_{n(实)} = \frac{P_{n(左)} + P_{n(右)}}{2}$$

（2）综合检验

对于大批量生产、用于紧固联接的普通螺纹，只要求保证可旋合性和一定的联接强度，其螺距误差及牙型半角误差按照包容要求，可由中径公差综合控制。在对螺纹进行综合检验时，使用螺纹综合极限量规进行检验。用螺纹量规的通规检验内、外螺纹的作用中径及底径的合格性，用螺纹量规的止规检验内、外螺纹单一中径的合格性。其特点是检验效率较高，但不能测出参数的具体数值。

螺纹量规分为塞规和环规，分别用来检验内、外螺纹。

1）对外螺纹的检验　如图 6-20 所示为用螺纹环规检验螺栓的情况。通端螺纹环规用于检验外螺纹的作用中径及牙底直径的合格性；止端螺纹环规用于检验螺栓单一中径的合格性。用卡规先检验外螺纹大径的合格性，再用螺纹环规的通规检验，如能与被检测螺纹顺利旋合，则表明该外螺纹的作用中径合格。光滑极限卡规的通端和止端用于检验外螺纹牙顶直径的合格性。表 6-12 介绍了检验外螺纹量规的使用规则。

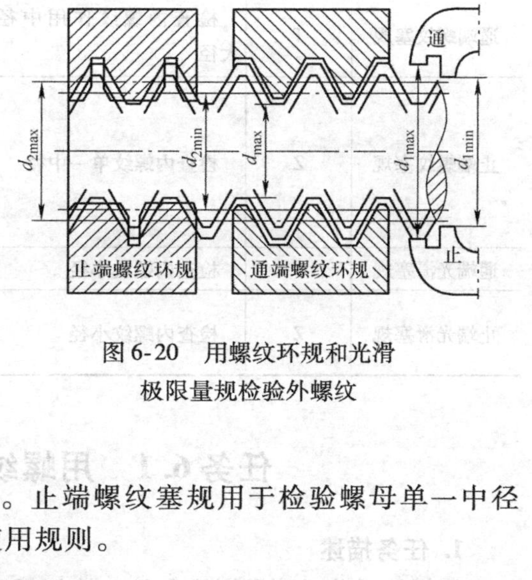

图 6-20　用螺纹环规和光滑极限量规检验外螺纹

2）对内螺纹的检验　如图 6-21 所示为用螺纹塞规检验螺母的情况。通端螺纹塞规用于检验螺母的作用中径及牙底直径的合格性。止端螺纹塞规用于检验螺母单一中径的合格性。表 6-13 介绍了检验内螺纹量规的使用规则。

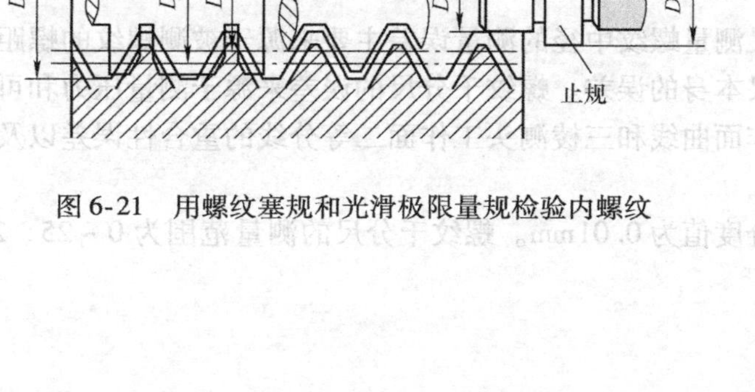

图 6-21　用螺纹塞规和光滑极限量规检验内螺纹

表 6-12 检验外螺纹量规的使用规则

量规名称	代号	功能	特征	使用规则
通端螺纹环规	T	检查外螺纹作用中径和小径	完整的内螺纹牙型	应与工件外螺纹旋合通过
止端螺纹环规	Z	检查外螺纹单一中径	截短的内螺纹牙型	允许与工件螺纹两端旋合不超过两个螺距，对 3 个或少于 3 个螺距的工件，不得旋合通过
通端光滑环规	T	检查外螺纹大径	内圆柱面或平行的两个平面	应通过外螺纹大径
止端光滑环规或卡规	Z	检查外螺纹大径	内圆柱面或平行的两个平面	不应通过外螺纹大径

表 6-13 检验内螺纹量规的使用规则

量规名称	代号	功能	特征	使用规则
通端螺纹塞规	T	检查内螺纹作用中径和大径	完整的外螺纹牙型	应与工件内螺纹旋合通过
止端螺纹塞规	Z	检查内螺纹单一中径	截短的外螺纹牙型	允许与工件螺纹两端旋合不超过两个螺距，对 3 个或少于 3 个螺距的工件，不得旋合通过
通端光滑塞规	T	检查内螺纹小径	外圆柱面	应通过内螺纹小径
止端光滑塞规	Z	检查内螺纹小径	外圆柱面	可进入内螺纹小径两端，但进入量不应超过一个螺距

任务 6.1 用螺纹千分尺测量螺纹中径

1. 任务描述

用螺纹千分尺测量螺纹中径，并判断是否合格。

2. 所用计量器具的使用说明

对于精度要求不高的螺纹，可以用螺纹千分尺检测中径。其使用方法与外径千分尺相同，不同之处是要选用专用测头。每对测头只能测量一定螺距范围的螺纹中径。如图 6-22 所示。

用螺纹千分尺测量螺纹中径的测量误差主要来源于被测螺纹的螺距误差和牙型半角的误差以及螺纹千分尺本身的误差。螺纹千分尺的误差来源于测量压力和可换测头侧端角度的误差、圆锥测头工作面曲线和三棱测头工作面二等分线的重合性误差以及千分尺螺旋机构的误差等。

螺纹千分尺分度值为 0.01mm。螺纹千分尺的测量范围为 0～25、25～50、75～100 等，单位为 mm。

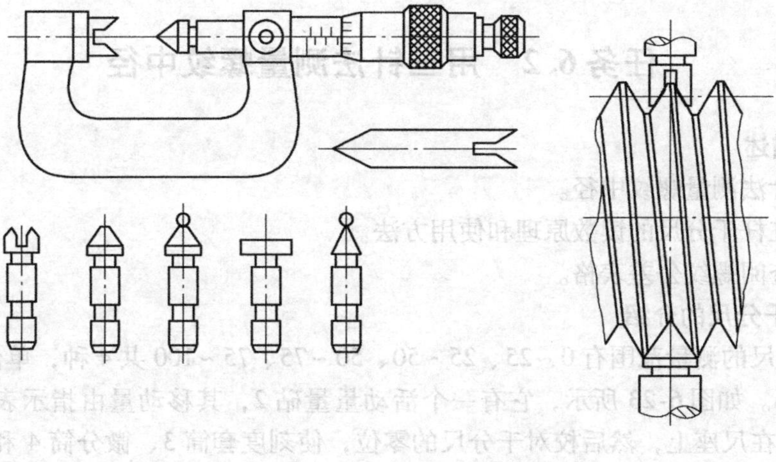

图6-22　螺纹千分尺和中径测量示意图

3. 任务实施

① 选择测头，根据螺纹的螺距选择合适的测头。

② 校正螺纹千分尺零位，擦净仪器和工件。

③ 将工件放入两测头中，正确找到测量位置，分别在4个等距截面（指横剖面）内测量中径。取它们的平均值作为螺纹的实际中径，将数据填入测量表中。

4. 任务评价

整理数据，填入表6-14，并判断被测螺纹的中径的适用性。

表6-14　螺纹千分尺检测螺纹中径评价表

<table>
<tr><td colspan="2">测量对象</td><td colspan="2">螺纹标注</td><td colspan="2">基本中径及螺距</td><td colspan="2">螺纹中径极限尺寸</td></tr>
<tr><td colspan="2"></td><td colspan="2"></td><td colspan="2"></td><td colspan="2"></td></tr>
<tr><td colspan="2">计量器具名称</td><td colspan="2">分度值/mm</td><td colspan="2">示值范围/mm</td><td colspan="2">测量范围/mm</td></tr>
<tr><td colspan="2"></td><td colspan="2"></td><td colspan="2"></td><td colspan="2"></td></tr>
<tr><td colspan="2" rowspan="2">测量数据/mm</td><td colspan="2">Ⅰ—Ⅰ</td><td colspan="2">Ⅱ—Ⅱ</td><td>Ⅲ—Ⅲ</td><td>Ⅳ—Ⅳ</td></tr>
<tr><td colspan="2"></td><td colspan="2"></td><td></td><td></td></tr>
<tr><td colspan="2">$d_{2实际}$/mm</td><td colspan="6"></td></tr>
<tr><td colspan="4">测量示意图：</td><td colspan="4">判断合格性：</td></tr>
<tr><td>班级学号</td><td></td><td>学生姓名</td><td></td><td>学号</td><td></td><td>成绩</td><td></td></tr>
</table>

任务6.2 用三针法测量螺纹中径

1. 任务描述

① 用三针法测量螺纹中径。

② 掌握杠杆千分尺的读数原理和使用方法。

③ 练习查阅螺纹公差表格。

2. 杠杆千分尺的介绍

杠杆千分尺的测量范围有0~25、25~50、50~75、75~100共4种，单位为mm，分度值为0.001mm。如图6-23所示，它有一个活动量量砧2，其移动量由指示表7读出。测量前将尺体5装在尺座上，然后校对千分尺的零位，使刻度套筒3、微分筒4和指示表7的示值都分别对准零位。测量时，当被测螺纹放入或退出两个量砧之间时，必须按下右侧的按钮8使量砧离开，以减少量砧的磨损。在指示表7上装有两个指标6，用来确定被测螺纹中径上、下极限偏差的位置，以提高测量效率。

如图6-24所示，三针法主要用于测量精密螺纹的中径，它是将3根直径相等的量针放在螺纹槽中，用杠杆千分尺量出尺寸M，由螺纹各参数的几何关系，换算出被测螺纹中径实际尺寸d_2。

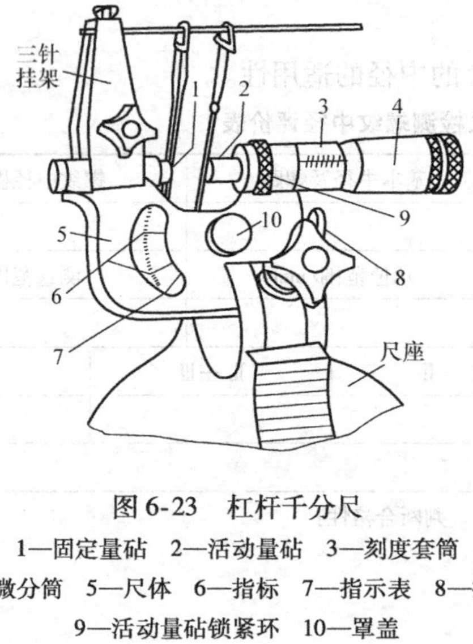

图6-23 杠杆千分尺

1—固定量砧 2—活动量砧 3—刻度套筒 4—微分筒 5—尺体 6—指标 7—指示表 8—按钮 9—活动量砧锁紧环 10—罩盖

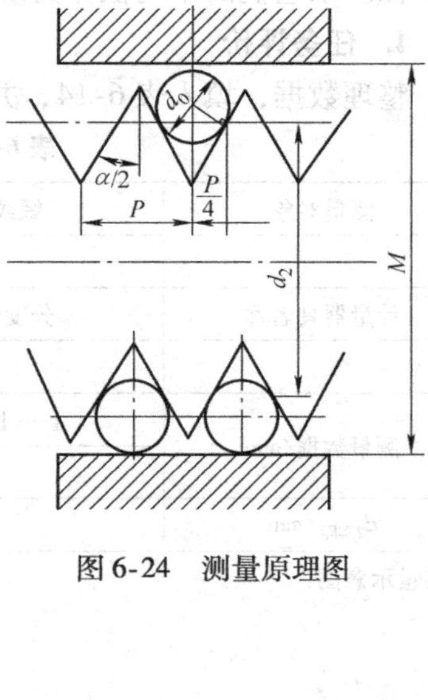

图6-24 测量原理图

$$d_2 = M - d_0\left(1 + \frac{1}{\sin\alpha/2}\right) + \frac{p}{2}\cot\frac{\alpha}{2}$$

式中 d_0——三针直径；

p——螺距；

$\frac{\alpha}{2}$——螺纹牙型半角。

对于普通螺纹$\alpha = 60°$，则$d_2 = M - 3d_0 + 0.866P$

为消除牙型半角误差对测量结果的影响，应使量针在中径线上与牙侧接触，这样的量针直径称为最佳量针直径 $d_{0最佳}$。

$$d_{0最佳}=\frac{p}{2}\cos\frac{\alpha}{2}$$

对于普通螺纹 $\alpha=60°$，则 $d_{0最佳}=0.577P$

在实际测量中，如果成套三针中没有最佳直径三针，可选用直径接近的三针来测量。测量 M 值所用的量具应根据测量精度要求进行选择，本项目选用的是杠杆千分尺。

3. 实施步骤

① 根据被测螺纹的螺距，计算并选择最佳量针直径 $d_{0最佳}$，如果成套三针中没有最佳直径三针可选用直径接近的三针来测量。

② 擦净仪器、三针及被测工件，在尺座上安装好杠杆千分尺和三针。

③ 将三针放入螺纹牙凹中，旋转杠杆千分尺的微分筒，使两端测量头与三针接触，然后读出尺寸 M 的数值。

④ 在同一截面相互垂直的两个方向上测出尺寸 M，并按平均值计算螺纹中径，然后判断螺纹中径的适用性。

4. 任务评价

整理数据，填入表6-15。

表6-15　用三针法检测螺纹中径评价表

测量对象	螺纹标注		基本中径及螺距	螺纹中径极限尺寸
器具名称	分度值/mm		示值范围/mm	测量范围/mm
杠杆千分尺				
量块	精度等级________，组合尺寸________mm			
采用三针直径 d_0			最佳三针直径 $d_{0最佳}$	
测得的 M 值/mm	1—1		2—2	
	Ⅰ—Ⅰ	Ⅱ—Ⅱ	Ⅰ—Ⅰ	Ⅱ—Ⅱ
测量的实际中径 d_2				
测量示意图：			判断合格性：	

班级学号		学生姓名		学号		成绩	

任务 6.3 用大型工具显微镜测量外螺纹各项参数

1. 任务描述

① 用工具显微镜测量外螺纹主要参数。

② 掌握工具显微镜测量原理及使用方法。

2. 大型工具显微镜的介绍

（1）仪器结构

大型工具显微镜的外形如图 6-25 所示，它主要由目镜 1、工作台 5、底座 7、支座 12、立柱 13 和悬臂 14 等部分组成。转动手轮 11，可使立柱绕支座左右摆动，转动手轮 8，可使工作台绕轴心线旋转；转动千分尺旋钮 6、10，可使工作台纵向、横向移动。

（2）仪器的光学系统

大型工具显微镜的光学系统如图 6-26 所示。光源发出的光经聚光镜 2、滤光镜 3、可变光阑 5、反射镜 6 后垂直向上，再经过透镜 7 形成一组远心光束，照明被测工件 9。通过物镜把放大的工件轮廓在目镜分划板上成像，然后通过目镜进行观察。同时，依靠纵向、横向千分尺以及工作台、目镜的移动取得数据。

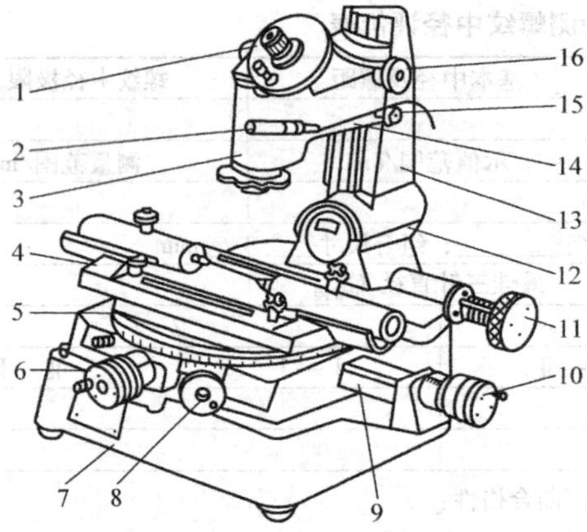

图 6-25 大型工具显微镜外形图

1—目镜 2—照明灯 3—物镜管座 4—顶尖架 5—工作台 6—横向千分尺旋钮 7—底座 8—转动手轮 9—量块 10—纵向千分尺旋钮 11—立柱倾斜手轮 12—支座 13—立柱 14—悬臂 15—锁紧手轮 16—升降手轮

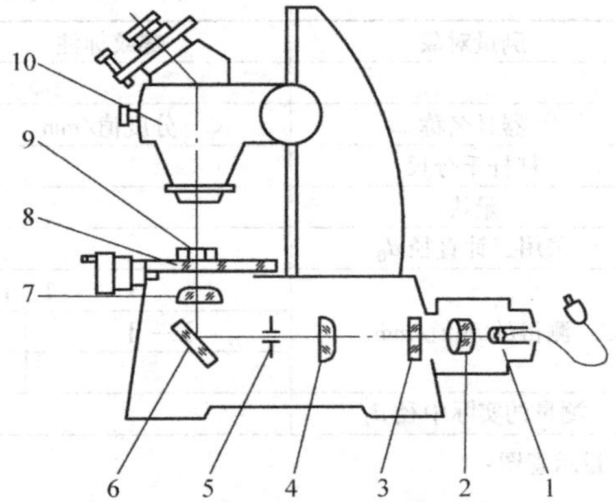

图 6-26 工具显微镜的光学系统

1—主光源 2—聚光镜 3—滤光镜 4、7—透镜 5—可变光阑 6—反射镜 8—工作台 9—被测工件 10—显微镜物镜与目镜部分

（3）测量原理

用大型工具显微镜测量螺纹采用的是影像法。

影像法是指用工具显微镜将被测螺纹的牙型轮廓放大成像，按被测螺纹的影像来测量其螺距、牙侧角和中径，也可测量其大径和小径。

（4）仪器的测角目镜

工具显微镜附有测角目镜、螺纹轮廓目镜和曲率轮廓目镜 3 种，以适应不同的用途。其中测角目镜（图 6-27）用途较广。

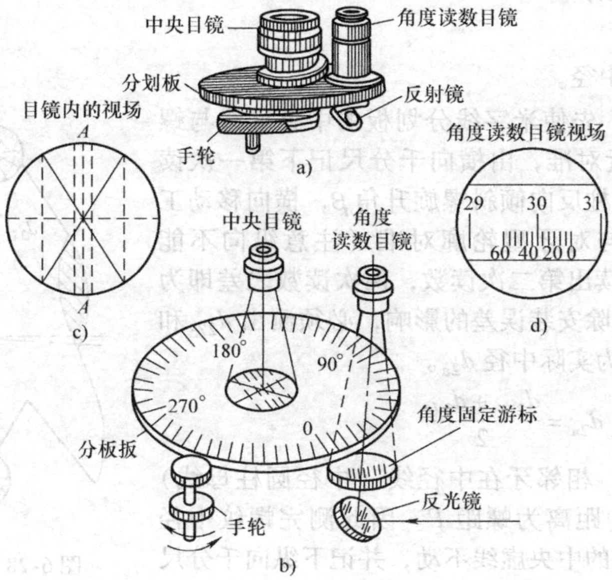

图6-27　测角目镜

a）目镜外形　b）目镜的结构原理

图6-27所示目镜在分划板中央刻有米字线，其圆周刻有0°~359°的刻度线。转动手轮，可使分划板回转360°。分划板的右下方有一角度固定游标，将分划板上1°的距离又细分为60格，每格表示1′。当该目镜中固定游标的零度线与度值的零位对准时，则米字线中间的虚线“$A-A$”正好垂直于仪器工作台的纵向移动方向。

（5）大型工具显微镜的技术规格

纵向测量范围	0~150mm
横向测量范围	0~50mm
分度值	0.01mm
圆工作台角度示值范围	0°~360°，分度值3′
测角目镜角度示值范围	0°~360°，分度值1′
立柱倾斜角度范围	±12°

（6）螺纹各个参数的测量

1）中径的测量　中径是一个假想圆柱的直径，该圆柱的素线通过螺纹牙上沟槽和凸起宽度相等的地方，互相旋入的内外螺纹公称中径相同。对于单线螺纹，它的中径也等于在轴线截面内，沿着与轴线垂直的方向两个相对牙型侧面间的距离。由于投影到显微镜视场中的轮廓不是螺纹轴向截面的轮廓，这时测量螺纹中径 d_2 及牙型半角$\frac{\alpha}{2}$，就会引起误差，因此需将立柱顺着螺旋线方向倾斜一个螺纹升角β，β由下式计算

$$\tan\beta=\frac{nP}{\pi d_2}$$

式中　n——螺纹线数；

P——螺距；

d_2——螺纹的中径。

如图6-28所示，先使米字线分划板的中央虚线与螺纹牙型轮廓中部附近对准，由横向千分尺记下第一次读数，然后将显微镜立柱反向倾斜螺旋升角 β，横向移动工作台，使中央虚线与对牙型轮廓对准（注意纵向不能动），由横向千分尺读出第二次读数，两次读数之差即为螺纹实际中径。为消除安装误差的影响，必须测出 $d_{2左}$ 和 $d_{2右}$，取二者平均值为实际中径 d_{2a}。

$$d_{2a}=\frac{d_{2左}+d_{2右}}{2}$$

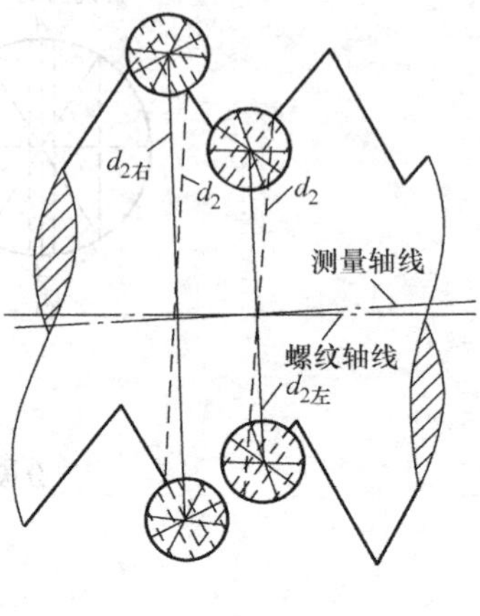

图6-28　中径的测量原理

2）螺距的测量　相邻牙在中径线（中径圆柱母线）上对应两点间的轴向距离为螺距 P。因此测完螺纹中径后，使米字线分划板的中央虚线不动，并记下纵向千分尺第一次读数，然后纵向移动工作台，使米字线分划板的中央虚线与相邻的同侧牙型中部轮廓对准，记下第2次读数，两次读数之差即为螺距。为减少安装误差的影响，亦须测出 $P_左$ 和 $P_右$，取二者平均值做为测量结果 P_a，如图6-29所示。

$$P_a=\frac{P_左+P_右}{2}$$

顺次测量各个螺距值 P_a，即可得出单个螺距的误差值 $\Delta P=P_a-P$，然后在旋合长度内，找出 n 个螺牙之间的实际距离与公称距离的最大值（取绝对值）定为螺距累积误差，即 $\Delta P_\Sigma=|nP_a-nP|$。

3）测量牙型半角　螺纹牙型半角是指在螺纹牙形上，牙侧与螺纹轴线的垂线间的夹角。

测量时，转动纵向和横向千分尺并调节手轮（图6-27），使目镜中的 $A-A$ 虚线与螺纹投影牙型的某一侧面重合（图6-30）。此时，角度读数目镜中显示的读数，即为该牙侧的半角数值。

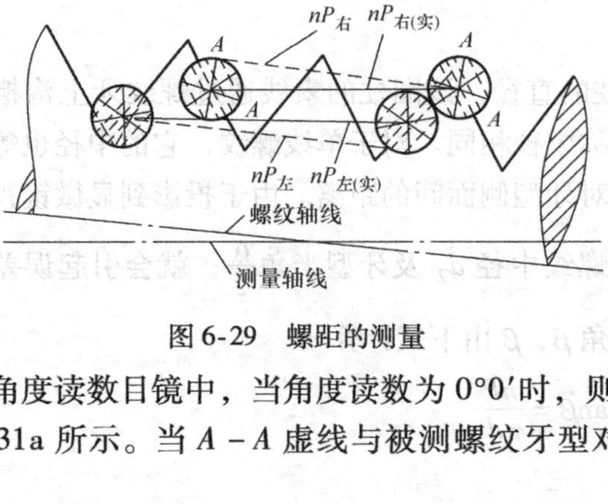

图6-29　螺距的测量

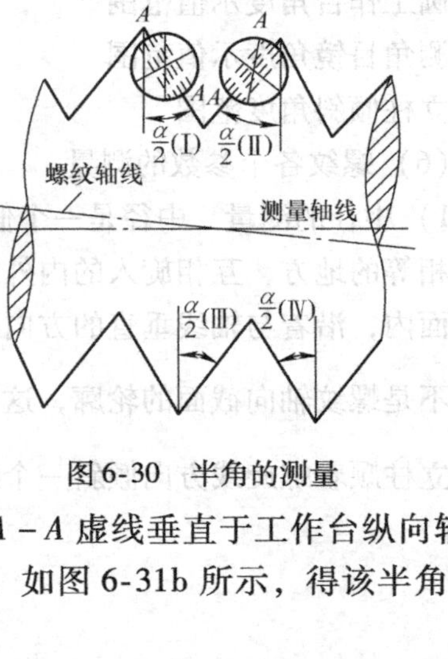

图6-30　半角的测量

在角度读数目镜中，当角度读数为0°0′时，则表示 $A-A$ 虚线垂直于工作台纵向轴线，如图6-31a所示。当 $A-A$ 虚线与被测螺纹牙型对准时，如图6-31b所示，得该半角的数

值为

$$\frac{\alpha}{2}(右) = 360° - 330°4' = 29°56'$$

同理，当 $A-A$ 虚线与被测螺纹牙型另一边对准时，如图 6-31c 所示，则得另一半角的数值为

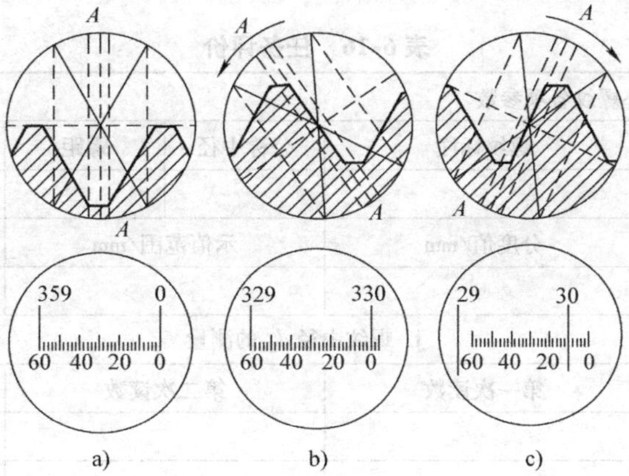

图 6-31　读取过程

为了消除被测螺纹安装误差的影响，需分别测出 $\frac{\alpha}{2}$（Ⅰ）、$\frac{\alpha}{2}$（Ⅱ）、$\frac{\alpha}{2}$（Ⅲ）、$\frac{\alpha}{2}$（Ⅳ），并按下述方式处理

$$\frac{\alpha}{2}(左) = \frac{\frac{\alpha}{2}(\text{Ⅱ}) + \frac{\alpha}{2}(\text{Ⅳ})}{2}$$

$$\frac{\alpha}{2}(右) = \frac{\frac{\alpha}{2}(\text{Ⅰ}) + \frac{\alpha}{2}(\text{Ⅱ})}{2}$$

将它们与牙型半角公称值 $\frac{\alpha}{2}$ 比较，则得牙型半角误差为

$$\Delta\frac{\alpha}{2}(左) = \frac{\alpha}{2}(左) - \frac{\alpha}{2}$$

$$\Delta\frac{\alpha}{2}(右) = \frac{\alpha}{2}(右) - \frac{\alpha}{2}$$

$$\Delta\frac{\alpha}{2} = \frac{\left|\Delta\frac{\alpha}{2}(左)\right| + \left|\Delta\frac{\alpha}{2}(右)\right|}{2}$$

为了使轮廓影像清晰，测量牙型半角时，同样要使立柱倾斜一个螺旋升角 β。

3. 任务实施

① 清洁仪器的顶尖和工件，并把工件装在顶尖上。

② 根据所测螺纹的尺寸，由仪器附表中查出适宜的光圈直径，并调整光圈的大小。

③ 将立柱倾斜被测螺纹螺旋升角 β。

④ 调整物镜的焦距（进行粗、细调整），使被测螺纹影像清晰。

⑤ 测量螺纹中径 d_{2a}。

⑥ 测量螺距 P_a，螺距误差 ΔP 和螺距累计误差 ΔP_{Σ}。

⑦ 测量螺纹牙型半角误差 $\Delta\frac{a}{2}$。

4. 任务评价

整理数据，填入表6-16，根据结果计算螺纹的作用中径，并查表判断该被测件的合格性。

表6-16 任务评价

<table>
<tr><td colspan="5">1. 用大型工具显微镜测量外螺纹各项参数</td></tr>
<tr><td>测量对象</td><td>螺纹标注</td><td>公称中径</td><td>螺距</td><td>螺纹中径极限尺寸</td></tr>
<tr><td></td><td></td><td></td><td></td><td></td></tr>
<tr><td>器具名称</td><td>分度值/mm</td><td colspan="2">示值范围/mm</td><td>测量范围/mm</td></tr>
<tr><td>工具显微镜</td><td></td><td colspan="2"></td><td></td></tr>
<tr><td colspan="5">1. 螺纹中径 d_{2a} 的测量</td></tr>
<tr><td>中径测量</td><td>第一次读数</td><td colspan="2">第二次读数</td><td>螺纹实际中径</td></tr>
<tr><td>左中径</td><td></td><td colspan="2"></td><td>$d_{2左}=$</td></tr>
<tr><td>右中径</td><td></td><td colspan="2"></td><td>$d_{2右}=$</td></tr>
<tr><td colspan="5">$d_{2a}=\frac{d_{2左}+d_{2右}}{2}=$</td></tr>
<tr><td colspan="5">测量示意图：</td></tr>
<tr><td colspan="5">2. 螺纹累计误差的测量</td></tr>
<tr><td colspan="5">测量示意图：</td></tr>
</table>

（续）

测量记录和计算：

螺距测量	第一次读数	第二次读数	实际螺距
左螺距			$P_{左}=$
右螺距			$P_{右}=$

$$P_a=\frac{P_{左}+P_{右}}{2}= \qquad \Delta P=P_a-P=$$

$$\Delta P_{\Sigma}=|nP_a-nP|=$$

3. 螺纹牙型半角的测量

测量示意图：	测量记录和计算：			
	$\frac{\alpha}{2}$（Ⅰ）	$\frac{\alpha}{2}$（Ⅱ）	$\frac{\alpha}{2}$（Ⅲ）	$\frac{\alpha}{2}$（Ⅳ）
	$\frac{\alpha}{2}(左)=\frac{\frac{\alpha}{2}(Ⅱ)+\frac{\alpha}{2}(Ⅳ)}{2}$			
	$\frac{\alpha}{2}(右)=\frac{\frac{\alpha}{2}(Ⅰ)+\frac{\alpha}{2}(Ⅲ)}{2}$			
	$\Delta\frac{\alpha}{2}=\frac{\left\|\Delta\frac{\alpha}{2}(左)\right\|+\left\|\Delta\frac{\alpha}{2}(右)\right\|}{2}$			

班级		学生姓名		学号		成绩	

注：$\frac{\alpha}{2}(左)=30°8'$。

任务6.4 用轴切法测量螺纹中径、螺距和牙型半角

1. 任务描述

在工具显微镜上用轴切法测量螺纹参数。轴切法测量是用测量刀对螺纹有关参数进行测量的一种方法，可在大型工具显微镜或万能工具显微镜上进行。用轴切法测量是在螺纹轴向剖面的牙型上进行的。与影像法相比，轴切法消除了成像误差较大的影响，提高了测量精度。

2. 测量刀简介

测量刀如图6-32所示。刀刃与刻线间的距离 L 有0.3mm和0.9mm两种。0.3mm的测量刀适用于测量0.5～3mm的螺距；0.9mm的测量刀适用于测量3～6mm的螺距。现以在大型工具显微镜上测量为例。

3. 任务实施

① 将3×物镜装入主显微镜中，再将半透镀膜反射镜装在物镜下端，用螺钉固紧。并将照明光阑调至最大的位置。

② 将被测工件安装在两顶尖间，并锁紧。

③ 将测量刀垫板装入纵向滑板的“T”形槽内，再将测量刀小心装入弹性压板下，并使测量刀与工件接触吻合，如图 6-33 所示。

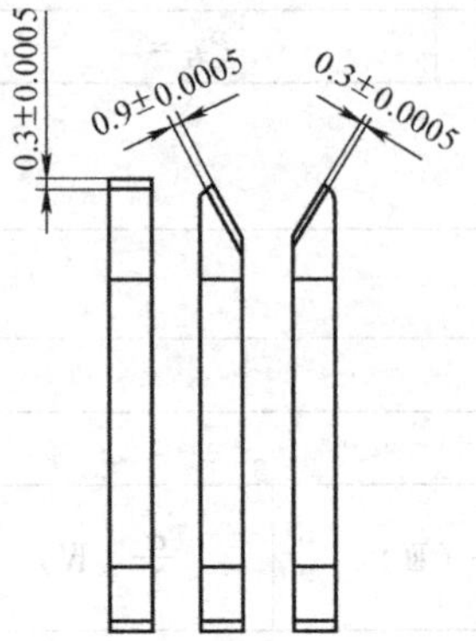

图 6-32　测量刀

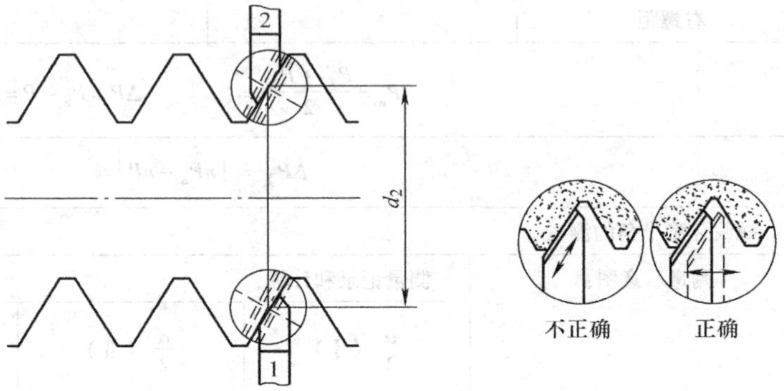

图 6-33　测量刀测中径示意图

④ 升降手轮（调焦），直至清晰地看到工件影像和测量刀刻线影像。

⑤ 通过移动纵向、横向滑板和米字线分划板，使测角目镜米字线中虚线 $O-O'$，对准测量刀刻线影像，并进行读数。

⑥ 为了消除由于螺纹轴线与仪器纵向测量方向不一致带来的系统误差，螺纹测量各参数取左右进行，其数据处理与影像法测量的数据处理一样。

注意事项：

① 使用测量刀时，主显微镜只能用 3 × 目镜。

② 半透镀膜反射镜不得用手触摸。

③ 各仪器的测量刀不可互换使用。

④ 测量时，刀刃只允许以摆的方式与牙型轮廓边缘密切吻合，不允许沿着轮廓平行推移，以免磨损测量刀（图 6-33）。

4. 任务评价

填写任务评价表 6-17。

表 6-17　任务评价

用轴切法检测螺纹中径、螺距和牙型半角			
被测螺纹	螺纹标注	最大极限中径	最小极限中径
计量器具	名称	分度值	角分度值

（续）

测量简图	测量记录		
	单一中径测量		
	横向第一次读数		
	横向第二次读数		
	平均值		
	实际值		
	螺距测量		
	左边螺距		
	右边螺距		
	平均值		
	实际值		
	牙型半角测量		
	测量记录	右侧牙型半角	左侧牙型半角
	第一次读数		
	第二次读数		
	平均值		
	半角偏差 Δ		
合格性判断			

姓名		班级		学号		成绩	

任务 6.5　用圆柱坐标法测量螺旋线误差

1. 任务描述

操作万能工具显微镜，用圆柱坐标法测量螺旋线误差。

2. 显微镜的介绍

（1）万能工具显微镜介绍

万能工具显微镜是一种通用光学计量仪器。仪器的外形如图 6-34 所示。该仪器测量范围较大、精度高，且备有多种附件，可以对各种工件进行复杂的测量工作，如长度、角度、曲线样板、凸轮、齿轮、螺纹和各种切削刀具等，是一般计量室常用的仪器之一。

万能工具显微镜主要由底座、纵向导轨、横向导轨、纵向读数显微镜、横向读数显微镜、主显微镜、倾斜立柱、工作台等组成。

底座 1 承受了仪器的全部重量，纵向滑板 11，横向滑板 4 通过精密滚动导轨能在底座上作轻巧平稳的直线运动，底座的后部两侧分别固定有 Y 坐标读数系统的照明机构和投影物镜。

纵向滑板 11 供放置被测件之用，它可向 X 方向进行 200mm 范围的移动。松开纵向锁紧手轮 13 并捏住此手轮推拉纵向滑板，则可作快速的左右移动；锁紧纵向锁紧手轮 13 后，通过旋转纵向微调手轮 16 可对纵向滑板的位置作细微的调节。纵向滑板中部的支承面上可直

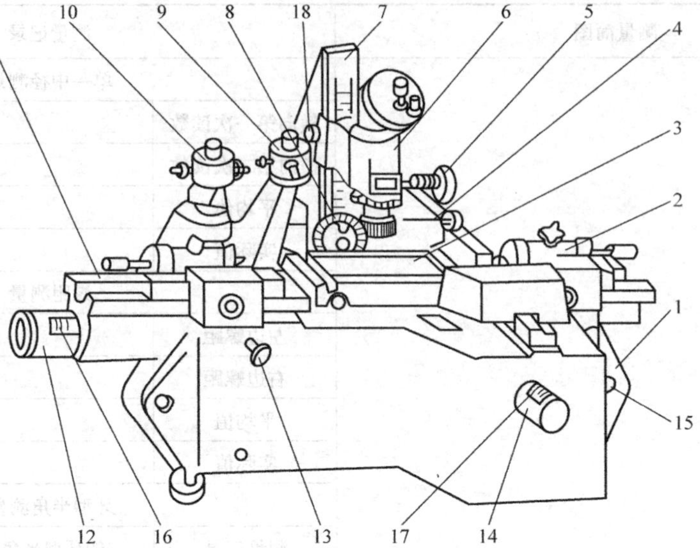

图 6-34 万能工具显微镜外形

1—底座 2—顶尖架 3—玻璃工作台 4—横向滑板 5—立柱倾斜手轮 6—主显微镜 7—立柱 8—光圈调节手轮 9—横向读数显微镜 10—纵向读数显微镜 11—纵向滑板 12—纵向移动装置 13—纵向锁紧手轮 14—横向移动装置 15—横向锁紧手轮 16—纵向微调手轮 17—横向微调手轮 18—立柱升降手轮

接安放被测工件以及玻璃工作台 3、光学分度台、测量刀等附件。若附件为顶针架，V 形架可安置在纵向滑板中间的方形长槽内，并可根据被测件的长度将它们移至长槽内的任一位置。通过纵向读数显微镜 10 可读出纵向滑板的移动量。

Y 坐标的测量是依据横向滑板 4 带动主显微镜 6 相对固定在纵向滑板上的被测件进行 *Y* 方向的移动而实现的，移动行程为 100mm。向左松开并捏住横向锁紧手轮 15 便可推拉横向滑板作快速的前后移动；锁紧横向锁紧手轮 15，转动横向微调手轮 17 可微量移动横向滑板。由横向读数显微镜 9 读出横向滑板的移动量。

立柱 7 安装了主显微镜 6 及照明光管。主微镜通过转动立柱升降手轮 18 沿着立柱作上下移动，以实现精确的调焦。从而获得被测件的清晰影像。转动立柱倾斜手轮 5 能使立柱连同主显微镜、照明光管一起作左右 15°的倾斜，倾斜角度值可从随立柱倾斜手轮 5 一起转动的读数鼓轮上读得。

可变光阑可方便地通过光圈调节手轮 8 在 3 ~ 32mm 范围内调节，其光圈调节的大小在光圈调节手轮 8 相应的读数盘上读出。

(2) 19J 型万能工具显微镜的技术指标

纵向测量范围 200mm，纵向分度值 0.001mm，横向测量范围 100mm，横向分度值 0.001mm，测角目镜的角度示值范围 0° ~ 360°，测角目镜的角度分度值 1′，立柱倾斜范围 ±15°。

(3) 光学灵敏杠杆

光学灵敏杠杆是万能显微镜的主要附件之一，也称为光学定位器。光学灵敏杠杆主要用于测量尺寸，特别是盲孔，也可以测量外尺寸。它的外形如图6-35所示。

光学灵敏杠杆的工作原理如图6-36所示，照明光源1照亮分划板2，分划板上有3对双刻线，光线经透镜3和与测杆相连的反射镜4反射向上，再经主显微镜的物镜5放大后，在测角目镜分划板6上成像，转动灵敏杠杆右侧的滚花轮，以调整分划板2的焦距，使目镜视场内的双刻线成像清晰，转动灵敏杠杆左侧的滚花轮，可改变测量头的测力方向。反射镜4和测头紧固在一起，可绕共同轴转动。当测头与被测件7的孔臂接触，弹簧8使测球与孔壁之间保持一定的测力。当移动被测孔时，则会带动测头与反射镜一起摆动，直至3段双刻线像对称地套在米字线的中央线两侧时，便可进行读数。

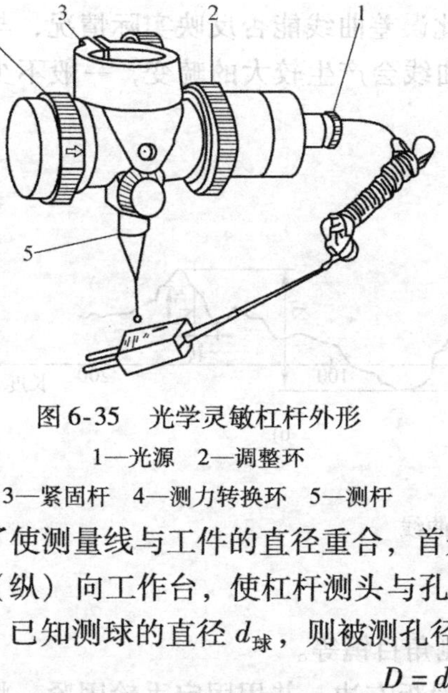

图6-35 光学灵敏杠杆外形

1—光源 2—调整环

3—紧固杆 4—测力转换环 5—测杆

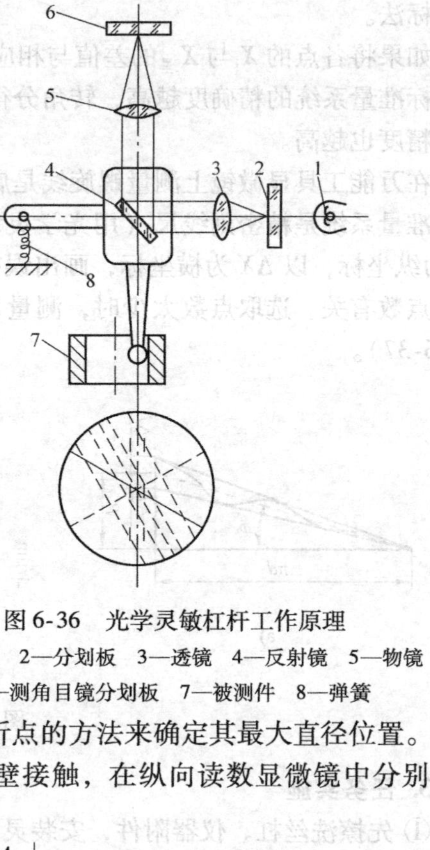

图6-36 光学灵敏杠杆工作原理

1—光源 2—分划板 3—透镜 4—反射镜 5—物镜

6—测角目镜分划板 7—被测件 8—弹簧

为了使测量线与工件的直径重合，首先用找转折点的方法来确定其最大直径位置。通过移动 X（纵）向工作台，使杠杆测头与孔的左、右壁接触，在纵向读数显微镜中分别读出 A_1、A_2，已知测球的直径 $d_{球}$，则被测孔径 D 为

$$D = d_{球} + |A_1 - A_2|$$

（4）光学灵敏杠杆的技术指标

测杆垂下方向摆动范围 ±3′；孔径大于5mm时，可测孔的最大深度15mm；测量15mm深度时，可测的最小孔径5mm，测量范围为5～200mm。

（5）测量原理

丝杠是起传递运动和精确移动的元件，所以其轴线方向的误差是影响其工作精度的主要参数。螺旋线误差是一个综合误差，它综合地反映出丝杠的螺距、齿形误差及牙槽的径向圆跳动。丝杠螺旋线误差的测量方法，就是建立在螺旋线运动规律的基础上的。其规律用式可表示为

$$\frac{T}{\pi} = \frac{X_{理}}{Q}$$

式中 T——丝杠的导程；

Q——丝杠转过的角度；

$X_{理}$——丝杠转过 Q 角时螺旋线的理论轴向位移。

当被测丝杠的转角 Q 以精确角度标准量系统来实现时，如果又有线值标准量系统来测量其相应的实际轴向位移 X_i，那么 X_i 与其理论轴向位移 $X_{理}$ 之差，即相应转角 Q 的螺旋线误差 ΔX 为

$$\Delta X = X_i - X_{理}$$

这样每转过一个 Q 理论角便可得到 X_i 值，此种决定空间一个动点位置的方法，称为圆柱坐标法。

如果将各点的 X_i 与 $X_{理}$ 的差值与相应的 Q 以图示记录形式显示，即可得到误差曲线。显然，标准量系统的精确度越高，转角分得越小，即被测丝杠的点数越多，误差反映越真实，测量精度也越高。

在万能工具显微镜上测量螺旋线是属于静态测量，其角度标准量系统是一个分度头，线值标准量系统是精密刻线尺（用光学灵敏杠杆定位）。通过测量，可取各点的误差 ΔX。以 $X_{理}$ 为纵坐标，以 ΔX 为横坐标，画出误差曲线。此误差曲线能否反映实际情况，与选取的测量点数有关。选取点数太少时，测量出的误差曲线会产生较大的畸变，一般不少于 8 点（图 6-37）。

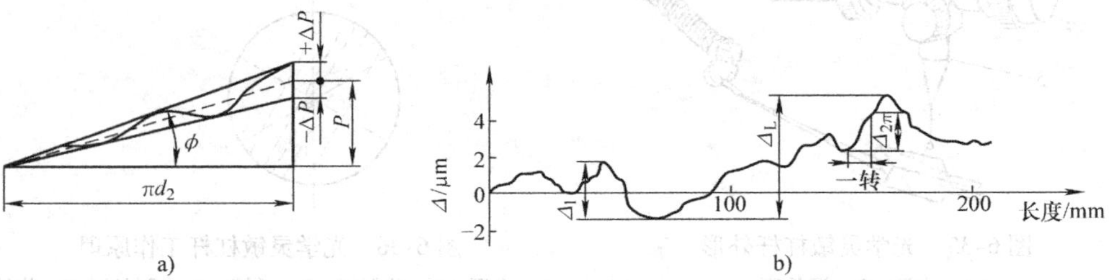

图 6-37 误差曲线

3. 任务实施

① 先擦洗丝杠、仪器附件，安装灵敏杠杆、测角目镜等。

② 把光学分度头安放到万能工具显微镜纵向滑板右边，并用固定手轮固紧，将顶针装进主轴端锥孔内。

③ 在丝杠轴颈上装上夹头片，将丝杠装在两顶针间，并使球形头置于夹头中间，以便带动丝杠转动。

④ 下降立柱升降手轮，使灵敏杠杆测头约位于丝杠中径处，并使测头靠住螺牙右侧进行瞄准。

⑤ 记下分度头读数 Q 及纵向读数显微镜的读数 X。

⑥ 顺时针转动分度头上手轮，使分度头顺时针转过一理论角度，再将丝杠向左移动，使测头继续靠上螺杆右侧并瞄准，此时读出纵向读数 X_1，重复 6 可得 X_2，X_3……直至测量完毕。必须注意在整个测量过程中，万能工具显微镜支臂（即灵敏杠杆测头）不得上下

移动。

注意：以上适用于螺牙右侧测量。螺牙左侧测量方法相同，旋转方向相反。

⑦ 测量丝杠的 2 ~ 3 个导程，将数据记录下来并填入表格。

4. 任务评价

填写任务评价表 6-18，并绘出螺旋线误差曲线。

表 6-18 任务评价

用圆柱坐标法测量螺旋线误差			
计量器具名称	纵向测量范围	横向测量范围	分度值

名　　称	测量范围	分度值

被测件名称	标注	螺纹头数	牙型半角	最小测量长度

测量记录

序号	分度头转角读数	纵向读数 X'_i	$X'_i = \vert X_i - X_{i-1} \vert$	$X_{i理}$	$\Delta X_i = X'_i - X_{i理}$
1					
2					
3					
4					
5					
6					
7					
8					
9					
10					
11					
12					
13					
14					
15					
16					
17					
18					
19					
20					

（续）

螺旋线误差曲线绘制							
合格性判断							
姓名		班级		学号		成绩	

思考与练习

一、填空题

1. 根据用途不同，螺纹分为________和________两类。

2. 为了传递动力可靠，传动比稳定，最常见的传动螺纹牙型是________、________和________等。

二、选择题

1. 为了保证可旋合性和联接的可靠性，紧固螺纹采用（　　）牙型。

A. 梯形　　B. 矩形　　C. 三角形　　D. 锯齿形

2. 外螺纹代号 M24－5g6g 中，5g 指的是（　　）公差带。

A. 大径　　B. 中径　　C. 小径　　D. 螺距

三、简答题

1. 中径合格性的判断原则是什么？

2. 普通螺纹的精度要求有哪些？

3. 以外螺纹为例，试说明螺纹中径 d_2、单一中径 d_{2s}、作用中径 d_{2m} 有何异同，三者在什么情况下又会相等？

4. 螺纹中径的上下极限尺寸分别用来限制什么？如果有一螺纹的单一中径 $d_{2s} > d_{2min}$，而作用中径 $d_{2m} > d_{2max}$，问此螺纹是否合格？为什么？

5. 试说明下列螺纹标注中各代号的含义。

（1）M24－7H　　（2）M36×2－5g6g－S　　（3）M30×2－6H/5g6g－L

6. 何谓螺纹中径、顶径和底径？

7. 试述普通螺纹主要参数的误差对互换性的影响。为了保证互换性，应如何对这些参数规定公差或极限偏差？

8. GB/T 197—2003（普通螺纹公差）对普通内、外螺纹的中径和顶径分别规定了哪几个公差等级？

9. 普通内、外螺纹公差精度各分哪几级，公差精度的划分与哪两个因素有关？

10. 普通螺纹综合检验有何特点，普通螺纹量规通规和止规的牙型和螺纹长度的特征，通规和止规的牙型和螺纹长度为什么不相同？

11. 三针法测量外螺纹单一中径的特点及如何选择量针直径？

四、计算题

1. 有一螺纹标注为M20－5g6g，求出螺纹大径、中经、小径的公称尺寸以及极限偏差和极限尺寸。

2. 螺纹M24-6h的测量结果为 $d_{2a}=21.95\text{mm}$，$\Delta P_{\Sigma}=-50\mu\text{m}$，$\Delta a_1=-80'$，$\Delta a_2=+60'$。试求该外螺纹的作用中径，问此外螺纹是否合格，能否旋入具有基本牙型的内螺纹中？

3. 有一M24×2－6g－S螺栓，试查表求出螺纹的中径、小径和大径的极限偏差，并计算中径、小径和大径的极限尺寸。

学习情境 7　齿轮精度与检测

【知识目标】

1. 了解齿轮结构，明确齿轮传动的使用要求。
2. 明确圆柱齿轮的评定指标及其测量方法。
3. 明确圆柱齿轮精度标准及其应用。
4. 根据零件图的要求，对实际零件进行检测，并给出测量结果分析与评价。

【能力目标】

1. 掌握齿轮精度等级和检验项目的选用。
2. 能选择正确仪器，检验相应的项目，并评价是否合格。

【相关知识】——齿轮及齿轮传动

1. 齿轮传动的精度要求

齿轮传动广泛应用于各种机器和仪表的传动装置中，是一种重要的传动方式。由于机器和仪表的工作性能、使用寿命与齿轮传动的质量密切相关，所以对齿轮传动提出了多项使用要求，归纳起来主要有以下 4 个方面

（1）传递运动的准确性（运动精度）

由于齿轮存在加工误差和安装误差，使从动齿轮的实际转角偏离了理论转角，传动的实际传动比与理论传动比产生差异。传递运动的准确性就是要求从动齿轮在一转范围内的最大转角误差不超过规定的数值，以使齿轮在一转范围内传动比变化尽量小，从而保证从动轮与主动轮运动协调一致。

（2）传动平稳性

为了减小齿轮传动中的冲击、振动和噪声，应使齿轮在一齿范围内瞬时传动比（瞬时转角）变化尽量小，以保证传动平稳性要求。

（3）载荷分布的均匀性

齿轮传动中齿面的实际接触面积小，接触不均匀，就会使齿面载荷分布不均匀，引起应力集中，造成局部磨损，缩短齿轮的使用寿命。因此，必须保证啮合齿面沿齿宽和齿高方向的实际接触面积，以满足载荷分布的均匀性要求。

（4）齿侧间隙

齿轮副啮合传动时，非工作齿面间应留有一定的间隙，用以储存润滑油，补偿齿轮的制造误差、安装误差以及热变形和受力变形，防止齿轮传动时出现卡死或烧伤。不同工作条件和不同用途的齿轮对上述 4 项使用要求的侧重点会有所不同。

上述 4 项要求，对于不同用途、不同工作条件齿轮的侧重点也应有所不同。

对于分度机构，仪器仪表中读数机构的齿轮，齿轮一转中的转角误差不超过 $1'\sim2'$，甚至是几秒，此时，传递运动准确性是主要的。

对于高速、大功率传动装置中用的齿轮，如汽轮机减速器上的齿轮，圆周速度高，传递功率大，其运动精度、工作平稳性精度及接触精度要求都很高，特别是瞬时传动比的变化要求小，以减少振动和噪声。

对于轧钢机、起重机、运输机、透平机等低速重载机械，传递动力大，但圆周速度不高，故齿轮接触精度要求较高，齿侧间隙也应足够大，而对其运动精度则要求不高。

2. 齿轮的评定指标

GB/T 10095.1—2008《轮齿同侧齿面偏差的定义和允许值》、GB/T 10095.2—2008《径向综合偏差和径向圆跳动的定义和允许值》、GB/Z 18620.1—2008《轮齿同侧齿面的检验》、GB/Z 18620.2—2008《径向综合偏差、径向圆跳动、齿厚和侧隙的检验》、GB/Z 18620.3—2008《齿轮坯、轴中心距和轴线平行度的检验》、GB/Z 18620.4—2008《表面结构和轮齿接触斑点的检验》，分别给出了齿轮评定项目的允许值，并规定了检测齿轮精度的实施规范。

（1）影响传递运动准确性的误差及测量

影响传递运动准确性的误差主要是长周期误差。国家标准规定有以下检测项目。

1）齿距累积总偏差ΔF_p和齿距累积偏差ΔF_{pk}　ΔF_p是指齿轮同侧齿面任意圆弧段（$k=1$至$k=7$，z为齿轮齿数），内实际弧长与理论弧长的最大差值。它等于齿距累积偏差的最大偏差$+\Delta P_{max}$与最小偏差$-\Delta P_{min}$的代数差，如图7-1所示。ΔF_{pk}是指k个齿距间的实际弧长与理论弧长的最大差值，国家标准GB/T 10095.1—2008中规定k的取值范围一般为$2\sim z/8$，对特殊应用（高速齿轮）可取更小的k值。

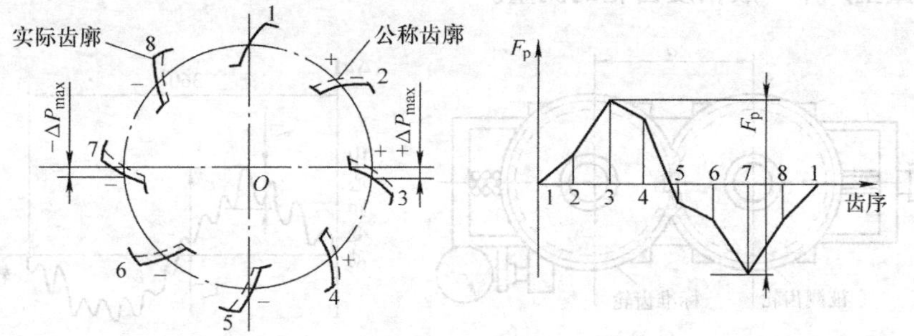

图7-1　齿距累积总偏差和齿距累积偏差

齿距累积总偏差ΔF_p在测量中以被测齿轮的轴线为基准，沿分度圆上每齿测量一点，所取点数有限且不连续，但因它可以反映几何偏心和运动偏心造成的综合误差，所以能较全面地评定齿轮传动的准确性。

2）切向综合总偏差$\Delta F_i'$　被测齿轮与理想精确的测量齿轮作单面啮合时，在被测齿轮一转范围内，分度圆上实际圆周位移与理论圆周位移的最大差值，以分度圆弧长计值。

齿轮的切向综合总偏差是在接近齿轮的工作状态下测量出来的，是几何偏心、运动偏心和基节偏差、齿廓偏差的综合测量结果，是评定齿轮传动准确性最为完善的指标。

3）径向圆跳动ΔF_r　ΔF_r是指在齿轮一转范围内，将测头（球形、圆柱形、砧形）逐个放置在被测齿轮的齿槽内，在齿高中部双面接触，测头相对于齿轮轴线的最大和最小径向距离之差，如图7-2所示。齿圈的径向圆跳动ΔF_r主要反映几何偏心引起的齿轮径向长周期误差。

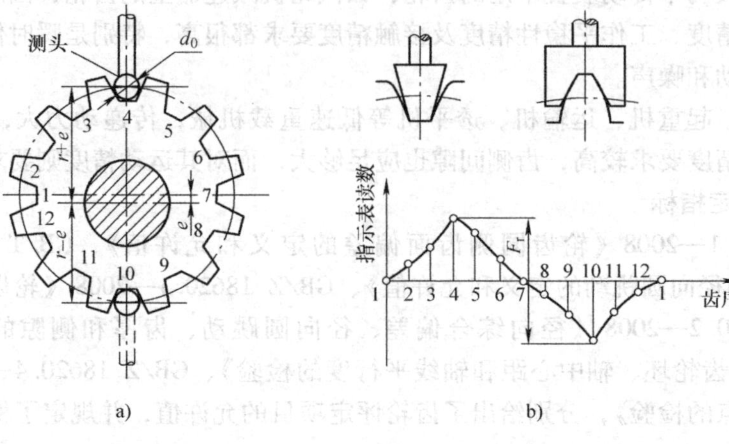

图 7-2　齿圈的径向圆跳动

a）球形测头测径向圆跳动　b）误差曲线

4）径向综合总偏差$\Delta F_i''$　$\Delta F_i''$是指被测齿轮与理想精确的测量齿轮双面啮合时，在被测齿轮一转范围内，双啮中心距的最大变动量，如图 7-3b 所示。径向综合总偏差$\Delta F_i''$可用齿轮双面啮合仪来测量，其工作原理如图 7-3a 所示。当被测齿轮存在几何偏心和齿、基节偏差时，被测齿轮与测量齿轮双面啮合传动时的中心距就会发生变化，因此，径向综合总偏差$\Delta F_i''$主要反映几何偏心造成的径向长周期误差和齿廓偏差、基圆齿距偏差等短周期误差，广泛用于批量生产中一般精度齿轮的测量。

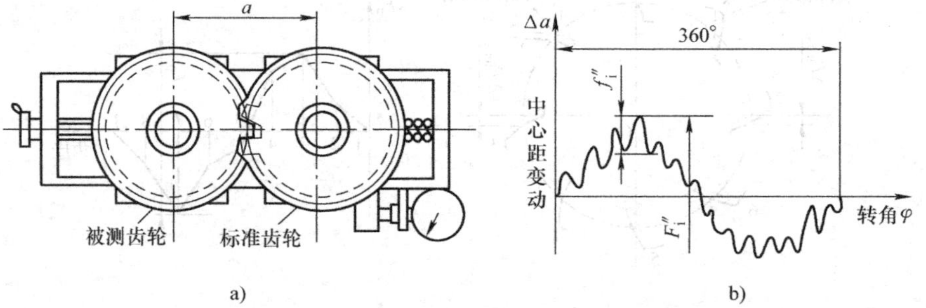

图 7-3　双面啮合仪测量径向综合总偏差

（2）影响传递运动平稳性的误差及测量

影响传递运动平稳性的误差主要是由刀具误差和机床传动链误差造成的短周期误差，以下是国家标准规定的检测项目。

1）一齿径向综合偏差$\Delta f_i''$　$\Delta f_i''$是指被测齿轮与理想精确的测量齿轮双面啮合时，在被测齿轮转过一个齿距角内，双啮中心距的最大变动量。

在双面啮合仪上测量径向综合总偏差$\Delta F_i''$的同时可以测出一齿径向综合偏差$\Delta f_i''$，即图 7-4b 中小波纹的最大幅值。一齿径向综合偏差$\Delta f_i''$主要反映了短周期径向误差（基圆齿距偏差和齿廓偏差）的综合结果，但由于这种测量方法受左右齿面误差的共同影响，评定传动平稳性不精确。

2）齿廓总偏差ΔF_α　ΔF_α是指实际齿廓偏离设计齿廓的量值，其在端平面内且垂直于渐开线齿廓的方向计值。当无其他限定时，设计齿廓是指端面齿廓。在齿廓总偏差曲线中（图7-4），点画线代表设计齿廓，粗实线代表实际渐开线齿廓。ΔF_α是指在计值范围内，包容实际齿廓迹线的两条设计齿廓迹线间的距离，如图7-4所示。

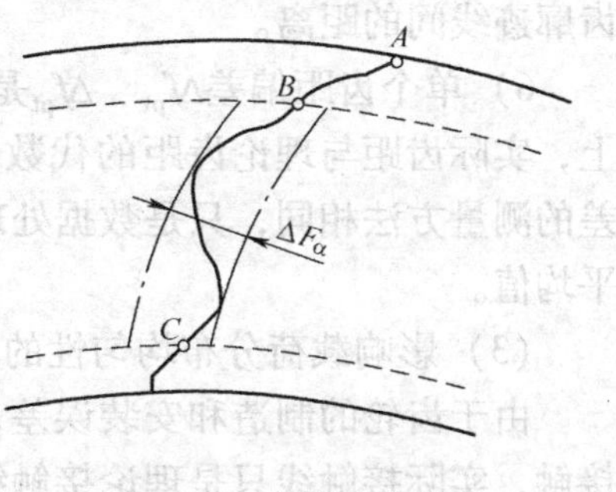

图7-4　齿廓总偏差

AB—倒棱部分　BC—工作部分

齿廓总偏差主要是由刀具的齿形误差、安装误差以及机床分度链误差造成的。存在齿廓总偏差的齿轮啮合时，齿廓的接触点会偏离啮合线，如图7-5所示。两啮合齿应在啮合线上接触，由于齿轮有齿廓总公差，使接触点偏离了啮合线，在啮合线外点a'发生啮合，引起瞬时传动比的变化，从而破坏了传动平稳性。ΔF_α通常用万能渐开线检查仪或单圆盘渐开线检查仪进行测量。图7-6所示为单圆盘渐开线检查仪，将被测齿轮与直径等于被测齿轮基圆直径的基圆盘装在同一心轴上，并使基圆盘与装在滑座上的直尺相切，当滑座移动时，直尺带动基圆盘和齿轮无滑动地转动，测头与被测齿轮的相对运动轨迹是理想渐开线。如果被测齿轮齿廓没有误差，千分尺的测头不动，即表针的读数为零；如果实际齿廓存在误差，千分尺读数的最大差值就是齿廓总偏差值。

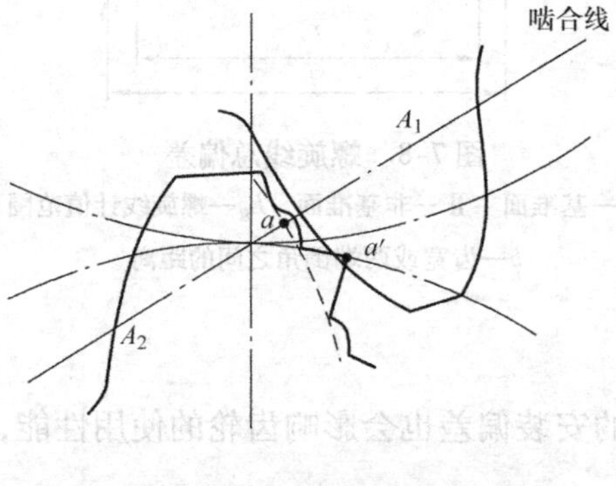

图7-5　齿廓偏差对传动平稳性的影响

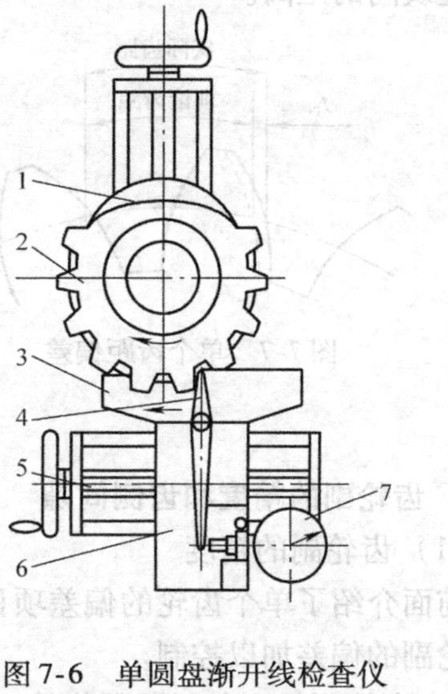

图7-6　单圆盘渐开线检查仪

1—基圆盘　2—被测齿轮　3—直尺

4—杠杆　5—丝杠　6—拖板　7—指示表

3）一齿切向综合偏差f_i'　f_i'是指被测齿轮与理想精确的测量齿轮作单面啮合时，在被测齿轮转过一个齿距角内的切向综合偏差，以分度圆弧长计值。它主要反映滚刀和机床分度传动链的制造和安装误差所引起的齿廓偏差、齿距误差，是切向短周期误差和径向短周期误差的综合结果，是评定运动平稳性较为完善的指标。

4）轮廓形状偏差$\Delta f_{f\alpha}$　$\Delta f_{f\alpha}$是指在计值范围内，包容实际齿廓迹线的两条与平均齿廓迹线完全相同的曲线间的距离，且两条曲线与平均齿廓迹线的距离为常数。

5）齿廓倾斜偏差$\Delta f_{H\alpha}$　$\Delta f_{H\alpha}$是指在计值范围内，两端与平均齿廓迹线相交的两条设计齿廓迹线间的距离。

6）单个齿距偏差Δf_{pt}　Δf_{pt}是指在端平面上，接近齿高中部的一个与齿轮轴线同心的圆上，实际齿距与理论齿距的代数差，如图7-7所示。单个齿距偏差的测量方法与齿距总偏差的测量方法相同，只是数据处理方法不同。用相对法测量时，理论齿距是所有实际齿距的平均值。

（3）影响载荷分布均匀性的误差及测量

由于齿轮的制造和安装误差，一对齿轮在啮合过程中沿齿长方向和齿高方向都不是全齿接触，实际接触线只是理论接触线的一部分，影响载荷分布的均匀性。国家标准规定用螺旋线偏差来评定载荷分布均匀性。

1）螺旋线总偏差ΔF_β　ΔF_β是指在端面基圆切线方向上，实际螺旋线对设计螺旋线的偏离量。在螺旋线总偏差曲线中（图7-8），点画线代表设计螺旋线，粗实线代表实际螺旋线。ΔF_β可以用展成法或坐标法在齿向检查仪、渐开线螺旋检查仪、螺旋角检查仪和三坐标测量机等仪器上测量。

2）螺旋线形状偏差$f_{f\beta}$　$f_{f\beta}$是指在计值范围内，包容实际螺旋线迹线的两条与平均螺旋线迹线完全相同的曲线间的距离，且两条曲线与平均螺旋线迹线的距离为常数。

3）螺旋线倾斜偏差$f_{H\beta}$　$f_{H\beta}$是指在计值范围内，两端与平均螺旋线迹线相交的设计螺旋线迹线间的距离。

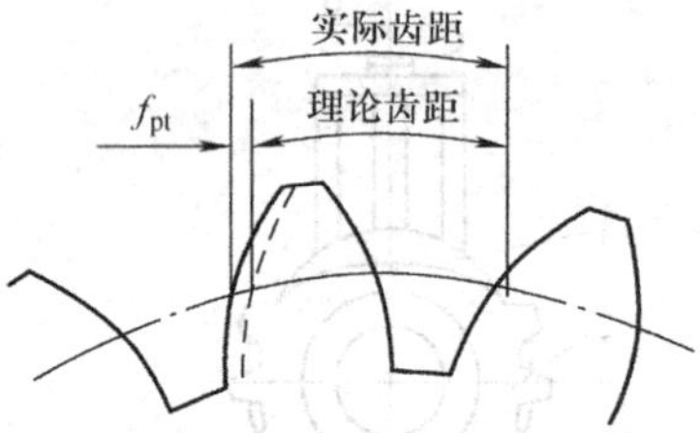

图7-7　单个齿距偏差

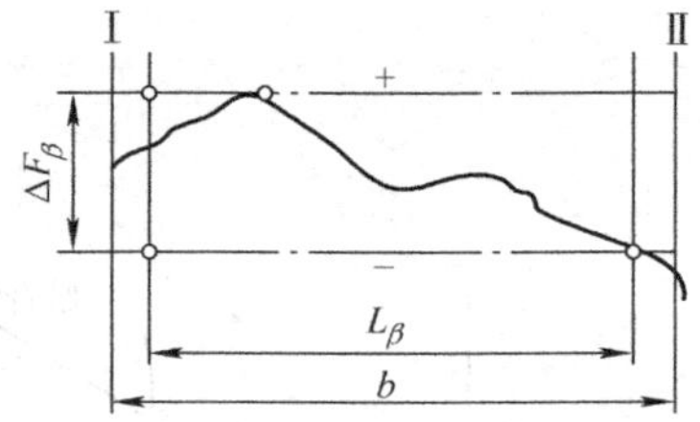

图7-8　螺旋线总偏差

Ⅰ—基准面　Ⅱ—非基准面　L_β—螺旋线计值范围

b—齿宽或两端倒角之间的距离

3. 齿轮副的精度和齿侧间隙

（1）齿轮副的精度

前面介绍了单个齿轮的偏差项目，齿轮副的安装偏差也会影响齿轮的使用性能，因此须对齿轮副的偏差加以控制。

1）齿轮副的中心距极限偏差$\pm f_a$　中心距偏差f_a是指在齿轮副的齿宽中间平面内，实际中心距与公称中心距之差，齿轮副中心距的尺寸偏差大小不但会影响齿轮侧隙，而且对齿轮的重合度产生影响，因此必须加以控制。表7-1给出了中心距极限偏差，供参考。

表7-1　中心距极限偏差（$\pm f_a$）

齿轮精度等级	5~6	7~8	9~10
f_a	$\frac{1}{2}$IT7	$\frac{1}{2}$IT8	$\frac{1}{2}$IT9

2）轴线平行度偏差　由于轴线平行度与其向量的方向有关，所以规定了轴线平面内的

平行度偏差。如果一对啮合圆柱齿轮的两条轴线不平行，形成了空间的异面（交叉）直线，则将影响齿轮的接触精度，因此必须加以控制。

3）接触斑点　接触斑点是指装配好的齿轮副，在轻微制动下，运转后齿面上分布的接触擦亮痕迹。

接触斑点在齿面展开图上用百分比计算。

沿齿高方向：接触痕迹高度 h_c 与有效齿面高度 h 之比的百分数，即 $h_c/h \times 100\%$。

沿齿长方向：接触痕迹宽度 b_c 与工作长度 b 之比的百分数，即 $b_c/b \times 100\%$。

国家标准给出了装配后齿轮副接触斑点的最低要求，见表 7-2 和表 7-3。

表 7-2　直齿轮装配后的接触斑点（摘自 GB/Z 18620.4—2002）

精度等级按 GB/T 10095—2001	b_{c1} 占齿宽的百分比	h_{c1} 占有效齿面高度的百分比	b_{c2} 占齿宽的百分比	h_{c2} 占有效齿面高度的百分比
4 级及更高	50%	70%	40%	50%
5 和 6	45%	50%	35%	30%
7 和 8	35%	50%	35%	30%
9 至 12	25%	50%	25%	30%

表 7-3　斜齿轮装配后的接触斑点（摘自 GB/Z 18620.4—2002）

精度等级按 GB/T 10095—2001	b_{c1} 占齿宽的百分比	h_{c1} 占有效齿面高度的百分比	b_{c2} 占齿宽的百分比	h_{c2} 占有效齿面高度的百分比
4 级及更高	50%	50%	40%	30%
5 和 6	45%	40%	35%	20%
7 和 8	35%	40%	35%	20%
9 至 12	25%	40%	25%	20%

（2）齿轮副的侧隙

在一对装配好的齿轮副中，侧隙 j 是相啮齿轮齿间的间隙，它是在节圆上齿槽宽度超过相啮齿轮齿厚的量。

齿轮副的侧隙是在齿轮装配后自然形成的，侧隙的大小主要取决于齿厚和中心距。在最小的中心距条件下，通过改变齿厚偏差来获得大小不同的齿侧间隙。

1）齿侧间隙的分类　齿侧间隙分为圆周侧隙 j_{wt} 和法向侧隙 j_{bn}。

圆周侧隙 j_{wt} 是指安装好的齿轮副，当其中一个齿轮固定时，另一个齿轮在圆周方向的转动量，以节圆弧长计值。

2）最小侧隙 j_{bmin} 的确定　j_{bmin} 是当一个齿轮的齿以最大允许实效齿厚（实效齿厚是指测量所得的齿厚加上轮齿各要素偏差及安装所产生的综合影响在齿厚方向的量）与一个也具有最大允许实效齿厚相匹配的齿在最小的允许中心距啮合时，在静态下存在的最小允许侧隙。

齿轮副的侧隙是在齿轮装配后自然形成的，侧隙的大小主要取决于齿厚和中心距。在最小的中心距条件下，通过改变齿厚偏差来获得大小不同的齿侧间隙。表 7-4 为中、大模数齿轮最小侧隙的推荐值。

表 7-4 对于中、大模数齿轮最小侧隙 j_{bmin} 的推荐值（摘自 GB/Z 18620.2—2002）

（单位：mm）

m_n	最小中心距 a_i					
	50	100	200	400	800	1600
1.5	0.09	0.11	—	—	—	—
2	0.10	0.12	0.15	—	—	—
3	0.12	0.14	0.17	0.24	—	—
5	—	0.18	0.21	0.28	—	—
8	—	0.24	0.27	0.34	0.47	—
12	—	—	0.35	0.42	0.55	—
18	—	—	—	0.54	0.67	0.94

（3）齿厚偏差 ΔE_{sn}

齿厚偏差 ΔE_{sn} 是指在分度圆柱上，齿厚的实际值与公称值之差（对于斜齿轮，齿厚是指法向齿厚），如图 7-9 所示。公称齿厚是指齿厚的理论值，两个具有公称齿厚 sn 的齿轮在公称中心距下啮合是无侧隙的。为了得到合理的齿侧间隙，通过将轮齿齿厚减薄一定的数值，在装配后侧隙就会自然形成。

齿厚上极限偏差代号为 E_{sns}，下极限偏差代号为 E_{sni}。齿厚偏差可以用齿厚游标卡尺来测量，如图 7-10 所示。由于分度圆柱面上的弧齿厚不便测量，所以通常都是测量分度圆弦齿厚。对于标准圆柱齿轮，分度圆公称弦齿厚 $\bar{s}$ 为

$$\bar{s} = mz\sin\frac{90°}{z}$$

分度圆公称弦齿高 $\bar{h}$ 为

$$\bar{h} = m\left[1 + \frac{z}{2}\left(1 - \cos\frac{90°}{z}\right)\right]$$

式中 m——模数；

z——齿数。

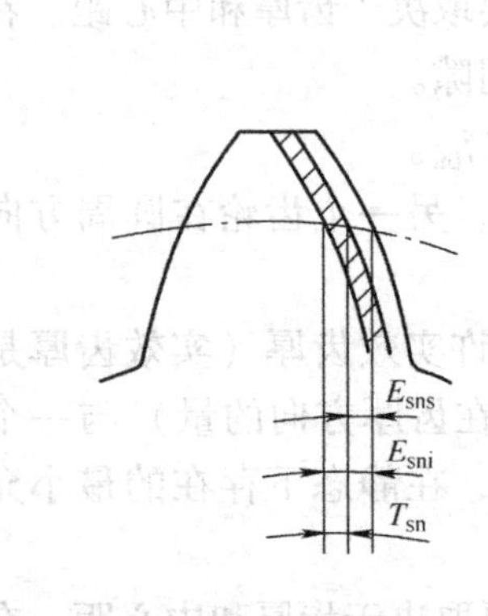

图 7-9 齿厚偏差

E_{sns}—齿厚上偏差 E_{sni}—齿厚下偏差

T_{sn}—齿厚公差

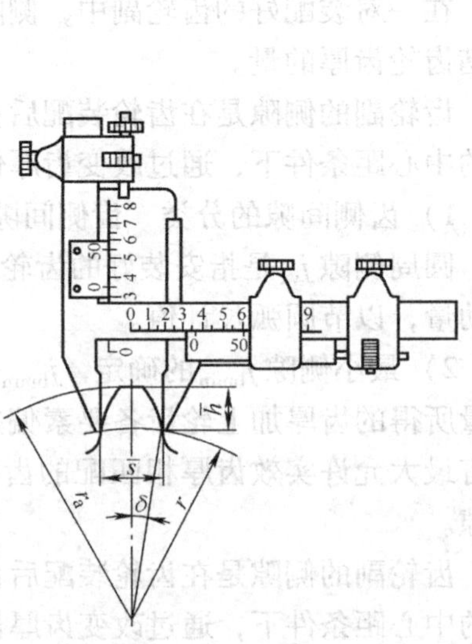

图 7-10 齿厚偏差的测量

齿厚测量是以齿顶圆为测量基准，测量结果受齿顶圆加工误差的影响，因此，必须保证齿顶圆的精度，以降低测量误差。

（4）公法线长度偏差 ΔE_w

公法线长度偏差 ΔE_w 是指齿轮一圈内，实际公法线长度 W_k 与公称公法线长度 W 之差。公法线长度上极限偏差代号为 E_{ws}，下极限偏差代号为 E_{wi}。公法线长度是在基圆柱切平面（公法线平面）上跨 k 个齿，在接触到一个齿的右齿面和另一个齿的左齿面的两个平行平面之间测得的距离。

对于大模数的齿轮，生产中通常是通过测量齿厚来控制侧隙；齿轮齿厚的变化必然会引起公法线长度的变化，在中、小模数齿轮的批量生产中，常采用测量公法线长度的方法来控制齿侧间隙。如图 7-11 所示，标准直齿圆柱齿轮的公称公法线长度 W 等于 $k-1$ 个基节和一个基圆齿厚之和，即

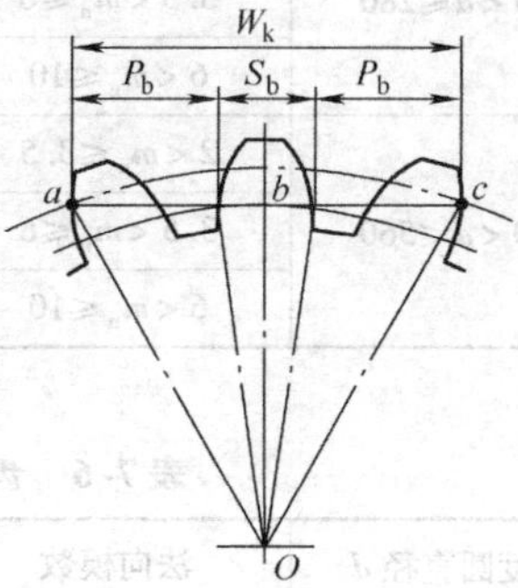

图 7-11　直齿圆柱齿轮公法线长度

$$W=(k-1)P_b+S_b=m\cos\alpha[\pi(k-0.5)+z\mathrm{inv}\alpha]$$

式中　$\mathrm{inv}\alpha$——渐开线函数，$\mathrm{inv}20°=0.014$；

k——跨齿数；

m——齿轮模数；

α——齿轮标准压力角。

对于压力角 $\alpha=20°$ 的标准齿轮，$k=\frac{z}{9}+0.5$。

通常 k 值不为整数，计算 W 时，应将 k 值化整为最接近计算值的整数。

公法线长度偏差可以在测量公法线长度变动时同时测出，为避免机床运动偏心对评定结果的影响，公法线长度应取平均值。公法线平均长度偏差即为各公法线长度的平均值与公称值之间的差值。

4. 齿轮精度标准及其在图样上的标注

（1）精度等级

国家标准 GB/T 10095.1—2008 和 GB/T 10095.2—2008 对渐开线圆柱齿轮除 $\Delta F_i''$ 和 $\Delta f_i''$（$\Delta F_i''$ 和 $\Delta f_i''$ 规定了 4～12 共 9 个精度等级）以外的评定项目规定了 0、1、2、3、…、12 共 13 个精度等级，其中，0 级精度最高，12 级精度最低。在齿轮的 13 精度等级中，0～2 级是一般的加工工艺难以达到的，是有待发展的级别；3～5 级为高精度级；6～9 级为中等精度级，使用最广；10～12 级为低精度级。部分偏差的公差值见表 7-5～表 7-11。

表 7-5　单个齿距极限偏差 $\pm f_{pt}$ 值（摘自 GB/T 10095.1—2008）　（单位：μm）

分度圆直径 d /mm	法向模数 m_n/mm	精度等级 5	6	7	8	9
$20<d\leqslant 50$	$2<m_n\leqslant 3.5$	5.5	7.5	11.0	15.0	22.0
	$3.5<m_n\leqslant 6$	6.0	8.5	12.0	17.0	24.0

（续）

分度圆直径 d /mm	法向模数 m_n/mm	精度等级				
		5	6	7	8	9
$50 < d \leqslant 125$	$2 < m_n \leqslant 3.5$	6.0	8.5	12.0	17.0	23.0
	$3.5 < m_n \leqslant 6$	6.5	9.0	13.0	18.0	26.0
	$6 < m_n \leqslant 10$	7.5	10.0	15.0	21.0	30.0
$125 < d \leqslant 280$	$2 < m_n \leqslant 3.5$	6.5	9.0	13.0	18.0	26.0
	$3.5 < m_n \leqslant 6$	7.0	10.0	14.0	20.0	28.0
	$6 < m_n \leqslant 10$	8.0	11.0	16.0	23.0	32.0
$280 < d \leqslant 560$	$2 < m_n \leqslant 3.5$	7.0	10.0	14.0	20.0	29.0
	$3.5 < m_n \leqslant 6$	8.0	11.0	16.0	22.0	31.0
	$6 < m_n \leqslant 10$	8.5	12.0	17.0	25.0	35.0

表 7-6 齿距累积总公差 F_p 值（摘自 GB/T 10095.1—2008） （单位：μm）

分度圆直径 d /mm	法向模数 m_n/mm	精度等级				
		5	6	7	8	9
$20 < d \leqslant 50$	$2 < m_n \leqslant 3.5$	15.0	21.0	30.0	42.0	59.0
	$3.5 < m_n \leqslant 6$	15.0	22.0	31.0	44.0	62.0
$50 < d \leqslant 125$	$2 < m_n \leqslant 3.5$	19.0	27.0	38.0	53.0	76.0
	$3.5 < m_n \leqslant 6$	19.0	28.0	39.0	55.0	78.0
	$6 < m_n \leqslant 10$	20.0	29.0	41.0	58.0	82.0
$125 < d \leqslant 280$	$2 < m_n \leqslant 3.5$	25.0	35.0	50.0	40.0	100.0
	$3.5 < m_n \leqslant 6$	25.0	36.0	51.0	72.0	102.0
	$6 < m_n \leqslant 10$	26.0	37.0	53.0	75.0	106.0
$280 < d \leqslant 560$	$2 < m_n \leqslant 3.5$	33.0	46.0	65.0	92.0	131.0
	$3.5 < m_n \leqslant 6$	33.0	47.0	66.0	94.0	133.0
	$6 < m_n \leqslant 10$	34.0	48.0	68.0	97.0	137.0

表 7-7 齿廓总公差 F_α 值（摘自 GB/T 10095.1—2008） （单位：μm）

分度圆直径 d/mm	法向模数 m_n/mm	精度等级				
		5	6	7	8	9
$20 < d \leqslant 50$	$2 < m_n \leqslant 3.5$	7.0	10.0	14.0	20.0	29.0
	$3.5 < m_n \leqslant 6$	9.0	12.0	18.0	25.0	35.0
$50 < d \leqslant 125$	$2 < m_n \leqslant 3.5$	8.0	11.0	16.0	22.0	31.0
	$3.5 < m_n \leqslant 6$	9.5	13.0	19.0	27.0	38.0
	$6 < m_n \leqslant 10$	12.0	16.0	23.0	33.0	46.0

（续）

分度圆直径 d/mm	法向模数 m_n/mm	精度等级				
		5	6	7	8	9
125 < d≤280	2 < m_n≤3.5	9.0	13.0	18.0	25.0	36.0
	3.5 < m_n≤6	11.0	15.0	21.0	30.0	42.0
	6 < m_n≤10	13.0	18.0	25.0	36.0	50.0
280 < d≤560	2 < m_n≤3.5	10.0	15.0	21.0	29.0	41.0
	3.5 < m_n≤6	12.0	17.0	24.0	34.0	48.0
	6 < m_n≤10	14.0	20.0	28.0	40.0	56.0

表 7-8　螺旋线总公差 F_β 值（摘自 GB/T 10095.1—2008）　（单位：μm）

分度圆直径 d /mm	齿宽 b /mm	精度等级				
		5	6	7	8	9
20 < d≤50	10 < b≤20	7.0	10.0	14.0	20.0	29.0
	20 < b≤40	8.0	11.0	16.0	23.0	32.0
50 < d≤125	10 < b≤20	7.5	11.0	15.0	21.0	30.0
	20 < b≤40	8.5	12.0	17.0	24.0	34.0
	40 < b≤80	10.0	14.0	20.0	28.0	39.0
125 < d≤280	10 < b≤20	8.0	11.0	16.0	22.0	32.0
	20 < b≤40	9.0	13.0	18.0	25.0	36.0
	40 < b≤80	10.0	15.0	21.0	29.0	41.0
280 < d≤560	20 < b≤40	9.5	13.0	19.0	27.0	38.0
	40 < b≤80	11.0	15.0	22.0	31.0	44.0
	80 < b≤160	13.0	18.0	26.0	36.0	52.0

表 7-9　径向综合总公差 F''_i 值（摘自 GB/T 10095.2—2008）　（单位：μm）

分度圆直径 d /mm	法向模数 m_n/mm	精度等级				
		5	6	7	8	9
20 < d≤50	1.0 < m_n≤1.5	16	23	32	45	64
	1.5 < m_n≤2.5	18	26	37	52	73
50 < d≤125	1.0 < m_n≤1.5	19	27	39	55	77
	1.5 < m_n≤2.5	22	31	43	61	86
	2.5 < m_n≤4.0	25	36	51	72	102
125 < d≤280	1.0 < m_n≤1.5	24	34	48	68	97
	1.5 < m_n≤2.5	26	37	53	75	106
	2.5 < m_n≤4.0	30	43	61	86	121
	4.0 < m_n≤6.0	36	51	72	102	144

（续）

分度圆直径 d /mm	法向模数 m_n/mm	精度等级				
		5	6	7	8	9
280 < d ≤ 560	1.0 < m_n ≤ 1.5	30	43	61	86	122
	1.5 < m_n ≤ 2.5	33	46	65	92	131
	2.5 < m_n ≤ 4.0	37	52	73	104	146
	4.0 < m_n ≤ 6.0	42	60	84	119	169

表 7-10　一齿径向综合公差 f''_i 值（摘自 GB/T 10095.2—2008）　（单位：μm）

分度圆直径 d /mm	法向模数 m_n/mm	精度等级				
		5	6	7	8	9
20 < d ≤ 50	1.0 < m_n ≤ 1.5	4.5	6.5	9.0	13	18
	1.5 < m_n ≤ 2.5	6.5	9.5	13	19	26
50 < d ≤ 125	1.0 < m_n ≤ 1.5	4.5	6.5	9.0	13	18
	1.5 < m_n ≤ 2.5	6.5	9.5	13	19	26
	2.5 < m_n ≤ 4.0	10	14	20	29	41
125 < d ≤ 280	1.0 < m_n ≤ 1.5	4.5	6.5	9.0	13	18
	1.5 < m_n ≤ 2.5	6.5	9.5	13	19	27
	2.5 < m_n ≤ 4.0	10	15	21	29	41
	4.0 < m_n ≤ 6.0	15	22	31	44	62
280 < d ≤ 560	1.0 < m_n ≤ 1.5	4.5	6.5	9.0	13	18
	1.5 < m_n ≤ 2.5	6.5	9.5	13	19	27
	2.5 < m_n ≤ 4.0	10	15	21	29	41
	4.0 < m_n ≤ 6.0	15	22	31	44	62

表 7-11　径向圆跳动公差 F_r 值（摘自 GB/T 10095.1—2008）　（单位：μm）

分度圆直径 d /mm	法向模数 m_n/mm	精度等级				
		5	6	7	8	9
20 < d ≤ 50	2 < m_n ≤ 3.5	12	17	24	34	47
	3.5 < m_n ≤ 6	12	17	25	35	49
50 < d ≤ 125	2 < m_n ≤ 3.5	15	21	30	43	61
	3.5 < m_n ≤ 6	16	22	31	44	62
	6 < m_n ≤ 10	16	23	33	46	65
125 < d ≤ 280	2 < m_n ≤ 3.5	20	28	40	56	80
	3.5 < m_n ≤ 6	20	29	41	58	82
	6 < m_n ≤ 10	21	30	42	60	85
280 < d ≤ 560	2 < m_n ≤ 3.5	26	37	52	74	105
	3.5 < m_n ≤ 6	27	38	53	75	106
	6 < m_n ≤ 10	27	39	55	77	

（2）精度等级的选择

齿轮精度等级的选择应考虑齿轮传动的用途、使用要求、工作条件以及其他技术要求，在满足使用要求的前提下，应尽量选择较低精度的公差等级。对工作齿面和非工作齿面可规定不同的精度等级，或对于不同的偏差可规定不同的精度等级，也可仅对工作齿面规定要求的精度等级。精度等级的选择方法主要有计算法和类比法两种。

1）计算法　此法是根据整个传动链的精度要求，通过运动误差计算确定齿轮的精度等级；或者已知传动中允许的振动和噪声指标，通过动力学计算确定齿轮的精度等级；也可以根据齿轮的承载要求，通过强度和寿命计算确定齿轮的精度等级。计算法一般用于齿轮高精度等级的确定中。

2）类比法　此法是根据生产实践中总结出来同类产品的经验资料，经过对比选择精度等级。在生产实际中，类比法较为常用。

表7-12列出了部分机械中齿轮精度等级的应用范围，表7-13列出了齿轮精度等级与圆周速度的应用范围，选用时可作参考。

表7-12　部分机械中齿轮精度等级的应用范围

应用范围	精度等级	应用范围	精度等级
测量齿轮	2~5	重型汽车	6~9
汽轮机减速器	3~6	一般减速器	6~9
精密切削机床	3~7	拖拉机	6~9
一般切削机床	5~8	轧钢机	6~10
内燃机车、电气机车	6~7	起重机	7~10
航空发动机	4~8	矿用绞车	8~10
轻型汽车	5~8	农业机械	8~11

表7-13　齿轮精度等级与圆周速度的应用范围

精度等级	应用范围	圆周速度/(m/s)	
		直齿	斜齿
4	高精度和精密分度机构的末端齿轮	>30	>50
	极高速的透平齿轮		>70
	平稳性极高和无噪声的齿轮	>35	>70
	检验7级精度齿轮的测量齿轮		
5	高精度和精密分度机构的中间齿轮	>15~30	>30~50
	非常高速的透平齿轮，高速重载、重型机械的进给齿轮		>30
	平稳性高和无噪声的齿轮	>20	>35
	检验8~9级精度齿轮的测量齿轮		
6	一般分度机构的中间齿轮，Ⅲ级和Ⅲ级以上精度机床中的进给齿轮	>10~15	15~30
	高速、高效率、重型机械传动中的动力齿轮		<30
	高速传动中平稳和无噪声的齿轮	≤20	≤35
	读数机构中的精密传动齿轮		

（续）

精度等级	应用范围	圆周速度/(m/s)	
		直齿	斜齿
7	Ⅳ级和Ⅳ级以上精度机床中的进给齿轮	>6~10	>8~15
	高速与适度功率下或适度速度与大功率下的动力齿轮	<15	<25
	有一定速度的减速器齿轮，有平稳性要求的航空齿轮、船舶和轿车的齿轮	≤15	≤25
	读数机构齿轮，具有非直齿的速度齿轮		
8	一般精度机床齿轮	<6	<8
	中等速度较平稳工作的动力齿轮，一般机器中的普通齿轮	<10	<15
	中等速度较平稳工作的汽车、拖拉机和航空齿轮	≤10	≤15
	普通印刷机中的齿轮		
9	不提出精度要求的工作齿轮	≤4	≤6
	没有传动要求的手动齿轮		

（3）检验项目的选择

齿轮检验时，没有必要14个偏差项目全部进行检测。标准规定不是必检的项目有如下几个。

1）齿廓和螺旋线的形状偏差和倾斜偏差（$f_{f\alpha}$、$f_{H\alpha}$、$f_{f\beta}$、$f_{H\beta}$） 为了进行工艺分析或其他某些目的时才用。

2）切向综合偏差（F'_i） 可以用来代替齿距偏差。

3）齿距累积偏差（F_{pk}、F_p） 一般高速齿轮使用。

4）径向综合偏差（$\Delta F''_i$、$\Delta f''_i$）与径向圆跳动（F_r） 这3项偏差虽然测量方便、快速，但由于反映齿轮误差的情况不够全面，只能作为辅助检验项目。

因此，GB/T 10095.1—2008规定，齿距累积总偏差ΔF_p、齿距累积偏差ΔF_{pk}、单个齿距偏差Δf_{pt}、齿廓总偏差ΔF_α、螺旋线总偏差ΔF_β、齿厚偏差ΔE_{sn}或公法线长度偏差ΔE_w是齿轮的必检项目，其余的非必检项目由采购方和供货方协商确定。

（4）图样标注

国家标准规定，齿轮的检验项目具有相同精度等级时，只需标注精度等级和标准号。例如，8GB/T 10095.1—2008或8GB/T 10095.2—2008表示检验项目精度等级同为8级的齿轮。若齿轮各检验项目的精度等级不同时，则须在精度等级后面用括弧加注检验项目。例如，6（F_α）7（F_p、F_β）GB/T 10095.1—2008表示齿廓总公差F_α为6级精度、齿距累积总公差F_p和螺旋线总公差F_β均为7级精度的齿轮。

5. 齿轮坯公差

齿轮坯基准表面的精度对齿轮加工精度和安装精度的影响很大。用控制齿轮坯精度来保证和提高齿轮的加工精度是一项有效的技术措施。因此，在齿轮零件图上除了明确地表示齿轮的基准轴线和标注齿轮公差以外，还必须标注齿轮坯公差。

（1）确定齿轮基准轴线的方法

有关齿轮轮齿精度（齿廓偏差、相邻齿距偏差等）参数的数值，只有明确其特定的旋转轴线时才有意义。当测量时，齿轮围绕其旋转的轴线如有改变，则这些参数测量值也将改变。因此，在齿轮零件图上必须把规定轮齿公差的基准轴线明确表示出来。

齿轮的基准轴线是制造者（和检测者）用来确定轮齿几何形状的轴线，是由基准面中心确定的。设计基准轴线时，应使基准轴线和工作轴线重合。确定齿轮基准轴线的方法有3种。

1）用两个“短的”圆柱或圆锥形基准面上设定的两个圆的圆心来确定轴线上的两个点，如图7-12a所示。

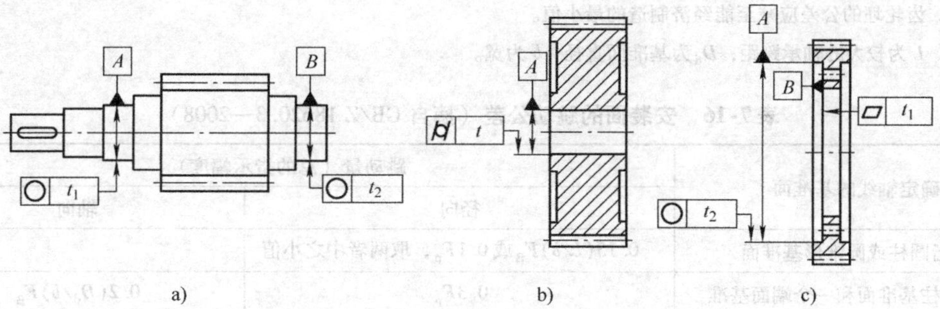

图7-12 确定齿轮基准轴线的方法2和3

2）用一个“长的”圆柱或圆锥形基准面来同时确定轴线的位置和方向。孔的轴线可以用与之相正确装配的工作心轴的轴线来代表，如图7-12b所示。

3）轴线位置用一个“短的”圆柱形基准面上一个圆的圆心来确定，其方向则用垂直于此轴线的一个基准端面来确定，如图7-12c所示。

（2）齿轮坯公差规定

1）齿轮坯的尺寸公差 见表7-14。

表7-14 齿轮坯的尺寸公差

齿轮精度等级		5	6	7	8	9
孔	尺寸公差	IT5	IT6	IT7		IT8
	几何公差					
轴	尺寸公差	IT5		IT6		IT7
	几何公差					
顶圆直径公差		IT7	IT8			IT9

注：当顶圆不作为测量基准时，其尺寸公差按IT11给定，但不大于0.1mm。

2）齿轮的几何公差 齿轮的形状公差及基准面的跳动公差，可按表7-15、表7-16选取。

表7-15 基准面和安装面的形状公差（摘自GB/Z 18620.3—2008）

确定轴线的基准面	公差项目		
	圆度	圆柱度	平面度
两个“短的”圆柱或圆锥形基准面	$0.04(L/b)F_\beta$或$0.1F_p$ 取两者中之小值		

（续）

确定轴线的基准面	公差项目		
	圆度	圆柱度	平面度
一个“长的”圆柱或圆锥形基准面		$0.04(L/b)F_{\beta}$ 或 $0.1F_{p}$ 取两者中之小值	
一个短的圆柱面和一个端面	$0.06F_{p}$		$0.06(D_{d}/b)F_{\beta}$

注：1. 齿轮坯的公差应减至能经济制造的最小值。

2. L 为较大的轴承跨距；D_{d} 为基准面直径；b 为宽。

表 7-16 安装面的跳动公差（摘自 GB/Z 18620.3—2008）

确定轴线的基准面	跳动量（总的指示幅度）	
	径向	轴向
仅指圆柱或圆锥形基准面	$0.15(L/b)F_{\beta}$ 或 $0.1F_{p}$，取两者中之小值	
一个圆柱基准面和一个端面基准	$0.3F_{p}$	$0.2(D_{d}/b)F_{\beta}$

注：齿轮坯的公差应减至能经济制造的最小值。

3）齿轮坯表面粗糙度　齿轮坯各基准面的表面粗糙度，设计时可参照表 7-17 选取。

表 7-17 齿轮坯各基准面的表面粗糙度的推荐值　（单位：μm）

齿轮精度等级	5	6	7		8		9
齿面加工方法	磨齿	磨齿或珩齿	剃齿或珩齿	精插齿	插齿或滚齿	滚齿	铣齿
轮齿齿面	0.32~0.63	0.63~1.25	1.25	2.5	5（2.5）	5	10
齿轮基准孔	0.32~0.63	1.25	1.25~2.5			5	
齿轮轴基准轴颈	0.32	0.63	1.25			2.5	
齿轮基准端面	2.5~5	2.5~5	2.5~5			5	
齿轮顶圆	1.25~2.5	5（6.3）	5（6.3）				

表面粗糙度允许值可参考按 GB/Z 18620.4—2008 中的规定，见表 7-18。

表 7-18 齿面表面粗糙度（摘自 GB/Z 18620.4—2008）　（单位：μm）

齿轮精度等级	Ra		Rz	
	$m_{n}<6$	$6 \leq m_{n} \leq 25$	$m_{n}<6$	$6 \leq m_{n} \leq 25$
5	0.5	0.63	3.2	4.0
6	0.8	1.00	5.0	6.3
7	1.25	1.60	8.0	10
8	2.0	2.5	12.5	16
9	3.2	4.0	20	25
10	5.0	6.3	32	40
11	10.0	12.5	63	80
12	20	25	125	160

任务7.1　齿轮的齿圈径向圆跳动误差测量

1. 任务描述

① 了解齿轮径向圆跳动检查仪的结构、工作原理。

② 熟悉测量齿轮径向圆跳动误差的方法。

③ 加深理解齿轮齿圈径向圆跳动误差的定义及数据处理方法。

2. 测量原理及仪器结构说明

用齿轮径向圆跳动检查仪检测齿圈径向圆跳动，图7-13为齿轮跳动检查仪。该仪器可测模数为0.3～5mm的齿轮，指示表的分度值为0.001mm。仪器备有不同直径的球形测量头，可以测量各种不同模数的齿轮。

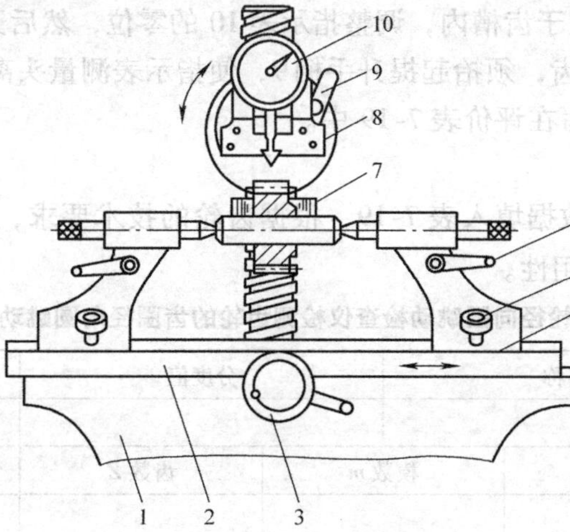

图7-13　齿轮跳动检查仪

1—底座　2—滑板　3—纵向移动手轮　4—顶尖座　5—顶尖座锁紧手轮　6—顶尖锁紧手柄　7—调节螺母　8—指示表架　9—指示表提升手柄　10—指示表

齿圈径向圆跳动ΔF_r是指在齿一转范围内，测头在齿槽内在轮齿上，与齿高中部双面接触，测头相对于齿轮轴心线的最大变动量。测量原理如图7-14所示。

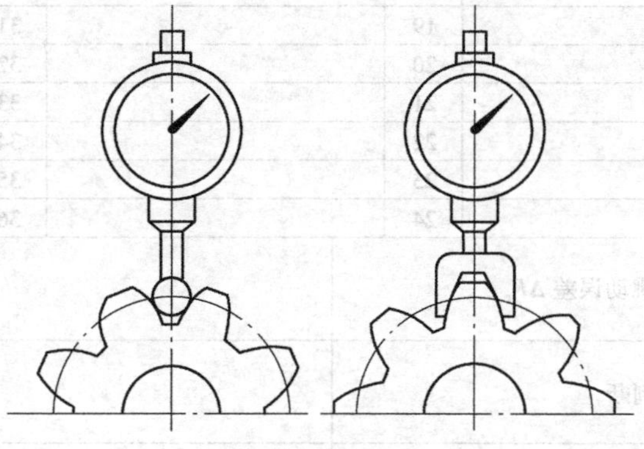

图7-14　测量原理

为了使测头球面在被测齿轮的分度圆附近与齿面接近。球形的测头直径应按下式选取

$$d_p \approx 1.68m$$

式中 d_p——球形的测头直径；

m——齿轮模数。

测量时，将测量头放入齿间，逐齿测出径向的相对差值，在齿轮一圈中指示表读数最大的变动量，即为齿圈径向圆跳动量。

3. 任务实施

① 将被测齿轮套在心轴上，心轴装在仪器的两顶尖之间，心轴与顶尖间的松紧要适当，以能灵活转动而没有轴向窜动为宜。

② 根据被测齿轮模数选择适当的球形测头，并安装在指示表 10 的测量杆下端。

③ 旋转手轮 3，调整滑板 2 的位置，使指示器测量头位于齿轮宽的中部，借调节螺母 7 和提升手柄 9，使测量头位于齿槽内，调整指示表 10 的零位，然后开始测量。

④ 逐齿测量，每测一齿，须抬起提升手柄 9，使指示表测量头离开齿间，测量一圈，记下指示表读数，将读数填写在评价表 7-19 中。

4. 任务评价

处理测量结果，相关数据填入表 7-19，根据齿轮的技术要求，查出齿圈径向圆跳动公差 F_r。判断被测齿轮的适用性。

表 7-19 用齿轮径向圆跳动检查仪检测齿轮的齿圈径向圆跳动误差评价表

<table>
<tr><td rowspan="2">计量器具</td><td colspan="2">名称</td><td colspan="2">分度值</td><td>测量范围</td></tr>
<tr><td colspan="2"></td><td colspan="2"></td><td></td></tr>
<tr><td rowspan="2">被测齿轮</td><td>齿轮标注</td><td colspan="2">模数 m</td><td>齿数 Z</td><td>齿圈径向圆跳动公差</td></tr>
<tr><td></td><td colspan="2"></td><td></td><td></td></tr>
<tr><td colspan="6">测量记录</td></tr>
<tr><td>序号</td><td>读数</td><td>序号</td><td>读数</td><td>序号</td><td>读数</td></tr>
<tr><td>1</td><td></td><td>13</td><td></td><td>25</td><td></td></tr>
<tr><td>2</td><td></td><td>14</td><td></td><td>26</td><td></td></tr>
<tr><td>3</td><td></td><td>15</td><td></td><td>27</td><td></td></tr>
<tr><td>4</td><td></td><td>16</td><td></td><td>28</td><td></td></tr>
<tr><td>5</td><td></td><td>17</td><td></td><td>29</td><td></td></tr>
<tr><td>6</td><td></td><td>18</td><td></td><td>30</td><td></td></tr>
<tr><td>7</td><td></td><td>19</td><td></td><td>31</td><td></td></tr>
<tr><td>8</td><td></td><td>20</td><td></td><td>32</td><td></td></tr>
<tr><td>9</td><td></td><td>21</td><td></td><td>33</td><td></td></tr>
<tr><td>10</td><td></td><td>22</td><td></td><td>34</td><td></td></tr>
<tr><td>11</td><td></td><td>23</td><td></td><td>35</td><td></td></tr>
<tr><td>12</td><td></td><td>24</td><td></td><td>36</td><td></td></tr>
<tr><td colspan="3">实测齿圈径向圆跳动误差 ΔF_r</td><td colspan="3"></td></tr>
<tr><td colspan="3">合格性判断</td><td colspan="3"></td></tr>
<tr><td>班级</td><td></td><td>姓名</td><td>学号</td><td></td><td>成绩</td></tr>
</table>

任务7.2 用齿厚游标卡尺检测齿厚偏差

1. 任务描述

① 掌握用齿厚游标卡尺检测齿轮齿厚的方法。

② 加深理解齿厚偏差的意义。

2. 测量原理及仪器说明

齿厚偏差是指在分度圆柱面上，法向齿厚的实际值与公称值之差。为了得到一定的最小侧隙，齿轮厚度要有一定的减薄量，因此齿厚偏差总是负值。它是评定侧隙的一项指标。

图7-15为测量齿厚偏差的齿轮游标卡尺（又称齿厚卡尺），它由两套互相垂直的游标尺组成，其原理以及读数方法与普通游标卡尺相同，垂直游标卡尺用于控制测量部分（分度圆至齿顶圆）的弦齿高，水平游标尺用于测量所测部位（分度圆）的弦齿厚 S_t（实际）。本任务使用的齿轮游标卡尺的分度值为0.02mm，可测量的模数为1~18mm的齿轮。

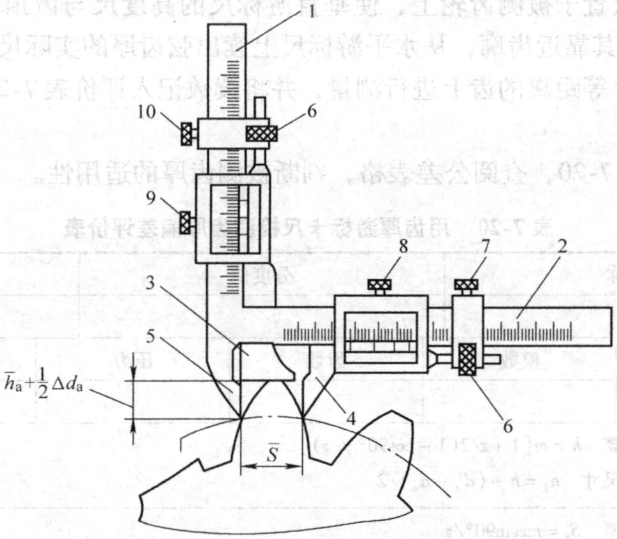

图7-15 齿厚游标卡尺

1，2—刻线尺 3—定位尺 4，5—卡脚 6—螺母 7，8，9，10—螺钉

测量前，应先将垂直的游标尺调整到分度圆弦齿高值，这样就使得测量时卡尺的测量脚与齿面能在分度圆处接触，然后用水平游标尺测量分度圆齿厚，读数值与分度圆的理论值之差即为分度圆弦齿厚偏差。

标准直齿圆柱轮分度圆的弦齿高 h 和弦齿厚 S_t 的公称值可以分别按下式求出

$$h = m[1 + z/2(1 - \cos 90°/z)]$$

$$S_t = mz\sin 90°/z$$

应注意，由于采用齿顶圆定位，则齿顶圆的尺寸偏差和径向圆跳动都对测量有影响，故在调整垂直游标卡尺时，对齿顶圆有尺寸偏差的齿轮，其垂直游标调整值 h_f 应是公称的分度圆弦齿高 h 与齿顶圆半径的实际偏差值之和，用数学式可表示为

$$h_f = h + (d'_a - d_a)/2$$

式中 h_f——垂直游标尺的实际调整值；

h——公称分度圆弦齿高值；

m——齿轮模数，单位为 mm；

z——齿轮齿数；

d'_a——实际测的齿顶圆直径；

d_a——理论齿顶圆直径。

用齿轮游标卡尺测量齿厚偏差测量方便，但测量精度较底，故适用较低精度或模数较大的齿轮测量，对精度较高的齿轮，可测公法线平均长度偏差。

3. 任务实施

① 用外径千分尺测量齿顶圆的实际直径 d'_a。

② 计算分度圆处弦齿高 h 和弦齿厚 S_t。

③ 按 h_f 值调整齿轮游标卡尺的垂直游标尺。

④ 将齿轮游标尺置于被测齿轮上，使垂直游标尺的高度尺与齿顶相接触，然后移动水平游标尺的卡脚，使其靠近齿廓，从水平游标尺上读出弦齿厚的实际尺寸。

⑤ 在圆周上几个等距离的齿上进行测量，并将读数记入评价表 7-20 中。

4. 任务评价

相关数据填入表 7-20，查阅公差表格，判断被测齿厚的适用性。

表 7-20 用齿厚游标卡尺检测齿厚偏差评价表

<table>
<tr><td rowspan="2">仪器</td><td colspan="4">名称</td><td colspan="5">分度值</td><td colspan="4">测量范围</td></tr>
<tr><td colspan="4"></td><td colspan="5"></td><td colspan="4"></td></tr>
<tr><td rowspan="4">被测齿轮</td><td colspan="2">件号</td><td colspan="3">模数</td><td colspan="3">齿数</td><td colspan="2">压力</td><td colspan="3">图样标注</td></tr>
<tr><td colspan="2"></td><td colspan="3"></td><td colspan="3"></td><td colspan="2"></td><td colspan="3"></td></tr>
<tr><td colspan="13">分度圆公称弦齿高 $h = m[1 + z/2(1 - \cos 90° / z)]$
垂直游标尺调整尺寸 $h_f = h + (d'_a - d_a)/2$</td></tr>
<tr><td colspan="13">分度圆公称弦齿厚 $S_t = mz\sin 90°/z$
齿厚极限偏差 $E_{ss} =$
$E_{si} =$</td></tr>
<tr><td rowspan="3">测量数据</td><td>序号（均布）</td><td>1</td><td>2</td><td>3</td><td>4</td><td>5</td><td>6</td><td>7</td><td>8</td><td>9</td><td>10</td><td>11</td><td>12</td></tr>
<tr><td>齿厚实际值</td><td></td><td></td><td></td><td></td><td></td><td></td><td></td><td></td><td></td><td></td><td></td><td></td></tr>
<tr><td>实际偏差</td><td colspan="12"></td></tr>
<tr><td rowspan="2">结果</td><td>合格性结论</td><td colspan="12"></td></tr>
<tr><td>理由</td><td colspan="12"></td></tr>
<tr><td>班级</td><td colspan="2"></td><td colspan="2">姓名</td><td colspan="2"></td><td colspan="2">学号</td><td colspan="2"></td><td colspan="2">成绩</td><td></td></tr>
</table>

任务7.3　齿轮公法线长度偏差的测量

1. 任务描述

① 用公法线千分尺检测公法线平均长度偏差和公法线长度变动。

② 加深对公法线长度变动与公法线平均长度偏差的理解。

2. 测量原理及仪器说明

公法线平均长度偏差 ΔE_w 是指在齿轮一周内，公法线长度的平均值与公称值之差，ΔE_w 与齿厚偏差有关，因此可用来评定齿侧间隙。

公法线长度变动 ΔF_w 指同一齿轮上测得的实际公法线长度的最大值 W_{max} 与最小值 W_{min} 之差，如图7-16所示，即 $\Delta F_w = W_{max} - W_{min}$，因为 ΔF_w 能部分表明齿轮转动时啮合线长度的变动，故可用 ΔF_w 评定运动精度。

公法线长度 W 是指跨 n 个齿异侧齿形的平行切线间的距离，可用公法线千分尺（图7-17），公法线指示卡规（图7-18）、万能测齿仪等测量。

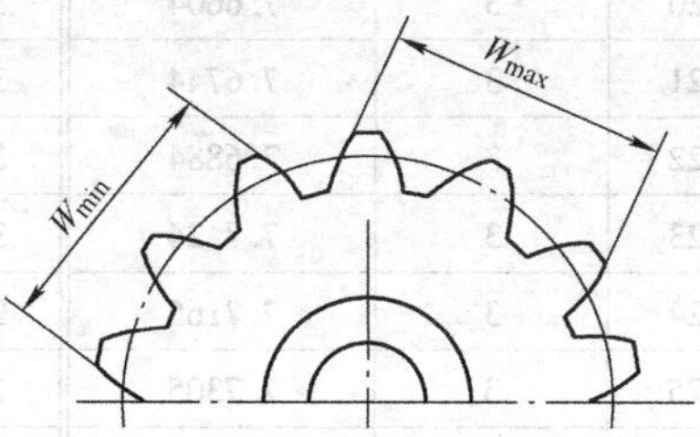

图7-16　公法线长度变动 ΔF_w

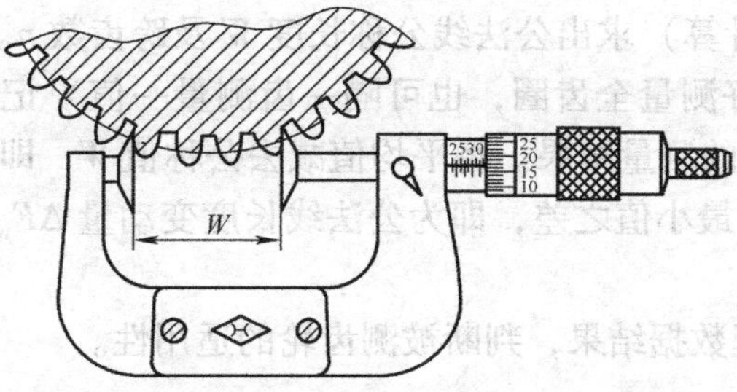

图7-17　公法线千分尺测量

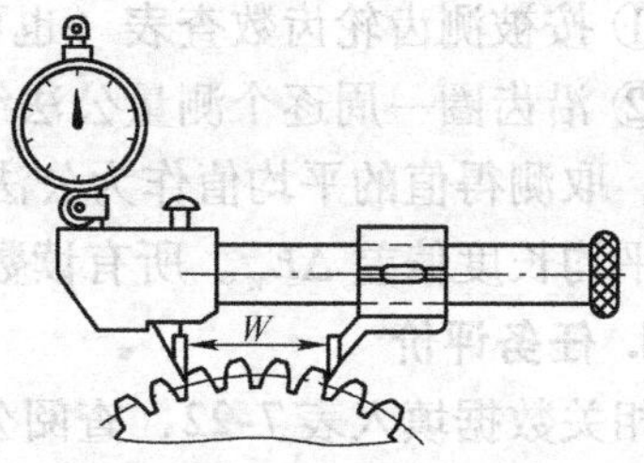

图7-18　公法线指示卡规测量

测量时，对标准直齿圆柱齿轮，其跨齿数 n 及公法线长度 W 应满足下式要求

$$W = m[1.476(2n-1) + 0.014z]$$

式中　m——齿轮模数；

z——齿轮齿数；

n——跨齿数。

当齿形角 $\alpha = 20°$，变位系数 $x = 0$，齿数为 z 时，取 $n = \frac{z}{9} + 0.5$ 的整数，W 和 n 也可在表7-21中查取。

公法线长度测量方法简单，又能保证一定的测量精度，但不适用小模数齿轮、内齿轮、窄斜轮以及精密齿轮的测量。

表 7-21　直齿圆柱齿轮公法线长度的公称值

齿轮齿数 z	跨齿数 n	公法线公称长度 W/mm	齿轮齿数 z	跨齿数 n	公法线公称长度 W/mm	齿轮齿数 z	跨齿数 n	公法线公称长度 W/mm
15	2	4.6383	27	4	10.7106	39	5	13.8308
16	2	4.6523	28	4	10.7246	40	5	13.8448
17	2	4.6663	29	4	10.7386	41	5	13.8558
18	3	7.6324	30	4	10.7526	42	5	13.8728
19	3	7.6464	31	4	10.7666	43	5	13.8868
20	3	7.6604	32	4	10.7806	44	5	13.9008
21	3	7.6744	33	4	10.7946	45	6	16.8670
22	3	7.6884	34	4	10.8086	46	6	16.8881
23	3	7.7.24	35	4	10.8226	47	6	16.8950
24	3	7.7165	36	5	13.7888	48	6	16.9090
25	3	7.7305	37	5	13.8028	49	6	16.9230
26	3	7.7445	38	5	13.8168	50	6	16.9370

注：齿轮参数 $\alpha=20°$，$m=1$，$x=0$。对于其他模数的齿轮，则将表中的数值乘以模数。

3. 任务实施

① 按被测齿轮齿数查表（也可以按公式计算）求出公法线公称长度 W 及跨齿数 n。

② 沿齿圈一周逐个测量公法线长度（最好测量全齿圈，也可隔一齿测量一值）记入报告中。取测得值的平均值作为公法线平均长度的测量结果。将平均值减去公称值 W，即为公法线平均长度偏差 ΔE_w。所有读数中最大值与最小值之差，即为公法线长度变动量 ΔF_w。

4. 任务评价

相关数据填入表 7-22，查阅公差表，处理数据结果，判断被测齿轮的适用性。

表 7-22　用公法线千分尺检测公法线平均长度偏差和公法线长度变动评价表

<table>
<tr><td rowspan="2">仪器</td><td colspan="3">名称</td><td colspan="6">分度值</td><td colspan="4">测量范围</td></tr>
<tr><td colspan="3"></td><td colspan="6"></td><td colspan="4"></td></tr>
<tr><td rowspan="6">被测齿轮</td><td colspan="3">件号</td><td colspan="3">模数</td><td colspan="3">齿数</td><td colspan="2">压力角</td><td colspan="2">图样标注</td></tr>
<tr><td colspan="3"></td><td colspan="3"></td><td colspan="3"></td><td colspan="2"></td><td colspan="2"></td></tr>
<tr><td colspan="13">公法线长度 $W=m[1.476(2n-1)+0.014z]$</td></tr>
<tr><td colspan="13">跨齿数 $n=\frac{z}{9}+0.5$</td></tr>
<tr><td colspan="13">公法线平均长度的上极限偏差 $E_{ws}=E_{SS}\cos\alpha-0.72F_r\sin\alpha$</td></tr>
<tr><td colspan="13">公法线平均长度的下极限偏差 $E_{wi}=E_{si}\cos\alpha+0.72\sin\alpha$</td></tr>
<tr><td rowspan="2">测量</td><td>序号（均布）</td><td>1</td><td>2</td><td>3</td><td>4</td><td>5</td><td>6</td><td>7</td><td>8</td><td>9</td><td>10</td><td>11</td><td>12</td></tr>
<tr><td>公法线长度</td><td></td><td></td><td></td><td></td><td></td><td></td><td></td><td></td><td></td><td></td><td></td><td></td></tr>
</table>

（续）

测量结果	公法线长度变动						
	公法线平均长度						
	公法线平均长度偏差						
	合格性结论			理由			
班级		姓名		学号		成绩	

任务7.4 用万能测齿仪检测齿轮齿距偏差及齿距累积误差

1. 任务描述

① 了解万能测齿仪的结构及工作原理。

② 练习齿距偏差 Δf_{pt} 及齿距累积误差 ΔF_p 测量方法。

③ 掌握控制齿距偏差及齿距累积误差的意义。

2. 测量原理及仪器说明

（1）测量原理

齿距偏差 Δf_{pt} 是指分度圆上实际齿距与公称齿距之差。齿距累积误差 ΔF_p 是指任意两同侧齿廓在分度圆上的实际弧长与公称弧长的最大差值（取绝对值）。

齿距累积误差一般采用两种测量方法，即相对法和绝对法。

本实验采用相对量法，相对测量法是以任意一个齿距为基准，将仪器指示表调至某一示值（通常为零），然后沿整个齿圈依次测量其他齿距对于基准齿距的偏差值（即相对齿距偏差），经数据处理后得出齿距偏差 Δf_{pt} 和齿距累积偏差 ΔF_p。

（2）仪器说明

万能测齿仪是应用比较广泛的齿轮测量仪器，除测量圆柱齿轮的齿距、基节、齿圈径向圆跳动和齿厚外，还可以测量圆锥齿轮和蜗轮。其测量基准是内孔。

图7-19为万能测齿仪的外形图。弧形支架7上的顶针可装齿轮心轴，工作台支架2可以在水平面内作纵向和横向移动。工作台上的滑板4能够作径向移动，借助锁紧装置3可固定在任意位置上。松开锁紧装置3，靠弹簧的作用，滑板4能匀速地移到测量位置，进行逐齿测量。滑板上的测量装置5上带有测头和指示表6。万能测齿仪的测量范围为模数 $m=0.5\sim10$mm，最大直径为150mm，指示表的分度值 $i=0.001$mm。

用万能测齿仪测量时，将套在心轴上的齿轮装在仪器上、下顶尖之间，调节测量滑架使活动测头与固定测头沿齿轮径向大致位于分度圆附近，将仪器指示表调零，重锤保证齿面和测头接触稳定可靠，测完一齿后，将测量滑架沿径向退出，使齿轮转过一齿后再进入齿间，直到测完一周后复到测量基准齿，此时仪器指示表仍指在零，必须注意，由于重锤的作用，每次将测量滑架退出时要用手将齿轮扶住，以免损坏测头。

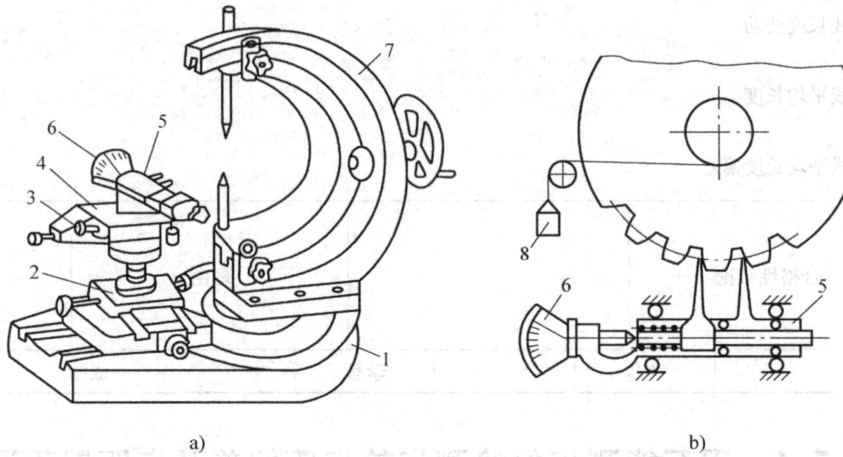

图 7-19 万能测齿仪

1—底座 2—工作台支架 3—锁紧装置 4—滑板 5—测量装置

6—指示表 7—弧形支架 8—重锤

3. 任务实施

① 将被测齿轮套到心轴上（无间隙），并一起安装在仪器的两顶尖上。

② 调整仪器的工作台和测量装置，使两测量头位于齿高中部的同一圆周上，与两相邻同侧齿面接触。在齿轮心轴上挂上重锤 8，使产生测力，让齿面紧靠测头。

③ 以被测齿轮的任一齿距作为基准齿距，调整指示表的零位。然后将测量头退出并进入被测齿面，反复 3 次，以检查指示表的示值稳定性。

④ 按顺序逐齿测量各个齿距，记下读数，填入评价表 7-24。

4. 数据处理与评价

齿距偏差和齿距累积误差可以用计算法或作图法确定。计算法较为方便常用，下面举例说明。为方便起见，可以列成表格形式（表 7-23）。将测得的齿距偏差记入表中第二列，对测得值按顺序逐齿累积、记入第三列。计算基准齿距对公称齿距的偏差。因为第一个齿距是任意选定的，假设它对公称齿距的偏差为 k，以后每测一齿都引入了该偏差 k，k 值为各个齿距相对偏差的平均值，按下式计算

$$k = \sum_{1}^{n} \Delta f_{\text{pt相对}} / z = \frac{+5}{10}\mu\text{m} = +0.5\mu\text{m}$$

将第二列齿距相对偏差分别减去 k 值，记入第四列，其中最大值的绝对值，即为该被测齿轮的齿距偏差

$$\Delta f_{\text{pt}} = -4.5\mu\text{m}$$

将实际齿距偏差逐一累积记入第五列，该列中最大值与最小值之差即为被测齿轮的齿距累积误差

$$\Delta F_{\text{p}} = (+4) - 4.5) = 8.5\mu\text{m}$$

表 7-23　齿距偏差及齿距累积误差计算示例（齿数 $z=10$）　　（单位：μm）

一	二	三	四	五
齿距序号	相对齿距偏差读数值 $\Delta f_{pt相对}$	读数值累加 $\sum_{1}^{n}\Delta f_{pt相对}$	齿距偏差 Δf_{pt}	齿距累积误差 ΔF_{p}
1	0	0	-0.5	-0.5
2	+3	+3	+2.5	+2
3	+2	+5	+1.5	+3.5
4	+1	+6	+0.5	+4
5	-1	+5	-1.5	+2.5
6	-2	+3	-2.5	0
7	-4	-1	-4.5	-4.5
8	+2	+1	+1.5	-3
9	0	+1	+0.5	-3.5
10	+4	+5	+3.5	0

相对齿距偏差修正值　$k=\sum_{1}^{n}\Delta f_{pt相对}/z=\frac{+5}{10}=+0.5$

测量结果：$\Delta F_{p}=+4\mu m-(-4.5)\mu m=8.5\mu m$

$\Delta f_{pt}=-4.5\mu m$

填写表 7-24，根据计算确定的齿距偏差和齿距累积误差与被测齿轮所要求的相应极限偏差或公差值相比较，判断被测齿轮的合格性。

表 7-24　用万能测齿仪检测齿距偏差和齿距累积误差

被测齿轮	模数 m	齿数	压力角 α	齿距极限偏差 /μm	齿距累积公差 /μm

计量器具名称	指示表分度值	测量范围

测量记录和数据处理

齿距序号	齿距相对偏差 Δf_{pt}/μm	读数累积值 $\sum_{1}^{n}\Delta f_{pt相对}$/μm	齿距偏差 Δf_{pt}/μm	齿距累积误差 ΔF_{p}/μm
1				
2				
3				
4				
5				
6				
7				

（续）

测量记录和数据处理				
齿距序号	齿距相对偏差 $\Delta f_{pt}/\mu m$	读数累积值 $\sum_{1}^{n}\Delta f_{pt相对}/\mu m$	齿距偏差 $\Delta f_{pt}/\mu m$	齿距累积误差 $\Delta F_p/\mu m$
8				
9				
10				
11				
12				
齿距相对偏差修正值为 k　$k=\sum_{1}^{n}\Delta f_{pt相对}/z=$ ________ μm				
测量结果实际齿距偏差 $\Delta f_{pt}=$ ________ μm				
实际齿距累积误差　ΔF_p ________ μm				
合格性判断				

班级		姓名		学号		成绩	

任务 7.5　用基节仪检测基节偏差

1. 任务描述

① 掌握用基节仪测量基节偏差的方法。

② 了解基节仪的工作原理。

③ 练习公差表格的查阅并判断合格性。

2. 使用仪器及测量原理

（1）测量原理

基节偏差 Δf_{pb} 是指实际基节与公称基节之差，如图 7-20 所示。此基节不在基圆柱上测量，而是在基圆柱的切平面上测量。实际基节是指基圆柱切平面与两相邻同侧齿面交线之间的法向距离，只能在两相邻齿面的重叠区内取得（图 7-20 的 φ 角区内）。

公称基节在数值上等于基圆柱上的弧齿距 P_b。压力角 $\alpha=20°$。齿轮模数为 m 时，$P_b=\pi m\cos\alpha=2.9521m$。测量基节偏差的原理如图 7-21 所示，测头 1 和 2 的工作面均向齿轮，与相邻两齿面接触时两测头之间的距离表示实际基节。另外用等于公称基节的量块来校准，实测与校准两次在指示表上读数之差即为基节偏差。

（2）仪器介绍

基节偏差的相对测量可用基节仪或万能测齿仪进行测量。基节仪有手持式和台式两种，图 7-22 所示为手持切线接触式基节仪的一种。它是利用基节仪与量块比较进行测量，其分度值为 0.001mm，可测模数为 2～16mm 的齿轮。

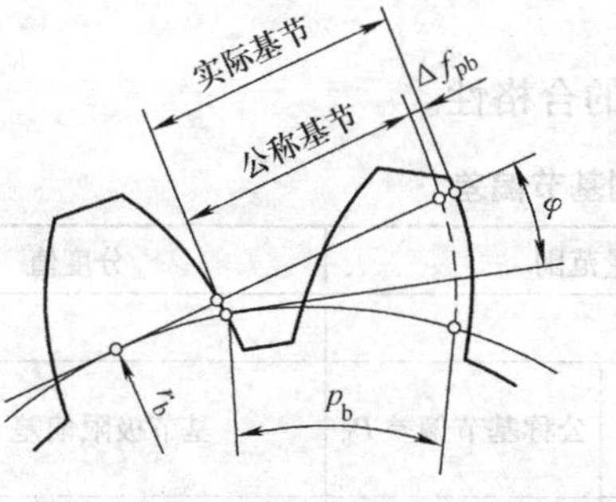

图 7-20　基节偏差

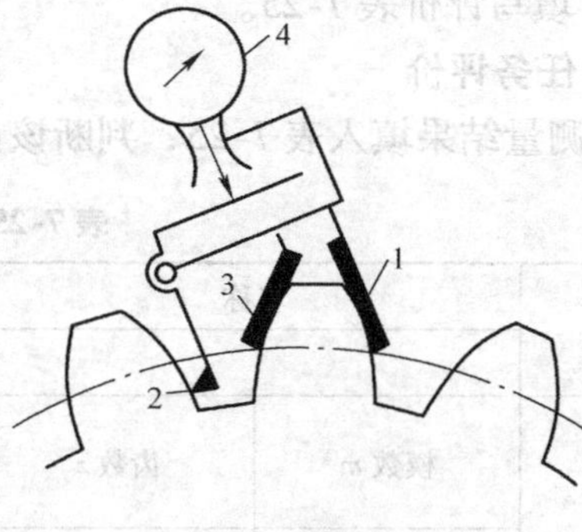

图 7-21　基节测量

1、2—测头　3—定位头　4—指示表

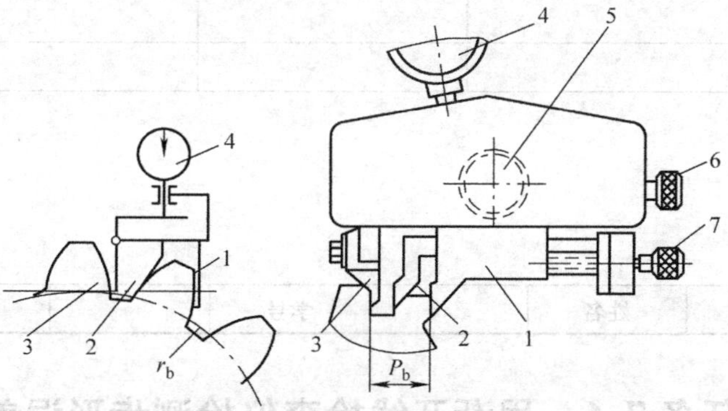

图 7-22　基节仪

1—固定量爪　2—辅助支承爪　3—活动量爪　4—指示表

5—固定量爪锁紧螺钉　6—固定量爪调节螺钉　7—辅助支承爪调节螺钉

3. 任务实施

① 按公式 $P_b = \pi m\cos\alpha = 2.9521m$ 计算公称基节值。按此公称基节值组合量块，将量块组放入块规座内并锁紧，如图 7-23 所示。

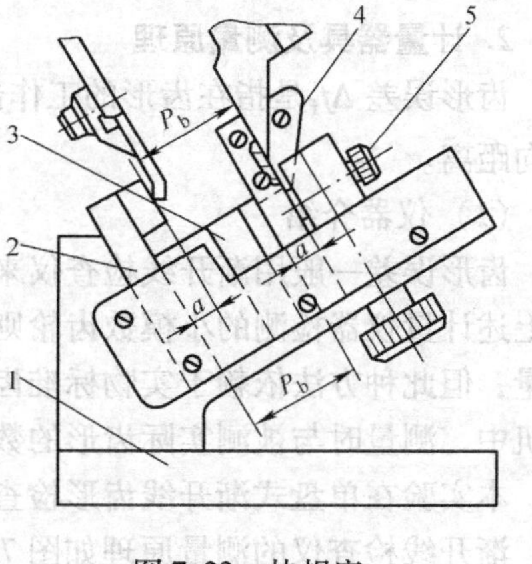

图 7-23　块规座

1—块规座　2，4—校对块　3—量块　5—固紧螺钉

② 借助块规座的组合量块，调整基节仪两量爪 1 和 3 的位置，使指示表指针在示值范围内对零。

③ 将调好的仪器置于齿轮上，如图 7-23 所示。使量爪 1 在齿顶圆附近与齿廓相切，使量爪 3 在齿根圆附近与齿廓相切，并在两相邻齿面的重叠区内沿齿廓摆动，指示表的最小读数即为基节偏差值。

④ 至少在齿轮每隔 120°的 3 个部位，在左右齿廓两边分别测量，取最大的正、负基节偏差各一个作为被测齿轮的基节偏差。

⑤ 填写评价表 7-25。

4. 任务评价

将测量结果填入表 7-25，判断该齿轮基节偏差的合格性。

表 7-25 用基节仪检测基节偏差

计量器具	名称		测量范围		分度值
被测齿轮	模数 m	齿数 z	压力角 α	公称基节偏差 P_b	基节极限偏差 $\pm f_{Pb}$

测量记录与测量结果

序号	1	2	3	4
基节偏差 Δf_{Pb}				
基节偏差 Δf_{Pb}				
合格性判断				

班级		姓名		学号		成绩	

任务 7.6 用渐开线检查仪检测齿形误差

1. 任务描述

① 了解测量渐开线齿形误差的原理和方法。

② 加深理解齿形误差的定义。

2. 计量器具及测量原理

齿形误差 Δf_f 是指在齿形的工作部分的内，包容实际齿形廓线的两条设计齿形廓线间的法向距离。

（1）仪器介绍

齿形误差一般用渐开线检查仪来检测，渐开线检查仪有单盘式和万能式两类。对于无法在上述计量仪器检测的小模数齿轮则可在投影仪上，用标准齿形与放大的实际齿形进行比较测量，但此种方法依赖于实物标准齿形。现代电子展成法则将标准齿形以数码形式存储于计算机中，测量时与被测实际齿形的数码相比较，按一定程序即可计算出齿形误差。

本实验在单盘式渐开线齿形检查仪上进行。其外形结构如图 7-24 所示。

渐开线检查仪的测量原理如图 7-25 所示。仪器的相对运动关系实际是根据渐开线形成原理而设计的。测量时，将被测齿轮与基圆尺寸相同的基圆盘装在同一心轴上，和直尺固定在一起的千分表测头通过杠杆与齿面紧密接触。当直尺和基圆盘作纯滚动时，如果没有齿形误差，位于直尺测面上测头的相对运动轨迹应为理论渐开线，测头与直尺同步运动，指示表指针不动。当被测齿轮存在齿形误差，测头的相对运动轨迹偏离理论渐开线，测头与直尺运

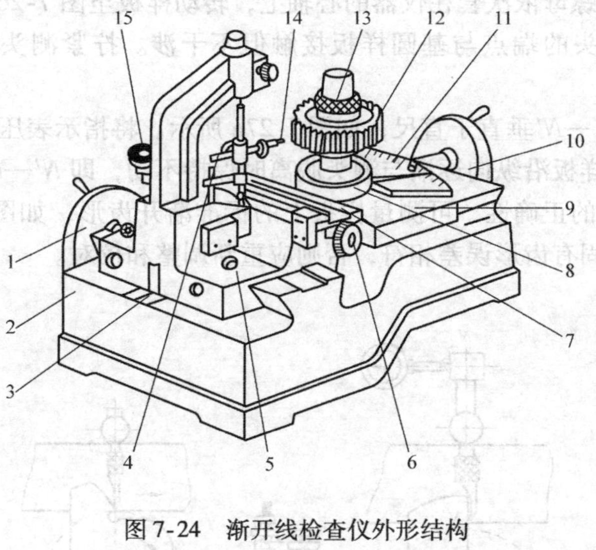

图 7-24　渐开线检查仪外形结构

1—手轮　2—底座　3—横向位置标志　4—杠杆　5—横向拖板　6—调节螺丝　7—直尺
8—基圆盘　9—纵向拖板　10—手轮　11—刻度盘　12—被测齿轮　13—压紧螺母
14—测量头　15—指示表

动不同步，迫使杠杆绕其轴转动，指示表指针产生偏摆。

（2）仪器的校正与调整

为了保证测量结果准确可靠，使用前对仪器要进行校正和调整，其步骤如下。

① 旋转手轮使拖板移动，使杠杆的摆动中心对准仪器底座背面的横向位置标志，如图 7-26 所示。

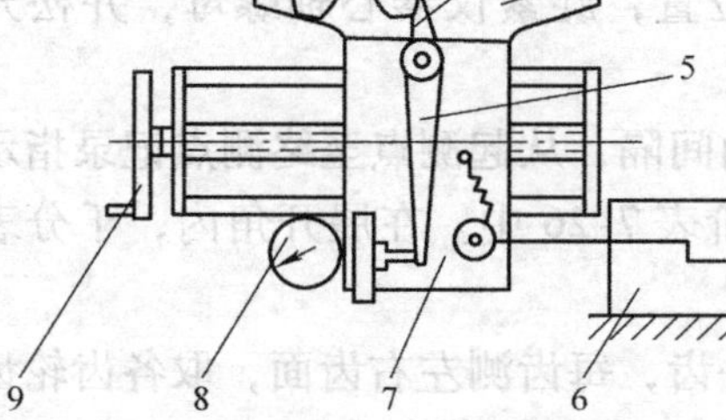

图 7-25　渐开线检查仪测量原理

1—基圆盘　2—被测齿轮　3—测量头　4—直尺　5—杠杆
6—记录器　7—滑板　8—指示表　9—手轮

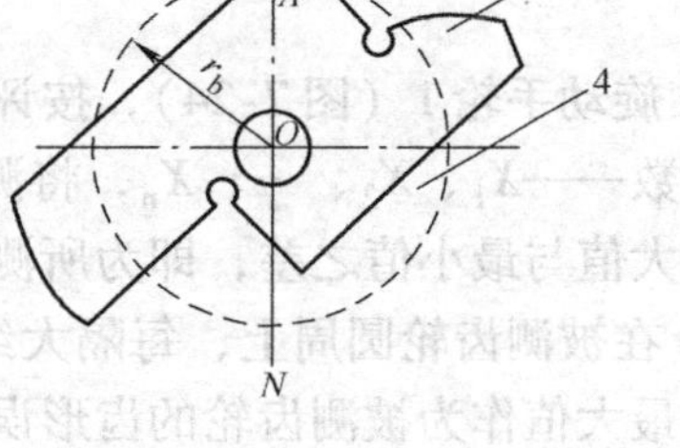

图 7-26　仪器调整

1—测量螺母　2—直尺　3—样板　4—基圆盘

② 将样板和锁紧螺母依次套在仪器的心轴上，转动样板至图 7-26 所示的位置，调整测头的径向位置，使测头的端点与基圆样板接触但不干涉。拧紧测头调整帽，使测头径向固定。

③ 转动样板使 N'—N'垂直于直尺，如图 7-27a 所示。将指示表压缩 1 ~2 圈，使指针对准零位，并使指针在样板沿纵向逐渐与测头脱离时保持不动，即 N'—N'与 $N-N$ 重合。

④ 校对仪器调整的正确性，可测量样板上的标准渐开齿形，如图 7-27b 所示。其实测齿形误差值应与样板固有齿形误差相符，否则应重新调整和校对。

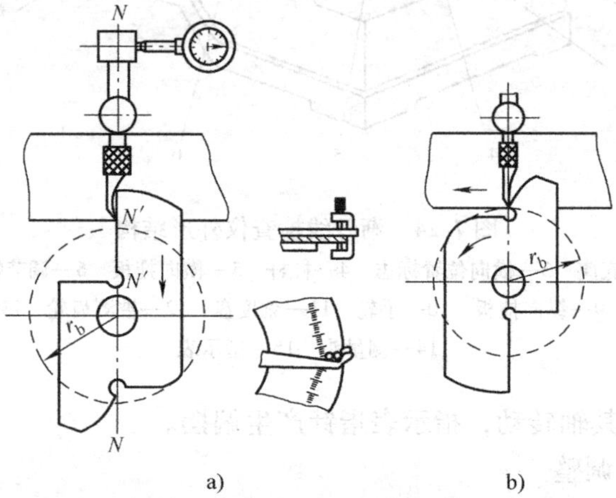

图 7-27　仪器校准

3. 任务实施

① 仪器调整好后，取下样板，装上被测齿轮（不必先锁紧螺母），应使测头在齿宽中部附近与齿轮接触。

② 将展开角指针对准刻度盘 0°，并锁紧。

③ 转动纵向移动手轮 10（图 7-24），使基圆盘与直尺接触，接触压力大小适度，以保证基圆盘作纯滚动。

④ 用手转动被测齿轮，使指示表指针回到调整位置，旋紧仪器心轴螺母，并松开刻度盘。

⑤ 旋动手轮 1（图 7-24），按评价表给定的展开角间隔，从起测点至终测点记录指示表上的读数——X_1、X_2、…、X_n，将测量数据填写于评价表 7-26 中。在展开角内，千分表度数的最大值与最小值之差，即为所测齿轮的齿形误差。

⑥ 在被测齿轮圆周上，每隔大约 90°的位置选测一齿，每齿测左右齿面，取各齿轮齿形误差的最大值作为被测齿轮的齿形误差 Δf_f。

4. 任务评价

相关数据填入表 7-26，结合相关知识判断被测齿轮齿形误差的合格性。

表 7-26　用渐开线检查仪检测齿形误差评价表

被测齿轮	模数 m	齿数 z	压力角 α	公差标注	齿形公差
计量器具	名称		测量范围		分度值
测量记录					
序号	角度	Ⅰ	Ⅱ	Ⅲ	Ⅳ
1	0°				
2	6°				
3	10°				
4	12°				
5	14°				
6	16°				
7	18°				
8	20°				
9	22°				
10	24°				
11	26°				
12	28°				
13	30°				
14	32°				
齿形误差 Δf_f					
合格性判断					
班级		姓名		学号	成绩

任务 7.7　用双面啮合仪检测齿轮径向综合误差

1. 任务描述

① 了解双面啮合综合检查仪的工作原理，并熟悉使用方法。

② 加深理解径向综合误差和一齿径向综合误差的定义。

2. 测量原理及仪器介绍

齿轮双面啮合测量是用一理想精确的测量齿轮与被测齿轮双面啮合传动，以双啮中心距的变动量来评定齿轮的质量。

径向综合误差 $\Delta F''_i$ 是指被测齿轮与理想精确的测量齿轮双面啮合时，在被测齿轮一转范围内，双啮中心距的最大值与最小值之差。一齿径向综合误差 $\Delta f_i''$ 是指被测齿轮与理想精确的测量齿轮双面啮合时，在被测齿轮一齿距角内双啮中心距变动的最大值。

双面啮合综合检查仪的外形结构如图 7-28 所示。它能测量圆柱齿轮、圆锥齿轮和蜗杆副。测量范围：模数 1 ~ 10mm；中心距 50 ~ 300mm。仪器结构比较简单。在底座 1 上有固定滑板 2 和浮动滑板 5，浮动滑板 5 与游标尺 3 连接在底座 1 的导轨上浮动，在弹簧力的作用下使被测齿轮与测量齿轮始终保持紧密啮合。测量齿轮精度比被测齿轮高 2 级以上。固定滑板 2 与游标尺 3 连接，用调整位置手轮 17 移动，以调整两滑座间的距离。

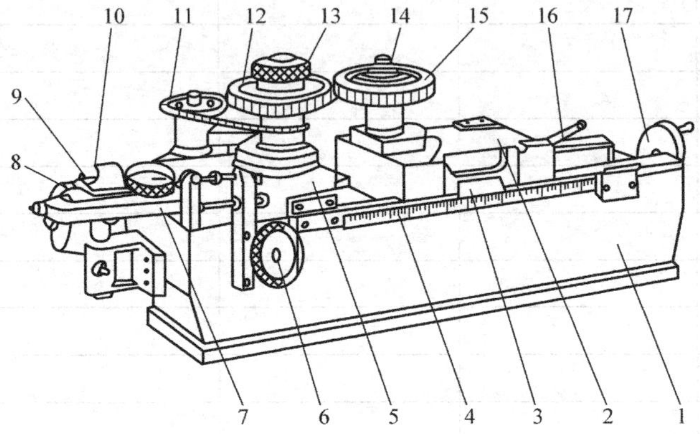

图 7-28　双面啮合综合检查仪

1—底座　2—固定滑板　3—游标尺　4—刻度尺　5—浮动滑板　6—偏心手轮
7—指示表　8—记录器　9—记录笔　10—记录滚轮　11—摩擦盘　12—标准齿轮
13—固定齿轮螺母　14—心轴　15—被测齿轮　16—锁紧手柄　17—调整位置手轮

测量时，测量齿轮装在固定滑板 2 的心轴 14 上，被测齿轮装在浮动滑板 5 的心轴上，调整两滑板的距离，放松浮动滑板，使两齿轮保持紧密啮合，旋转被测齿轮，此时由于齿圈偏心、齿形误差、基节偏差等因素引起双啮中心距的变化，使浮动滑板产生位移。此位移量通过指示表 7 读出，或者由仪器附带的机械式记录器绘出误差曲线。

3. 任务实施

① 在浮动滑板和固定滑板的心轴上分别装上测量齿轮和被测齿轮。

② 旋转手轮 17，使两齿轮双面啮合，按下锁紧手柄 16 锁紧固定滑板 2。

③ 调整滑块，使指示表有 1 ~ 2 圈的压缩量。将坐标纸包紧在记录圆筒上，放下记录笔 9，将笔尖调到记录纸的中心，并与记录纸接触。

④ 放松偏心手轮 6，由弹簧力作用使两个齿轮双面啮合。

⑤ 缓慢转动测量齿轮一周，由于被测齿轮的加工误差，双啮中心距就产生变动，其变动情况从指示表或记录曲线图中反映出来，如图 7-29 所示。

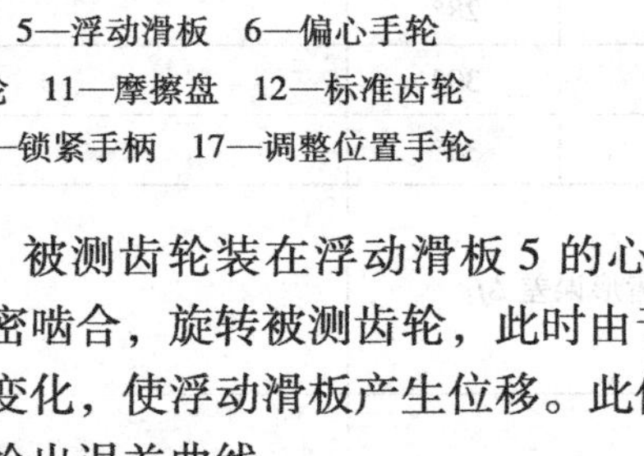

图 7-29　齿轮径向综合误差曲线

在被测齿轮转一转时，由指示表读出双啮中心距最大值与最小值，两读数之差就是齿轮径向综合误差 $\Delta F_i''$。

在被测齿轮转一齿距角内，从指示表读出双啮中心距的最大变动量，即为一齿径向综合误差 $\Delta f''_i$。

⑥ 将数据填入评价表 7-27 中。

4. 任务评价

相关数据填入表 7-27，根据齿轮的技术要求，查出径向综合公差 F''_i 和一齿径向综合公差 f''_i，并判断合格性。

表 7-27　双面啮合仪检测齿轮径向综合误差评价表

<table>
<tr><td rowspan="2">计量器具</td><td colspan="3">名称</td><td colspan="2">测量范围</td><td colspan="2">分度值</td></tr>
<tr><td colspan="3"></td><td colspan="2"></td><td colspan="2"></td></tr>
<tr><td rowspan="2">被测齿轮</td><td colspan="2">模数 m</td><td colspan="2">齿数 z</td><td colspan="2">压力角 α</td><td>公差标注</td></tr>
<tr><td colspan="2"></td><td colspan="2"></td><td colspan="2"></td><td></td></tr>
<tr><td colspan="8">记录测量曲线</td></tr>
<tr><td colspan="4">径向综合误差 ΔF″i</td><td colspan="4"></td></tr>
<tr><td colspan="4">径向一齿综合误差 Δf″i</td><td colspan="4"></td></tr>
<tr><td colspan="4">合格性判断</td><td colspan="4"></td></tr>
<tr><td>班级</td><td></td><td>姓名</td><td></td><td>学号</td><td></td><td>成绩</td><td></td></tr>
</table>

思考与练习

一、问答题

1. 对齿轮传动的 4 项使用要求是什么？其中哪几项要求是精度要求？不同用途和不同工作条件齿轮使用要求的侧重点是否有所不同？试举例说明。

2. 试述齿轮上影响其精度的主要误差来源。

3. 按 GB/T 10095. 1—2008 的规定，齿轮应检精度指标的公差或极限偏差的精度等级分为哪几级？

4. 按照测得的齿廓偏差记录图形，如何确定齿廓总偏差的数值？按照测得的螺旋线偏差记录图形，如何确定螺旋线总偏差的数值？

5. 齿轮应检精度指标各级精度的公差或极限偏差的计算公式有哪些？这些应检精度指标的合格条件是什么？

6. 齿轮的侧隙指标中的齿厚偏差和公法线长度偏差的定义和测量方法有哪些？在齿轮图上如何标注侧隙指标的技术要求？侧隙指标的合格条件是什么？

7. 选择齿轮的侧隙指标时，测量公法线长度偏差比测量齿厚偏差优越之处何在？

8. 评定齿轮精度时。除了应检指标以外，GB/T 10095.1—2008 和 GB/T 10095.2—2008 规定了哪几个可采用的指标，它们的名称和定义是什么？它们的公差精度等级如何划分？它们如何测量？它们的合格条件是什么？

9. 齿轮副所需的最小侧隙如何确定？该最小侧隙的大小与齿轮的精度等级是否有关？

10. 齿厚上、下极限偏差如何确定？

11. 公法线长度上、下极限偏差如何确定？

二、计算题

1. 某减速器的斜齿圆柱齿轮的法向模数 $m_n=3\text{mm}$，齿数 $z=20$，标准压力角 $\alpha=20°$，分度圆螺旋角 $\beta=8°6'34''$，变位系数为零，齿宽 $b=65\text{mm}$，精度等级为 8 - 8 - 7 GB/T 10095.1—2008，齿厚上、下极限偏差分别为 -0.056mm 和 -0.152mm。试确定

（1）三项精度的应检指标的公差或极限偏差。

（2）测量公法线长度时的跨齿数和公称公法线长度及其上、下极限偏差。

（3）齿面的表面粗糙度轮廓幅度参数及其允许值。

（4）齿轮坯的各项公差或极限偏差（齿顶圆柱面不作为切齿时的找正基准，也不作为测量齿厚的基准）。

2. 大量生产某直齿圆柱齿轮，其模数 $m=3.5\text{mm}$，齿数 $z=30$，标准压力角 $\alpha=20°$，变位系数为零，齿宽 $b=50\text{mm}$，精度等级为 7 GB/T 10095.1—2008，齿厚上、下极限偏差分别为 -0.07mm 和 -0.14nmm，试确定

（1）三项精度的应检指标的公差或极限偏差。

（2）测量公法线长度时的跨齿数和公称公法线长度及其上、下极限偏差。

（3）齿面的表面粗糙度轮廓幅度参数及其允许值。

（4）齿轮坯的各项公差或极限偏差（齿顶圆柱面不作为切齿时的找正基准，也不作为测量齿厚的基准）。

3. 某 7 级精度（GB/T 10095.1—2008）直齿圆柱齿轮的模数 $m=3\text{mm}$，齿数 $z=12$，标准压力角 $\alpha=20°$。该齿轮加工后用双测头式齿距比较仪按相对法测量其各个右齿面的齿距偏差，即先按某一齿距调整量仪指示表的示值零位（该齿距称为基准齿距），然后用这个调整好示值零位的量仪依次测量其余齿距对基准齿距的偏差，相应地依次从量仪指示表上读取示值。测量数据（指示表示值）见表 7-28。试处理这些数据，确定该齿轮的齿距累积总偏差和单个齿距偏差评定值，并根据前者的公差和后者的极限偏差，判断它们合格与否。

表 7-28　用相对法测量齿距偏差所得的数据

齿距序号	P_1	P_2	P_3	P_4	P_5	P_6	P_7	P_8	P_9	P_{10}	P_{11}	P_{12}
轮齿序号	1→2	2→3	3→4	4→5	5→6	6→7	7→8	8→9	9→10	10→11	11→12	12→1
指示表示值 /μm	0	+3	0	+3	-3	+15	+9	+12	+6	+9	+6	-6

学习情境8　三坐标测量仪的应用

【知识目标】　了解三坐标测量仪的种类及工作原理。

【能力目标】　会正确使用三坐标测量仪测量工件，并评价合格性。

【相关知识】——三坐标测量仪

1. 三坐标测量仪的基本概念及发展史

三坐标测量仪是指在三维可测的空间范围内，能够根据测头系统返回的点数据，通过三坐标的软件系统计算各类几何形状、尺寸等测量能力的仪器。常用名称有：三坐标测量机、三次元、3D、CMM。

三坐标测量仪也可定义为一种具有可作3个方向移动的探测器，可在3个相互垂直的导轨上移动，探测器以接触或非接触方式采集传送信号，三个轴的位移测量系统（如光栅尺）经数据处理器或计算机等计算出工件的各点坐标（X、Y、Z）完成各项测量功能的仪器。三坐标测量仪的测量功能应包括尺寸精度、几何精度、轮廓精度及逆向工程等。

三坐标测量仪的发展可划分为3代。

第一代　世界上第一台测量仪是英国的FERRANTI公司于1956年研制成功的（图8-1）。当时的测量方式是测头接触工件后，靠脚踏板来记录当前坐标值，然后使用计算器来计算元素间的位置关系。1964年，瑞士SIP公司开始使用软件来计算两点间的距离，开始了利用软件进行测量数据计算的时代。70年代初，德国ZEISS公司使用计算机辅助工件坐标系代替机械对准，从此测量仪具备了对工件基本几何元素尺寸、几何公差的检测功能。

图8-1　1956年英国Ferranti公司开发的第一台三坐标测量仪及测头

第二代　随着计算机的飞速发展，测量仪技术进入了CNC控制机时代，完成了复杂机械零件的测量和空间自由曲线曲面的测量，测量模式增加和完善了自学习功能，改善了人机界面，使用专门测量语言，提高了测量程序的开发效率。

第三代　从90年代开始，随着工业制造行业向集成化、柔性化和信息化发展，产品的设计、制造和检测趋向一体化，这就对作为检测设备的三坐标测量仪提出了更高的要求，从而提出了第三代测量机的概念。其特点是：具有与外界设备通信的功能；具有与 CAD 系统直接对话的标准数据协议格式；硬件电路趋于集成化，并以计算机扩展卡的形式成为计算机的大型外部设备。

2. 三坐标测量仪的意义与作用

（1）意义

随着人们生活水平的提高和制造业的快速发展，特别是机床、机械、汽车、航空航天和电子工业的发展，各种复杂零件的研制和生产需要先进的检测技术；同时为应对全球竞争，生产现场非常重视提高加工效率和降低生产成本，其中，最重要的便是生产出高质量的产品。为此，必须实行严格的质量管理，只有在保证高质量生产的前提下，制造业才能生存和发展。因此，为确保零件的尺寸和技术性能符合要求，必须进行精确的测量，因而体现三维测量技术的三坐标测量机应运而生，并迅速发展和日趋完善。三维测量是基于以下的客观要求发展起来的。

① 越来越多的工件需要进行空间三维测量，而传统的测量方法不能满足生产的需要。

传统的测量方法是指用传统测量工具（如千分表、量块、卡尺等）进行的测量，属相对测量。测量工具本身精度不高，人为误差较大；工具量程小、被测工件尺寸、形状受到限制；许多形状较复杂的测量任务（如曲面）难以实现；且占用工时较长。

② 由于机械加工、数控机床加工及自动加工线的发展，生产节拍的加快，加工一个零件仅用几十分钟或几分钟，这就要求加快对复杂工件的检测。

例如，汽车和摩托车都采用流水生产线，每辆车上有几千甚至上万个零件，这些零件是由专业化厂分散生产，最后集中部装和总装，每隔几分钟就生产出一辆车。

③ 在制造业中，大多数产品都是按照 CAD 数学模型在数控机床上制造完成的，它与原 CAD 数学模型相比，确定其在加工制造中产生的误差，就需用三坐标测量机进行测量。

在三坐标测量机的软件系统中可以用图形方式显示原 CAD 数学模型，再按照可视化方式从图形上确定被测点，得到被测点的 X、Y、Z 坐标值及法向矢量，便可生成自动测量程序。三坐标测量机可按法线方向对工件进行精确测量，获得准确的坐标测量结果，也可与原 CAD 数学模型进行比较并以图形方式显示，生成坐标检测报告（包括文本报告和图表报告），全过程直观快捷，而用传统的检测方法则无法完成。

④ 随着生产规模日益扩大，加工精度不断提高，除了需要高精度三坐标测量机的计量室检测外，为了便于直接检测工件，测量往往需要在加工车间进行，或将测量机直接串连到生产线上。检验的零件数量加大，科学化管理程度加强，因而需要各种精度的坐标测量机，以满足生产的需要。1950 年至 2000 年，国际上 50 年内约提升两个数量级，平均每 8 年加工误差缩小一半（图 8-2）。我国平均每 12 年加工误差缩小一半，一般加工精度 < 0.01mm，超精密加工精度 0.005μm，增长速度比国外低 50%，约落后15～

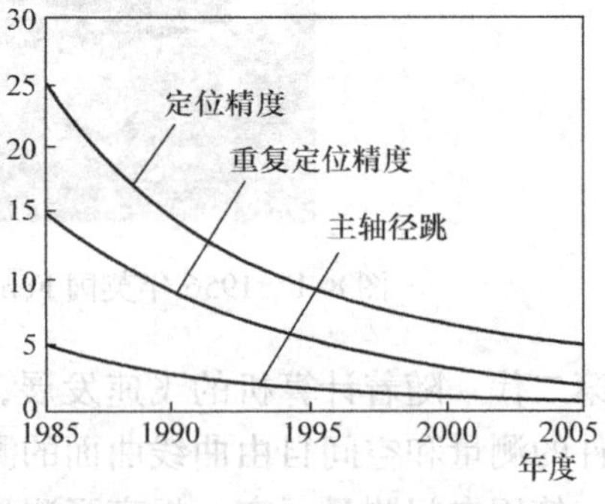

图 8-2 加工中心精度提升历程
（刀柄 ISO40 或 HSK63）

20 年。

⑤ 实现逆向（反求）工程的需要，例如随着模具生产的发展，往往按制好的工件模型去仿制模具，故需要三维扫描测量出工件轮廓曲线的数据。因此需要与数控机床或加工中心相配合的三维检测技术。

（2）作用

综上所述，三坐标测量机的出现是标志计量仪器从古典的手动方式向现代化自动测试技术过渡的一个里程碑。三坐标测量机在下述方面对三维测量技术有重要作用。

① 实现了对基本几何元素的高效率、高精度测量与评定，解决了复杂形状表面轮廓尺寸的测量，例如箱体零件的孔径与孔位、叶片与齿轮、汽车与飞机等的外廓尺寸检测。

② 提高了三维测量的测量精度，目前高精度坐标测量机的单轴精度，每米长度内可达 1μm 以内，三维空间精度可达 1μm ~ 2μm。对于车间检测用的三坐标测量机，每米测量精度单轴也达 3μm ~ 4μm。

③ 三坐标测量机与数控机床和加工中心配套组成生产加工线或柔性制造系统，从而促进了自动生产线的发展。

④ 随着三坐标测量机的精度不断提高，自动化程序不断发展，三维测量技术不断进步，大大地提高了测量效率。尤其是电子计算机的引入，不但便于数据处理，而且可以完成 CNC 的控制功能，可使测量时间缩短 95% 以上。

⑤ 随着激光扫描技术的不断成熟，满足高精度测量（质量检测）和激光扫描（逆向工程）多功能复合型的三坐标测量机发展起来，更好地满足了用户需求，大大降低了用户投入成本，提高工作效率。

3. 三坐标测量机所涉及领域

主要用于机械、汽车、航空、军工、家具、工具原型、机器等中小型配件、模具等行业中的箱体、机架、齿轮、凸轮、蜗轮、蜗杆、叶片、曲线、曲面等的测量，还可用于电子、五金、塑胶等行业中。可以对工件的尺寸、形状和几何公差进行精密检测，从而完成零件检测、外形测量、过程控制、逆向工程等任务（图 8-3）。

图 8-3　三坐标测量仪的应用

4. 三坐标测量仪的组成及工作原理

(1) 三坐标测量仪的组成

三坐标测量仪是典型的机电一体化设备，它由机械系统和电子系统两大部分组成。

1) 机械系统　一般由3个正交的直线运动轴构成。如图8-4所示结构中，X向导轨系统装在工作台上，移动桥架横梁是Y向导轨系统，Z向导轨系统装在中央滑架内。3个方向轴上均装有光栅尺用以测量各轴位移值。人工驱动的手轮及机动、数控驱动的电动机一般都在各轴附近。用来触测被检测零件表面的测头装在Z轴端部。

2) 电子系统　一般由光栅计数系统、测头信号接口和计算机等组成，用于获得被测坐标点的数据，并对数据进行处理。

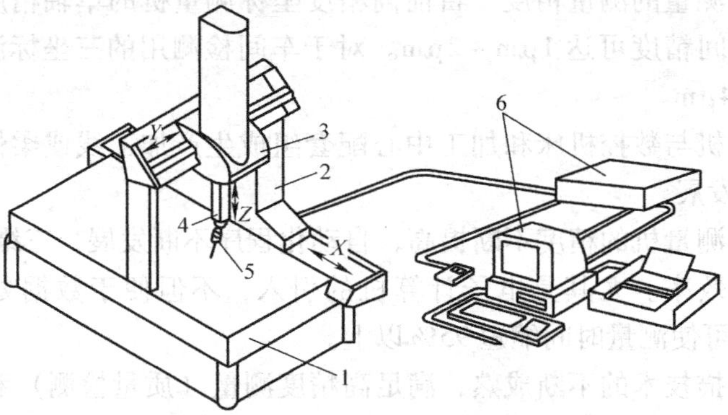

图8-4　三坐标测量仪的组成

1—工作台　2—移动桥架　3—中央滑架　4—Z轴　5—测头　6—电子系统

(2) 三坐标测量仪的工作原理

三坐标测量仪是基于坐标测量的通用化数字测量设备。它首先将各被测几何元素的测量转化为对这些几何元素上一些点坐标位置的测量，在测得这些点的坐标位置后，再根据这些点的空间坐标值，经过数学运算求出其尺寸和几何误差。如图8-5所示，要测量工件上一圆柱孔的直径，可以在垂直于孔轴线的截面Ⅰ内，触测内孔壁上3个点（点1、2、3），则根据

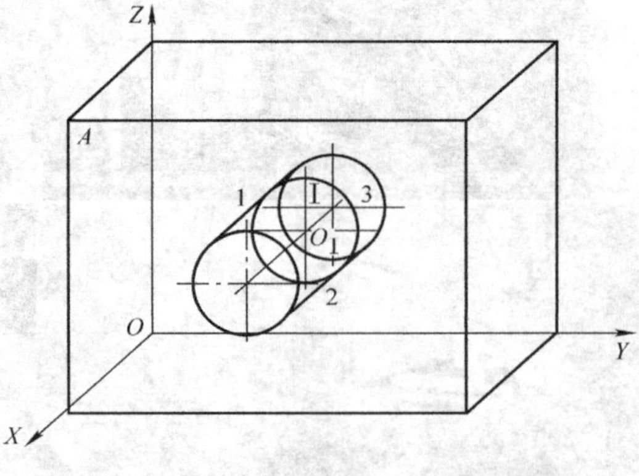

图8-5　坐标测量原理

这三点的坐标值就可计算出孔的直径及圆心坐标 O_I；如果在该截面内触测更多的点（点 1，2，…，n，n 为测点数），则可根据最小二乘法或最小条件法计算出该截面圆的圆度误差；如果对多个垂直于孔轴线的截面圆（Ⅰ，Ⅱ，…，m，m 为测量的截面圆数）进行测量，则根据测得点的坐标值可计算出孔的圆柱度误差以及各截面圆的圆心坐标，再根据各圆心坐标值又可计算出孔轴线位置；如果再在孔端面 A 上触测三点，则可计算出孔轴线对端面的位置度误差。由此可见，三坐标测量仪的这一工作原理使得其具有很大的通用性与柔性。从原理上说，它可以测量工件上任何几何元素的任何参数。

5. 三坐标测量仪的分类

（1）按三坐标测量仪的技术水平分类

1）数字显示及打印型　这类三坐标测量仪主要用于几何尺寸测量，可显示并打印出测得点的坐标数据，但要获得所需尺寸的几何误差，还需进行人工运算，其技术水平较低，目前已基本被淘汰。

2）带有计算机进行数据处理型　这类三坐标测量仪技术水平略高，目前应用较多。其测量仍为手动或机动，但用计算机处理测量数据，可完成诸如工件安装倾斜的自动校正计算、坐标变换、孔心距计算、偏差值计算等数据处理工作。

3）计算机数字控制型　这类三坐标测量仪技术水平较高，可像数控机床一样，按照编制好的程序自动测量。

（2）按三坐标测量仪的测量范围分类

1）小型三坐标测量仪　这类三坐标测量仪在其最长一个坐标轴方向（一般为 X 轴方向）上的测量范围小于 500mm，主要用于小型精密模具、工具和刀具等的测量。

2）中型三坐标测量仪　这类三坐标测量仪在其最长一个坐标轴方向上的测量范围为 500～2000mm，是应用最多的机型，主要用于箱体、模具类零件的测量。

3）大型三坐标测量仪　这类三坐标测量仪在其最长一个坐标轴方向上的测量范围大于 2000mm，主要用于汽车与发动机外壳、航空发动机叶片等大型零件的测量。

（3）按三坐标测量仪的精度分类

1）精密型三坐标测量仪　其单轴最大测量不确定度小于 $1\times10^{-6}L$（L 为最大量程，单位为 mm），空间最大测量不确定度小于（2～3）$\times10^{-6}L$，一般放在具有恒温条件的计量室内，用于精密测量。

2）中、低精度三坐标测量仪　低精度三坐标测量仪的单轴最大测量不确定度大体在 $1\times10^{-4}L$ 左右，空间最大测量不确定度为（2～3）$\times10^{-4}L$，中等精度三坐标测量仪的单轴最大测量不确定度约为 $1\times10^{-5}L$，空间最大测量不确定度为（2～3）$\times10^{-5}L$。这类三坐标测量仪一般放在生产车间内，用于生产过程检测。

（4）按三坐标测量仪的结构形式分类

按照结构形式，三坐标测量仪可分为移动桥式、固定桥式、龙门式、悬臂式、立柱式等，实物如图 8-6 所示。

6. 三坐标测量仪的机械结构

（1）结构形式

三坐标测量仪是由 3 个正交的直线运动轴构成的，这 3 个坐标轴的相互配置位置（即总体结构形式）对测量机的精度以及对被测工件的适用性影响较大。图 8-7 是目前常见的几种三坐标测量仪的结构形式，下面对其结构特点和应用范围作简要介绍。

图 8-7a 为移动桥式结构，它是目前应用最广泛的一种结构形式，其结构简单，敞开性好，工件安装在固定工作台上，承载能力强。但这种结构的 X 向驱动位于桥框一侧，桥框移动时易产生绕 Z 轴偏摆，而该结构的 X 向标尺也位于桥框一侧，在 Y 向存在较大的阿贝臂，这种偏摆会引起较大的阿贝误差，因而该结构主要用于中等精度的中小机型。

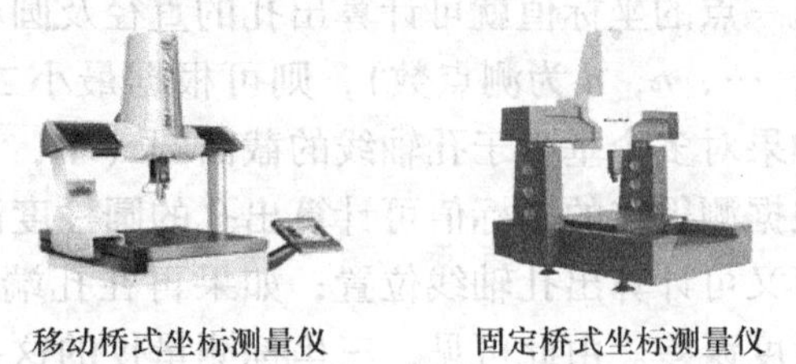

图 8-6　三坐标测量仪的主要结构型式

图 8-7b 为固定桥式结构，其桥框固定不动，X 向标尺和驱动机构可安装在工作台下方中部，阿贝臂及工作台绕 Z 轴偏摆小，其主要部件的运动稳定性好，运动误差小，适用于高精度测量，但工作台负载能力小，结构敞开性不好，主要用于高精度的中小机型。

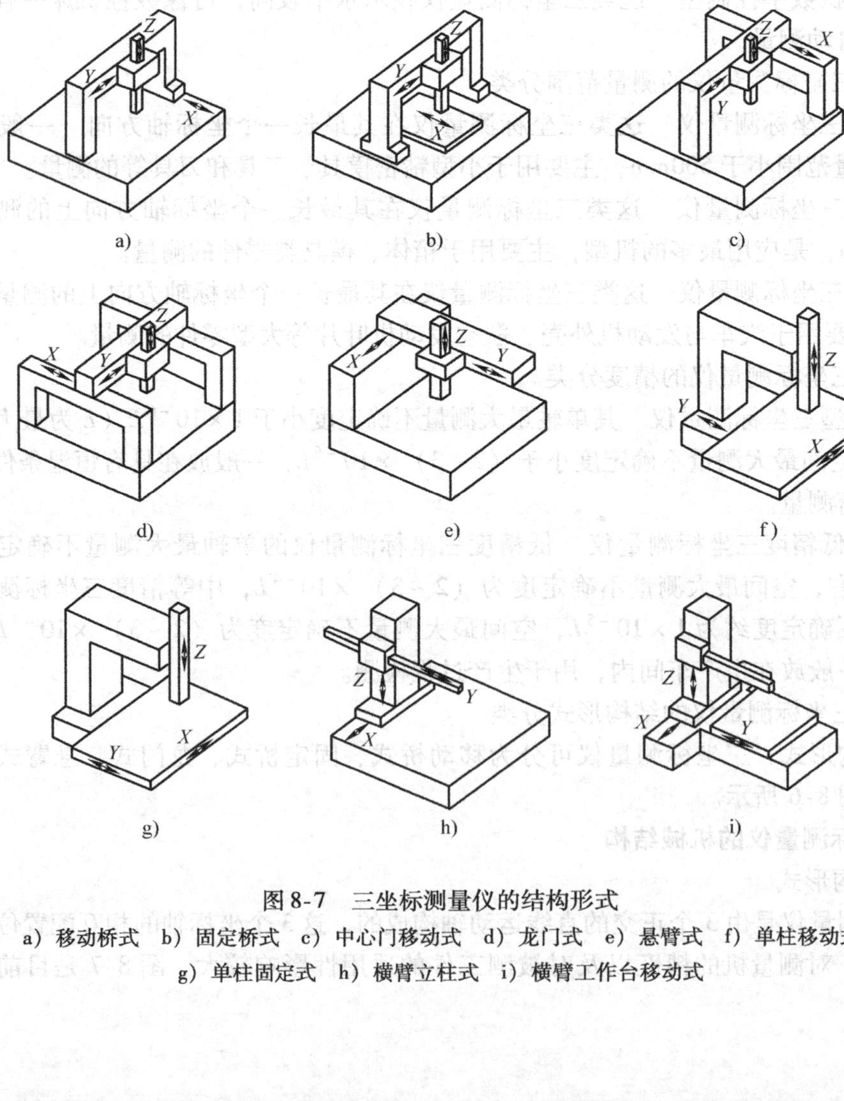

图 8-7　三坐标测量仪的结构形式

a）移动桥式　b）固定桥式　c）中心门移动式　d）龙门式　e）悬臂式　f）单柱移动式

g）单柱固定式　h）横臂立柱式　i）横臂工作台移动式

图 8-7c 为中心门移动式结构（又称 L 型桥式），结构比较复杂，敞开性一般，兼具移动桥式结构承载能力强和固定桥式结构精度高的优点，适用于高精度、中型尺寸以下机型。

图 8-7d 为龙门式结构，它与移动桥式结构的主要区别是它的移动部分只是横梁，移动部分质量小，整个结构刚性好，3 个坐标测量范围较大时也可保证测量精度，适用于大机型，缺点是立柱限制了工件装卸，单侧驱动时仍会带来较大的阿贝误差，而双侧驱动方式在技术上较为复杂，只有 Y 向跨距很大、对精度要求较高的大型测量机才采用。

图 8-7e 为悬臂式结构，结构简单，具有很好的敞开性，但当滑架在悬臂上作 Y 向运动时，会使悬臂的变形发生变化，故测量精度不高，一般用于测量精度要求不太高的小型测量机。

图 8-7f 为单柱移动式结构，也称为仪器台式结构，它是在工具显微镜的结构基础上发展起来的。其优点是操作方便、测量精度高，但结构复杂，测量范围小，适用于高精度的小型数控机型。

图 8-7g 为单柱固定式结构，它是在坐标镗的基础上发展起来的。其结构牢靠、敞开性较好，但工件的重量对工作台运动有影响，同时两维平动工作台行程不可能太大，因此仅用于测量精度中等的中小型测量机。

图 8-7h 为横臂立柱式结构，也称为水平臂式结构，在汽车工业中有广泛应用。其结构简单、敞开性好，尺寸也可以较大，但因横臂前后伸出时会产生较大变形，故测量精度不高，用于中、大型机型。

图 8-7i 为横臂工作台移动式结构，其敞开性较好，横臂部件质量较小，但工作台承载有限，在两个方向上运动范围较小，适用于中等精度的中小机型。

(2) 工作台

早期三坐标测量仪的工作台一般是由铸铁或铸钢制成的，但近年来，各生产厂家已广泛采用花岗岩来制造工作台。这是因为花岗岩变形小、稳定性好、耐磨损、不生锈，且价格低廉、易于加工。有些测量仪装有可升降的工作台，以扩大 Z 轴的测量范围，还有些测量仪备有旋转工作台，以扩大测量功能。

(3) 导轨

导轨是测量仪的导向装置，直接影响测量仪的精度，因而要求其具有较高的直线度。在三坐标测量仪上使用的导轨有滑动导轨、滚动导轨和气浮导轨，常用的为滑动导轨和气浮导轨，滚动导轨应用较少，因为滚动导轨的耐磨性较差，刚度也较滑动导轨低。在早期的三坐标测量仪中，许多机型采用的是滑动导轨。滑动导轨精度高，承载能力强，但摩擦阻力大，易磨损，低速运行时易产生爬行，也不易在高速下运行，有逐步被气浮导轨取代的趋势。目前，多数三坐标测量仪已采用空气静压导轨（又称为气浮导轨、气垫导轨），它具有许多优点，如制造简单、精度高、摩擦力极小、工作平稳等。

图 8-8 给出的是一移动桥式结构三坐标测量仪气浮导轨的结构示意图，其结构中有 6 个气垫 2（水平面 4 个，侧面 2 个），使得整个桥架浮起。滚轮 3 受压缩弹簧 4 的压力作用而与导向块 5 紧贴，由弹簧力保证气垫在工作状态下与导轨导向面之间的间隙。当桥架 6 移动时，若产生扭动，则使气垫与导轨面之间的间隙发生变化，其压力也随之变化，从而造成瞬时的不平衡状态，但在弹簧力的作用下会重新达到平衡，使之稳定地保持 10μm 的间隙，以保证桥架的运动精度。气浮导轨的进气压力一般为 3 ~ 6 个大气压，要求有稳压装置。

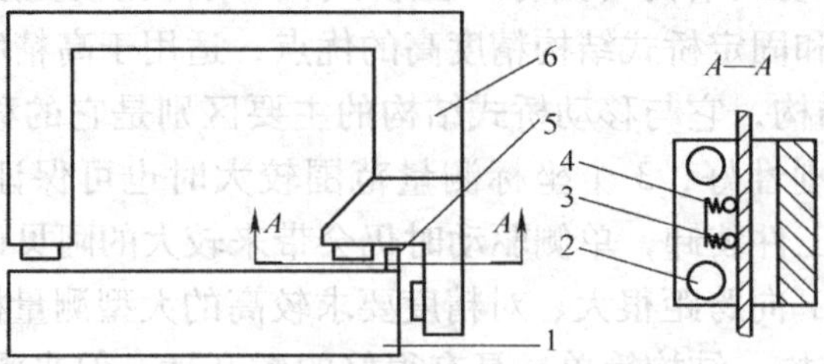

图 8-8　三坐标测量仪气浮导轨的结构

1—工作台　2—气垫　3—滚轮　4—压缩弹簧　5—导向块　6—桥架

气浮技术的发展使三坐标测量仪在加工周期和精度方面均有很大的突破。目前不少生产厂在寻找高强度轻型材料作为导轨材料，有些生产厂已选用陶瓷或高膜量型的碳素纤维作为移动桥架和横梁上运动部件的材料。另外，为了加速热传导，减少热变形，ZEISS 公司采用带涂层的抗时效合金来制造导轨，使其时效变形极小且各部分的温度更加趋于均匀一致，从而使整机的测量精度得到了提高，而对环境温度的要求却又可以放宽些。

7. 三坐标测量仪的测量系统

三坐标测量仪的测量系统由标尺系统和测头系统构成，它们是三坐标测量仪的关键组成部分，决定着三坐标测量仪测量精度的高低。

（1）标尺系统

标尺系统是用来度量各轴的坐标数值的，目前三坐标测量仪上使用的标尺系统种类很多，它们与在各种机床和仪器上使用的标尺系统大致相同，按其性质可以分为机械式标尺系统（如精密丝杠加微分鼓轮、精密齿条及齿轮、滚动直尺），光学式标尺系统（如光学读数刻线尺、光学编码器、光栅、激光干涉仪）和电气式标尺系统（如感应同步器、磁栅）。根据对国内外生产三坐标测量仪所使用的标尺系统的统计分析可知，使用最多的是光栅，其次是感应同步器和光学编码器。有些高精度三坐标测量仪的标尺系统采用了激光干涉仪。

（2）测头系统

1）测头　三坐标测量仪是用测头来拾取信号的，因而测头的性能直接影响测量精度和测量效率，没有先进的测头就无法充分发挥测量仪的功能。在三坐标测量仪上使用的测头，按结构原理可分为机械式、光学式和电气式等；而按测量方法又可分为接触式和非接触式两类。

① 机械接触式测头为刚性测头，根据其触测部位的形状，可以分为圆锥形测头、圆柱形测头、球形测头、半圆形测头、点测头、V 形块测头等（图 8-9）。这类测头的形状简单，制造容易，但是测量力的大小取决于操作者的经验和技能，因此测量精度差、效率低。目前除少数手动测量仪还采用此种测头外，绝大多数测量仪已不再使用这类测头。

② 电气接触式测头目前已被绝大部分坐标测量仪所采用，按其工作原理可分为动态测头和静态测头。

a）常用动态测头的结构如图 8-10 所示。测杆安装在芯体上，而芯体则通过 3 个沿圆周 120°分布的钢球安放在 3 对触点上，当测杆没有受到测量力时，芯体上的钢球与 3 对触点均保持接触，当测杆的球状端部与工件接触时，不论受到 X、Y、Z 哪个方向的接触力，至少

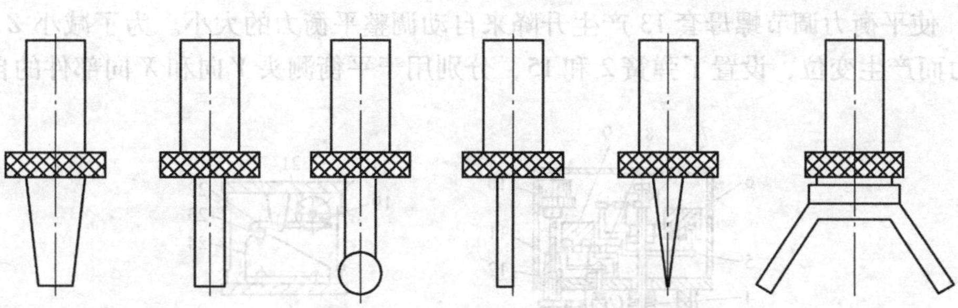

图 8-9　机械接触式测头

a）圆锥形测头　b）圆往形测头　c）球形测头　d）半圆形测头　e）点测头　f）V 型块测头

会引起一个钢球与触点脱离接触，从而引起电路的断开，产生阶跃信号，直接或通过计算机控制采样电路，将沿 3 个轴方向的坐标数据送至存储器，供数据处理用。

由此可见，测头是在触测工件表面的运动过程中，进行瞬间测量采样的，故称为动态测头，也称为触发式测头。动态测头结构简单、成本低，可用于高速测量，但精度稍低，而且动态测头不能以接触状态停留在工件表面，因而只能对工件表面作离散的逐点测量，不能作连续的扫描测量。目前，绝大多数生产厂选用英国 RENISHAW 公司生产的触发式测头。

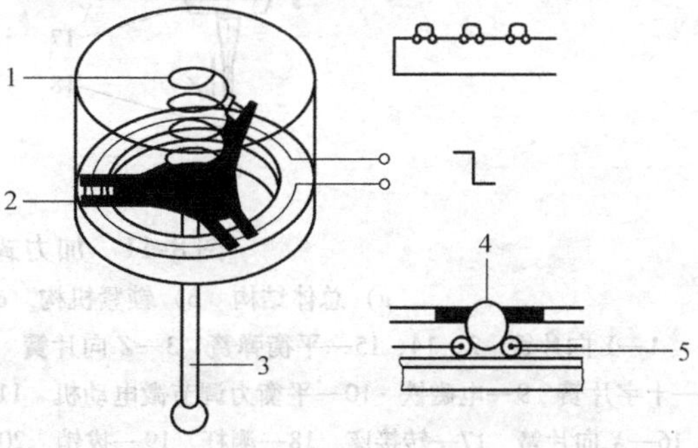

图 8-10　电气式动态测头

1—弹簧　2—芯体　3—测杆　4—钢球　5—触点

b）静态测头除具备触发式测头的触发采样功能外，还相当于一台超小型三坐标测量仪。测头中有三维几何量传感器，在测头与工件表面接触时，在 X、Y、Z 3 个方向均有相应的位移量输出，从而驱动伺服系统进行自动调整，使测头停在规定的位移量上，在测头接近静止的状态下采集三维坐标数据，故称为静态测头。静态测头沿工件表面移动时，可始终保持接触状态，进行扫描测量，因而也称为扫描测头。其主要特点是精度高，可以作连续扫描，但制造技术难度大，采样速度慢，价格昂贵，适合于高精度测量仪使用。目前由 LEITZ、ZEISS 和 KERRY 等厂家生产的静态测头均采用电感式位移传感器，此时也将静态测头称为三向电感测头。图 8-11 为 ZEISS 公司生产的加力式三向电感测头的结构。

测头采用三层片簧导轨形式，3 个方向共有 3 层，每层由两个片簧悬吊。转接座 17 借助两个 X 向片簧 16 构成的平行四边形机构可作 X 向运动。该平行四边形机构固定在由 Y 向片簧 1 构成的平行四边形机构的下方，借助片簧 1，转接座可作 Y 向运动。Y 向平行四边形机构固定在由 Z 向片簧 3 构成的平行四边形机构的下方，依靠它的片簧，转接座可作 Z 向运动。为了增强片簧的刚度和稳定性，片簧中间为金属夹板。为保证测量灵敏、精确，片簧不能太厚，一般取 0.1mm。由于 Z 向导轨是水平安装，故用 3 组弹簧 2、14、15 加以平衡。可调弹簧 14 的上方有一螺纹调节机构，通过平衡力调节微电动机 10，带动平衡力调节螺杆

11 转动，使平衡力调节螺母套 13 产生升降来自动调整平衡力的大小。为了减小 Z 向弹簧片受剪切力而产生变位，设置了弹簧 2 和 15，分别用于平衡测头 Y 向和 X 向部件的自重。

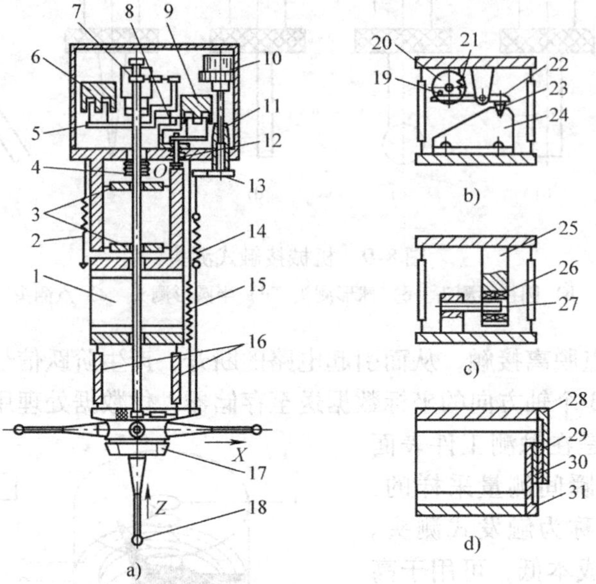

图 8-11 加力式三向电感测头

a）总体结构 b）锁紧机构 c）位移传感器 d）阻尼机构

1—Y 向片簧 2，14，15—平衡弹簧 3—Z 向片簧 4—波纹管 5—杠杆 6—电磁铁 7—中间传力杆 8—十字片簧 9—电磁铁 10—平衡力调节微电动机 11—平衡力调节螺杆 12—顶杆 13—平衡力调节螺母套 16—X 向片簧 17—转接座 18—测杆 19—拔销 20—电动机 21—弹签 22—锁紧杠杆 23—锁紧钢球 24—定位块 25—线圈支架 26—线圈 27—磁芯 28—上阻尼支架 29、30—阻尼片 31—下阻尼支架

在每一层导轨中各设置有 3 个部件。a）锁紧机构，如图 8-11b 所示，在其定位块 24 上有一凹槽，与锁紧杠杆 22 上的锁紧钢球 23 精确配合，以确定导轨的“零位”。在需打开时，可让电动机 20 反转一角度，则此时该向导轨处于自由状态。需锁紧时，再使电动机正转一角度即可。b）位移传感器用以测量位移量的大小，如图 8-11c 所示，在两层导轨上，一面固定磁芯 27，另一面固定线圈 26 和线圈支架 25。c）阻尼机构用以减小高分辨率测量时外界振动的影响。如图 8-11d 所示，在做相对运动的上阻尼支架 28 和下阻尼支架 31 上各固定阻尼片 29 和 30，在两阻尼片间形成毛细间隙，中间放入黏性硅油，使两层导轨在运动时，产生阻尼力，避免由于片簧机构过于灵敏而产生振荡。

该测头加力机构工作原理如图 8-11a 所示，其中 X 向加力机构和 Y 向加力机构相同（图中只表示出了 X 向）。X 向加力机构是利用电磁铁 6 推动杠杆 5，使其绕十字片簧 8 的回转中心转动而推动中间传力杆 7 围绕波纹管 4 组成的多向回转中心旋转，由于中间传力杆与转接座 17 用片簧相连，因而推动测头在 X 方向“预偏置”。Z 向加力机构是利用电磁铁 9 产生的，当电磁铁作用时，在 Z 向产生的上升或下降会通过顶杆 12 推动被悬挂的 Z 向活动导轨板，从而推动测头在 Z 方向“预偏置”。

③ 光学测头。在多数情况下，光学测头与被测物体没有机械接触，这种非接触式测量具有一些突出优点，主要体现在：a）由于不存在测量力，因而适合于测量各种软的和薄的

工件；b）由于是非接触测量，可以对工件表面进行快速扫描测量；c）多数光学测头具有比较大的量程，这是一般接触式测头难以达到的；d）可以探测工件上一般机械测头难以探测到的部位。近年来，光学测头发展较快，目前在坐标测量仪上应用的光学测头种类也较多，如三角法测头、激光聚集测头、光纤测头、体视式三维测头、接触式光栅测头等。下面简要介绍一下三角法测头的工作原理。

如图 8-12 所示，由激光器 2 发出的光，经聚光镜 3 形成很细的平行光束，照射到被测工件 4 上（工件表面反射回来的光可能是镜面反射光，也可能是漫反射光，三角法测头是利用漫反射光进行探测的），其漫反射回来的光经成像镜 5 在光电检测器 1 上成像。照明光轴与成像光轴间有一夹角，称为三角成像角。当被测表面处于不同位置时，漫反射光斑按照一定三角关系成像于光电检测器件的不同位置，从而探测出被测表面的位置。这种测头的突出优点是工作距离大，在离工件表面很远的地方（如 40～100mm）也可对工件进行测量，且测头的测量范围也较大（如 ±10mm）。不过三角法测头的测量精度不是很高，其测量不确定度大致在几十至几百微米左右。

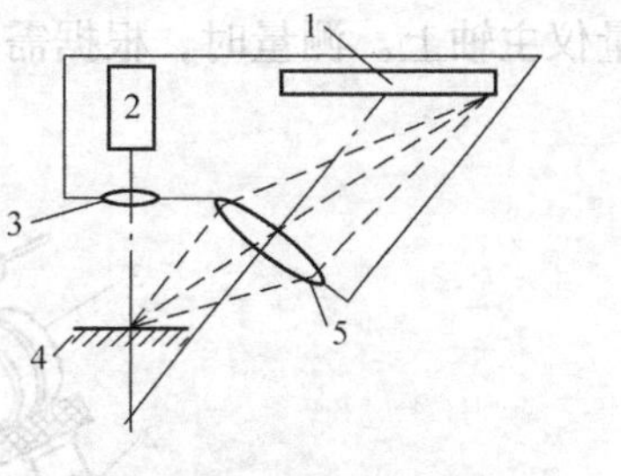

图 8-12　激光非接触式测头工作原理
1—光电检测器　2—激光器
3—聚光镜　4—工件　5—成像镜

2）测头附件　为了扩大测头功能、提高测量效率以及探测各种零件的不同部位，常需为测头配置各种附件，如测端、探针、连接器、测头回转附件等。

① 测端。对于接触式测头，测端是与被测工件表面直接接触的部分。对于不同形状的表面需要采用不同的测端。图 8-13 为一些常见的测端形状。

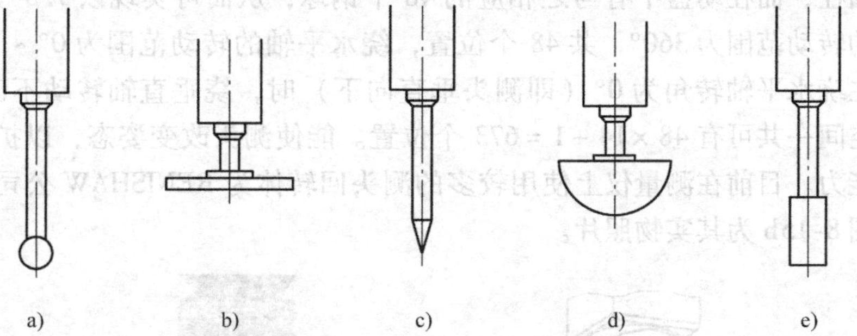

图 8-13　测端的形状
a）球形测端　b）盘形测端　c）尖锥形测端　d）半球形测端　e）圆柱形测端

图 8-13a 为球形测端，是最常用的测端。它具有制造简单、便于从各个方向触测工件表面、接触变形小等优点。图 8-13b 为盘形测端，用于测量狭槽的深度和直径。图 8-13c 为尖锥形测端，用于测量凹槽、凹坑、螺纹底部和其他一些细微部位。图 8-13d 为半球形测端，其直径较大，用于测量粗糙表面。图 8-13e 为圆柱形测端，用于测量螺纹外径和薄板。

② 探针是指可更换的测杆。在有些情况下，为了便于测量，需选用不同的探针。探针对测量能力和测量精度有较大影响，在选用时应注意：a）在满足测量要求的前提下，探针应尽量短；b）探针直径必须小于测端直径，在不发生干涉条件下，应尽量选大直径探针；

c）在需要长探针时，可选用硬质合金探针，以提高刚度。若需要特别长的探针，可选用质量较轻的陶瓷探针。

③ 连接器。为了将探针连接到测头上、测头连接到回转体上或测量仪主轴上，需采用各种连接器。常用的有星形探针连接器、连接轴、星形测头座等。

图 8-14 为星形测头座示意图，其上可以安装若干不同的测头，并通过测头座连接到测量仪主轴上。测量时，根据需要可由不同的测头交替工作。

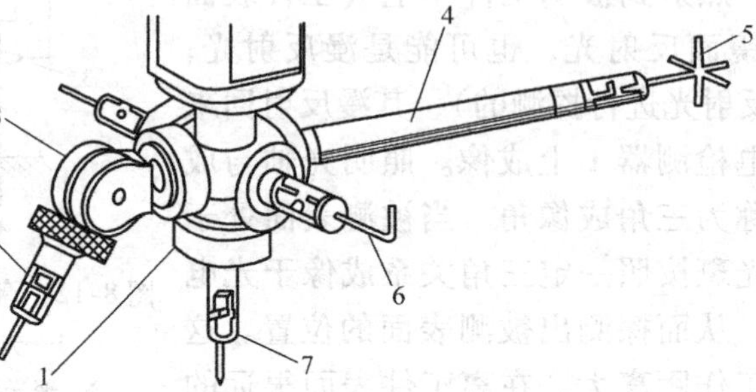

图 8-14 星形测头座示意图

1—星形测头座 2、4、6、7—测头 3—回转接头座 5—星形探针连接器

④ 回转附件。对于有些工件表面的检测，比如一些倾斜表面、整体叶轮叶片表面等，仅用与工作台垂直的探针探测将无法完成要求的测量，这时就需要借助一定的回转附件，使探针或整个测头回转一定角度再进行测量，从而扩大测头的功能。

常用的回转附件为如图 8-15a 所示的测头回转体。它可以绕水平轴和垂直轴回转，在它的回转机构中有精密的分度机构，其分度原理类似于多齿分度盘。在静盘中有 48 根沿圆周均匀分布的圆柱，而在动盘中有与之相应的 48 个钢球，从而可实现以 7.5°为步距的转位。它绕垂直轴的转动范围为 360°，共 48 个位置，绕水平轴的转动范围为 0° ~ 105°，共 15 个位置。由于在绕水平轴转角为 0°（即测头垂直向下）时，绕垂直轴转动不改变测端位置，这样测端在空间一共可有 $48 \times 14 + 1 = 673$ 个位置。能使测头改变姿态，以扩展从各个方向接近工件的能力。目前在测量仪上使用较多的测头回转体为 RENISHAW 公司生产的各种测头回转体，图 8-15b 为其实物照片。

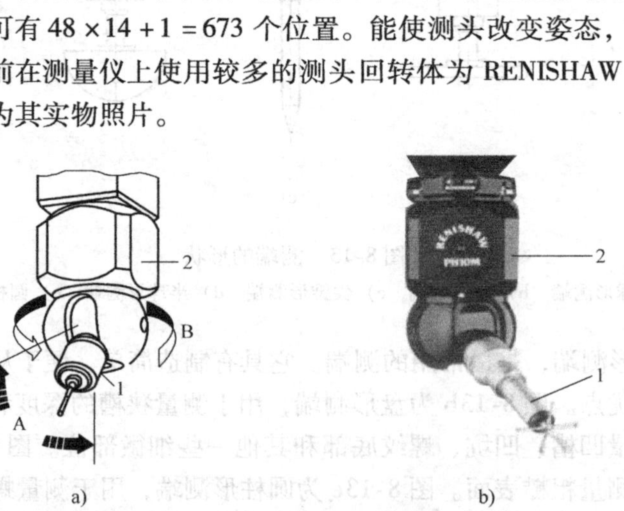

图 8-15 可分度测头回转体

a）二维测头回转体示意图 b）测头回转体实物照片

1—测头 2—测头回转体

8. 三坐标测量仪的控制系统

（1）控制系统的功能

控制系统是三坐标测量仪的关键组成部分之一。其主要功能是：读取空间坐标值，控制测量瞄准系统对测头信号进行实时响应与处理，控制机械系统实现测量所必需的运动，实时监控坐标测量仪的状态以保障整个系统的安全性与可靠性等。

（2）控制系统的结构

按自动化程度分类，坐标测量仪分为手动型、机动型和 CNC 型。早期的坐标测量仪以手动型和机动型为主，其测量是由操作者直接手动或通过操纵杆完成各个点的采样，然后在计算机中进行数据处理。随着计算机技术及数控技术的发展，CNC 型控制系统变得日益普及，它是通过程序来控制坐标测量仪自动进给和进行数据采样，同时在计算机中完成数据处理。

1）手动型与机动型控制系统　这类控制系统结构简单，操作方便，价格低廉，在车间中应用较广。这两类坐标测量仪的标尺系统通常为光栅，测头一般采用触发式测头。其工作过程是：每当触发式测头接触工件时，测头发出触发信号，通过测头控制接口向 CPU 发出一个中断信号，CPU 则执行相应的中断服务程序，实时地读出计数接口单元的数值，计算出相应的空间长度，形成采样坐标值 X、Y 和 Z，并将其送入采样数据缓冲区，供后续的数据处理使用。

2）CNC 型控制系统　其测量进给是计算机控制的。它可以通过程序对测量机各轴的运动进行控制，以及对测量机运行状态进行实时监测，从而实现自动测量。另外，它也可以通过操纵杆进行手工测量。CNC 型控制系统又可分为集中控制与分布控制两类。

① 集中控制由一个主 CPU 实现监测与坐标值的采样，完成主计算机命令的接收、解释与执行，状态信息及数据的回送与实时显示，控制命令的键盘输入及安全监测等任务。它的运动控制是由一个独立模块完成的，该模块是一个相对独立的计算机系统，完成单轴的伺服控制、三轴联动以及运动状态的监测。从功能上看，运动控制 CPU 既要完成数字调节器的运算，又要进行插补运算，运算量大，其实时性与测量进给速度取决于 CPU 的速度。

② 分布式控制是指系统中使用多个 CPU，每个 CPU 完成特定的控制，同时这些 CPU 协调工作，共同完成测量任务，因而速度快，提高了控制系统的实时性。另外，分布式控制的特点是多 CPU 并行处理，由于它是单元式的，故维修方便、便于扩充。如要增加一个转台，只需在系统中再扩充一个单轴控制单元，并定义它在总线上的地址和增加相应的软件就可以了。

（3）测量进给控制

手动型以外的坐标测量仪是通过操纵杆或 CNC 程序对伺服电动机进行速度控制，以此来控制测头和测量工作台按设定的轨迹做相对运动，从而实现对工件的测量。三坐标测量仪的测量进给与数控机床的加工进给基本相同，但其对运动精度、运动平稳性及响应速度的要求更高。三坐标测量仪的运动控制包括单轴伺服控制和多轴联动控制。单轴伺服控制较为简单，各轴的运动控制由各自的单轴伺服控制器完成。但当要求测头在三维空间按预定的轨迹相对于工件运动时，则需要 CPU 控制三轴按一定的算法联动来实现测头的空间运动，这样的控制由上述单轴伺服控制及插补器共同完成。在三坐标测量仪控制系统中，插补器由 CPU 程序控制来实现。根据设定的轨迹，CPU 不断地向三轴伺服控制系统提供坐标轴的位置命令，单轴伺服控制系统则不断地跟踪，从而使测头一步一步地从起始点向终点运动。

（4）控制系统的通信

控制系统的通信包括内通信和外通信。内通信是指主计算机与控制系统两者之间相互传送命令、参数、状态与数据等，这些是通过联接主计算机与控制系统的通信总线实现的。外通信则是指当坐标测量仪作为 FMS 系统或 CIMS 系统中的组成部分时，控制系统与其他设备间的通信。目前用于坐标测量仪通信的主要有串行 RS－232 标准与并行 IEEE－488 标准。

9. 三坐标测量仪的软件系统

现代三坐标测量仪都配备有计算机，由计算机来采集数据，通过运算输出所需的测量结果。其软件系统功能的强弱直接影响到测量仪的功能。因此各坐标测量仪生产厂家都非常重视软件系统的研究与开发，在这方面投入的人力和财力的比例在不断增加。下面对在三坐标测量仪中使用的软件作简要介绍。

（1）编程软件

为了使三坐标测量仪能实现自动测量，需要事前编制好相应的测量程序。而这些测量程序的编制有以下几种方式。

1）图示及窗口编程方式　图示及窗口编程是最简单的方式，它是通过图形菜单选择被测元素，建立坐标系，并通过“窗口”提示选择操作过程及输入参数，编制测量程序。该方式仅适用于比较简单的单项几何元素测量的程序编制。

2）自学习编程方式　这种编程方式是在 CNC 测量仪上，由操作者引导测量过程，并键入相应指令，直到完成测量，而由计算机自动记录下操作者手动操作的过程及相关信息，并自动生成相应的测量程序，若要重复测量同种零件，只需调用该测量程序，便可自动完成以前记录的全部测量过程。该方式适合于批量检测，也属于比较简单的编程方式。

3）脱机编程　这种方式是采用三坐标测量仪生产厂家提供的专用测量仪语言在其他通用计算机上预先编制好测量程序，它与坐标测量仪的开启无关。编制好程序后再到测量仪上试运行，若发现错误则进行修改。其优点是能解决很复杂的测量工作，缺点是容易出错。

4）自动编程　在计算机集成制造系统中，通常由 CAD/CAM 系统自动生成测量程序。三坐标测量仪一方面读取由 CAD 系统生成的设计图纸数据文件，自动构造虚拟工件，另一方面接受由 CAM 加工出的实际工件，并根据虚拟工件自动生成测量路径，实现无人自动测量。这一过程中的测量程序是完全由系统自动生成的。

（2）测量软件包

测量软件包可含有许多种类的数据处理程序，以满足各种工程需要。一般将三坐标测量仪的测量软件包分为通用测量软件包和专用测量软件包。通用测量软件包主要是指针对点、线、面、圆、圆柱、圆锥、球等基本几何元素及其几何误差、相互关系进行测量的软件包。通常各三坐标测量机都配置有这类软件包。专用测量软件包是指坐标测量机生产厂家为了提高对一些特定测量对象进行测量的测量效率和测量精度而开发的各类测量软件包。如有不少三坐标测量仪配备有针对齿轮、凸轮与凸轮轴、螺纹、曲线、曲面等常见零件和表面测量的专用测量软件包。在有的测量仪中，还配备有测量汽车车身、发动机叶片等零件的专用测量软件包。

（3）系统调试软件

用于调试测量仪及其控制系统，一般具有以下软件。

1）自检及故障分析软件包　用于检查系统故障并自动显示故障类别。

2）误差补偿软件包　用于对三坐标测量仪的几何误差进行检测，在三坐标测量仪工作时，按检测结果对测量仪误差进行修正。

3）系统参数识别及控制参数优化软件包　用于测量仪控制系统的总调试，并生成具有优化参数的用户运行文件。

4）精度测试及验收测量软件包　用于按验收标准测量检具。

（4）系统工作软件

测量软件系统必须配置一些属于协调和辅助性质的工作软件，其中有些是必备的，有些用于扩充功能。

1）测头管理软件　用于测头校准、测头旋转控制等。

2）数控运行软件　用于测头运动控制。

3）系统监控软件　用于对系统进行监控（如监控电源、气源等）。

4）编译系统软件　用此程序编译，生成运行目标码。

5）DMIS 接口软件　用于翻译 DMIS 格式文件。

6）数据文件管理软件　用于各类文件管理。

7）联网通讯软件　用于与其他计算机实现双向或单向通信。

10. 三坐标测量仪测量准备知识

（1）测头校正

测头校正是对所定义测头的有效直径及位置参数进行测量的过程。为了完成这一任务，需要用被校正的测头对一个校验标准进行测量。如图 8-16a 所示，大球体是已知直径并且可以符合国家标准的标准球体，小球体是未知直径和位置的测头测针。

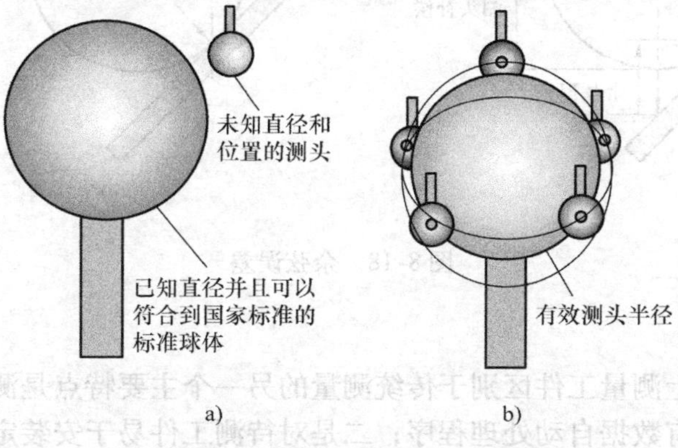

图 8-16　标准球体和有效测头直径

有效测头直径的确定是在以标准球体为基准的每个测量点的球心坐标同它的已知直径比较过程中建立的。有效的测头直径是通过计算每个测量点所组成的直径与已知直径的差值。如图 8-16b 所示箭头所指为有效测头半径。

（2）矢量和余弦误差

1）矢量　矢量可以被看作一个单位长的直线，并指向矢量方向。一般规定相对于 3 个轴的方向矢量：I 方向在 X 轴，J 方向在 Y 轴，K 方向在 Z 轴（图 8-17a）。矢量 I、J、K 值

介于 -1 和 1 之间，分别表示与 X、Y、Z 轴夹角的余弦。

2）矢量方向　矢量用一条末端带箭头的直线表示，箭头表示了它的方向。X、Y、Z 表示三坐标测量仪的坐标位置，矢量 I、J、K 表示了三坐标测量仪三轴正确的测量方向。在三坐标测量中矢量精确指明测头垂直触测被测特征的方向，即测头触测后的回退方向（图 8-17b）。

如图 8-17c 所示，深色箭头表示在 XY 平面内 45°方向矢量 $I=0.707$，$J=0.707$，$K=0$。

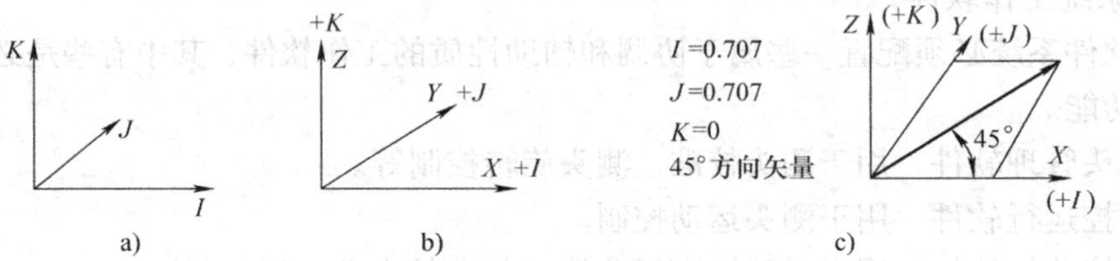

图 8-17　矢量及方向

3）余弦误差　矢量的另一个很重要的作用是软件利用矢量方向进行测头补偿。DCC 模式下，当测量一点后仪器沿着与被测点矢量方向相反的方向进行触测（图 8-18b），如果触测方向不正确，将引起一个余弦误差，如图 8-18a 所示。

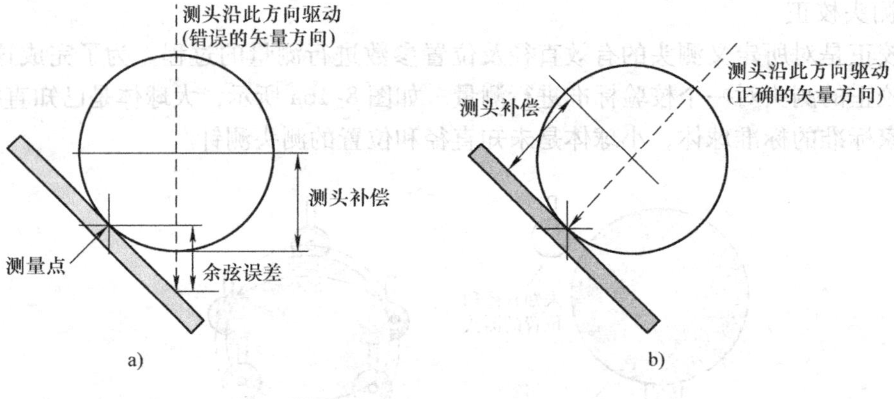

图 8-18　余弦误差

（3）坐标系

在三坐标测量仪上测量工件区别于传统测量的另一个主要特点是测量效率高。效率高源于两个方面：一是具有数据自动处理程序；二是对待测工件易于安装定位，通过测量软件系统对任意放置的工件建立零件坐标系，进行坐标转换，实现自动找正。

精确的测量工作中，正确地建坐标系，与具有精确的测量仪，校验好的测头一样重要。由于工件图纸都是有设计基准的，所有尺寸都是与设计基准相关的，要得到一个正确的检测报告，就必须建立零件坐标系，同时，在批量工件的检测过程中，只需建立好零件坐标系即可运行程序，从而更快捷有效。

1）坐标系类型

① 第一种分类。

机器坐标系：三坐标测量仪测头所在位置为原点，以 X、Y、Z 坐标轴构成的直角坐标系。

零件坐标系：指在被测工件上建立起来的坐标系，是为了修正被测工件摆放误差而建立的坐标系。

② 第二种分类。

综合各类测量仪，常使用 3 种类型坐标系，直角坐标系、柱坐标系和球坐标系（图 8-19）。这 3 种坐标系用于不同的测量目的和对象。对于圆柱类型零件、球类零件和凸轮类零件，采用极坐标系和球坐标系进行测量。由于直角坐标系可用线性转换矩阵实现坐标变换，故在三坐标测量机中大都以直角坐标系作为坐标系转换基础。

直角坐标系：指由 3 条数轴相交于原点且相互垂直建立的坐标系，又称笛卡尔直角坐标系（图 8-19a）。

柱坐标系：又称半极坐标系，它是由平面极坐标系与空间直角坐标系中的部分建立起来的（图 8-19b）。

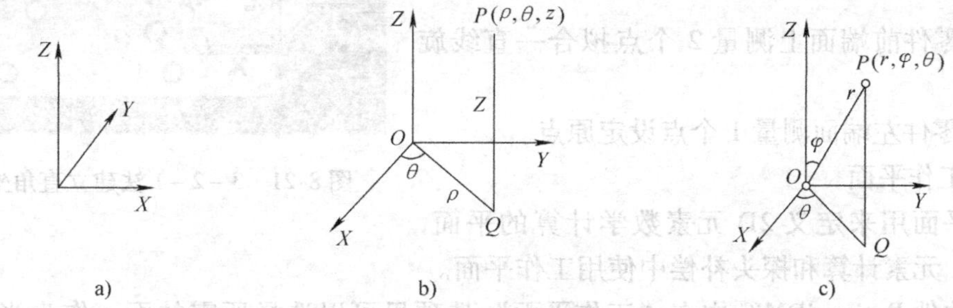

图 8-19　测量仪常用坐标系

球坐标系：是一种三维坐标。设 $P(x, y, z)$ 为空间内一点，则点 P 也可用这样 3 个有次序的数 r，ϕ，θ 来确定，其中 r 为原点 O 与点 P 间的距离，θ 为有向线段与 z 轴正向所夹的角，ϕ 为从正 Z 轴来看自 X 轴按逆时针方向转到有向线段的角，这里 Q 为点 P 在 xOy 面上的投影。这样的三个数 r，ϕ，θ 叫做点 P 的球面坐标（图 8-19c）。

2）测量仪坐标轴　测量仪的空间范围可用一个立方体表示。立方体的每条边是测量仪的一个轴向。3 条边的交点为机器的原点（通常指测头所在的位置），如图 8-20a 所示。

3）坐标值　每个轴被分成许多相同的分割来表示测量单位。测量空间的任意一点可被期间的唯一一组 X、Y、Z 值来定义（图 8-20b）。图 8-20c 为空间点坐标实例。

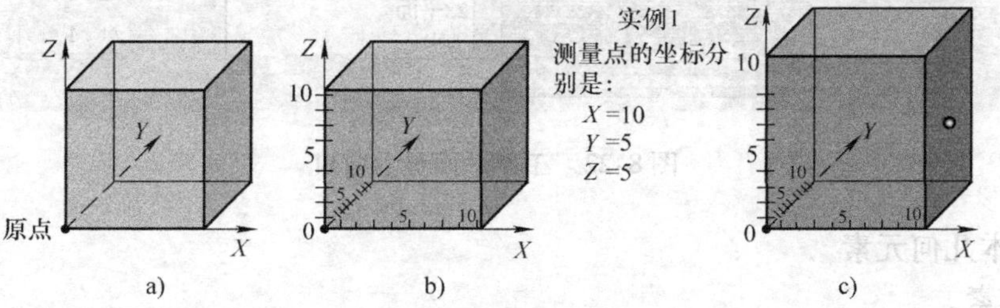

图 8-20　测量仪直角坐标系及实例

4）校正坐标系　校正坐标系是建立零件坐标系的过程。通过数学计算将机器坐标系和零件坐标系联系起来。零件的坐标系校正，一般分3个步骤且分步进行。

① 零件找正。找正元素控制了工作平面的方向。平面应当选择垂直于零件轴线的平面而不是垂直于坐标轴的平面，通常技术图纸会指明零件的基准面，如果没有指明，应测量表面比较好的平面且测量点尽可能均匀分布。测量一个平面至少需要3个测量点。

② 旋转轴。旋转元素需垂直于已找正的元素，这控制着轴线相对于工作平面的旋转定位。旋转轴可以是经过精加工的面或是两个孔组成一条直线。

③ 原点。定义坐标系 *X*、*Y*、*Z* 零点的元素。原点可以是经过精加工的面上的点或一个孔的中心点。

5）常规建立坐标系的方法——3－2－1 法用这种方法建立坐标系是三坐标测量机最常用的建立坐标系方法，如图8-21所示。

① 在零件上平面测量3个点并拟合一平面找正。

② 在零件前端面上测量2个点拟合一直线旋转轴。

③ 在零件左端面测量1个点设定原点。

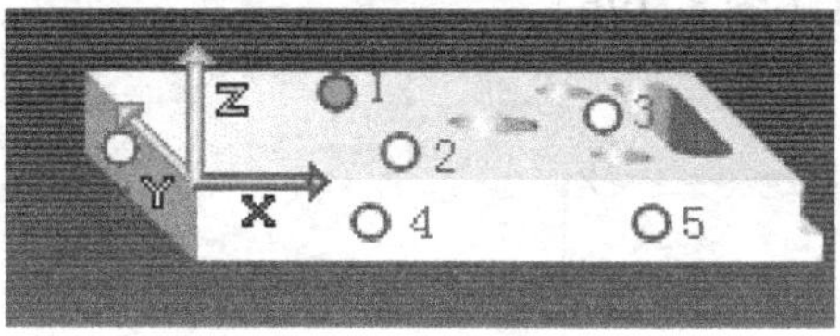

图8-21　3－2－1法建立直角坐标系

（4）工作平面

工作平面用来定义2D元素数学计算的平面，在测量时，元素计算和探头补偿中使用工作平面。

测量软件 RationaiDMIS 中在“工作平面”选项里可以选择所需的面，作为当前的工作平面。“最近的 CRD 平面”这个窗口接受从元素数据区拖放平面元素。这种情况下平面元素用来做计算和探头补偿。

计算需要工作平面的元素有：直线元素，圆元素，弧元素，椭圆元素，键槽元素和曲线元素。

探头补偿需要工作平面的元素有：点元素和边界点元素。

对于其他所有元素，工作平面显示窗口会自动隐藏起来，如图8-22所示。

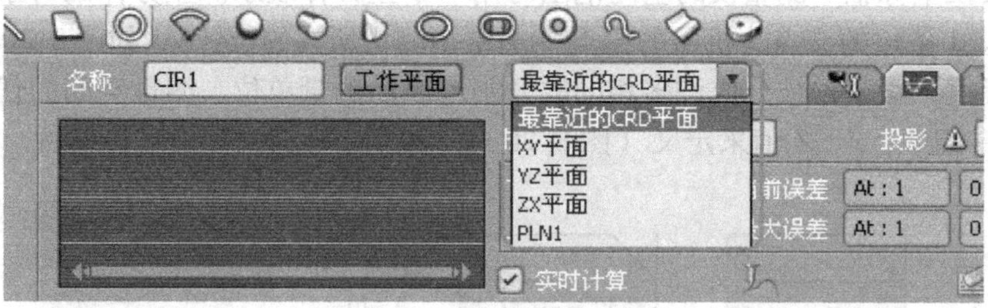

图8-22　工作平面显示窗口

（5）基本几何元素

1）点元素。

最小点数：1

位置：*XYZ* 位置

矢量：无

形状误差：无

二维/三维：三维

如图 8-23 所示，点元素输出：$X=5$，$Y=5$，$Z=5$。

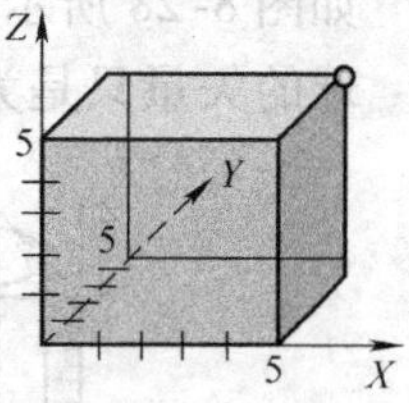

图 8-23　点元素

2）直线元素。

最小点数：2

位置：重心

矢量：第一点到最后一点。

形状误差：直线度

二维/三维：二维/三维

如图 8-24 所示，输出：$X=2.5$，$I=-1$；$Y=0$，$J=0$；$Z=5$，$K=0$。

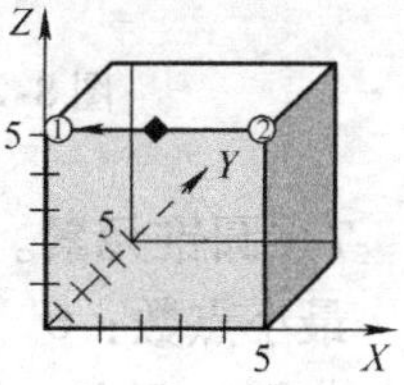

图 8-24　直线元素

3）圆元素。

最小点数：3

位置：中心

矢量：相应的截平面矢量

形状误差：圆度

二维/三维：二维

圆的矢量只是为了测量。不单独描述元素的几何特征。

如图 8-25 所示，输出：$X=2$，$Y=2$，$Z=0$；$I=0$，$J=0$，$K=1$；$D=4$，$R=2$。

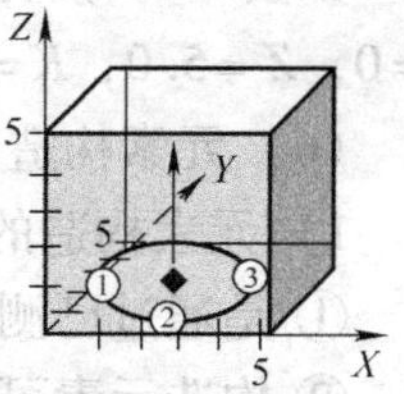

图 8-25　圆元素

4）平面元素。

最小点数：3

位置：重心

矢量：垂直于平面

形状误差：平面度

二维/三维：三维

如图 8-26 所示，输出：$X=1.67$，$I=0.707$；$Y=2.50$，$J=0.000$；$Z=3.33$，$K=0.707$。

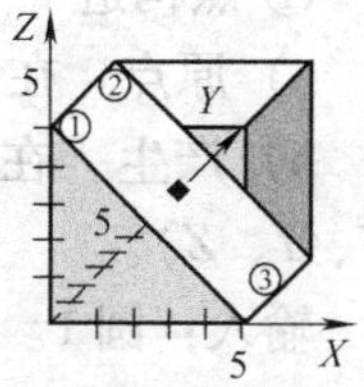

图 8-26　平面元素

5）圆柱元素。

最小点数：5

位置：重心

矢量：从第一层到最后一层

形状误差：圆柱度

二维/三维：三维

如图 8-27 所示，输出：$X=2.0$，$I=0$，$D=4$，$Y=2.0$，$J=0$，$R=2$。

6）球元素。

最小点数：4

位置：中心

矢量：如右图向上

形状误差：球度

二维/三维：三维

如图 8-28 所示，输出：$X=2.5$，$I=0$，$D=5.0$，$Y=2.5$，$J=0$，$R=2.5$。

球的矢量只是为了测量。并不描述元素的几何特征。

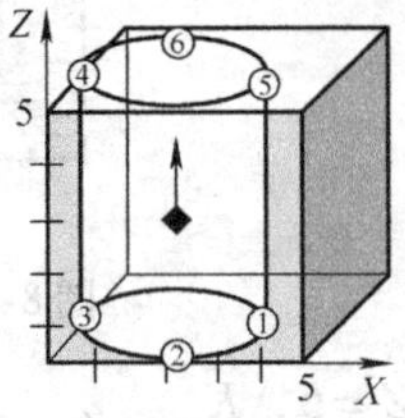

图 8-27 圆柱元素

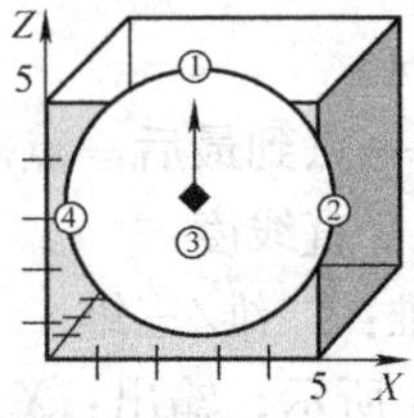

图 8-28 球元素

7）圆锥元素。

最小点数：6

位置：顶点

矢量：从小圆到大圆

形状误差：锥度

二维/三维：三维

如图 8-29 所示，输出：$X=2.0$，$I=0$，$A=43\text{deg}$，$Y=2.0$，$J=0$，$Z=5.0$，$K=1$。

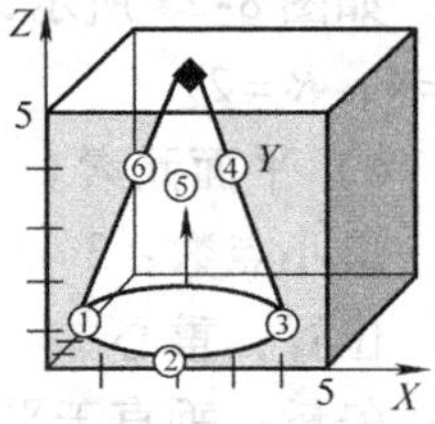

图 8-29 圆锥元素

（6）元素构造

1）元素构造的意义

① 是通过已测的元素构造出无法直接测量得到的元素。

② 构造元素可以是计算辅助元素，也可为测量结果元素。

③ 最终是为满足测量结果的需求。

2）构造实例

① 点构造

a）原点 在当前坐标系的原点构造一个点（图 8-30a）。坐标值为（0，0，0）。

b）产生 在所选元素的中心产生一个点（图 8-30b）。它的坐标与所选的元素相等（X、Y、Z）。

输入：圆 1。

c）拐角点 这个点是 3 个平面的交点（图 8-30c）。

输入：平面 1，平面 2，平面 3。

d）刺穿 通过第一元素刺穿第二元素创立一个点（图 8-30d）。元素的选择顺序非常重要。

输入：圆柱 1，平面 1。

e）偏置 从选择元素设置指定的偏置值创建一个点（图 8-30e）。

输入：点 1，$X_{偏置}=0$，$Y_{偏置}=4$，$Z_{偏置}=1$。

f）交点　在两个元素相交处产生一个交点（图 8-30f）。

输入：线 1，线 2。

g）垂落　将第一点的重心投影到第二个元素上（直线、圆锥、圆柱或槽）。如图 8-30g 所示。

输入：圆 1，线 1。

h）中分点　产生两个所选元素的中分点（图 8-30h）。

输入：圆 1，圆 2。

i）投影　将一个元素投影所选平面上（图 8-30i）。

输入：点 1，平面 1。

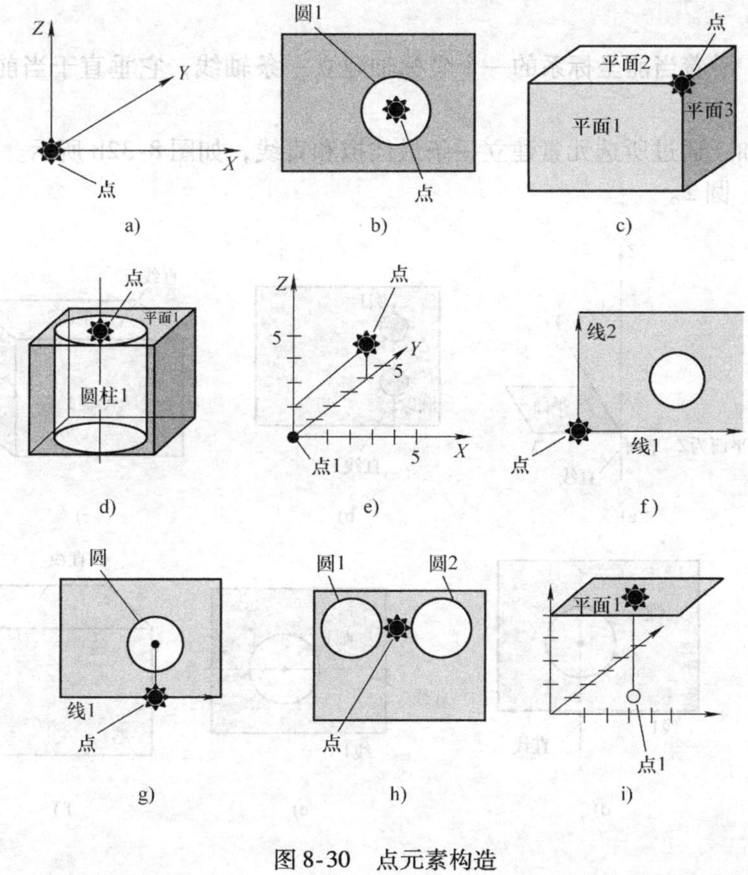

图 8-30　点元素构造

② 圆构造

a）拟合圆　通过所选的几个元素的最佳拟合产生一个圆（图 8-31a）。

输入：圆 1，圆 2，圆 3，圆 4。

b）圆锥　在一个圆锥指定的直径位置产生一个圆（图 8-31b）。

输入：圆锥 1，直径 =50. 8。

c）相交　一个平面和一个圆锥、圆柱或球相交产生一个圆（图 8-31c）。

输入：圆锥 1，平面 1。

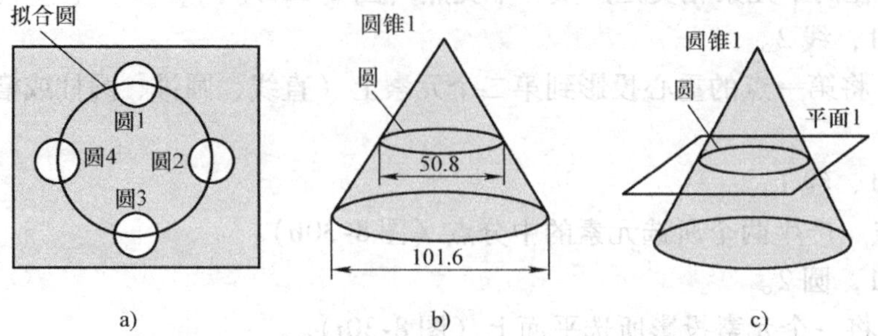

图 8-31 圆元素构造

③ 直线构造

a）坐标轴 沿着当前坐标系的一个坐标轴建立一条轴线，它垂直于当前工作平面，如图 8-32a 所示。

b）最佳拟和 通过所选元素建立一条最佳拟和直线，如图 8-32b 所示。

输入：圆 1，圆 2。

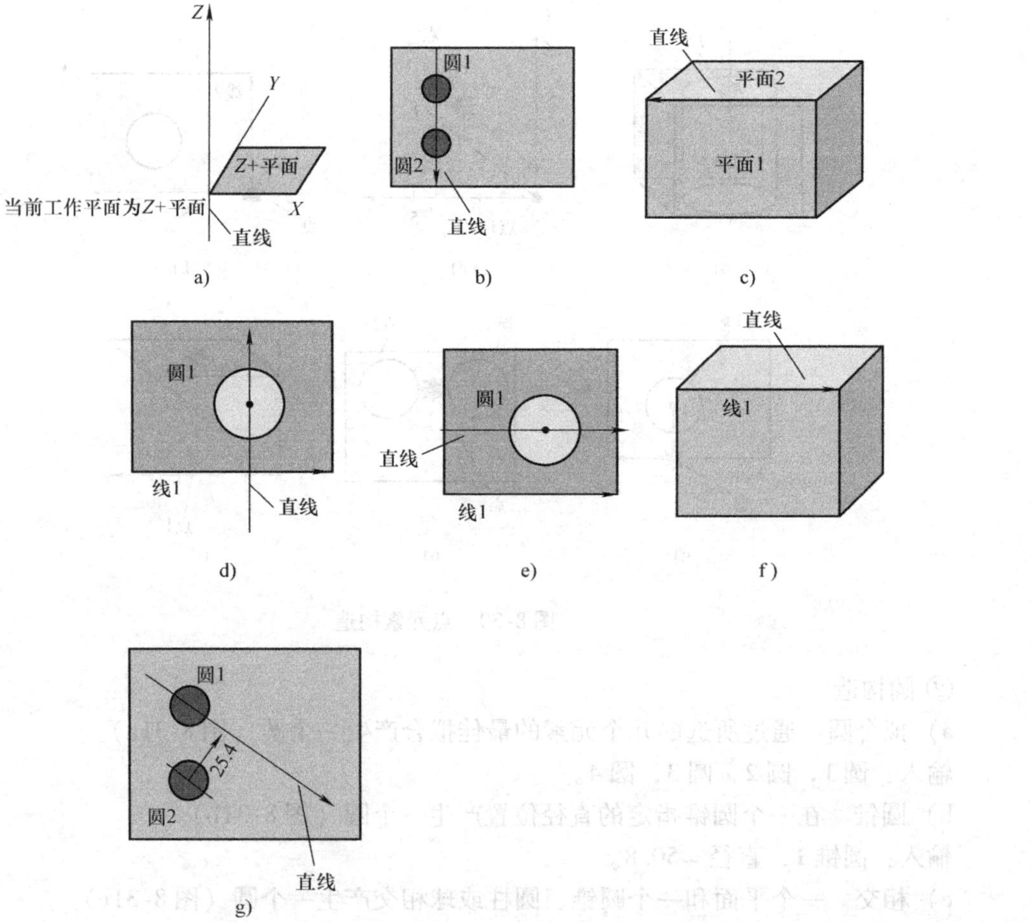

图 8-32 直线构造

c）相交　两个平面相交产生一条交线，如图 8-32c 所示。

输入：平面 1，平面 2。

d）垂直　通过第二元素做第一元素的垂直直线，如图 8-32d。

输入：线 1 圆 1。

e）平行　通过第二元素做第一元素的平行线，如图 8-32e。

输入：线 1，圆 1。

f）反向　将一条直线的方向进行反向产生一条直线，如图 8-32f。

输入：线 1。

g）偏置　通过第一元素从第二元素偏置一个指定值产生一条直线，如图 8-32g。

输入：圆 1，圆 2。偏置值为 25.4mm。

任务 8.1　用三坐标测量仪测量孔、轴件的尺寸

1. 任务描述

① 掌握测量内孔尺寸与轴尺寸误差的方法和特点。

② 认真体会“局部实际尺寸（实际误差）”概念。

2. 任务所需器材

① 三坐标测量仪。

② 测头系统：MH20i 或 PHl0T。

③ 测针：20 × ϕ3mm。

3. 任务实施

（1）实验原理与方法

三坐标测量仪基本原理就是通过探测传感器（测头）与测量空间轴线运动的配合，对被测几何元素进行离散空间点位置的获取（图 8-33a），然后通过一定的数学计算，完成对所测得点的分析拟合，最终还原出被测的几何元素，并在此基础上计算其与理论值（名义值）之间的偏差（图 8-33b），从而完成对被测零件的检验工作。

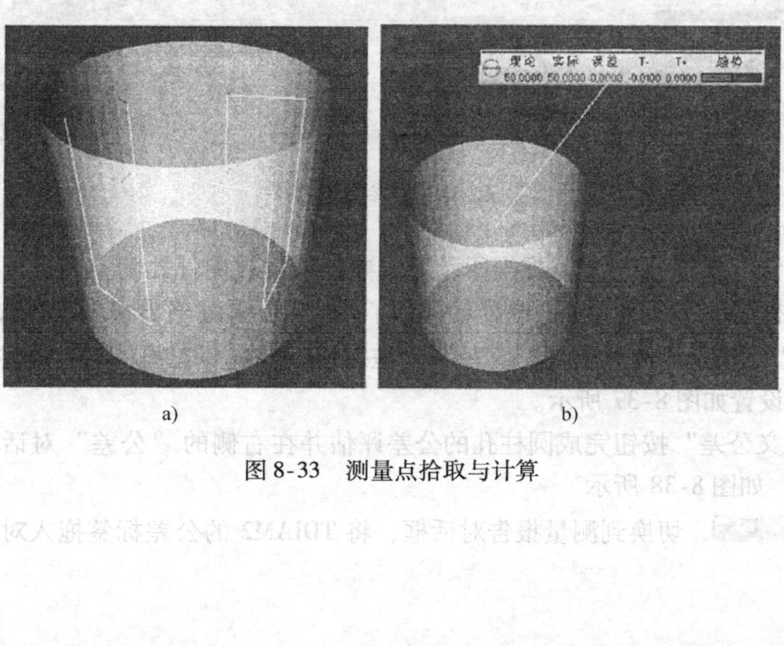

a)　　　　　　b)

图 8-33　测量点拾取与计算

（2）实施步骤

① 首先针对工件选择对应的测头配置，将被测得圆柱孔放置在工作平面，如图 8-34 所示。

② 被测件的孔属于基本元素“圆柱”，可以设置 2 种测量方案。

方法一：自动测量（需要有被测件的 CAD 模型）。拥有被测件的 CAD 模型后，打开软件，选择 文件 → 导入CAD → IGES 。导入 IGES 文件，建立好工件坐标系让模型与工件对齐，使用面选择器选择样件的内孔圆柱面，如图 8-35a 所示。软件将该圆柱面命名为 CYL1，可以在软件右侧的元素对话框中看见 CYLl 的圆柱面信息，如图 8-35b所示。

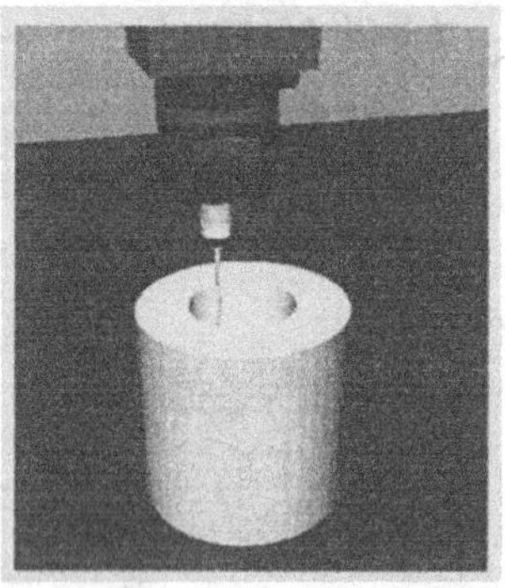

图 8-34　工件放置

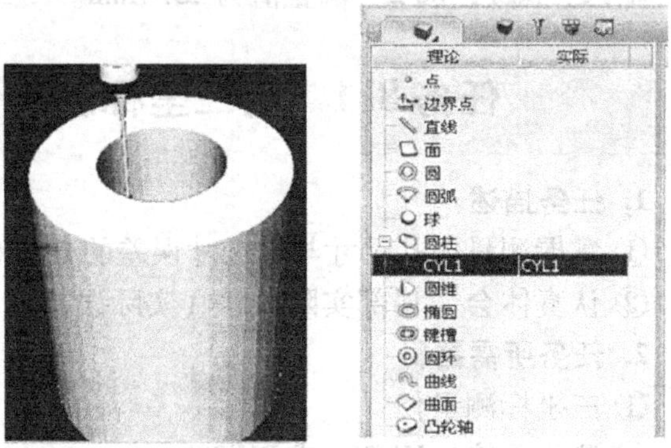

a)　b)

图 8-35　元素选定

在软件下方单击按钮切换到“测量”界面，单击“圆柱”功能按钮，将 CYLl 拖入被测元素对话框中，在数显区滚动鼠标滚轮确定测量点数，可设置测量点数为 8，单击“生成测量点”按钮，整体设置可参照图 8-36 所示。

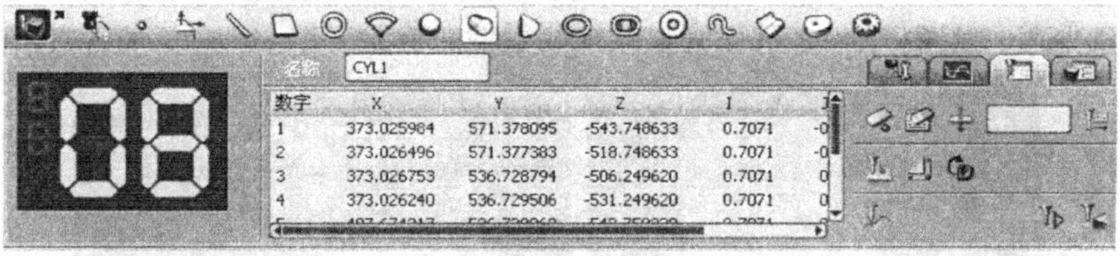

图 8-36　参数设置

单击“测量”按钮，设备根据所设置的参数采集被测件孔的空间点位置，再通过软件计算还原出被测件的几何元素，这样就得到了孔的实际尺寸输出报告，在软件下方单击按钮切换到“公差”界面，单击“直径”公差按钮，将圆柱孔 CYL1 的实际数据拖入元素名对话框，设置如图 8-37 所示。

单击“定义公差”按钮完成圆柱孔的公差评估并在右侧的“公差”对话框中生成公差标签 TDIAM2。如图 8-38 所示。

单击按钮，切换到测量报告对话框，将 TDIAM2 的公差标签拖入对话框中就完成

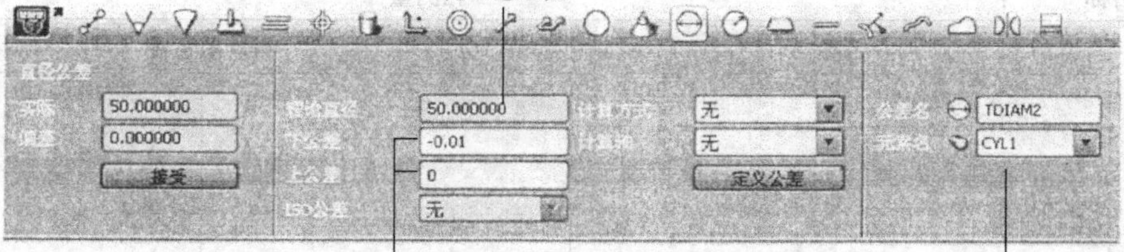

图 8-37　圆柱孔参数设置

了圆柱孔直径的公差报告，如图 8-39 所示。

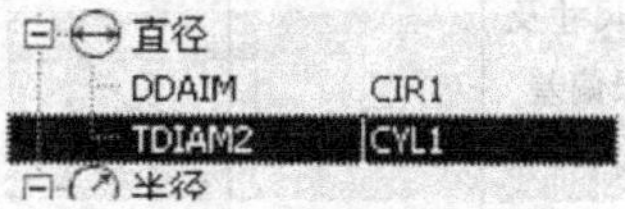

图 8-38　公差标签生成

方法二：手动测量。相对于自动测量操作来说较简单，适用于单一尺寸的快速测量。在软件下方选择“测量”界面，单击“圆柱”测量功能，再选择“统计图”分页功能，用手持器在圆柱孔壁任意取点，取点时注意要让测头的红宝石探头接触圆柱孔面，如果是测头杆接触取得的数据会影响最后的真实数据，每取得一个空间点位置的数据，左下方的数显就会显示。同样取得 8 个空间点后单击“确认”按钮☑，生成圆柱孔名 CYL1，之后的评估操作与方法一相同。

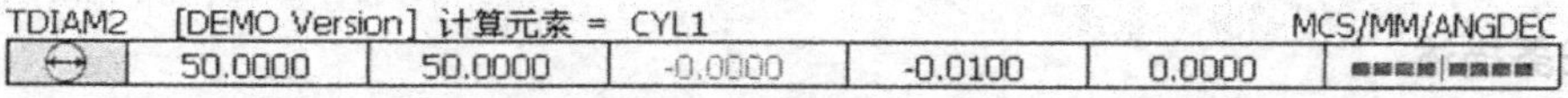

图 8-39　公差报告生成

③ 测量轴的方法与孔的方法一致，孔与轴都属于基本元素中的“圆柱”。用三坐标测量仪在轴的圆柱面上提取空间的离散点，并通过软件计算得出被测件的实际尺寸。

4. 任务评价

相关数据填入表 8-1、表 8-2，并进行评价。

表 8-1　孔测量任务评价

任务名称	孔测量			
仪器	名称			测量示意图
零件名称				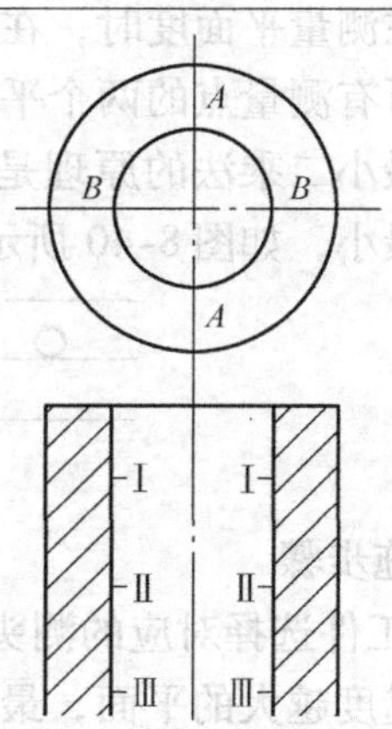
精度范围				
测量范围				
零件尺寸及极限偏差	D	ES	EI	
结果判定				

表 8-2 轴测量任务评价

任务名称	孔测量			
仪器	名称			测量示意图
				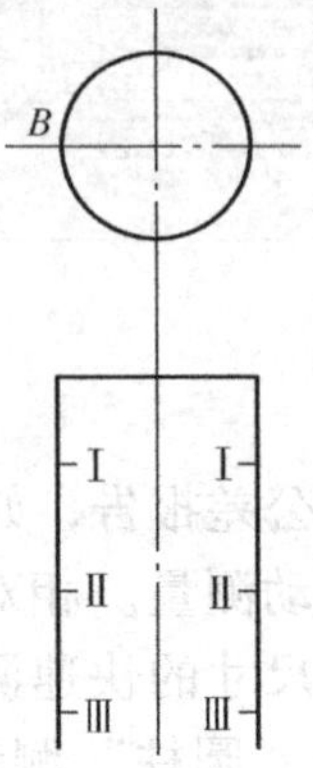
零件名称				
精度范围				
测量范围				
零件尺寸及极限偏差	*D*	ES	EI	
结果判定				

任务 8.2 用三坐标测量仪测量平面度

1. 任务描述

了解平面度的测量原理和方法；掌握平面度误差的评定方法。

2. 任务所需器材

① 三坐标测量仪。

② 测头系统：MH20i 或 PH10T。

③ 测针：$20\times\phi3$mm。

3. 任务实施与注意事项

（1）测量原理和方法

平面度公差用以限制平面的形状误差。其公差带是距离为公差值的两平行平面之间的区域。三坐标在测量平面度时，在平面上采集若干个测量点，将测量点以最小二乘法拟合一个平面，包容所有测量点的两个平行平面间的离为平面度。这两个平行平面平行于拟合的最小二乘平面。最小二乘法的原理是：所有测量点距离拟合元素（平面、直线、圆、圆柱）距离的平方和最小，如图 8-40 所示。

图 8-40 最小二乘法原理

（2）实施步骤

① 针对工件选择对应的测头配置，表面粗糙度不同的平面，对平面度的要求是不一样的。表面粗糙度越大的平面，最好尽量选择直径较大的探针。

② 导入 CAD 模型。选择 文件 → 导入CAD ▸ → IGES 。导入 IGES 文件，建立好工件坐标系让模型与工件对齐，使用面选择器选择样件的上表面作为实验案

例，如图 8-41 所示。

③ 规划测量路径。从上述平面度的测量原理得知，测量点数越多，反映的被测平面的平面度越真实。因此根据被测平面的长宽 80×80，可以编辑一个栅格点的测量路径，示意图如图 8-42 所示。也可以单击“测量”界面中的“面”功能按钮，从 CAD 上选取的平面 PLN1 拖入被测元素对话框中，在数显区设置测量点数为 80 后点击“生成测量点”按钮，设置如图 8-43 所示，检查生成的测量路径（图 8-44），单击“测量”按钮完成测量步骤。

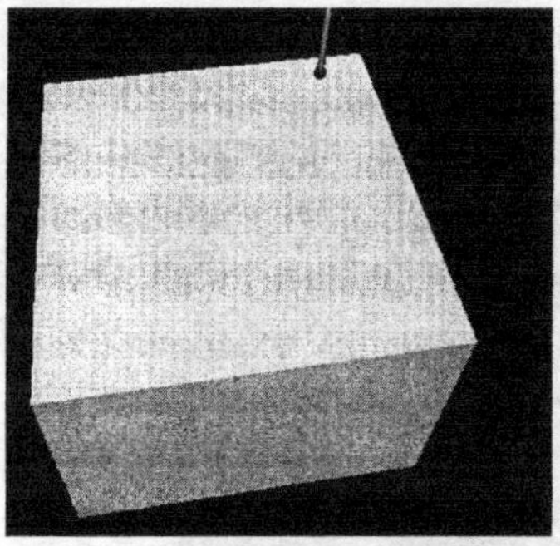

图 8-41　选择测量平面

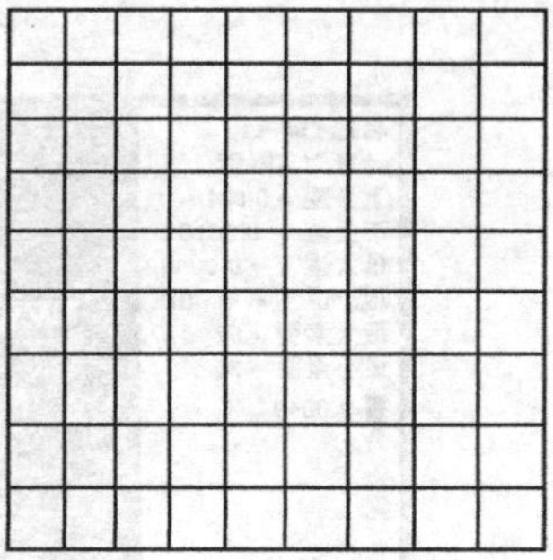

图 8-42　设置栅格点

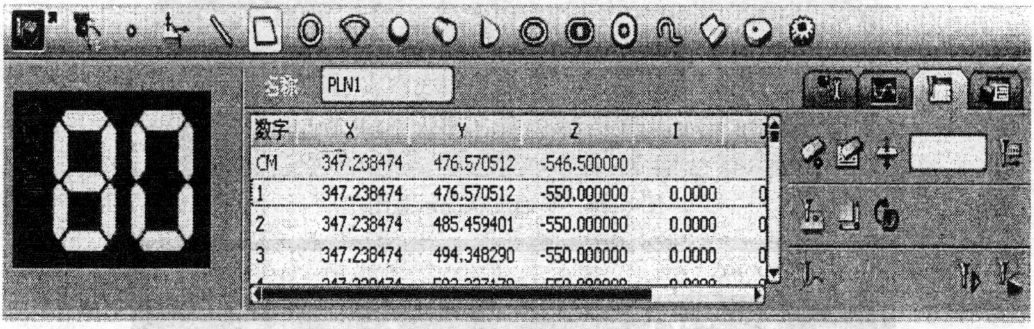

图 8-43　平面度检测参数设置

④ 评估平面度。切换到“公差”界面的“平面度”功能，拖入已测量的实际平面PLN1到元素名图框中（图 8-45），输入公差带 0.02，单击“定义公差”确认设置，完成被测平面的平面度公差评估。

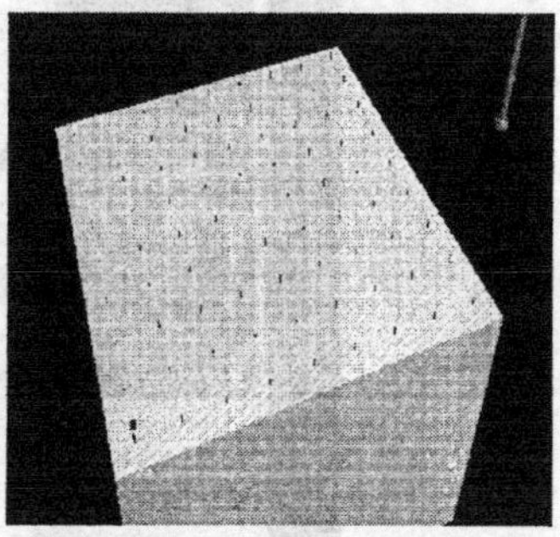

图 8-44　路径检查

4. 任务评价

三坐标的平面度计算方式与以往所熟悉的计算方法不一样，不需要使用计算法、作图法、对角线法等求取平面度的误差值。都是通过软件自动计算出被测面得平面度公差，只需要输出公差报告就可以直观看出平面误差的“图形错误报告”，步骤如下。

① 切换到测量报告对话框，将 TFLAT1 的公差标签拖入对话框中。

② 切换到图形错误报告对话框，将面 PLN1 拖入对话框中，软件将以彩色云图的表现方式表示平面的趋势，如图 8-46 所示，单击按钮，将图形错误报告导入到测量报告

对话框中，测量报告如图 8-47 所示。

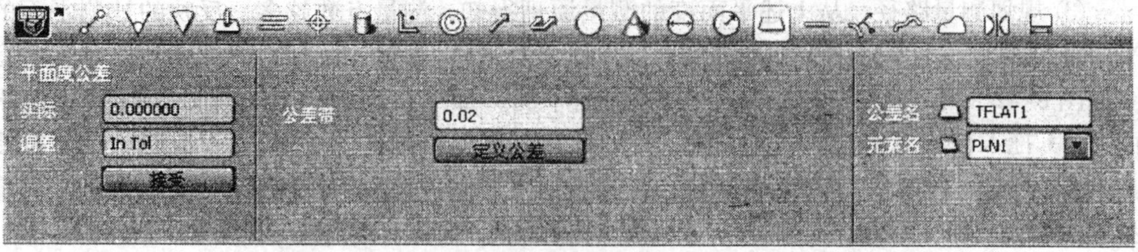

图 8-45　输出平面度评估值

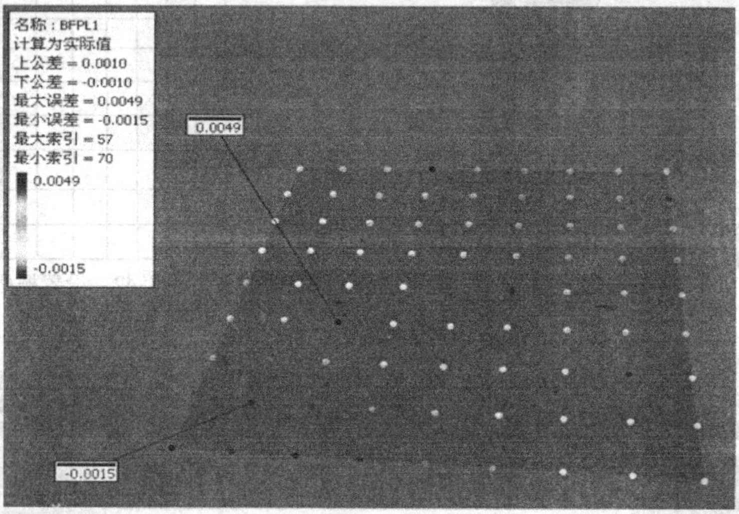

图 8-46　平面度状况示意图

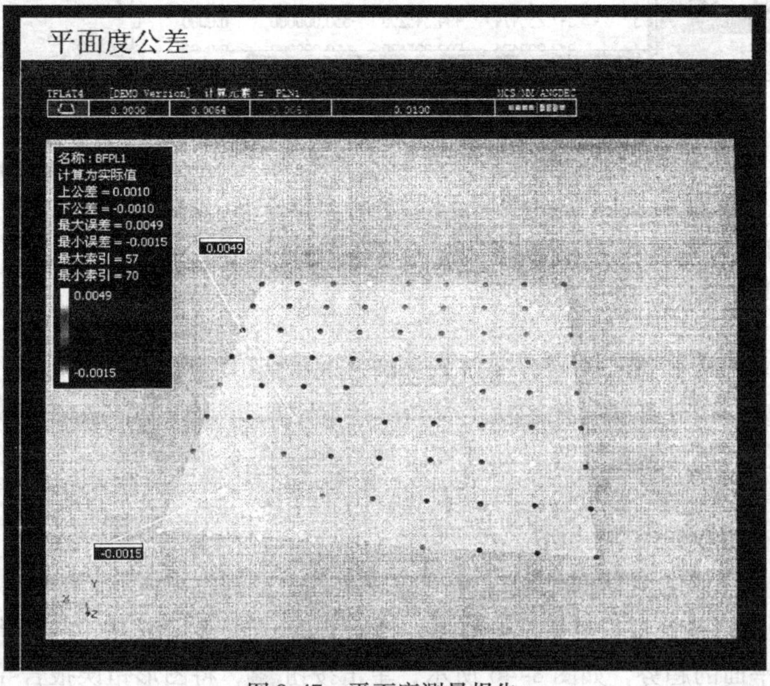

图 8-47　平面度测量报告

任务8.3　用三坐标测量仪测量轴键槽对称度

1. 任务描述

熟悉使用三坐标测量仪测量轴键槽对称度的方法；了解轴键槽对称度公差对轴传动的影响；体会使用三坐标测量仪测量对称度中基准的重要性。

2. 任务所需器材

① 坐标测量仪。

② 测头系统：MH20i 或 PH10T。

③ 测针：$20\times\phi3$mm。

3. 任务实施

（1）测量原理和方法

轴键槽对称度是影响传动轴扭矩传递精度及键和键槽工作寿命的重要参数。在轴键槽加工中，目前常用的轴键槽对称度测量方法有的测量精度较低，有的操作复杂，不便于加工现场使用。如V形块—百分表测量法需要反复调转工件、找正，然后将测量值代入公式进行计算，又如用轴键槽对称度量规检测，由于量规的规格多，不利于保管。使用三坐标测量仪测量对称度只需要测量出键槽的2个对称平面，同时构造出键槽的基准平面，通过软件计算出2个平面与基准面的对称度，测量方法有两种。

方法一：在工件上建立坐标系，坐标系的原点建立在轴的基准圆上，坐标系的 *X* 或 *Y* 轴与被测轴的轴线拉平。测量出键槽的2个被测平面，用坐标系的基准平面作为基准平面，通过软件计算出键槽的对称度。

方法二：用同样的方法在被测轴上建立工件坐标系，测量出键槽的2个被测平面，同时构造出2个平面的中心面，测量出中心面和基准平面距离的2倍即为该键槽的对称度。

（2）实验步骤

① 以轴为实例，将轴固定在V形块上，再整体固定在工作台面，可以选用 $20\times\phi3$mm 的测针，准备完毕后可以使用两种方法测量该键槽的对称度。

② 方法一。以基准圆 CIR1 为坐标原点、基准圆柱 CYL1 为基准轴，建立测量坐标系，如图8-48所示。

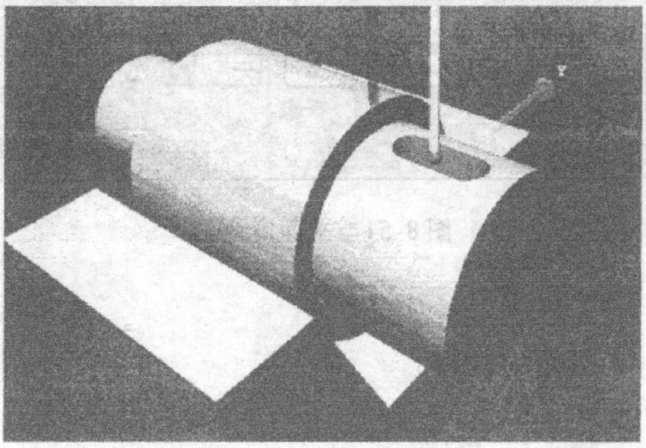

图8-48　确定测量坐标系

从测量数据窗口的 PLN1 拖入坐标数据区的 MCS 上，生成一个确定 *Z* 轴的坐标系，再用同样的方法拖入 CIR1 确定坐标系原点。将下方对话框切换到“坐标”界面的“旋转”功能，在“使用元素”选项打勾，旋转轴为 2 对齐方向，选择对齐 *X* 轴，拖入基准圆柱 CYL1 确定坐标系的 *X* 轴单击“添加/激活坐标系”，生成零件坐标系，如图 8-49 所示。

图 8-49 生成零件坐标系

再测量出键槽的 2 平面 PLN2 和 PLN3。切换到“公差”界面的“对称度”功能，拖入已测量的平面 PLN2 和 PLN3 到元素名对话框，输入公差 0.1。数据区切换到“坐标”选中 CRD 框架中 EA _ ZXPLANE（图 8-50）的基准平面到参考元素 1 对话框中（图 8-51），单击“定义公差”完成键槽孔对称度的评估。

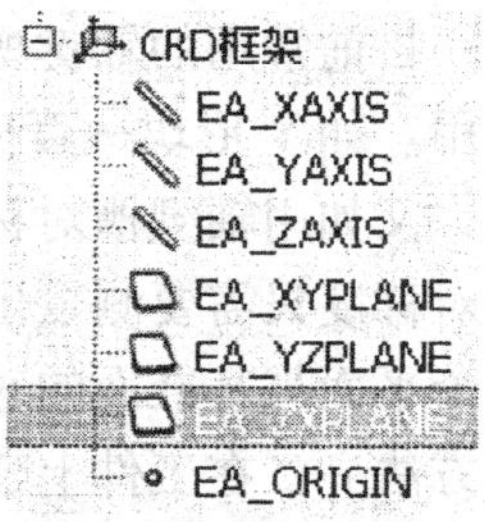

图 8-50 选择基准平面

③ 方法二。用方法一的坐标系建立方法创建零件坐标系，测量出键槽的 2 个被测平面 PLN2 和 PLN3，切换到“构造”界面，选择“中分”功能，将 PLN2 和 PLN3 拖入元素 1 和元素 2 对话框中，预览 2 个不同向量的构造面，选择 MIDPL2 平面，单击“添加结果”，构造出面 PLN2 和 PLN3 的中分面 MIDPL2。得到 PLN2 和 PLN3，计算出的中分面 MIDPL2 后，切换到“公差”界面的“距离”功能，拖入已构造好的中分面 MIDPL2 和 CRD 框架中的 EA _ ZXPLANE 到“元素名”对话框，左侧数据区的“实际”项所显示的数值就为中分面到基准面的距离，乘以 2 就是键槽的对称度公差。

图 8-51 平面度评估

4. 任务评价

相关数据填入表 8-3，并进行评价。

表 8-3　任务评价

<table>
<tr><td rowspan="2">仪器</td><td colspan="2" rowspan="2">名称</td><td>测量示意图</td></tr>
<tr><td rowspan="6">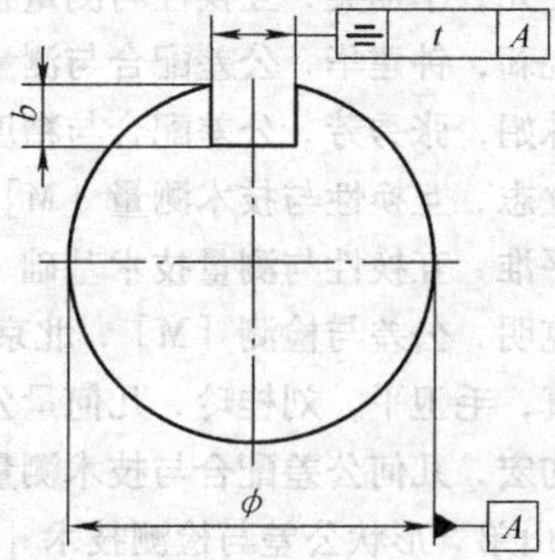
</td></tr>
<tr><td>零件名称</td><td colspan="2"></td></tr>
<tr><td>精度范围</td><td colspan="2"></td></tr>
<tr><td>测量范围</td><td colspan="2"></td></tr>
<tr><td rowspan="2">键槽对称度</td><td>方法一</td><td>方法二</td></tr>
<tr><td></td><td></td></tr>
</table>

思考与练习

1. 为什么说三坐标测量仪是万能测量设备？
2. 三坐标测量仪的机械结构有哪些形式，各有何优缺点？
3. 在三坐标测量仪上使用的导轨有哪些种类，各有何特点？
4. 三坐标测量仪的标尺系统的种类有哪些，最常用的是哪种，它有什么优点？
5. 三坐标测量仪有哪些测量软件？

参考文献

[1] 胡凤兰．互换性与技术测量基础［M］．2 版．北京：高等教育出版社，2010.
[2] 周兆元，李翔英．互换性与测量技术基础［M］．3 版．北京：机械工业出版社，2011.
[3] 任晓莉，钟建华．公差配合与测量实训［M］．北京：北京理工大学出版社，2007.
[4] 赵姝娟，张秀芳．公差配合与精度检测实训指导［M］．北京：电子工业出版社，2009.
[5] 胡立志．互换性与技术测量［M］．北京：清华大学出版社，2013.
[6] 毛平淮．互换性与测量技术基础［M］．2 版．北京：机械工业出版社，2010.
[7] 刘克明．公差与检测［M］．北京：机械工业出版社，1991.
[8] 范真，毛卫平，刘桂玲．几何量公差与检测学习指导［M］．2 版．北京：化学工业出版社，2011.
[9] 宴初宏．几何公差配合与技术测量［M］．上海：上海科学技术出版社，2011.
[10] 陈山弟．形状公差与检测技术［M］．北京：机械工业出版社，2009.
[11] 徐茂功．公差配合与技术测量［M］．2 版．北京：机械工业出版社，2007.
[12] 梁亚芹．公差配合与机械测量技术［M］．哈尔滨：哈尔滨工业大学出版社，2009.
[13] 何贡．常用量具手册［M］．2 版．北京：中国计量出版社，2005.
[14] 张国雄．三坐标测量机［M］．天津：天津大学出版社，1999.
[15]《航空制造工程手册》总编委会．航空制造工程手册——工艺检测［M］．北京：航空工业出版社，1993.
[16] 花国梁．精密测量技术［M］．北京：中国计量出版社，1990.
[17] 花国梁．精密测量技术［M］．北京：清华大学出版社，1986.
[18] 杨桂珍．三维测量技术实验指导书［M］．南京：南航机电学院中心实验室，2002.